건축의 기본조형과 배치디자인

이현복 AIA

박영사

머리말

문학과 사학 그리고 철학을 통합하여 일컫는 인문학이 인간이 과거에 그려왔고 또 미래에 그려나갈 흔적에 대해 공부하는 학문을 의미한다면, 과학과 기술의 발전을 민감하게 반영하면서도 인간이 그리는 흔적에 지대한 영향을 미치는 일상의 공간에 대해 공부하는 학문이라는 견지에서 건축학 또한 인문학의 한 분야에 속한다고 할 수 있다. 모든 학문적 이론이 과거의 이론에 대한 학습으로부터 출발하여 창의적인 이론으로 발돋움하였듯이, 디자이너로서 반드시 갖추어야 할, 건축이 미래에 창조해야 할 일상의 공간이 어떻게 구성되어야 할지를 가늠해볼 수 있는 통찰력 혹은 창의력 또한 건축이 지나온 과거의 발자취와 의도를 이해하지 않고는 체득될 수 없음이 자명하다. 우리나라에서는 오랫동안 건축학이 단지 공학의 한 분야로서 교육되어왔지만, 인간이 그리는 무늬를 다루는 학문이라는 견지에서 본다면, 그리고 디자인의 핵심이라고 할 수 있는 디자인의 개념과 맥락이 부지의 입지와 역사, 사회학, 심리학, 미학, 예술, 철학 등에 대한 탐구로부터 결실을 맺게 된다는 견지에서 본다면 당연히 건축디자인에는 인문학의 요소가 포함되어 있으며, 건축디자인의 한 분야인 배치디자인 또한 그러하다. 건축학은 인문학에 미학과 과학 그리고 기술이 가미된 종합학문이다.

知之者不如好之者, 好之者不如樂之者

Better than to know something is to like it.

Better than to like something is to enjoy it.

아는 것은 좋아하는 것만 같지 못하고,

좋아하는 것은 즐기는 것만 같지 못하다.

공자의 논어에 수록되어 있는 구절이다. 독서는 인간과 인간의 삶에 대한 절실한 관심을 마음에 품고, 사람과 세상에 대해 좀 더 깊이 있게 이해함으로써, 보다 고결하고 향상된 삶의 가능성을 탐색하기 위한 목적을 가진다. 독서를 통해 세상을 이해하는 새로운 감각과 사고의 지평이 열리고, 독서를 통해 배우고 느낀 대로 삶을 체험할 수 있게 될 때 비로소 독서의 역할이 완성되어 갈 수 있을 것이다. 실천은 독서를 통해 해석된 내용의 자기 내면화와 생활화의 과정이며, 독서의 내용이 일상의 모습으로 나타나게 될 때, 비로소 책 읽기가 진실로 완성되었다고 할 수 있을 것이다. 공자가 말한 위 구절은, 어떤 일에 대한 절실한 관심으로부터 비롯된, 마음을 다한 책 읽기를 통해 배우고 또한 그 내용을 깊이 이해하게 된 이후, 부단한 연습과 훈련을 통해 좋아함의 단계를 거친 후에라야 비로소 도달될 수 있는 '일을 즐기는 경지'의 가치에 대해 역설하고 있으며, 우리에게 책 읽기에 대한 절차탁마(切磋琢磨)의 자세를 요구하고 있다. 건축디자인을 공부하고 있는 우리의 입장으로 치환하여 생각해본다면, 건축과 배치디자인 관련 도서에 대한 마음을 다한 독서를 통해 그 내용을 깊이 이해한 후, 책의 내용을 디자인에 반영시키는 연습과 디자인 실무를 통한 철저한 훈련과정을 거쳐 좋아함의 경지를 넘어서게 된 이후에야, 비로소 직업으로서의 디자인 작업이 우리가 즐기는 대상이 될 수 있을 것이라는 뜻이 될 것이다. 디자인은 건축사의 정체성을 나타내는 핵심요소이기 때문에 디자이너가 갖추어야 할 특별한 덕목으로서 미학적 감수성(aesthetic sensibility)과 재능(talent), 그리고 창의력(creativity) 등이 자주 언급되지만, 이러한 덕목들은 디자인에 관한 지식이 없거나 실무를 통한 생각의 훈련과정을 거치지 않은 상태에서 저절로 발현될 수 있는 것들이 결코 아니다. 도시와 건축은 어떤 한 순간 갑자기 생겨난 발명품이 아닐 뿐더러 오랜 시간의 파고를 넘어 우리의 삶과 문화의 궤적에 접목되고 적응되어 전해져 온 생각의 산물인 까닭에, 디자이너에게 이러한 덕목들을 받쳐줄 토대로서의 기본지식과 이론이 훈련되어 있지 않다면 그러한 덕목들 또한 디자인에 구현되기는 불가능할 것이며, 설사 겉으로는 그러한 덕목들이 구현되어 있는 것처럼 포장되어있다고 할지라도 결국은 뼈대가 부실한 사람이나 구조가 부실한 건축물처럼 사상누각이 될 수밖에 없을 것이다. 학생들이 비판없이 받아들일 만큼 유행하고 있는 해체주의(deconstrucivism) 건축이 서양의 전통적인 합리주의 철학사조를 비판하는 데리다(Jacques Derrida)의 다원론철학에 생각의 뿌리를 두고 있음은 널리 알려진 사실이다. 독서를 통해 생각의 외연을 넓히고, 권투선수가 기초체력을 배양하기 위해 roadwork을 하듯이 디자인의 기초체력을 보강할 것을 권유한다. 전문가가 된다는 의미는 전문지식과 숙련된 기술을 통해 일반적인 직업의 종사자들로부터 현저히 구별되는 전문성을 획득하는 것을 의미하며, 전문가의 판단은 흔히 공공의 이익과 관련되어 사용되기 때문에, 만약에 경쟁력 없이 사용될 경우에는 스스로 의도하지는 않았다고 하더라도 공공의 이익을 해칠 가능성이 다분히 존재한다. 더욱이 건축사는 공공에 고도로 노출되고 또한 오랜 기간 존속되는 건축물과 공간을 창조하게 되므로, 그 책임 또한 다른 전문가에 비해 결코 작다고 할 수 없을 것이다. 건축과 외부환경 역시 우리의 생각과 문화의 속살을 반영하는 것이며, 지구촌이라는 말이 피부로 느껴질 만큼 많은 외국인들이 우리나라를 찾고 있는 요즈음, 그들의 눈에 가장 먼저 국가의 품격으로 느껴질 외부환경을 창조하는 전문가로서의 건축사의 책임은 아무리 강조해도 지나침이 없을 것이다.

형상(form)과 공간(space)은 서로 공생관계(symbiotic relationship)에 있으며 좋은 건축은 당연히 좋은 형상과 공간을 수반한다. 하지만 건물이 아무리 좋은 기능과 환상적인 형상을 갖고 있다고 하더라도 우리 사용자들에게 의미를 부여해주는 외부공간이 수반되지 않는다면 결코 좋은 건축이라고 할 수 없을 것이며, 좋은 건축이 곳곳에 조화롭게 배치되지 않는 한 품격 있는 도시 또한 형성되기 어려울 것이다. 건축을 창조하는 행위는 디자인의 전 과정을 통한 끊임없는 문제의 해결(problem-solving)과 프로젝트에 대한 적합성에 따라 여러 대안들(design alternatives) 중 하나의 결론(solution)을 선택하는 선택의 과정이라고 할 수 있다. 이 책의 내용을 기계적으로 단순히 암기하기보다는, 항상 곁에 두고 디자인의 문제를 풀게 될 때마다 참고하면서, 디자이너로서의 사고력과 통찰력을 기르고, 문제의 해결능력과 판단능력을 배양하는 데 사용할 것을 권유한다. 아직도 부족한 점이 너무나 많이 남아있음을 절감하면서도, 이 책이 어떻게 하면 디자인을 잘할 수 있느냐고 질문하던 학생들에게 바람직한 응답이 되고, 좋은 디자이너가 되기 위해 부단히 노력하고 있는 건축과 조경 및 도시건축계의 동료 여러분들 그리고 건축이나 조경 및 도시디자인 작업에 직접 참여하지는 않더라도 건축이나 도시 관련 디자인에 대해 깊은 관심을 갖고 있는 여러분들이 생각의 외연을 확장시키는 데 일조할 수 있기를 간절히 희망해 본다.

2019년 8월

이 현 복

차례

04

프로젝트 부지의 사용자와 프로그램 ••• 107

05

배치디자인의 의미와 마감재료 ••• 145

06

용도별 배치계획 ••• 213

01

건축의 기본조형

Basic Forms of Architecture

사진설명

Moshe-Safdie가 디자인한 싱가포르의 Marina Bay Sands의 야경

1. 형상과 공간(Form & Space)

모양은 평평한 형태의 특징적인 윤곽이나 입체적인 형상의 표면 형태로 간주된다. 모양은 우리가 이차원의 형태와 삼차원의 형상을 인지하고, 식별하고, 분류하는 기본적인 수단이 된다. 모양에 대한 우리의 지각은, 배경이 되는 바닥면으로부터 형태를 분리시켜주는 윤곽선을 따라 존재하거나 혹은 형상과 그 배경 사이에 존재하는, 시각적 대비의 정도에 따라 달라진다. 외곽이 채워진 입체적인 형상과 공간적인 비워짐 그리고 전경과 배경 요소 등 우리의 시각 환경을 구성하는 모양은 통일된 전체를 형성하기 위해 서로 맞물린다. 형상은 바닥면, 벽면, 천장면 등 다수의 면들이 함께 모여 만들어지며, 바닥면만 있어도 외부의 공간은 만들어진다. 단위 건축의 실체는 형상(form)과 공간(space)의 요소들이 함께 모여 형성되며, 이러한 단위 건축

물들이 함께 모여 도시건축이 형성된다. 형상의 내부에 존재하는 내부공간과 형상의 바깥에 존재하는 외부공간은 동선에 의해 물리적으로 연결되면서(physical relationship) 동시에 시선에 의해 시각적으로도 연결되기(visual relationship) 때문에, 형상과 공간은 서로 분리될 수 없는 공생관계(symbiotic relationship)를 이루며, 그런 까닭에 외부공간이 형상이 배치되고 난 후의 자투리땅으로서 남겨지는 것은 바람직하지 않다. 이처럼 건축의 실체는 형태와 배경처럼 서로 반대되는 사물들의 통합을 통해 형성된다. 실체가 있는 입체요소들에 의해 공간이 포획되어 에워싸이고 주조되고 조직되기 시작하면서 건축이 태어난다.

건축적인 형상은 입체와 공간 사이의 접합선에서 발생된다. 우리는 설계도면을 작성하고 읽으면서 공간의 체적을 포함하고 있는 입체의 형상뿐만 아니라 공간 자체의 체적의 형상에도 주의를 기울여야 한다. 입체의 형상과 공간 사이의 공생적 관계는 건축의 여러 척도에서 존재하는 것으로 조사되고 발견되었다. 우리는 다양한 척도에서 건물의 형상뿐만 아니라 주변공간에 미치는 건물의 영향에 대해서도 주의를 기울여야 한다. 도시 척도(city scale)의 관점으로 보면, 건물은 도시 구조의 한 부분이 되고 거리와 광장을 규정하는 보조물이 될 수가 있으며 혹은 조형물로서 공간에 홀로 세워질 수도 있다. 건물 척도(building scale)의 관점으로 보면, 우리에게는 벽면들의 배열형태를 평면도의 양적 요소로서 읽으려고 하는 경향이 있다. 하지만 벽면들 사이에 펼쳐져 비어있는 부분은, 단순히 벽면들의 배경이 될 뿐만 아니라 모양과 형상을 갖고 있는 도면 속의 형태로서도 읽혀져야 한다. 심지어 방의 척도의 관점으로 보아도, 고정된 가구들이 배경으로서의 공간 속에 형상으로서 세워질 수가 있으며 혹은 배경으로서 공간영역의 형상을 규정하도록 작용할 수도 있다.

초기단계의 건축디자인은 평면도(floor plan)에 바닥면(floor plane)과 벽면(wall plane)을 만들어 다수의 단위공간들을 조성하고, 단위공간들 사이에 형성될 관계의 강약에 따라 넓거나 좁은 혹은 직접적이거나 간접적인 동선(movement line)을 제공해주며, 내부공간과 외부공간 사이에 물리적인 관계(physical relationship) 혹은 시각적인 관계(visual relationship)를 설정해줌으로써,

궁극적으로 형상과 외부공간 사이에 최적의 상호관계가 성립되도록 노력하는 단계이다. 공간들 사이의 물리적 관계는 순환공간(circulation space)이나 출입구를 통해 사람이 직접 걸어갈 수 있는 동선에 의해 형성되며, 시각적 관계는 두 공간 사이에 시야를 가로막는 장애물이 존재하지 않을 때 형성된다. 형상 속에 존재하는 내부공간과 외부공간 사이에는 서로 바라볼 수 있는 투명한 창호가 있어야 시각적 관계가 성립된다. 이처럼 형상과 공간 사이, 형상과 형상 사이, 공간과 공간 사이에 최적의 상호관계를 구축하기 위한 노력을 기울인다는 점에서 건축디자인은 관계의 미학을 추구하는 학문이라고 할 수 있을 것이다.

형상은 디자인 어휘의 삼차원 요소로서 기본적으로 길이와 폭 그리고 깊이에 의해 형상화되며, 바닥면과 벽면 그리고 천장면으로 에워싸인 건축물의 형상으로 우리의 환경 속에 존재한다. 형상은 도시의 척도로서 사람들과 물건들을 수용할 수 있는 그릇으로서 혹은 외부공간의 품질을 규정해주는 입체로서 작용할 수 있다. 외부공간은 단일 개체로서의 정체성을 유지하면서도 흔히 인접한 공간과 통합되거나 중첩(juxtaposition)될 수 있다. 우리의 시각환경을 구성하는 형상과 공간의 모양들, 전경과 배경요소의 모양들은 평면적으로 통일된 전체를 형성하기 위해 서로 맞물린다.

우리는 시야의 구조를 이해하기 위해, 형태로서 지각되는 양성적인 모양과 형태를 위한 배경으로서 작용하는 음성적인 부분으로 분류하여 우리의 시야에 보이는 요소들을 체계화한다. 건물과 공간 사이의 이러한 관계를 표현한 도면을 Figure-Ground Map이라고 하며, 1748년에 Giambattista Nolli가 작성한 로마의 지도가 대표적인 사례이다.

상대적으로 더 단순하고 정형화된 모양일수록 인간이 지각하고 이해하기가 쉬워지기 때문에, 우리에게는 시야에 보이는 대상물을 가장 단순하고 정형화된 모양으로 다듬어서 바라보려는 경향이 있다. 복잡한 도시 환경 속에서도 원(circle)과 정사각형(square), 정삼각형(triangle) 등 기본형태의 원형(primary shapes)을 변형 없이 적용시킨 입면이나 구(sphere), 원통(cylinder), 원뿔(cone), 정사각뿔(pyramid), 정육면체(cube) 등 입체의 원형(primary forms)으로 형성된 건

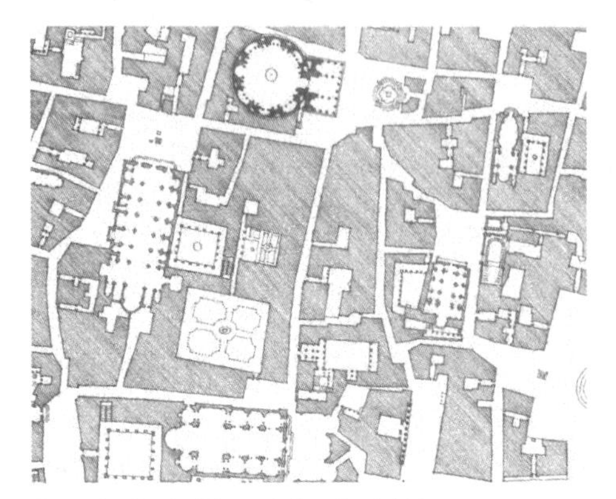

Nolli가 작성한 로마지도의 일부분

물이 우리 눈에 더 쉽게 들어오는 것은 그러한 까닭이다. 대부분의 입체적 형상들은 구(sphere), 원통(cylinder), 원뿔(cone), 정사각뿔(pyramid), 정육면체(cube) 등 입체의 원형들로부터 어떤 요소를 빼어내거나, 덧붙이거나 혹은 변형되어 만들어진 변이물들이라고 할 수 있다. 정형적인 형상(regular form)은 부분들 사이에 일정하고 질서정연한 방법에 의한 관계맺기가 형성되어 있기 때문에 안정적으로 보이며, 하나 혹은 그 이상의 축선(axis)에 대해 대칭을 이룬다.

비정형적인 형상(irregular form)은 전혀 유사하지 않거나 일치되지 않는 방법에 의해 서로 관계가 맺어지는 부분들을 갖고 있으며, 비대칭적이고, 정형적인 형상에 비해 더 역동적으로 보인다. 프로젝트 부지의 맥락과 프로그램 그리고 사용자들의 요구에 따라 정형적인 평면형태의 공간이 비정형적인 평면형태의 공간 안에 포함되거나 혹은 그 반대로 비정형적인 평면형태의 공간이 정형적인 평면 형태의 공간 안에 포함되어 구성됨으로써, 주변맥락에 대해 바르게 응답하면서도 역동적인 형태의 평면이 만들어질 수 있다.

형상을 구성하는 입면의 표면 색상이 배경으로 보이는 면의 색상과 대비를 이룰 때 입면의 형태를 더욱 뚜렷하게 드러내어줄 수 있으며, 입면에 칠해진 색상의 명암을 수정함으로써 시각적인 중량감이 조절될 수 있다. 입면의 질감과 색상에 의해 그 면의 시각적인 중량감뿐만 아니라 빛과 소리를 흡수하거나 반사하는 정도가 조절된다. 방향성과 시각적인 패턴으로 장식된 입면에 의해 면의 형태와 비율이 왜곡되어 보일 수도 있다. 또한 물질의 고유한 색상과 질감에 관한 우리의 지각은 건축물에서 물질이 다른 물질과 어떻게 연결되고 조립되느냐에 따라 크게 영향을 받는다. 두 개의 면이 만나는 모서리를 지나 색상이나 패턴이 인접면까지 연장되면 형상의 체적은 실제보다 더 작게 보인다. 모서리에 개구부가 설치되면 서로 인접하고 있는 면들이 완만하게 이어진 것처럼 보이게 되고, 둥글게 마무리된 모서리 마감에 의해 삼차원 형상을 구성하는 표면들의 지속성, 입체의 압축감, 윤곽의 부드러움 등이 강조된다.

1) 공간을 규정하기(Defining Space)

어떤 삼차원의 형상이든지 그 형상을 둘러싸고 있는 주변의 공간에 영향을 미치며 형상 자체의 영역을 발생시킨다. 기둥은 공간 속에 놓여서 스스로의 영역을 발생시키며 공간을 에워싸고 있는 요소들과 상호작용한다. 공간의 체적을 규정하기 위해서는 세 개 혹은 그 이상의 기둥들이 배열될 수 있다. 캐노피(canopy)를 지지하는 네 개의 기둥들에 의해, 제단이나 공간의 상징적인 중심으로 작용하게 될 소규모의 특설 건축물이 형성된다. 규칙적인 간격에 의해 연속적으로 배치된 기둥들은, 공간과 그 주변 사이에 지속성이 존재하도록 허용하면서도 공간의 가장자리를 규정할 수 있는, 열주(colonnade)를 형성한다. 수직적인 형상은 우리의 시야 안에서 수평면보다 훨씬 더 큰 존재감을 가지게 되며, 그렇기 때문에 공간의 체적을 규정하고 에워싸임의 의미를 부여하기 위해 수평면보다 더 중요하게 사용된다.

단일 수직면은 독립기둥의 그것과는 다르게 독특한 시각적 특성을 갖는다. 직사각형의 기둥이 벽체와 유사한 형상으로 변화되면서, 공간의 체적을 가르며 한없이 펼쳐진 벽면의 한낱 파편인 것처럼 보일 수 있으며, 면 하나에 의해서는 단지 영역의 한쪽 가장자리만이 만들어질 수 있다. 삼차원적인 공간의 입체를 규정하기 위해서는 수직면과 함께 다른 수직적 요소들의 상호작용이 이루어져야 한다. 건물은 L자 모양의 평면형태를 취할 수 있으며 사용자에 의해 다양한 의미로 읽혀질 수 있다. 두 개의 수직면으로 구성된 L자 모양의 형태에서는 내부의 코너로부터 외부로 향하는 대각선의 축선을 따라 영역이 규정된다. 대각선에 의해 나누어지는 삼각형의 평면들 중 L자를 구성하는 두 개의 면에 접하는 가장자리는 수직면에 의해 명확하게 규정되지만, 벽면과 접하지 않는 두 가장자리들에는 L자 형태의 수직면들에 의해 공간의 영역이 발생되며, 이를테면 대각선의 끝에 기둥이 설치되는 등 추가적인 수직적 요소들에 의해 명료하게 표시되거나 바닥면의 패턴이나 천장면의 설치물 등에 의해 기술적으로 처리되지 않는다면, 수직면에 접하지 않는 다른 가장자리들은 명확하게 규정되지 않은 채로 남겨진다. 두 개의 벽면이 만나는 안쪽 구석의 내향성의 영역은 수직면에 접하는 가장자리를 따라 외향성의 방향성을 갖는다. 양쪽 수직면들이 균형을 이루도록 L자 형태가 만들어질 수 있지만, 한쪽 수직면이 다른 수직면의 첨가물처럼 보이면서 첨가물처럼 보이는 수직면의 구석이 다른 수직면의 영역 안에 포함될 수도 있다. 혹은 안쪽 구석에 존재하게 될 새로운 수직면이 양쪽 두 개의 수직면 형상들을 연결해주는 독립된 요소로서 존재할 수도 있다. 만약에 L자 형태 평면의 안쪽 접촉부의 수직면에 개구부가 도입된다면 수직면들에 의해 규정되었던 영역의 의미가 느슨해지며, L자 형태의 대각선을 따라 자체적인 영역이 발생되고 공간은 보다 역동적인 공간으로 변모하게 될 것이다.

뉴욕시 5th Avenue와 6th Avenue 사이 42nd ST에 위치한 뉴욕시립도서관 뒤편의 브라이언트 공원(Bryant Park)

뉴욕시 Fifth Ave와 Madison Ave 사이의 East 53rd St에 위치한 페일리 공원(Paley Park)

바닥면이 주변으로부터 들어 올려지거나 내려앉게 규정되어 도시 거주자들의 휴식을 위한 공개공지로 사용되는 사례는 많이 있다. 뉴욕시립도서관의 뒤편에 위치한 브라이언트 공원은 날씨가 좋은 계절에는 시민들의 휴식장소 혹은 야외콘서트와 패션쇼 등의 공연장소로 활용되고 있으며 여름철에는 야외수영장, 겨울철에는 야외스케이트장으로 계절에 맞게 사시사철 활용됨으로써 사람들이 즐겨 찾는 명소가 되었다. 도심 속에 존재하는 오아시스 같은 공간(urban oasis)의 사례로 흔히 거론되는 페일리 공원은 도시블록의 한 개 필지(lot)에 건물을 짓지 않고 비워

조성한 작은 공원인데, 한쪽 벽면에 설치된 수벽(water wall)에서 흘러내리는 물소리(백색소음의 일종, white noise)가 주변의 소음을 차단시켜주고 나무그늘 아래에 배치된 의자에 앉아 음료를 마시거나 식사를 할 수도 있기 때문에 사람들의 약속장소나 담소를 위한 장소로 애용되고 있다. 해마다 성탄절이 되면 대형 크리스마스트리가 설치되어 방송됨으로써 우리에게도 익숙해진 록펠러센터의 지하광장은 봄철부터 가을철까지는 야외식당으로, 겨울철에는 야외 스케이트장으로 사용되고 있다. 이때, 아이들이 스케이트를 타는 동안 부모들이 1층 난간에 기대어 아이들을 바라보게 되면, 상대방이 서로에게 그 장면의 주인공이 되어 다가오게 되는 극장효과(theatrical effect)가 발생되어 잊지 못할 장면으로 기억에 새겨지고, 그 장소는 시간의 흔적이 입혀지면서 명소의 의미(a sense of place)를 갖게 된다. 이러한 효과는 아트리움처럼 몇 개층이 열려있는 공간을 수직으로 관통하는 에스컬레이터에 의해서도 흔히 연출된다.

▌ 록펠러센터(Rockefeller Center)의 지하광장에 개설된 야외식당의 모습

캐노피(canopy)나 포트 코쉬어(porte-cochere, 주차장에 차량을 주차하기 전에 승객이 건물의 출입구에서 먼저 내리게 될 경우 일시적으로 차량을 정차하기 위해, 눈이나 비를 피할 수 있도록 지붕을 설치한 시설로서 호텔 건물의 주출입구에 흔히 설치된다), 수평의 트렐리스(trellis)처럼 머리 위로 높이 들어 올려진 수평면에 의해 아래에 놓여진 공간의 체적이 규정된다. 기둥(column)과 오벨리스크(obelisk) 그리고 탑(tower) 등은 수직적인 요소가 되어 사람들에게 가시화될 수 있는 지점을 지표면 위에 수립해준다. 이처럼 수직적인 건축요소는 도시환경 속에서 축선의 종착점(axis terminal)으로 작용할 수도 있고, 도시공간의 중심점을 표시할 수도 있으며, 도시공간의 가장자리를 따라 시각적 초점(focal point)을 제공해줄 수도 있다.

2) 개구부(Openings)

건축공간의 품질은 그 공간의 입체를 규정하는 선형 요소들과 면 요소들의 기본 패턴 그리고 그 공간이 주변의 맥락과 연결되도록 작용하는 개구부들의 다양성에 의해 정해진다. 우리는 공간의 내부로부터 오직 벽면의 표면만을 보게 되며, 공간의 수직적인 경계면을 형성하는 것은 이렇게 얇은 물질의 막이다. 공간의 영역을 에워싸고 있는 벽면 위에 개구부를 설치하지 않은 채 인접 공간들과의 공간적 혹은 시각적 지속성이 성립될 수는 없다. 창호는 햇빛이 공간을 관통하도록 허용하고, 방의 바닥면과 벽면 그리고 천장면 등 방의 표면을 비추어 주며, 사용자에게 외부에 대한 전망을 제공하고, 인접 공간들과의 시각적 관계를 수립해준다. 문은 방 속으로의 출입을 제공해주며 동작의 패턴과 방의 내부를 사용하는 방법에 대해 영향을 미친다.

공간을 에워싸고 있는 면들의 전체 면적이 개구부로 설치되어도 공간의 가장자리라는 의미가 약화되지 않으며, 공간이 닫혀져있다는 의미를 약화시키지도 않는다. 벽면과 함께 통합된 구도를 형성하기 위해 다수의 개구부들이 함께 모아져 무리를 이룰 수 있으며, 혹은 개구부들의 설치 위치를 서로 엇갈리게 배치하여 층을 이루거나 산개시킴으로써, 벽면의 표면을 따라 시각적인 이동이 만들어질 수 있다. 벽면 속에 설치된 개구부의 규격이 확장되면, 개구부는 어느 순간 에워싸인 영역 안에 놓여 있는 하나의 형태가 되기를 그치고 굵은 틀에 의해 경계지어져 자체적으로 양성적인 투명한 면으로 인식될 것이다. 교회건물에 설치되는 측창(clerestory window)처럼 벽면을 가로질러 확장되는 수평적인 개구부는 벽면으로부터 천장면을 시각적으로 들어 올리는 느낌을 주기 시작하며 벽면 전체에 가벼운 느낌을 부여해준다. 전체 벽면이 창호로 구성되면 실내에 더 많은 햇빛이 유입되고, 사용자에게 더 광범위한 전망이 제공되며, 실내의 사용자와 외부공간 사이에 시각적 접근성(visual accessibility)이 형성되기 때문에 실내공간이 물리적 경계를 넘어 시각적으로 확장된다.

공간을 에워싸고 있는 벽면의 가장자리를 따라 배치된 개구부는 입체의 모서리를 시각적으로 약화시킨다. 이러한 개구부의 규격이 커지게 되면, 공간은 에워싸임의 의미를 잃고 인접 공간으로 통합되기 시작한다. 벽면과 천장면이 만나는 가장자리를 따라 선형의 천창을 배치하면, 방 내부 벽의 표면이 자연광에 의해 씻겨진 것처럼 비추어지고 실내공간의 밝기가 강화된다. 창호로 구성된 벽면과 지붕면의 대형 천창을 결합시키면 방의 내부와 외부 사이의 경계가 모호해진다.

3) 자연채광과 조명(Natural & Artificial Lighting)

빛의 방사에너지(radiant energy)는 공간 내 형상의 모양, 색상 그리고 질감을 드러내준다. 태양의 방사에너지가 벽면에 설치된 창호나 상부의 지붕면에 설치된 천창(skylight)을 통해 공간 속을 관통하면, 방 속에 있는 물체의 표면 위에 떨어져 색상을 강화시킴으로써 우리가 더욱 생생하게 색상을 느낄 수 있도록 작용하고 표면의 질감을 드러내준다. 태양은 태양의 방사에너지가 만들어내는 빛과 그늘 그리고 그림자의 움직이는 패턴으로 실내공간에 생기를 불어넣어주고, 방 안에 놓여있는 형상들을 명료하게 드러내준다. 햇빛의 색상과 휘도에 의해 방 안에 축제 분위기가 조성될 수 있으며, 좀 더 흩뿌려진 일광에 의해 실내에 음산한 분위기가 스며들 수도 있다. 태양의 직사광선이 비추어지면 실내에 존재하는 여러 물체들의 표면 위에 명암의 차이로 인한 날카로운 패턴이 조성되며, 공간 안에 있는 형상들이 또렷하게 구분되어 연계된다.

창호의 모양은, 햇빛에 의해 주조된 그림자의 패턴으로 형상과 방의 표면 위에 반사된다. 이처럼 형상과 공간의 표면 색상 그리고 재질에 의해 공간 안의 반사도와 주변 조도가 차례로 영향을 받는다. 섬광 및 과도한 열의 획득과 같이 태양의 직사광선에 의해 발생될 수 있는 해로운 영향은, 서향의 외벽에 설치되는 fin, 남향의 외벽에 설치되는 처마(overhang) 혹은 brise-soleil 개념의 solar shading 장치처럼 창문과 함께 설치되는 그늘조절장치에 의해 조절될 수 있다.

▌싱가포르에 소재한 샹그릴라 호텔의 수영장과 정원 야경

개구부의 밝기와 개구부 주변 표면의 어두움 사이에 과도한 명암의 대비가 존재하게 될 경우에는 섬광이 유

발될 수 있다. 형상이 전망으로부터 감춰지거나 전망의 범위 밖에 존재한다고 하더라도, 그림자에 의해 그 형상의 모양이 드러날 수 있다. 태양은 건축의 형상과 공간을 비추어주는 자연광의 풍부한 자원이 된다. 태양의 방사열이 강렬하기는 하지만, 태양의 직사광 혹은 발산된 일광의 형태 속에 명백하게 나타나는 빛의 품질은 하루 중의 시간에 따라, 계절에 따라, 장소에 따라, 그리고 시간과 장소에 따라 달라진다. 빛을 발하는 태양의 조명에너지가 구름, 안개 그리고 강우에 의해 산개되면서, 햇빛에 의해 하늘의 변화하는 색상과 날씨가 햇빛이 비추는 형상과 표면 위로 전송된다.

4) 전망(View)

창호와 천창의 개구부는 사용자에게 외부 환경에 대한 전망을 제공하고 방과 주변 환경 사이에 시각적 관계(visual relationship)를 수립해준다. 우리는 벽에 걸린 그림을 보는 것처럼 전망을 보기 위해, 작은 개구부를 통해 풍경의 근접상세를 나타낼 수 있으며 혹은 사진틀처럼 일정한 틀에 끼워 전망을 바라보기도 한다(사진틀 효과, picture frame effect). 풍광을 여러 개의 장면으로 쪼개 바라보기 위해 창호를 연속적으로 배열시켜 설치할 수 있으며, 연속적으로 배치된 창호는 사용자에게 공간 내부에서의 이동을 권장하게 된다. 수직적이든 수평적이든, 길고 좁은 개구부가 설치되면 두 개의 면들이 분리될 수 있을 뿐만 아니라 벽면 뒤에 무엇이 놓여 있는지 암시받을 수 있게 된다.

방은 개구부가 확장될수록 광활한 풍경에 개방된다. 대규모의 장면으로 실내의 공간이 가득 채워질 수 있으며 혹은 외부의 풍광이 공간 내부에서 펼쳐질 활동의 배경이 될 수도 있다. 어떤 특정한 전망이 오로지 방 안의 유일한 자리로부터만 바라볼 수 있도록 창호가 배치될 수 있다. 외부로 돌출된 창호에 의해 사람이 장면 속으로 투영될 수도 있다. 만일 외부를 향해 돌출된 공간의 면적이 충분히 클 경우에는 그 공간이 건축의 양식상 알코브(alcove: 벽면이 우묵하게 들어가서 만들어지는 공간)가 될 수 있으며, 사람에 의해 공간의 점유가 가능해진다.

2. 건축공간의 구성

단일 공간으로 구성되는 건물은 거의 없다. 건물은 통상적으로 기능, 근접성 혹은 동선에 의해 서로 관련되는 다수의 공간들로 구성된다. '공간 속의 공간(space within a space)' 혹은 '도시 속의 도시(city within a city)'라는 표현에서 알 수 있듯이 대형의 공간은 그 체적 안에 더 작은 공간을 감싸서 포함시킬 수 있다. 두 공간들 사이의 시각적이고 공간적인 지속성은 쉽게 수용될 수 있지만, 큰 공간에 에워싸여 있는 작은 공간의 외부환경에 대한 관계는 작은 공간을 감싸고 있는 큰 공간에 의해 결정된다. 서로 맞물리는 공간적 관계는 인접한 두 공간영역들 상호간의 겹침과 공유공간 영역이 발생될 때에 형성된다. 인접한 두 개의 공간들이 이런 방법으로 서로의 체적에 맞물릴 때에도, 두 공간은 각각 공간으로서의 정체성과 의미를 유지한다. 하지만 두 개의 공간들이 서로 맞물려서 초래된 형태는 다양한 해석의 대상이 된다.

인접성(adjacency)은 공간적 관계의 가장 통상적인 유형이다. 인접성은 공간이 각각의 고유한 방법에 의해 명확하게 규정되고, 기능적이거나 상징적인 특정 필요조건에 대해 응답하도록 허용한다. 두 개의 인접한 공간들 사이에 발생되는 시각적이고 공간적인 지속성의 정도는 두 공간을 분리시키거나 한데 묶어주는 벽면의 성격에 따라 달라진다. 거리(距離)에 의해 분리된 두 개의 공간이 제3의 중개공간(intermediate space)에 의해 서로 연결되거나 관련될 수도 있다. 두 공간 사이의 시각적이고 공간적인 관계는 두 공간이 유대를 공유하는 제3의 공간의 성격에 따라 달라진다. 중개공간은 서로 멀리 떨어져있는 두 공간을 잇기 위해 자체적으로 선형의 형상이 될 수 있으며, 혹은 서로 직접적인 관계가 없는 연속적인 공간들 전체를 연결해줄 수도 있다. 중개공간의 형상과 정향(定向)은, 연결 기능을 표현하기 위해, 중개공간에 의해 연결되는 두 공간과는 다를 수 있다.

1) 공간을 구성하는 방법

다수의 단위공간들이 모여 복합적인 구성을 형성시키는 방법은 중앙집중형 구성

(central organization)과 선형 구성(linear organization), 방사형 구성(radial organization), 다발형 구성(clustered organization), 그리고 격자형 구성(grid organization) 등으로 크게 분류될 수 있는데, 이러한 공간 구성의 방법은 건물이나 도시디자인에 모두 적용될 수 있다. 중앙집중형 구성은, 일반적으로 정형(regular form)의 평면형태를 띠고 있으며 그 주위에 다수의 부차적 공간들을 모을 만큼 충분히 큰, 지배적인 중앙공간과 그 주위에 모여 있는 다수의 부차적인 공간들로 구성된다. 중앙에 위치하여 중앙집중형 구성을 조직하는 공간은 실내공간이 될 수도 있고 외부공간이 될 수도 있다. 부차적인 공간들의 기능과 형태, 규격은 서로 동등할 수 있으며, 기하학적으로 정형이나 대칭적인 구성을 만든다. 부차적인 공간들은 개별적인 기능의 필요조건들에 응답하기 위해, 부차적 공간들의 상대적 중요도를 표현하기 위해, 혹은 부차적 공간들의 주변맥락을 인지하기 위해, 형상이나 규격을 서로 다르게 채택할 수 있다. 선형 구성은 본질적으로 연속된 공간들이 모여 구성된다. 이러한 공간들은 서로 직접 관련될 수 있으며 혹은 분리된 별개의 선형 공간을 통해 연결될 수도 있다. 선형 구성은 보통 규격과 형태 그리고 기능이 서로 비슷한 반복적인 공간들로 구성되거나, 그 길이를 따라 규격과 형태 또는 기능이 다른 연속된 공간들을 구성하는 단일 선형 공간으로 구성될 수도 있다. 양자의 경우 모두, 각 공간은 경로를 따라 외부에 노출된다.

방사형 구성은 전체 구성의 중심이 될 중앙 공간으로부터 방사형의 패턴으로 뻗어나가는 선을 중심으로 공간들이 배치되어 형성된다. 중앙집중형 구성이 전체 구성의 중심이 되는 중앙공간을 향해 안쪽으로 초점을 맞추는 내부지향성의 계획안인 반면에, 방사형 구성은 구성의 주변맥락에 도달되는 외부지향성의 계획안이다. 방사형 구성의 중앙공간은 일반적으로 정형의 형태를 취하게 되며, 중앙공간을 중심점으로 하여 외부로 뻗어나가는 선형의 지선들은 기능과 맥락의 개별적인 필요조건들에 응답하기 위해 서로 다른 형태를 취할 수 있다.

다발형 구성은 내부의 공간들을 서로 관련시키기 위해 물리적 근접성에 의존한다. 다발형 구성은 반복적인 세포공간들로 구성되며, 세포공간들은 흔히 유사한 기능을 보유하면서 동시에 모양이나 정향(定向, orientation)과 같은 공동의 시각적 특성들을 공유한다. 또한 다발형 구성은 규격과 형태 그리고 기능은 다르지만 근접성(proximity) 혹은 대칭(symmetry)이나 축(axis)과 같은 질서조절장치(ordering device)에 의해 서로 관련되는 공간들을 구조 안에 받아들일 수 있다.

격자형 구성(grid organization)은 그리드시스템에 의해 배치된 네 개의 기둥이 평면에 반복적으로 배치되고, 기둥이 상층부로 연장되어 다층형 건물을 구성할 때 만들어진다. 격자형 구성은 공간 안에서의 자리와 서로간의 관계가 삼차원의 격자형 패턴이나 영역에 의해 규제되는 형상들과 공간들로 구성된다. 통상적으로 평행한 두 개의 선들이 수직으로 만나 만들어지는 격자는 교차점들에 규칙적인 점들의 패턴을 수립한다. 격자형 패턴은 공간들이 격리된 사건들로서 혹은 격자 모듈의 반복으로서 발생될 수 있는 삼차원의 공간 속으로 돌출되어, 공간이 만들어내는 모듈러 단위의 반복적인 세트로 변형된다. 격자는 격자형 구성공간에 필요한 특정 차원의 조건을 수용하기 위해 하나 혹은 두 개의 방향으로 불규칙하게 조성될 수 있으며, 특정 층에서는 주요 공간을 규정하기 위해 혹은 그 부지의 자연적인 특징을 수용하기 위해 기둥을 제거함으로써 격자가 중단되거나 혹은 엘리베이터 샤프트와 엘리베이터를 설치하기 위해 기둥을 옹벽(retaining wall)으로 대체하는 등 격자형 패턴으로부터 이탈된 평면 형태를 취할 수 있다.

2) 순환공간(Circulation Space)

어떤 사람이 도시의 한 구획이나 건물 혹은 건물 내부의 방으로 들어가는 행위는 한 공간을 다른 공간과 구별하고 '저기로부터 여기를 분리하는' 수직의 벽을 관통하는 행위와 연계된다. 우리가 실제로 건물의 내부로 들어가기 전에는 건물의 정면을 향하거나 경사각을 이룰 수도 있는 보도를 따라 건물의 출입구를 향해 접근하게 된다. 건물을 향해 간접적으로 혹은 비스듬하게 다가가게 되면, 접근하는 사람의 시야에는 건물의 정면과 형상에 투시도 효과가 강화되어 비춰지게 된다. 건물의 입구에 도착하는 것을 지연시키고 접근의 경로를 연장시켜주기 위해 통로의 방향이 여러 번 조정될 수도 있다. 접근로가 건물을 향해 극단적인 경사각으로 접근하게 되는 경우에는, 좀 더 명확한 시각의 확보를 위해 건물의 입구를 정면으로부터 돌출되어 튀어나오게 만들 수도 있다. 돌출되어 튀어나온 건물의 입구는 접근해오는 사람에게 스스로의 기능을 알려주면서 전이공간(transition space)을 형성하게 되고, 우리의 머리 위에 높이 설치됨으로써 아래 공간에 쉼터를 제공해 준다.

정문과 대문은 전통적으로 그 너머에 펼쳐져 있는 통로로 우리를 인도하고, 우리가 건물 내로 진입하는 것에 대해 환영하거나 억제하는 수단으로 작용되어 왔다. 건물과 출입구를 향한 접근은, 축약된 공간을 통과하는 짧은 발걸음으로부터 연속된 공간들을 통과하는 연장된 통로에 이르기까지, 건물의 출입구까지 도착하기 위해 걸리는 시간이 다양해지도록 디자인될 수 있다. 건물의 주출입구는 개구부를 통상적인 규격보다 더 높거나 낮게, 넓거나 좁게 혹은 더 깊거나 돌아가는 형태로 만듦으로써 시각적으로 강화될 수 있으며, 개구부에 장식을 부착하거나 문양으로 장식하여 주변으로부터 분리시킴으로써 출입구로서의 형상이 시각적으로 강조될 수 있다. 건물의 출입구는 건물에 대한 척도(building scale)와 사람에 대한 척도(human scale)의 두 가지 척도로 운용된다.

이동의 통로는 연속적인 실내공간들 혹은 외부공간들을 연결시켜주는 지각적인 연결고리로서 구상될 수 있다. 우리는 공간의 경로를 통해 시간을 따라 움직이게 되므로 우리가 있었던 곳과 가야 할 곳에 연관되어 공간을 경험하게 된다. 사람이든 자동차든 혹은 제품이든 서비스이든 간에 모든 동선은 기본적으로 선형의 성격을 띠게 된다. 건물의 출입구 및 통로의 형상과 척도는 공공장소의 산책로, 공항이나 환승 기차역의 중앙홀, 현관과 연결되는 홀 그리고 복도 등과의 사이에 존재하는 기능적이고 상징적인 차이를 분명하게 전달해야 한다.

순환공간은 공공의 갤러리아 혹은 사적인 복도를 형성하면서 벽면에 설치된 출입구를 통해 인접공간들과 관계를 형성하게 되며, 네 방향이 모두 공간으로 에워싸일 수 있다. 갤러리아는 통상적으로 궁륭의 지붕을 갖게 되며 상업시설들과 나란히 설치된 널찍한 산책로, 안마당 혹은 실내 몰이 이에 해당된다. 순환공간의 형상과 척도는 통로를 따라 산책을 하거나, 걸음을 멈추거나, 쉬거나 전망을 바라볼 때 등 사람들의 모든 동작을 수용해줄 수 있어야 한다. 발코니나 (좁고 긴 순환공간을 의미하는) 갤러리는 공간들과 연계되어 시각적이고 공간적인 지속성을 제공해 주게 되며, 한쪽 면 또는 양쪽 면이 모두 개방될 수 있다.

두 개의 바닥면 사이를 연결해주는 계단과 계단참(landing), 핸드 레일(hand rail), 난간 기둥과 기타 부분들을 포함하고 있는 계단실은 건물의 여러 층들 혹은 수직적으로 다른 위치에 있는 외부공간들 사이에 수직 동선을 제공해 준다. 계단을 통과하여 올라가는 행위는 사생활로부터의 격리와 고립의 의미를 전달해주는 반면에, 계단을 내려가는 과정은 안전하고, 보호되고, 안정적인 바닥을 향해 이동하는 의미를 암시할 수 있다. 계단의 폭은 계단이 공적 공간인지 혹은 사적 공간인지를 가늠할 수 있는 시각적 단서를 제공한다. 좁고 경사가 가파른 계단은 보다 더 사적인 공간으로 인도할 수 있는 반면에, 넓고 경사가 완만한 계단은 사람을 초대한다는 의미로 작용할 수 있다.

계단의 챌판과 디딤판의 치수에 의해 결정되는 계단의 경사도는 우리 몸의 움직임과 능력에 맞추어 비율이 정해져야 한다. 만일 계단의 경사가 가팔라지면, 계단을 따라 올라가는 동작에 의해 사람들이 육체적으로 피로감을 느낄 수 있을 뿐만 아니라 심리적으로도 그 계단을 피하게 될 수 있으며, 계단을 따라 내려가는 움직임이 불안해질 수 있다. 만일 계단의 챌판(riser) 높이가 낮아지게 되면, 우리의 보폭(450mm 내외)에 맞출 만큼 충분히 깊은 디딤판(tread)을 가져야 한다.

외부 계단은 공공의 사용을 위해 설치되기 때문에 눈이나 비가 올 때 미끄러질 수 있는 등 안전에 대한 주의가 더욱 요구된다. 외부 계단은 일반적으로 내부 계단의 챌판(내부계단의 챌판 높이로는 보통 165mm 높이에서부터 180mm 내외의 높이까지 적용)보다 낮은 높이의 챌판(150mm 내외의 폭을 적용)을 갖는다. 계단은 수직적인 높이의 변화를 수용하면서 동선을 강화하거나 중단시킬 수 있고, 계단의 진로에 생기는 변화를 수용할 수 있으며, 혹은 주요 공간으로 들어가기 전에 계단의 진로를 종결시킬 수 있다. 계단은 추가적으로 덧붙여진 형상으로서 또는 이동뿐만 아니라 휴식을 위해 공간이 도려내어진 입체로서 다루어질 수 있다.

계단을 따라 올라가거나 내려갈 때에는 계단의 경사도와 더불어 계단참의 위치가 우리 동작의 리듬과 안무법을 결정한다. 계단이 차지하는 공간이 커질 수도 있겠지만, 계단의 형상은 여러 가지 방법을 통해 실내공간에 맞춰질 수 있다. 계단실은 방의 한쪽 가장자리를 따라 전개될 수도 있고, 공간의 주위를 감싸고 돌도록 배치될 수도 있다.

계단은 사적인 공간에 접근성을 부여하거나 접근이 불가능함을 나타내주기 위해, 좁은 공간의 수직 갱을 통해 벽과 벽 사이를 따라 올라가도록 설치될 수도 있다. 계단실을 올라가거나 내려오는 것이 삼차원의 경험인 것처럼 챌판과 디딤판으로 구성되는 계단의 한 단은 삼차원의 형상이다. 우리가 계단을 공간 안에 독립적으로 서있는 조각물로서 혹은 벽면에 붙어있는 조각물로서 다룰 때에 이러한 계단의 삼차원적 품질이 개발된다. 공간 자체의 규격이 커지거나 정교하게 만들어진 계단실이 될 수도 있다. 계단실은 체계화된 요소가 될 수 있으며, 건물 또는 외부 공간의 다른 층들에 위치한 연속된 공간들과 함께 엮여 직조될 수 있다. 계단은 공간의 경계면 속으로 직조될 수 있으며 혹은 앉기 위한 연속적인 계단참이나 활동을 위한 연속적인 테라스로 확장되어 들어갈 수 있다. 계단은 용도의 성격에 따라 피난을 위한 비상계단(emergency stair)과 기념비적인 계단(memorial stair)의 두 가지 계단으로 분류될 수 있다.

3. 비례와 척도(Proportion and Scale)

비례와 척도의 건축적 측면들은 상호 연관된다. 척도가 참고가 되는 표준이나 특별한 어떤 물체에 비교된 사물의 규격을 언급하고 있다면, 비례는 한 부분의 다른 부분에 대한 그리고 한 부분의 전체에 대한 적절하거나 조화로운 관계를 일컫는다. 이러한 관계는 크기에 관한 것뿐만 아니라 양이나 정도에 관한 관계이기도 하다.

1) 비례(Proportion)

만일에 두 직사각형의 대각선들이 서로 평행하거나 직각을 이룬다면, 그것은 두 직사각형이 유사한 비례를 갖고 있음을 나타낸다. 이러한 대각선들뿐만 아니라 형태를 구성하는 요소들의 공통 정렬을 나타내는 선들은 규준선이라고 불린다. 규준선(regulating line)은 모든 비율조절시스템에서 형태를 구성하는 요소들의 비율과 배치를 통제하는 데 사용될 수 있다.

형태나 형상은 우리가 바라보는 시점에 따라 실체보다 길게 보이거나 짧게 보일 수 있으며, 뭉툭하게 혹은 웅크린 것으로 보일 수도 있다. 대체로, 우리가 사물의 비례를 어떻게 지각했느냐의 결과물인 시각적 품질을 부여하기 위해, 이러한 용어를 사용하여 형상이나 형태에 대해 표현한다. 하지만 그것은 정확한 과학이 아니다. 형상의 치수 상에 나타나는 보다 작거나 경미한 차이는 특별히 분간해내기가 어렵다. 정사각형이 사물의 정의에 의해 네 개의 동등한 면과 네 개의 직각을 가지고 있다고 하더라도, 직사각형이 정확한 정사각형이나 거의 정사각형과 같은 형태인 것처럼 보일 수 있으며 혹은 전혀 정사각형 같지 않은 형태인 것처럼 보일 수도 있다. 유사한 비례에 의한 요소들의 구성이야 자연스럽게 통일성을 가질 수 있겠지만, 유사하지 않은 비례의 구성도 기준요소(datum)나 리듬과 같은 질서정립의 원리(ordering principles)를 사용하여 여전히 통일된 방법으로 구성될 수 있다.

건축적 구성의 비율에 의한 강조는 주로 수평적인 비율의 강조가 되거나 혹은 어쩌면 수평적인 소재에 의해 절제된 수직적인 비율의 강조가 될 수 있으며 혹은 양자의 조합이 될 수도 있다. 심지어 형상의 구성에 사용된 건축 재료의 성격이나 구조적인 기능에 의해 형상에 부과된 비례적인 제약을 고려한다고 하더라도, 디자이너는 여전히 건물 내부와 건물 주변의 형상과 공간에 관련된 비례를 통제할 능력을 갖고 있다.

평면도 위에서 방의 모양을 정사각형이나 타원형으로 만들면 척도상으로는 친밀하거나 매우 고상한 것으로 보일 수 있으며, 통상적인 사례보다 높게 눈에 띄는 입면을 건물에 입히면 비율에 관한 의문점이 남게 된다. 실제로 건축의 물리적 치수에 관한 우리의 지각과, 비례 및 척도에 관한 우리의 지각은 정확하지 않다. 우리의 지각은 투시도적인 축약과 거리(距離)에 의한 축약 그리고 문화적인 편향에 의해 왜곡될 수 있기 때문에, 객관적이고 정확한 방법으로 비례와 척도를 통제하고 예상하는 것은 쉽지 않다. 우리의 시야에서 수직적인 형상이 수평면보다 훨씬 더 큰 존재감을 갖게 되고 분리된 공간의 체적을 규정하는 데에 좀 더 중요하게 쓰이는 반면에, 공간의 수평적인 치수 변화는 수직적인 높이의 변화보다 측정하기가 더 어렵다.

2) 척도(Scale)

비례가 형상이나 공간의 치수 사이에 형성되는 질서정연한 관계의 세트와 관련되는 반면에, 척도는 우리가 사물의 규격을 특별한 무엇인가에 관련시켜 어떻게 지각하고 판단하느냐를 일컫는다. 그러므로 우리는 척도의 주제를 다루면서 언제나 한 개 사물의 규격을 다른 사물의 규격과 비교한다. 기계적인 척도(mechanical scale)는 사물의 규격을 측정하기 위해 사용되고 있는 표준단위에 대한 어떤 사물의 상대적인 규격이나 비율을 의미하는 반면에, 시각적인 척도(visual scale)는 이미 알려져 있거나 추정된 다른 건축 요소들에 대한 상대적인 크기로서 나타날 어떤 사물의 규격이나 비율을 의미한다.

특별히 디자이너의 관심을 끄는 것은, 사물의 실제 치수를 언급하는 것이 아니라 오히려 어떤 사물의 규격이 같은 종류의 일반적인 규격이나 주변의 맥락 속에 존재하는 다른 사물들의 규격과 비교되어 얼마나 작거나 크게 보이는지를 일컫는, 시각적인 척도이다. 우리가 도시의 맥락(urban context) 속에 존재하게 될 프로젝트의 규격을 이야기할 때에는 도시의 척도(city scale)에 관해 이야기하는 것이며, 혹은 도시 내의 한 지역에 있는 건물의 적합성에 대해 판단할 때에는 이웃 혹은 지역사회의 척도(neighborhood scale)에 관해, 도로에 면한 요소들의 상대적 규격을 이야기할 때에는 거리의 척도(street scale)에 관해 언급하는 것이다.

우리는 건물의 척도를 통해 건물의 다른 부분들이나 전체 구성에 대한 각 요소들의 규격을 지각한다. 건축에서의 인간의 척도(human scale)는 인간의 신체 치수에 근거를 두고 있다. 우리는 벽면을 만질 수 있을 정도의 폭을 가진 공간의 규격은 손을 뻗어 측정할 수 있다. 우리가 만약에 손을 뻗어 우리 머리 위의 천장면을 만질 수 있다면, 자신의 키와 팔 길이를 근거로 하여 그 방의 천장 높이를 유추해 판단해볼 수 있을 것이다. 이러한 일들이 더 이상 불가능해지게 되면, 우리에게 방에 관한 크기의 감각을 주는 촉각의 단서보다는 시각적인 단서에 의존하여 공간의 규격을 판단해야 한다. 이러한 단서들을 찾기 위해 우리는 우리의 보폭, 두 손을 뻗은 상태의 길이 혹은 한 움큼의 치수 등과 같은 규격의 주변 요소들을 사용할 수 있다. 식탁이나 의자와 같은 그러한 요소들, 계단의 챌판과 디딤판, 혹은 창틀의 창턱 등은 우리가 공간의 규격을 판단하는 데 참고자료로서 도움을 줄 뿐만 아니라 공간에 인간의 척도를 부여해준다.

건물의 입면에 설치된 창호들의 규격과 비율은 서로 시각적으로 연관될 뿐만 아니라 창호들 사이의 공간과 건물 전체의 입면에도 연관된다. 만일 모두 같은 규격과 모양의 창호들이 동일한 입면 안에 설치된다면, 창호들은 전체 입면에 대한 상대적 척도를 수립하게 되며, 창호들 중 하나의 규격이 다른 것들에 비해 더 커지게 되면, 그것은 입면의 구성 속에서 모두 같은 규격과 모양을 가진 창호들에 의해 만들어진 척도와 다른 새로운 척도를 창조하게 될 것이다. 이 경우 갑자기 달라진 척도에 의해 창호 뒤에 있는 공간의 규격이나 중요도가 지시될 수 있으며, 다른 창호들의 규격과 전체 입면의 치수들에 대한 우리의 인식이 바뀔 수 있다.

많은 건물의 요소들은 우리에게 친숙한 규격과 특징을 갖고 있으며, 주변에 있는 다른 건물 요소들의 규격을 측정하기 위한 기준으로 사용된다. 주거용 건물의 창호시스템은 건물은 몇 개 층으로 구성되어 있는지 건물이 얼마나 큰지에 관한 참고자료가 되며, 계단과 벽돌 및 콘크리트 블록과 같이 표준단위에 맞추어 제작된 건물의 요소들은 공간의 척도를 측정하는 데 도움이 된다. 우리가 이처럼 건물 요소들의 규격을 잘 알고 있기 때문에, 건물의 형상이나 공간의 규격에 대한 우리의 인식을 바꾸기 위해 의도적으로 과장된 규격의 건물 요소들이 사용될 수 있다. 어떤 건물과 공간은 동시에 작동되는 두 가지 이상의 기준, 다시 말해 건물 자체에 대한 척도와 도시에 대한 척도를 동시에 갖는다. 척도의 측면으로 볼 때, 아담한 방은 우리가 그 안에서 편안하게 평정심을 유지하도록, 혹은 스스로를 중요하다고 느낄 수 있는 환경을 제공해주는 반면에, 기념비적인 구조물이나 도시 공간은 우리들이 그것들과 비교됨으로써 스스로를 작은 존재라는 느낌이 들게 한다.

4. 질서 정립의 원리(Ordering Principles)

1) 축선(Axis)과 대칭(Symmetry)

축선은 공간 내에 있는 두 개의 점에 의해 수립되는 선이며, 그 선의 주위에 형상들과 공간들이 규칙적이거나 불규칙적인 방법에 의해 정렬될 수 있다. 축선은 기본적으로 선형의 상태로 존재하기 때문에 길이와 방향성의 품질을 가지며, 축선의 진로를 따른 움직임을 유발하고 축선상에 놓인 풍광을 바라보도록 권장한다. 축선의 개념은 축선의 진로를 따라 가장자리를 규정해줌으로써 강화될 수 있다. 이러한 가장자리는 단순히 지표면 위에 존재하는 선이 될 수도 있고 혹은 축선과 일치하는 선형 공간을 규정해주는 수직면이 될 수도 있다. 용어의 정의를 충족시키기 위해서는 축선의 양 끝 부분이 반드시 주목할 만한 형상이나 공간에 의해 종결되어야 한다. 축선을 종결시키는 요소는 축선의 시각적 압력을 보내고 받기 위해 작용한다. a) 수직의 선형 요소나 중앙집중형의 건물 형상에 의해 수립된 공간 내의 점, b) 전정(前廷, forecourt)이나 유사한 개방공간(open space)에 의해 선행된, 대칭적인 건물의 정면(building façade)과 같은 수직면, c) 일반적으로 형태상 중앙집중형 구성을 이루거나 정형의 형태(regular shape)를 갖고 있는 잘 규정된 공간이 축선을 종결시키는 절정의 요소(axis terminal)가 될 수 있다.

축선은 또한 형상과 공간의 대칭적인 배열에 의해 간단하게 암시될 수 있다. 축선은 지형이 변화되고 건물이 비대칭으로 구성되어도 존속될 수 있다. 형상과 공간의 비대칭적인 체계 속에서도 다수의 축선들에 의해 관계의 네트워크가 수립될 수 있다. 축을 이루는 상태는 동시에 실재하는 대칭 상태 없이도 존재할 수 있지만, 대칭적인 상태는 축선의 존재를 암시하지 않거나 혹은 대칭 상태가 구성되는 중심의 실재를 암시하지 않고는 존재할 수 없다. 전체 건물의 구성이 대칭적으로 만들어질 수는 있지만, 특정한 지점에서는 어떤 대칭적인 배열도 건물의 프로그램 또는 부지나 맥락에 의해 요구되는 비대칭적인 상황에 직면해야 하고 이때 발생되는 문제가 해결되어야 한다. 대칭적인 상태가 오로지 건물의 일부분에서만 발생될 수도 있으며, 이런 경우 건물 내에서 대칭을 이루는 한 부분의 주위에 형상과 공간의 비정형적인 패턴이 구성된다. 후자에 언급된 부분적인 대칭의 경우에는, 건물디자인이 그 부지나 프로그램의 예외적인 상황에 응답하도록 허용된다. 그 구성 내에 있는 특별히 의미가 있거나 중요한 공간의 배치를 위해서는 대칭적인 상태 자체가 유보될 수 있으며, 대칭을 이루는 부분과 비대칭적인 부분의 중간에 위치한 매개공간(intervening space)은 축선 위에서의 측면 이동과 대칭 상태를 수용하기 위한 보조수단으로 사용될 수 있다.

2) 위계(Hierarchy)

건축의 구성요소가 되는 대부분의 형상과 공간 사이에는 형상과 공간 자체의 중요도뿐만 아니라 건축의 체계 속에서 작용하는 기능적이고 형태적인 역할과 상징적인 역할이 반영된 실질적인 차이가 존재하고 있음을 위계의 원리가 암시한다. 어떤 형상이나 공간이 건축적인 체계 내에 중요하거나 의미심장한 것으로 명백하게 표현되기 위해서는 시각적으로 독특하게 보이도록 만들어져야 한다. 이러한 시각적 강조는 형상 또는 모양에 a) 이례적인 규격, b) 독특한 모양, c) 전략적인 위치 등을 부여해줌으로써 획득될 수 있다.

하나의 형상이나 공간은, 건축적 구성 내의 다른 요소들과 현저하게 다른 규격을 가짐으로써 그 건축적인 구성 전체를 지배할 수 있으며, 그러한 지배는 통상적으로 지배요소의 현저한 크기에 의해 우리에게 가시화된다. 어떤 경우에는 하나의 요소가 다른 요소들보다 현저하게 작은 규격으로 디자인됨으로써 전체구성을 지배할 수도 있지만, 이런 경우에는 그 작은 요소가 명확하게 규정되어 배치되어야 한다. 하나의 형상이나 공간이 건축적 구성 내의 다른 요소들과 뚜렷하게 다른 모양을 가짐으로써 건축적인 구성 전체를 지배하는 중요한 요소로 작용할 수도 있다. 이때 다른 구성요소들과의 모양의 차이는 기하학적 도형의 변경이 되든지 아니면 규칙성의 변경이 되든지, 지배요소와 다른 요소들이 서로 구별될 수 있는 확연한 모양의 대비를 만들어내는 것이 아주 긴요하다. 물론 위계상 중요한 요소로 선택된 모양은 기능상의 용도에도 적합해야 한다. 또한 위계상 중요한 형상이나 공간은 건축적 구성요소들 중 가장 중요한 요소로서 사람들의 주의를 끌기 위해 a) 축선이나 선적인 경로의 종착점(terminal), b) 대칭적인 구성(symmetrical organization)의 중심부, c) 중앙집중형 구성(centralized organization)이나 방사형 구성(radial organization)의 초점(focal point), d) 건축구성의 위나 아래로 치우친 위치 혹은 건축구성의 전경(foreground) 안에 있는 위치 등 전략적인 위치에 배치될 수 있다.

3) 기준요소(Datum)

기준요소는 건축적인 구성 안에 건물요소들의 위치를 지정하거나 배열하기 위한 참고 자료로서 사용되며, 구성 안의 다른 요소들이 공통적으로 관계를 맺고 있는 어떤 평탄한 표면이나 점 그리고 선이나 면 등을 일컫는다. 선형의 기준요소는 건축적 구성 안에 있는 모든 요소들의 일부분을 뚫고 지나가거나 우회하기에 충분한 시각적 지속성을 가져야 한다. 형태로서 보이기에 충분한 규격과 닫힘 그리고 규칙성을 구비하고 있는 면은, 면 아래에 요소들의 패턴을 모을 수 있으며 혹은 요소들을 에워싸고 있는 배경으로서 작용할 수 있고, 면의 영역 안에 요소들을 가둘 수도 있다. 충분한 규격과 닫힘, 그리고 규칙성을 가진 입체는 그 경계면 안에 요소들의 패턴을 수집하거나 입체의 둘레를 따라 요소들을 체계화할 수 있다. 한 개의 선이 구성요소들을 자르며 사이를 뚫고 통과하거나 패턴에 대한 공동의 가장자리를 형성할 수 있으며, 격자형의 선들이 패턴에 대한 중립적이고 통일된 영역을 형성할 수 있다.

예를 들어 서로 다른 형태와 방향을 가진 평면들이 일정한 패턴을 가진 기다란 선형의 평면을 중심으로 동선에 의해 연결될 경우, 선형의 평면은 전체 배치를 구성하는 기준요소가 된다. 또한 광장이나 거리를 따라 전개된 건물들의 상층부 정면(façade)이 서로 다른 패턴으로 구성될 경우, 1층부분에 동일한 형상의 아치(arch)로 형성된 아케이드(arcade)가 반복적으로 전개되어 리듬이 형성되고 건물들의 전체 입면에 통일감을 형성시키게 되는데, 이때 입면의 기준요소는 아케이드가 된다. 이미 건물들이 존재하고 있는 거리나 광장에 주변 건물들의 건물 높이와 현저히 다른 새로운 건물을 추가하게 되거나 고층건물과 저층건물을 혼합하여 새로운 거리나 광장을 배치하게 될 때에, 흔히 고층건물의 저층부를 주변건물들의 높이까지 동일한 재료로 마감하거나 동일한 입면형태를 채택하는데, 이는 기존의 기준요소를 그대로 유지하여 거리나 광장의 정체성을 강화시키기 위한 전략이다.

예를 들어 벽돌로 마감된 2층 건물들이 늘어선 거리에 20층의 유리건물을 신축하게 될 경우, 새로운 건물의 2층까지는 벽돌로 마감하고 상부에는 유리로 마감함으로써 거리의 기준요소와 정체성을 동시에 유지시킬 수 있다. 이러한 디자인의 원리는 맥락주의(contextualism)를 신봉하는 건축사들의 도시디자인에서 흔히 발견되며, 오래된 도시의 주요부를 다시 디자인할 때의 디자인 전략으로 사용되어 건축비평가들의 광범위한 지지를 받고 있다.

4) 리듬(Rhythm)

리듬은 규칙적이거나 불규칙적인 간격으로 양식화(樣式化)된 요소들이나 주제의 재현에 의해 특징지어진 어떤 움직임을 일컫는다. 우리가 체계 안의 반복된 요소들을 따라갈 때 우리의 눈이 함께 따라 움직일 수 있으며, 혹은 공간들의 경로를 따라 앞으로 나아갈 때 우리의 몸도 함께 따라 움직일 수 있다. 어떤 경우든 리듬은 형상과 공간을 체계화하기 위해 주기적으로 반복되는 요소들을 혼합하여 건축의 구성 안에 사용함으로써 만들어진다. 주기적인 패턴은 음악에서처럼 끊어지지 않은 채 부드럽게 연결되고, 지속적이며 물 흐르듯 유려하게 전개될 수 있으며, 혹은 속도나 운율 속에 단음(斷音; 한 음 한 음씩 또렷하게 끊는 듯이 내는 소리)과 급격함이 함께 존재할 수 있다.

리듬이 있는 패턴은 우리에게 지속성을 제공해주며 다음에 무엇이 올 것인가 기대하도록 유도한다. 주기적인 패턴이 전개되면서 강조점이나 예외적인 간격을 도입함으로써 좀 더 복잡한 패턴이 만들어질 수 있다. 이러한 강조 혹은 박자는 작곡을 할 때에 장조와 단조를 차별화시키는 데 도움이 된다. 이탈리아의 광장 주변에 배치된 건물들에서 흔히 발견되는 아치(arch)에서처럼 동일한 크기의 요소가 반복됨으로써 리듬이 형성된다. 반복적인 요소들이 거의 모든 건물들에 선천적으로 혼합되어 사용된다. 창호와 문을 통해 빛과 공기, 그리고 전망과 사람이 실내로 들어오도록 허용해주기 위해 건물의 표면에 반복적으로 개구부가 만들어진다. 보와 기둥은 반복적인 구조경간과 표준화된 공간을 형성하기 위해 자체적으로 반복된다. 공간은 흔히 건물의 프로그램에 포함된 유사하거나 반복적인 기능상의 필요사항들을 수용하기 위해 같은 방법으로 재현된다. 반향의 원리는, 모양이 비슷하면서도 규격에 의한 위계상의 등급이 정해지는 요소들의 그룹 사이에 질서의 의미를 강조한다. 점진적이고 반향하는 형상과 공간의 패턴은 a) 한 점을 중심으로 방사형 혹은 동심원적인 방법으로 b) 선형 방식 속에 규격에 따라 순차적으로 c) 무작위적이지만 근접성뿐만 아니라 형상의 유사성에 관련되어 체계화될 수 있다.

02

배치디자인의 의미와 개요

사진설명
위: 네덜란드의 건축설계회사 MECANOO가 디자인한 델프트공대도서관 (Library, Delft University of Technology)의 Roof Garden 전경
아래: 덴마크의 건축설계회사 Henning Larsen Architects가 바닷가에 위치한 부지의 맥락을 반영하여 디자인한 'Glacial Wave' 전경. 파도의 형상을 투영시킨 입면의 형태가 공감을 불러일으킨다.

배치계획(site planning)과 배치디자인(site design)의 경계를 명확하게 구분하기가 쉽지는 않지만, 실무의 범위를 기준으로 분류하자면 지역계획(regional planning), 도시계획(urban planning), 지구단위계획(Planned Unit Development), 구획(subdivision) 등처럼 토지를 도로와 용도구역으로 배분하고 용도구역을 다시 택지로 나누는 업무까지를 배치계획의 업무 범위에 포함시킬 수 있으며, 배치계획에 의해 배분된 일정 면적의 부지를 대상으로 부지주변의 맥락(natural context and artificial context)과 프로젝트의 프로그램, 질서정립의 원리(ordering principles)에 맞추어 건물을 배치하고(building placement), 건물들 사이에 놓여지게 될 공간의 형태를 다듬는 기술이 배치디자인에 포함된다고 할 수 있다.

통상적으로 조경디자인(landscaping design)을 포함한 배치디자인은 토목디자인(civil engineering design), 구조디자인(structural engineering design), 기계 및 전기디자인(mechanical & electrical engineering design)과 함께 건축디자인(architectural design) 용역의 일부로서 수행되며, 지구단위계획 단지 내의 부지를 대상으로 디자인을 하거나 건물들이 밀집되어 있는 기존의 도시 일부를 다시 디자인할 경우, 또는 신도시를 디자인할 경우에는 도시디자인(urban design)의 영역으로 업무 범위가 확장된다. 배치디자인에 의해 공간과 시간 속에 대상물과 행위가 배치된다.

배치디자인은 주택의 작은 다발, 그리고 단일 건물과 부지 내의 주변공간으로부터 대규모의 도시디자인(urban design)에 이르기까지 광범위한 영역에 걸쳐 수행된다. 배치디자인의 목적은 거주자의 일상생활을 강화시켜주고 그들이 살고 있는 세계에 의미를 부여해주기 위한 것으로서, 실용적인 기술 그 이상의 도덕적이고 미학적인 의미를 갖는다. 행위의 무대, 절토 및 성토를 이용한 부지의 정지작업, 식생, 배수, 순환, 국지성 기후 또는 부지측량 등의 어휘에 의해 쉽게 친숙해지는 전문적인 기술은 단지 그러한 목적에 도달하기 위한 통로에 불과하다.

디자인의 초기 단계는 현존하는 문제를 인지하고, 그 문제에 대한 필수 불가결한 해결책을 추구하는 것으로부터 시작된다. 디자이너들이 직면한 문제에 대한 해결책을 구할 때 그들이 사용하는 디자인 어휘의 깊이와 범위는 문제를 이해하고 답을 구체화하는 데 커다란 영향을 미친다. 만약에 어떤 디자이너의 디자인 언어에 대한 이해가 제한적이라면 가능한 해결책의 범위 또한 제한적인 것이 될 수밖에 없을 것이다. 그러므로 건축의 기본요소와 원리에 대해 공부하고, 역사의 과정을 통해 개발된 건축적인 문제에 대한 광범위한 해결책들을 탐구함으로써 자신의 디자인 어휘를 넓히고 풍부하게 하는 것이 디자이너가 장래에 건축적인 문제에 대한 해결책을 찾게 될 때 훌륭한 안내서 역할을 해줄 것이다. 디자이너에게는 형상과 공간의 기본요소들을 인지하고, 그 기본요소들이 디자인의 개념을 개발하는 데에 어떻게 다루어지고 조직되는지 이해하는 능력이 강력히 요구된다. 그러한 능력의 개발은 건축의 의미에 더욱 생명력 있는 주제를 부여하기 위한 결정적인 선결조건이 될 것이다.

건축은 일반적으로 현존하는 조건에 응답하여 구상되고, 디자인되어 도면으로 구체화되고, 실물로 지어진다. 이때 현존하는 조건에는 언제나 문제가 있으며, 디자이너에 의해 제시된 문제의 해결책은 문제에 대한 가장 바람직한 결론이 될 것이라고 가정되기 때문에, 건축을 창조하는 행위는 디자인의 과정을 통한 문제의 해결(problem solving)이라고 할 수 있다. 하지만 문제에 대한 진단이 잘못된 방향에 초점을 맞춘다면 문제에 대한 해결책 역시 바람직한 해결책은 될 수 없을 것이다.

우리는 대규모 개발의 경제적이고 기술적인 장점 때문에, 용도와 구조물을 점진적으로 조정할 수 있었던 때보다 훨씬 더 포괄적이고 역동적인 방법에 의해 부지를 체계화시키는 방향으로 이끌리고 있다. 최근에 수행된 배치디자인의 결과물들 중에는 과거의 결과물들에 비해 오히려 신중하지 못하고 볼품없는 것들이 많이 발견되는데, 이러한 결과물은 기술의 부족을 반영하기도 하지만 또한 정치적, 경제적, 제도적으로 완고한 사회구조적 문제가 반영된 것이기도 하다. '장소 만들기'에 노력을 기울였던 과거의 배치디자인이 오늘날에는 '장소 사용하기'에 집중하는 배치디자인으로 변질됨으로써, 과거의 배치디자인이 갖고 있던 고유의 의미가 많이 퇴색되었다. 오늘날의 배치디자인은, 세부적인 항목들이 고려되지 않은 채 추후에 건물을 추가하기 위한 대략적인 구획, 혹은 이전에 디자인된 건물을 사용 가능한 대지의 일부분 속으로 끼워 넣기 위한 노력이라고 정의될 수 있다. 외부공간은 우리 환경의 중요한 모습이기 때문에, 배치디자인은 우리에게 비용과 기술적인 기능에 미치는 영향을 훨씬 뛰어넘는 생물학적이고 사회적인 그리고 심리적인 영향을 미친다. 배치디자인의 실시과정에서 디자이너가 할 수 있는 많은 것들이 제한되지만, 배치디자인에 의해 새로운 가능성이 열리기도 한다. 배치디자인에 의해 만들어지는 외부공간의 체계는 대부분 건물의 영향보다 더 오래 지속되며, 또한 여러 세대에 걸쳐 지속되기 때문에, 우리 생활에 영속적인 영향력을 가진다. 광활한 면적의 부지를 대상으로 수행되는 지역계획이나 도시계획이 아니라면, 배치디자인은 통상적으로 건축설계프로젝트의 일부로서 디자인 이전 단계(predesign phase) - 계획설계 단계(schematic design phase) - 중간설계 단계(design development phase) - 실시설계 단계(construction document phase) - 공사관리 단계(construction administration phase)의 순서를 거쳐서 완성된다. 일반적으로는 배치디자인과 건축디자인이 동시에 수행되지만, 대규모 프로젝트의 경우에는 이미 개발의 목적을 위해 선택된 건물들의 거친 덩어리 형태가 대규모의 나대지 위에 배치되고, 건축디자인은 개발의 순서에 의해 단계별로 준비될 수 있다.

1. 프로젝트의 목적과 프로그램 작성

배치디자인을 진행하기에 가장 어려운 첫 번째 단계는 해결되어야 할 문제가 무엇인지 물어보는 단계이다. 프로젝트는 어디에, 누구를 위해, 무슨 목적으로 만들어지고 있으며, 그 장소의 형상을 결정할 사람은 누구이고 그 장소에 어떤 자원들이 사용될 수 있으며, 어떤 유형의 결론이 예상되는가 등의 질문에 대한 결정사항에 의해 앞으로 닥쳐올 전체적인 진행과정이 확정된다. 이때의 결정사항은 배치계획안이 개발되면서 어느 정도 수정되겠지만, 결정사항에 발생되는 추가적인 변경내용들을 수행하는 데에는 고통과 혼란이 따른다. 프로젝트의 개발목적은 프로젝트가 처한 상황과 영향력 있는 건축주들의 가치관에 따라 달라진다. 디자이너가 어떤 프로젝트를 디자인할 기회를 갖게 된다면 그에게는 주어진 프로젝트의 목적을 명료하게 만들고, 논의를 위해 감춰진 목표를 제기하며, 새로운 가능성과 예상 외의 비용을 드러내고, 심지어 아직 존재하지 않거나 자기주장을 하지 않는 사용자들을 대변해야 할 책임이 있다. 문제를 규정하는 결정사항들은 밀접하게 상호 연관되어 순환되며, 건축주가 프로젝트의 목적을 결정하고 가능성이 있는 결론이 필요한 자원을 결정하지만, 사용 가능한 자원이 제한되기 때문에 가능성이 있는 결론 또한 제한된다. 이러한 결론들의 고리는 프로젝트를 진행하는 사람들의 한계점과 가능성에 맞추어 조정되며, 디자이너 역시 이 결론들의 고리에 들어가 프로젝트의 모습에 영향을 미칠 수도 있다. 하지만 보다 흔하게는 디자이너가 이러한 결론들의 고리에 들어가 프로젝트의 모습에 영향을 미치는 일에 실패하게 되며, 결론들의 고리는 관습적인 결론들과 일반적인 권력의 배분에 의해 내용이 다듬어진다.

프로젝트의 배아단계에서는 최종디자인의 내용들이 문제기술서에 포함된다. 주의력이 많은 디자이너는 프로젝트의 부지와 목적 그리고 사용자에 관해 논평하고, 필요한 결론의 유형과 자원들이 문제기술서를 완성하기에 충분할 것인지 검토해보는 등의 참여를 통해 문제기술서의 작성과정에서 일정한 역할을 맡기 원하지만, 통상적으로는 디자이너가 영입되기도 전에 건축주에 의해 문제가 결정된다. 디자이너에게는 그러한 경우의 최소한으로서 문제가 숨김없이 기술되었는지, 문제기술서가 완성되기에 충분한 자원들과 프로젝트의 목적에 타당한 결론 그리고 프로젝트에 적절한 부지 등 문제기술서의 부분들이 내부적으로 일관성을 가지고 있는지, 디자이너 스스로가 양심상 건축주와 주어진 프로젝트의 목적을 위해 일할 수 있는지 검토해보아야 할 책임이 있다. 프로젝트의 주요 목적뿐만 아니라 예상되는 사용자들과 그 사용자들에게 필요한 사항들이 문제기술서에 서술되고, 목적에 적합한 부지가 선택되고 나면 개발의 유형과 부지를 점유하기 위해 의도된 활동이 선택된다.

디자이너는 한편으로 미래의 용도와 사용자를 분석함으로써, 다른 한편으로는 주어진 부지를 분석함으로써 배치디자인을 시작한다. 부지에 대한 분석은 개인적인 현장답사로부터 시작되며, 현장답사를 통해 디자이너가 장소의 본질적인 성격을 파악할 수 있게 되고 부지의 특징에 익숙해진다. 디자이너는 현장답사를 통해 장소의 본질적인 성격과 부지의 특징을 파악하고, 정신적인 이미지를 기억하여 배치도에 반영할 수 있게 된다. 부지분석은 정해진 표준리스트를 따라 보다 체계적인 데이터 수집에 의해 전개되지만, 표준리스트의 목록은 상황에 따라 변경될 필요가 있다. 부지는 사람들을 포함하여 식물과 동물이 살고 있는 하나의 지역사회로서, 배치디자인에 의해 변경될 환경이 주변 지역사회에 미치게 될 영향에 대해서도 분석되어야 한다. 디자이너는 부지분석을 통해 자신의 배치디자인을 이끌어줄 패턴과 본질을 추구할 뿐만 아니라 시각적으로 요약된 형상을 통해 장소의 본질적인 성격과 제안된 간섭에 대해 예상되는 반응에 대해서도 소통하게 된다. 부지분석은 문제점과 가능성에 관한 기술서로 마무리된다. 미래의 프로젝트 부지 사용자들이 새롭게 형성될 부지의 형태 안에서 어떻게 행동하게 될 것인가 하는 점은 부지에 대한 이해를 받쳐주기 위한 두 번째 기둥이다. 흔히 무시되거나, 직관이나 개인적 경험에 의해 단순하게 그려지는 장래의 행위에 관한 이해는 배치도 작성에 결정적으로 중요한 것이다. 부지를 관찰하고 새롭게 형성될 장소를 실제로 사용할 사람들과 직접 대화를 나눔으로써, 실제 사용자들을 프로젝트에 참여시키는 방법은 효과적인 배치도를 작성하기 위한 가장 솔직한 방법이다. 문제가 정해지고 프로젝트 부지와 프로젝트 부지의 사용자들이 분석되고 나면 상세 프로그램이 작성될 수 있다. 상세 프로그램의 작성은 전통적으로 열의가 없이 진행된 형식적인 업무였으며, 프로그램은 필요한 공간과 구조물의 숫자와 규격을 수록한 단순 목록에 지나지 않았다. 설계비를 지급하는 건축주가 디자이너에게 이러한 프로그램을 제시하고 디자이너는 이것을 부지에 적용시켜 왔으며, 그러한 공간의 품질과 공간 안에서 발생되도록 기대되는 행위 그리고 그 공간이 사용자의 목적에 어떻게 맞춰질 것인지에 대해서는 전혀 언급되지 않았다. 프로그램은 적절하게 준비되기만 한다면, 디자인의 과정에서 가장 중심적이고 결정적인 역할을 하게 될 것이며, 디자이너는 프로그램에 의해 프로젝트의 목적과 행위에 관한 정보에 뚜렷하게 연결된다.

프로그램은 누구에 의해 무슨 목적으로 어떤 행동이 예상되는지에 관한 기술로부터 시작되며, 이어서 물리적인 형상과 인간의 활동이 반복적으로 관련되는 장소의 일람표가 제안된다. 프로그램은 각각의 환경에 대해 필요한 성격과 장비를 부여하고, 형상이 행동과 목적에 어떻게 연결되어야 하는지 구체적으로 명시해준다. 하지만 프로그램에 의해 구체적인 모양이나 정확한 규격이 정해지지는 않는다. 또한 프로그램에는 용도의 강약과 시기선택에 대해, 행위의 무대들 사이의 바람직한 연결에 관해, 그리고 예측되는 유지관리와 서비스의 지원에 관해 명시될 수 있다. 아무리 구체적이고 일반화되었다고 하더라도, 프로그램에는 하나의 연결된 전체로서 환경, 유지관리, 그리고 행위가 표현되며, 역시 시기의 선택과 비용의 조달을 포함하여 프로젝트 전체의 성취가 어떻게 체계화될 것인지가 기술된다. 프로그램은 부지와 사용자 관련 지식에 기초한 건축주와 디자이너 사이의 대화 속에서 형성되며, 다이어그램과 구술에 의한 진술서 양식으로 표현된다. 프로그램은 제안된 결과물이고, 최종적으로 거주자들이 부지 내에 입주하게 되었을 때 디자인이 어떻게 작동될 것인지에 대한 가설이다. 디자인이 가능성에 관해 배우는 과정이기 때문에 프로그램은 디자인이 진행되면서 변경될 수밖에 없다.

2. 배치디자인의 개요

디자인은 프로그램의 내용을 만족스럽게 구현시켜줄 형상을 찾기 위한 탐색 작업이다. 디자인은 프로그램의 목적을 충족시켜 줄 수 있는 특별한 결론을 다루게 되는 반면에 프로그램은 보편적인 성격과 바람직한 결과물에 관련된다. 디자인은 프로그램을 작성하는 가운데 시작되고, 프로그램은 디자인이 진행되면서 수정된다. 배치디자인은 활동의 패턴, 순환의 패턴, 그리고 활동과 순환의 패턴을 지원해주는 감각적인 형상의 패턴 등의 세 가지 요소들을 다룬다. 활동의 다이어그램에 상징화되어 있는 첫 번째 요소는 프로그램의 요구조건에 따른 '행위의 무대'의 배치와 성격, 밀도와 구성 요소 그리고 행위의 무대들 사이의 연계 등이며, 두 번째 요소인 순환의 패턴은 움직임의 통로에 관한 배치계획 및 움직임의 통로와 활동이 발생될 위치 사이의 관계, 그리고 세 번째 요소인 감각적인 형상의 패턴은 우리가 장소에 대해서 보고, 듣고, 냄새 맡고, 느끼는 감각적인 체험을 포함하여 그 장소가 우리에게 어떤 의미가 있는지 등 장소에 관한 인간의 경험에 중심을 두고 있다.

계획설계 단계의 디자인은 활동의 패턴과 순환의 패턴 그리고 물리적 형상의 패턴을 상상하는 것으로 시작되며, 도구를 사용하지 않고 손으로 스케치한 평면과 단면, 활동의 다이어그램, 그리고 어쩌면 또한 스케치로 그린 경관과 거친 모형으로 표현된다. 이러한 가능성들이 표류하고 축적되면서, 계획설계 단계(Schematic Design Phase)의 평면이 완성된다. 계획설계 단계의 마지막 부분에서는 디자이너가 건물의 형상과 위치, 외부공간의 활동, 지표면 위의 순환, 지표면의 형상, 그리고 일반적인 조경 등을 보여주는 계획설계 단계의 평면 개발을 완료한 상태가 된다. 또한 배치도의 대안들에 대한 대략적인 견적(the pro forma)이 만들어지고, 대안에 의한 각 배치도에 의거해 산출된 비용은 수정된 프로그램에 연계된다. 이렇게 작성된 계획설계디자인의 결과물들은 설계비를 지불하는 건축주의 평가와 결정을 위해 제시된다. 대안(design alternative)의 선택은 오로지 프로젝트의 입주가 완료된 이후가 되어서야 확인될 장래의 행위와 수행의 예측을 근거로 하여 행해진다. 대안들 중의 하나가 프로젝트의 배치도로 선택되면 디자이너는 좀 더 정확한 비용의 견적과 건축주의 최종 승인을 허용해 줄 중간설계배치도의 개발을 진행한다. 중간설계배치도의 개발에 의해 모든 건물들과 도로들 그리고 포장된 지표면의 위치, 유형별 식재 구역들, 현존하는 등고선들과 디자이너에 의해 새로 제안되는 등고선들, 공공설비시설들의 위치와 용량, 야외용 좌석이나 교통신호등 등의 부지 내 세부 항목들의 위치와 성격 등을 보여주는 정확한 배치도가 작성된다. 이 중간설계 배치도는 단면도, 상세 구역에 관한 보고서, 전형적인 전경, 그리고 개략적인 시방서 등과 함께 수반된다. 다양한 실험과 영향분석이 수행되고, 공사와 유지관리를 포괄하는 보다 정확한 비용의 견적서가 작성된다. 프로그램과 공사일정표는 중간설계배치도에 맞추어 조정된다. 건축주로부터 일단 중간설계배치도에 대한 승인을 받게 되면, 디자이너는 계속하여 입찰의 근거가 될 수 있는 계약도서(contract documents)를 작성한다. 계약도서에는 통상적으로 부지측량에 의해 충분히 위치를 알 만한 도로와 구조물들의 정확한 배치도, 모든 주요 지형의 표고점과 함께 성토와 절토 등에 관한 정보가 표시된 완전한 정지계획평면도, 토공사 계산서, 공공설비시설들의 배치도, 도로 및 공공 설비시설들의 표고점이 표시된 횡단면도, 식재계획(植栽) 평면도, 부지 내의 세부 항목들과 거리 가구의 평면도 및 단면도 등의 공사도서(construction documents)와 완결된 시방서뿐만 아니라 문서로 작성된 공사의 조건과 입찰의 절차가 포함되어 구성된다.

도서는 예산과 계약금액 사이의 마지막 조정을 허용해주기 위해 따로 가격이 정해져야 하는 부록을 구별해준다. 이 계약도서는 건축이나 엔지니어링 관련

계약도서와 통합될 수 있으며, 혹은 토지개발 평면, 조경평면 혹은 독립적인 도시디자인의 형식으로 작성될 수도 있다. 건축주는 이제 시공회사들에게 이러한 도면과 각 공종별 시방서에 근거하여 작성된 입찰제안서의 제출을 요청(invitation to bid)한다. 이때 만약에 제출된 입찰제안서들 중에 건축주가 수용할 만한 제안이 포함되어 있으면, 그 도면들과 각 공종별 시방서가 곧 공사 계약도서가 되고 공사가 시작된다. 만약에 시공회사들로부터 제출된 모든 입찰제안서들이 건축주에게 수용 가능하지 않으면, 프로그램과 도면이 상황에 맞추어 다시 한 번 수정되어야 한다. 통상적으로 디자이너가 전문가로서 수행해야 할 마지막 단계는, 도면의 지시대로 공사가 이행되도록 보장해주기 위해 현장에서 공사행위를 감독하는 것이지만, 예상치 못한 문제가 발생되었을 때 상세한 조정을 만들어주는 것 또한 공사관리 단계(CA: Construction Administration Phase)에 포함된다.

디자이너에게도 역시 공사와 현장관리 사이의 전이가 부드럽게 이루어지도록 도와야 할 책임이 있다. 현장관리에 대한 지원은 디자인의 시작 단계부터 프로그램의 일부가 되어 있었어야 하며, 건물과 공간의 형상 자체만큼이나 프로젝트가 성공에 이르기 위한 필수요소가 된다. 가장 이상적인 상황은, 장래의 프로젝트 유지관리팀이 이미 부지의 형상을 창조하는 디자인 과정에 관련되어 부지의 용도가 자체적인 고유한 패턴과 탄력을 축적해갈 수 있도록 디자이너를 자문해주는 상황이다. 디자이너는 그/그녀가 상상했던 장소를 사람들이 어떻게 사용하고 있는지 직접 살펴봄으로써 다음 프로젝트에서 무엇을 위해 노력을 기울여야 할지를 배우게 된다. 디자이너가 프로그램에서 예측했던 것들을 실제로 발생되었던 이벤트들과 비교해봄으로써, 그/그녀가 피할 수 없었던 실수들이 강력한 교훈이 된다. 불행하게도 전형적인 디자인 과정에는 디자이너들이 그들이 저지른 실수로부터 배울 수 있는 체계적인 기회가 흔치 않고, 프로젝트의 유지관리팀이 디자인의 초기 단계에서부터 프로젝트에 관련되는 경우도 그렇게 흔치 않다. 배치도에 대해 고려해야 할 사항이나 배치도에 대한 승인 혹은 재정의 확보와 같은, 배치계획 작성의 전형적인 주기 이외의 다른 활동에는 다른 관련자들이 고용되는 것이 현실이지만, 올바른 배치계획의 단계는 ① 문제의 규정, ②

프로그램 작성하기와 부지 및 사용자 분석, ③ 계획설계와 초벌 견적, ④ 중간 설계 및 실시설계와 상세 견적, ⑤ 공사계약도서 작성, ⑥ 입찰과 계약, ⑦ 공사 관리, ⑧ 입주와 유지관리 등의 단계들로 구성된다.

03

프로젝트의 부지

사진설명

'The Flower Palace'는 부지 주변이 공지로 남아있어 디자인에 반영시킬 주변맥락을 찾아낼 수 없었기 때문에, 일산에 위치한 부지의 맥락을 고려하여 당시 고양시에서 역점사업으로 추진되고 있던 화훼산업을 상징하는 꽃잎의 형태를 건물의 블록 플랜(block plan) 형태로 도입하였고, 꽃잎의 형태가 배치디자인에도 다양한 모습으로 반영되어 있다. 1층 주차장 위에 조성된 데크에 조경과 보행자 동선이 배치되고, 2개 층으로 구성된 꽃잎 모양의 구조물에는 지역주민들을 위해 문화, 건강, 의료, 휴식 등의 기능을 갖춘 편익시설(amenities)들이 배치되어 있으며, 가운데 그림에 보이는 것처럼 옥상정원(roof garden)은 잔디로 조경되어 밑에 배치된 시설들의 냉난방비용을 절감시키고 주민들의 휴식공간으로 사용될 수 있도록 제안되어 있다.

부지의 사용 목적은 부지에 현존하는 여러 가지 제약사항들에 따라 달라지며, 부지의 사용목적에 따라 부지분석의 방법 또한 달라질 수밖에 없다. 일반적으로는 경제적 목적을 달성하기 위한 시각으로 부지분석이 수행되지만, 부지는 또한 식물들과 동물들이 살아가고 있는 환경의 일부이며 변화하는 지역사회의 의미로서도 따로 분석될 필요가 있다. 현존하는 생태계는 여러 지점에서 상호 연결되고 있기 때문에 새로운 개발을 통해 파괴될 환경에 의해 초래될 수도 있는 심한 침식이나 잡초들의 범람, 혹은 지하수위의 하강과 같은 뜻밖의 재앙을 상쇄시킬 수 있는 방법을 반드시 고려해야 한다.

1. 프로젝트 부지의 지표면 아래

부지의 지표면 아래에서 가장 먼저 고려되어야 할 것은, 바위와 식물의 잔해물질들이 풍화작용과 유기체적인 활동에 의해 분쇄되어 형성된, 지각 부분의 토양(흙)이다. 토양은 정지되어 있지 않으며, 지속적으로 풍화되고 황폐화된다. 분해물질인 유기체의 찌꺼기 아래는 지표면으로부터 지구의 중심을 향해 부식토, 표토, 여과층, 하층토, 모체물질의 층, 기반암 등 전통적인 분류에 의한 토양의 층들로 나누어진다. 특정한 토양의 몸체는, 정확한 지내력을 예측하기 위해 미리 확립되어 있는 표준사항들에 따라, 10가지 유형들 중의 한 가지 공학적 등급으로 분류될 수 있다. 표토는 무기물의 성분들과 유기체 성분들의 혼합물로서, 무기물들의 일부는 더 낮은 위치로 여과되어 내려간다. 표토는 직접적인 유기체적 기능들을 갖는다. 토양은 대부분 무기물이며 대부분의 식물 뿌리들 아래에 위치하지만, 일부 유기체적인 기능을 갖는다. 부서지고 풍화된 흙의 모체 물질은 생물학적 행위를 조금 하거나 전혀 하지 않으며, 기반암의 바로 위에 놓여 있다. 표토는 가장 긴요한 식물의 배양기이다. 우리가 점검해보아야 할 토양의 중요한 측면들은 토양의 배수 성능, 토양에 함유되어 있는 부식토의 성분, 토양의 상대적 산성도(수소이온농도), 그리고 특별히 칼륨, 인, 질소 등과 같이 식물의 성장에 사용될 수 있는 영양분들의 존재 여부 등이 된다. 산성도가 높은 토양에서는 토양에 함유되어 있는 이온이 수소에 의해 토양에 대량으로 흡수되므로, 특별히 대부분의 식물들을 재배하기에 적합하지 않다. 많은 수의 지렁이들이 살고 있으면 이것은 낮은 산성도의 비옥한 토양임을 알려주는 신뢰할 만한 지표가 된다. 사질 토양은 토탄과 퇴비를 첨가하거나, 석회를 사용하여 상대적 산성도를 조정해줌으로써 쉽게 개량될 수 있으며, 알칼리성의 백악질 토양은 산성 비료를 첨가해줌으로써 개량될 수 있다. 또한 점토질의 진흙은 개량되기 어렵지만 가는 모래가 첨가되어 개량될 수 있다.

1) 하층토의 문제와 지질조사

부지의 전체 개량비용은 바위로 덮인 토지에서는 25%, 그리고 토탄이나 유기질 토양으로 구성된 토지에서는 85% 정도 증가할 수 있다. 후자의 경우에는 기초공사 비용이 엄청나게 증가할 것이다. 토탄이나 기타 유기체 토양, 또는 부드럽고 유연성이 있는 진흙, 느슨하게 구성된 니탄, 또는 물을 머금고 있는 고운 모래의 존재, 하층토의 표면에 근접한 위치에 존재하는 바위, 새롭게 성토되어 다져지지 않은 토지 또는 이전에 쓰레기 더미로 사용되었기 때문에 특별히 독성물질이 존재할 수도 있는 토지, 사태나 홍수 또는 함몰의 어떤 증거가 있는 등의 토지는 위험의 징후 때문에 상세한 조사가 요구된다. 지질조사는 하층토의 특성들, 특히 하층토의 지내력과 배수 성능을 점검해보기 위해 수행되며, 토양의 시료는 작은 구덩이들이나 토양 채취용 송곳 또는 천공 용기로부터 채취된다. 보링 테스트(천공기시험)는 육중한 공사나 지반의 상태가 분명하지 않은 곳의 지질조사를 위해 수행되며, 최종 기초바닥으로부터 최소 6m 아래의 깊이까지 또는 기반암에 도달될 때까지, 15m 간격으로 천공한다. 통상적으로 지내력이 일정 수준에 도달되는 토양의 밀도와 깊이를 시험해 보거나 토양 속에 존재하는 호박돌과 암붕을 점검해보기 위해 보링 테스트가 수행된다.

2) 지하수면(ground water table)

지하수면은 그 표면 아래 존재하는 토양의 알갱이들 틈새들에 물이 가득 채워져 있는 지하의 표면을 일컫는다. 지하수면은 물이 흐르고 있는 표면으로서 보통은 경사져 있거나 대강 위에 있는 지표면의 변화를 그대로 따라가며, 연못이나 호수, 냇물, 옹달샘 또는 샘 등이 있는 부분들에서 지표면과 교차한다. 지하수는 다공질의 침투성 지층(대수층, aquifer)에 존재하고 있으며, 지하수면의 고도가 낮아지면 물의 공급과 식물의 생장에 문제가 생기고 이와 반대로 지하수면의 고도가 높아지면 굴착의 문제뿐만 아니라 지하실의 침수, 공공설비시설들의 침수 그리고 불안정한 기초 등의 문제를 야기한다.

지하수의 수압(hydrostatic pressure)에 의해 건물의 지하외벽으로 끊임없이 밀려와 부딪치는 지하수의 흐름을 막기 위해 지하의 외벽 바깥쪽에 방수포(waterproofing membrane)가 설치되고, 그 위에 방수포의 보호를 위한 보호판(protection board)과 보호판의 마모를 막기 위해 지하수의 수평흐름을 막는 자갈이나 쇄석층이 차례로 설치되어야 하며, 기초의 바닥부분에는 배수 구멍(weep hole)과 배수 파이프(drain pipe)를 설치하여 배수를 해줘야 하기 때문에, 지하수면의 높낮이에 따라 지하방수의 공사비가 많이 달라질 수밖에 없다. 지하외벽의 방수에는 위에 기술된 외방수와 액체막의 도포에 의한 내방수, 그리고 건물의 실내 쪽에 조적으로 이중벽을 쌓고 weep hole과 trench를 설치하여 물을 실내로 받아들인 후에 맨홀에 저장했다가 기계적으로 배수시키는 등의 세 가지 방법이 사용될 수 있는데, 외방수에 가장 많은 비용이 소요된다. 외방수가 비싸기는 하지만 가장 확실한 방법이어서, 지하층의 수효가 많지 않은 단독주택의 지하외벽 방수에 많이 쓰인다. 높은 지하수면은 기존의 우물이나 구덩이 속의 물의 높이, 그리고 갈라진 틈, 샘, 얼룩덜룩한 흙, 버드나무와 오리나무, 갈대와 같은 수변식물들 등에 의해 표시된다. 우기에 2m 깊이의 시험용 구덩이를 파보면, 통상적인 주거 개발에 문제를 일으키기에 충분할 만큼 고도가 높은 지하수면이 드러날 것이다. 오르내리는 지하수면은, 땅 속에 주기적으로 형성되는 서리(지하층이 없는 단독주택을 디자인할 때에도 건물의 기초 바닥을 frost line의 밑에까지 연장시키는 이유는 건물의 부동침하를 막기 위해서이다. frost line은 지역마다 다르다.)가 그렇게 하는 것처럼 기초를 불안정하게 만들면서, 번갈아 가며 점토질 진흙층의 수축과 팽창을 반복적으로 초래할 것이다.

2 프로젝트 부지의 지형

대부분의 경우 부지의 지형에는 지표수의 흐름에 의해 초래된 근원적인 질서가 있으며, 부지의 지형에 따라 통로의 경사도, 하수도처럼 중력에 의해 움직이게 되는 공공설비시설의 배관 흐름, 부지 내의 여러 지점들에 배치되어야 할 용도, 건물의 배치 그리고 시각적인 형상 등이 달라진다. 지표면의 경사도가 1% 미만이고 지표면이 포장될 경우에는 주의를 기울여 마감되지 않으면 배수가 원활하게 이루어지지 않는다. 부지의 넓은 영역들이 1% 이내의 경사도로 기울어져 있을 때에는 하수설비와 지표면의 배수에 어려움을 겪게 된다. 4% 이내의 경사도를 가진 토지는 지표면이 평탄하게 보이며 모든 종류의 격렬한 활동에 사용 가능하다. 4~10%의 경사도는 이동하기에 편하고 형식을 갖추지 않는 행위에 적합한 경사이다. 지표면의 경사도가 10%를 넘는 부지에서는 지표면이 가파르게 보이며 단지의 경사로를 이용한 스포츠나 자유경기에 한해 활발하게 사용될 수 있다. 지속적으로 가파르게 경사진 지표면 위에서는 급하고 세찬 물의 흐름을 방지하기 위해 하수관들과 지표면의 수로들이 특별하게 디자인되어야 하며, 배수지(drain field: 박테리아의 작용에 의해 정화조의 내용물을 땅에 흡수시키는 구역, 주로 공공 오수시설이 닿지않는 교외지역에 주택을 신축할 때 설치된다)가 설치되기도 어렵다. 가파른 경사지 위에 건물을 신축하기 위해서는 보다 복잡한 건물의 기초와 어려운 공공설비시설들의 연결이 요구되기 때문에 더 많은 공사비가 소요된다. 하지만 가파른 경사지 또한 좋은 전망과 사생활의 보호, 계단식으로 조성되는 지표면이나 지붕 위의 테라스 또는 한 층위에 다른 층이 적층되어 아래층과 위층으로 분리된 지표면 출입구를 통해 출입하게 될 복층 세대의 배치 등 보다 표현적인 기법으로 디자인 될 수 있는 이점들을 구조물에 제공해준다.

1) 휴식각(angle of repose)

부지의 경사가 가팔라질수록, 토양의 불투과성이 강해질수록, 빗물은 땅속으로 스며드는 대신 더 빠르게 지표면을 따라 흐른다. 이것은 침식과 지하수의 유실 그리고 지표면 위의 수로에 홍수가 일어난다는 것 등을 의미한다. 계단식 벽체 또는 토양에 대한 크리빙(cribbing)에 의해 콘크리트나 나무 보를 땅속에 묻어 지표면을 강화시켜주지 않고는, 습기가 많은 기후대에서 경사도가 50% 또는 60%를 넘는 개방된 경사지가 침식으로부터 보호될 수는 없다. 우리는 눈금이 매겨진 척도자를 사용하여 수직적인 분리가 숫자로 표기되어 있는 등고선들 사이의 수평 간격을 측정하고 경사도를 계산해봄으로써, 가파르다거나 완만하다거나 평탄하다는 표현에 의해 분류되는 경사도의 변이들을 쉽게 읽을 수 있다.

예를 들어 1/50,000 축척의 등고선 지도에 5m와 10m로 표기되어 있는 두 개의 등고선들이 있고, 동일한 축척으로 측정되었을 때 그 두 개의 등고선들 사이의 수평거리가 40m가 된다면, 그 두 개의 등고선들 사이의 경사도는 12.5%(5m÷40m×100%=12.5%)가 된다. 모든 물질들은, 경사가 더 가팔라지면 물질이 아래로 떨어져 내리기 시작하는 제한각도인, 물질들 고유의 특징적인 휴식각을 갖는다. 물을 머금어 느슨하게 구성된 진흙 또는 니탄은 30%의 휴식각을 가지며, 다져진 마른 진흙 또는 숲을 이룬 땅은 100% 휴식각을 갖고 있다. 도로에는 1~10%의 경사도가 선호되고, 차량 전용도로의 제한 경사도는 17%까지 허용된다. 한편 사람이 계단에 의존하지 않고 올라갈 수 있는 인도의 경사도는 20~25%로 제한된다. 차량용 도로(차도)와 보행자 도로(인도)의 경사도는 절토(cut)와 성토(fill)에 의해 조정될 수 있다.

2) 식생(plants)

땅위를 덮고 자란 식물은 토양과 기후의 조건들을 알려주는 유용한 징후가 된다. 어떤 자리에 대한 특정한 나무의 적합성은 배수, 산성도 그리고 부식토뿐만 아니라 온도, 햇빛, 습도와 바람에 따라 달라진다. 도시의 내부에서는 물과 햇빛, 그리고 부식토의 부족뿐만 아니라 공기의 오염, 포장된 도로의 표면으로부터 반사되는 열, 그리고 우리가 사용하는 화학물질의 독성 때문에 식물을 재배하기가 특히 어렵다. 식물이 소금기 있는 바람에 노출되고, 홍수가 나면 물에 뒤덮이게 되는 바닷가의 범람원이나 습지 그리고 메마른 황무지의 땅에도 역시 식물을 재배하기가 특별히 어렵다. 식물을 새로 심게 될 때에는 이러한 제약사항들이 주의깊게 고려되어야 한다. 배수가 잘 안 되는 습한 땅에서는 붉은 단풍나무, 오리나무, 북미산 니사나무, 버드나무 등이 잘 자라고, 따뜻한 기후의 건조한 땅에서는 떡갈나무, 참나무, 북미산 호두나무과의 나무 등이 잘 자란다. 춥고 습한 땅에서는 가문비나무, 전나무 등이 잘 자라고, 매우 건조하고 배수가 잘 되는 땅에서는 송진채취가 가능한 소나무, 훠(fir, 북미산의 작은 너도밤나무과 나무의 일종) 등이 잘 자란다. 한편 비옥하지 않은 땅에서는 적삼목(red cedar)이 잘 자란다.

3) 등고선 지도(contour map)

지표면의 형상은 통상적으로 등고선(contour line) 또는 해발고도가 같은 지표면의 모든 점들이 연결되어 지도의 축척에 따라 규칙적인 간격에 의해 수직으로 분리된 상상의 선들로 표시된다. 등고선은 같은 해발고도의 지표면을 연결한 것이므로, 수직면이나 돌출된 지표면을 제외하고는 등고선끼리 서로 합쳐지거나 교차할 수 없다. 단어의 정의에 의하면, 등고선은 지표면의 오름과 내림에 대해서 직각을 이루며 달린다. 등고선 지도상에서 등고선들이 서로 가까이에 위치되어 있을수록, (등고선들 사이의 수직적인 높이가 일정하게 고정되어 있는 상태에서 등고선들 사이의 수평거리가 짧아진다는 의미가 되므로) 지표면의 경사는 더욱 가팔라진다. 등고선들끼리 이루는 각도가 서로 평행에 가까워질수록 더 부드럽고 규칙적인 지표면이 형성된다. 지표면에 기복이 있는 땅에서는 등고선이 흐르는 곡선의 형태를 띠게 되며, 서로 인접한 땅에서 한쪽의 수직면이 연속적으로 드러나 등고선이 끊어진 땅 위에서는 지표면이 꿈틀거리고, 지표면이 평탄한 땅에서는 등고선이 직선으로 달린다. 시냇물, 계곡, 산등성이, 우묵한 땅, 탁상형 대지, 움푹 파인 땅, 평탄한 경사지, 급경사지, 언덕, 오솔길 또는 산봉우리 등의 특징적인 지형들은 모두 전형적인 지세의 등고선 패턴으로 표현된다.

4) 기본지도

부지의 현재 상태를 파악하기 위해서는 ① 부지경계선이나 부지 사용권과 같은 그러한 법적인 선들, ② 현존하는 공공설비시설, 도로 그리고 건물들의 위치, ③ 습지나 시냇물 그리고 기타 물의 영역, ④ 일반 수림과 큰 나무들의 위치, ⑤ 노출된 바위와 기타 지질학적 특징들, ⑥ 등고선과 특정 지점의 표고점,

나침반의 방향, 도면의 척도 등을 포괄적으로 보여주는 기본지도가 필요하다. 기본적으로 작은 규격의 부지에는 1/200, 중간 규격의 부지에는 1/600, 대규모의 부지에는 1/1,200 척도의 기본지도가 사용되지만, 기본지도의 축척은 부지의 규격에 따라 유연하게 조절된다. 프로젝트의 부지가 광범위한 도시재생디자인이나 신도시를 디자인할 경우에는 도시전체의 현재 맥락과 디자인이 구현된 이후의 맥락을 보여주는 Figure－Ground Map, Land Use Map, Existing Context Plan, Proposed Context Plan 등의 작성이 필요하다.

3 프로젝트 부지의 기후

디자이너에게 운용상의 제약사항이 되는 기후의 요소들은 온도, 습도, 강우량, 풍속, 풍향 그리고 태양의 경로 등이다. 사람이 편치 않게 느끼는 경우는 기후가 극단적으로 악화될 때이므로, 상기 제약 사항들의 데이터로부터 보통의 최대치와 최소치가 디자인의 근거로서 사용된다. 반드시 배수가 되어야만 하는 집중적인 강우량은 몇 mm가 될지, 사람들이 선호하거나 싫어하는 바람은 어떤 성격의 바람인지, 어느 계절의 어떤 시간에 어떤 방향으로부터 내리쬐는 태양의 방사열을 피해야 하거나 받아들여야 하는지, 유효온도는 언제 어떤 경우에 쾌적대를 벗어나 움직이게 되는지 등을 파악함으로써 부지의 기후 환경에 적절하게 응답하는 계획안을 도출할 수 있게 될 것이다.

1) 신체적 쾌적감

유효온도(effective temperature, 체감온도)는 방사열, 주위의 온도, 상대습도 그리고 공기의 이동 등의 조합에 의해 만들어진 감각이다. 만일 사람의 체온이 4°C 상승하게 되면 그 사람은 죽거나 심각한 증상을 앓게 된다. 사람이 현저한 체온 상승을 겪지 않고 장시간 지속적으로 견딜 수 있는 최대 외부 온도는, 완전히 건조한 공기에서는 약 65°C, 완전히 습한 공기에서는 약 32°C 전후가 된다. 하지만 극한에서 견뎌야 하는 문제보다는 사람들에게 느껴지는 편안함이 더 자주 디자인의 주제가 된다.

대부분의 사람들은 온대 기후대의 그늘진 실내에 가벼운 옷차림으로 앉아 있는 상태에서, 상대습도(relative humidity)가 20~50%의 범위 안에 형성되어 있고 실내온도는 18~26°C의 범위 안에서 유지될 때, 상당히 편안한 느낌을 갖게 될 것이다. 사람들이 직접 체험하게 되는 기후는 광역성의 일반적인 기후(macroclimate)가 좁은 지역에서 세부적으로 변형되어 지형, 지표면의 덮임, 지표면의 상태, 그리고 구조물의 형상 등에 의해 야기된, 아주 좁은 영역에 국한되어 형성되는 국지성 기후(microclimate)이다.

2) 열의 전달

열은 방사작용(radiation), 전도작용(conduction) 그리고 대류작용(convection)에 의해 교환된다. 반사율(albedo)은 주어진 파장에서 물질의 표면에 입사되어 흡수되지 않고 반사되는 방사에너지의 입사된 전체 방사에너지에 대한 비율로서, 물질의 표면의 특성이다. 반사율 1.0을 가진 물질의 표면은 비추어진 모든 것을 반사하는 완벽한 거울이며, 어떠한 열이나 빛도 받아들이지 않는다. 반사율 0을 가진 물질의 표면은 완벽하게 광택이 없는 검은 표면이며, 아무것도 반사하지 않고 그 표면에 입사된 모든 방사열을 흡수한다. 방사에너지의 흐름이 반대방향으로 바뀔 때에도 이러한 동일한 속성들은 유지된다. 그러므로 반사율은 양방향으로 흐르고 있는 방사에너지에 대한 표면의 상대적 투과도라고 상상될 수 있다. 높은 반사율을 가진 물질의 표면은 이러한 방사에너지의 흐름에 저항하고, 낮은 반사율을 가진 물질의 표면은 이러한 방사에너지의 흐름을 수용한다.

방사에너지에 대한 자연요소들의 표면 반사율은 우리의 가시범위 내에서도 두드러지게 변화한다. 물질들의 이러한 표면 반사율의 변화 때문에, 눈은 항공사진 속에서 하얗게 보이고 숲과 바다는 어둡게 보인다. 우리의 가시범위 내에서, 젖어있거나 어두운 색상의 반사율은 건조하거나 밝은 색상의 반사율에 비해 상대적으로 더 낮아진다. 하지만 파장이 달라지면 표면의 반사율도 전혀 달라질 수 있다. 적외선의 방사에너지에 대한 자연물질들 대부분의 반사율은 상대적으로 더 낮아져서 표면에 비친 방사에너지를 더욱 많이 흡수하게 된다.

전도율(conductivity)은 열이나 소리가 일단 주어진 물질의 표면을 뚫은 다음 그 물질을 관통하여 통과하는 데 걸리는 속도를 일컫는다. 열은 높은 전도율을 가진 물질을 빠르게 뚫고 흐르며, 낮은 전도율을 가진 물질은 늦게 뚫고 흐른다. 물질들 사이의 전도율 차이로 인해 대지나 바다에서 열의 저장 비율이 조절되고, 또한 열이 저장되거나 방출될 수 있다. 시중에서 판매되는 단열재는 매우 낮은 전도율을 가진 물질이다. 일반적으로 자연물질들이 더 건조해지거나 밀도가 낮아지면 전도율은 감소된다. 예를 들면, 물질들의 열전도율은 젖은 모래, 얼음, 콘크리트, 아스팔트, 정지된 물, 마른 모래나 진흙, 젖은 토탄, 깨끗한 눈, 잔잔한 공기의 순서로 점차 낮아진다.

대류(convection) 혹은 유체의 흐름에 의해서도 역시 열과 소리가 배분된다. 여기에서 중요한 요소들은 속도와 소용돌이 혹은 일정하고 한 방향으로 인도되는 흐름으로서보다는 돌발적인 파도로서 일어나는 움직임이다. 유체의 일정한 흐름에는 열과 빛과 불순물들이 함유될 수 있으며 서로 상이한 것들이 보존될 수 있는 반면에, 소용돌이(turbulence)에 의해 열과 소리와 불순물들이 공기 중에 살포된다. 공기의 소용돌이는 높이가 상승하면서 강화될 수 있으며, 일정한 높이 위에 도달하게 되면 다시 약화될 수 있다. 이것은 소용돌이의 강도에 영향을 미치는 바람의 속도와 방향 중에서 바람의 속도는(지면으로부터 멀어지게 되면 지면의 마찰로부터 자유로워지게 되므로) 높이가 상승하면서 더 빨라지는 반면에, 높이가 상승하게 되면 바람의 방향이 변경되어 소용돌이의 강도를 약화시킬 수 있기 때문이다.

3) 국지성 기후(microclimate)

비열(specific heat)은 물질의 단위 질량(1g)의 온도를 섭씨 1도 상승시키는 데 필요한 열량이다. 어떤 대상물이 받은 열량을 저장할 수 있는 능력은 그 대상물의 전체 질량에 상승한 온도와 비열을 곱한 결과의 값(물질이 받은 열량 Cal = 물질의 질량 g × 상승한 온도 °C × 물질의 비열) 또는 각 단위 온도(1°C)의 상승을 위해서 그 물질의 단위 질량(1g)에 의해 흡수되는 열에너지의 양이다.

실내가 대류현상이나 높은 전도율에 의해 열의 흐름에 쉽게 접촉될 수 있는, 높은 비열과 큰 체적을 가진 차가운 대상물은 장시간에 걸쳐 대량의 열량을 흡수하게 될 것이다. 외부의 온도가 떨어지게 되면, 그 대상물은 열을 흡수할 때와 동일하게 장시간에 걸쳐 외부를 향해 에너지를 방출할 수 있다. 두꺼운 조적조의 벽을 가진 주택은 보다 가볍게 지어진 구조물에 비해 낮의 열기 속에서는 상대적으로 더욱 시원하고 선선한 밤에는 상대적으로 더욱 따뜻할 것이다. 높은 비열, 내부적인 대류, 중간 정도의 전도성, 그리고 낮은 표면 반사율을 가진 광대한 물의 수역은 하루 중의 온도 편차와 계절 사이의 온도 편차를 고르게 조절한다. 그리하여 온대의 기후대에 위치한 섬에서는 늦은 봄, 시원한 여름, 긴 가을 그리고 따뜻한 겨울을 갖게 된다.

물과는 대비되게, 대지는 낮은 전도성과 거의 0에 가까운 대류작용을 갖고 있기 때문에 대륙에서는 지상의 온도 편차가 (해상의 온도 편차에 비해) 더욱 널리 분포되며, 반면에 대륙의 지하에서는 공기의 출렁거림이 줄어들고 지연된다. 단지 지하 5m 깊이까지만 내려가도 일교차는 더 이상 뚜렷하지 않게 되며, 지하 3m 아래에서는 계절상의 온도 편차도 감소된다. 지하층에서는 안정적인 기후가 형성되며, 만일 바닥면이 바다나 잔디밭 또는 습기 찬 바닥면처럼 방사열에 대한 낮은 반사율과 높은 전도성을 가지게 되면 온화하고 안정적인 국지성 기후가 형성된다. 방사열에 대한 낮은 반사율과 높은 전도성을 가지고 있는 표면의 특성 때문에, 과도한 열은 신속하게 흡수되어 저장되며, 온도가 내려가면 그만큼 신속하게 방출된다.

이렇게 바다나 잔디밭 또는 습지 위의 기후는 일정하게 조절되는 경향이 있는 반면에, 방사열에 대한 높은 반사율과 낮은 전도성을 가진 모래나 눈 또는 포장된 바닥면 위의 기후는, 햇빛이 비치는 낮에는 덥고 밤에는 추운, 더욱 극단적인 국지성 기후를 나타낸다. 모래나 눈 또는 포장된 바닥면처럼 방사열에 대한 높은 반사율과 낮은 전도성을 가진 표면은 열의 교환을 지연시킴으로써, 광역성 기후의 진폭을 줄여 기후를 균형잡히게 하는 데에 도움이 되지 않기 때문에, 국지성 기후를 극한으로 만든다. 광역성 기후(macroclimate)의 온도가 25°C 인 어느 하루, 햇빛 아래 콘크리트로 마감된 인도(보도)의 온도는 35°C까지 올라갈 수도 있다. 습지의 물을 배수하여 없애면, 바닥면의 방사열에 대한 반사율을 높이고 전도성을 낮추어주게 됨으로써, 국지성 기후를 더욱 불안정하게 만든다.

물의 표면은 통상적으로 방사열에 대해 낮은 반사율을 가지고 있지만, 물이 갑자기 거울처럼 작용하기 시작할 때 낮은 입사각으로 수면을 때리는 빛에 대해서는 그렇지 않다. 이제 열과 빛은 물가의 대상물에 대해, 태양으로부터 직접 한 번 그리고 물로부터 반사되는 빛으로서 다시 한 번, 모두 두 번에 걸쳐 유도되어 물질의 표면에 입사될 것이다. 늦은 오후 호수 너머에서 비추는 태양을 바라보게 될 서향의 집에서는 그러한 결과로 발생되는 높은 온도와 섬광에 피해를 입겠지만, 곡물의 성장에는 바람직한 일이 될 것이다(그러므로, 서쪽에 바다나 강 그리고 호수 등의 수역이 있는 서향의 언덕이나 산기슭에서는 농작물이나 과일의 높은 생산성이 기대될 수 있다).

높은 밀도의 인공 구조물이나 넓은 면적의 도로포장은 입사된 방사열의 반사율을 높이고, 이것은 더욱 상승된 여름 온도라는 결과로 나타난다. 더구나, 이런 경우에는 대지가 더욱 빨리 마르게 되므로, 광역성의 습도가 떨어지게 되는 경향이 있다(그러므로 도시 내에서는 교외에서보다 습기의 부족을 느끼기가 쉽고, 도심을 관통하는 강이나 운하, 도시 내의 연못이나 숲 등은 입사된 방사열에 대한 바닥면의 높은 표면 반사율에 의해 야기되는 극단적인 국지성의 기후를 완화시켜 주는 데에 도움이 된다). 깨끗한 눈이 많이 내려 지표면이 깊이 덮이게 되면, 방사열에 대한 높은 표면 반사율을 가진 차가운 지표면을 공기로부터 단열시켜 주는 동안 (깨끗한 눈은 지표면을 이루고 있는 흙이나 콘크리트포장, 아스팔트포장 등에 비해 표면 반사율과 전도성이 높기 때문에) 입사된 태양열의 방사에너지를 공기 중으로 반사시켜줌으로써 낮의 온도가 올라가게 될 것이다.

4) 지표면의 정향(orientation)과 경사

태양에 대한 지표면의 정향(定向)과 지형에 의해 공기의 움직임에 영향을 미치는 방법은 가장 주요한 기후효과가 된다. 아주 높은 위도의 북쪽 기후대에서는 구름 낀 하늘로부터 햇빛이 내려오면서 많은 방사열을 발산시키고, 남쪽 경사면을 비추는 만큼 북쪽 경사면도 비추기 때문에, 정향은 중간 위도인 온대지방에서 가장 결정적인 기후 효과가 된다. 열대지방에서는 높은 태양의 고도가 경사면들의 정향의 차이를 최소화시키는 경향이 있다. 태양의 방향에 대해 수직을 이루는 지표면이 태양으로부터 최대의 방사열을 받게 된다. 어떤 각도에 의해 햇빛이 지표면에 입사될 때, 지표면이 받게 될 방사열은 최대 수직 방사열에 햇빛과 지표면이 이루는 각도의 사인 값을 곱해서 구할 수 있다. 중간 위도인 온대지방에서 경사면의 정향이 방사열에 미치는 영향은, (지표면이 받게 될 방사열을 구하는 공식에서 오로지 사인 값의 분모 숫자만 커지게 되므로) 태양의 고도가 높아지는 한여름에 더 작아진다. 중간 위도 지역에서 경사면의 정향이 방사열에 미치는 영향은, (23.5° 기울어진 지구의 자전축 때문에 계절의 변화가 생기고, 북반구에서는 태양이 남동쪽에서 떠서 남서쪽으로 지게 되는 겨울철에 태양의 고도가 더 낮아지기 때문에) 완만한 북향 경사의 지표면에서 남향 경사 지표면의 절반 정도의 방사에너지 밖에 받지 못하게 되는 한겨울에 훨씬 더 결정적이다(북반구에서는 여름에 태양이 북동쪽에서 떠서 북서쪽으로 지고, 겨울에는 남동쪽에서 떠서 남서쪽으로 지게 되므로). 한여름에는 북서향의 건물 외벽면이 남향의 건물 외벽면보다 더 뜨거워질 것이며, 반면에 그 건물의 남향 외벽면은 여름보다는 겨울에 더 많은 방사열을 받게 될 것이다. 왜냐하면, 이러한 상황에서는 햇빛이 보다 더 수직에 가까운 각도로 그러한 벽면들에 입사될 것이기 때문이다.

5) 햇빛의 조절

더울 때에는 방사열을 피하고 추울 때에는 방사열을 받아들이기 위해, 식물들과 구조물들의 그늘이 배열된다. 활엽수는 여름 햇빛을 차단하고 겨울 햇빛을 통과시키므로 디자이너의 목적에 이상적으로 사용된다. 루버(louver)와 오버행(처마, overhang)은 높은 고도의 여름철 태양으로부터 비추어지는 방사열을 차단시키고 한겨울 낮은 고도의 햇빛을 받아들이기 위한 도구로 디자인될 수 있다(Le Corbusier가 overhang을 시스템화하여 처음 시도했다고 알려져 있는 Brise-Soleil시스템이 오늘날에도 curtain wall시스템과 함께 설치되어 Solar shading시스템으로서 외벽마감시스템으로 널리 사용되고 있으며, 실제 사례들에서 측정한 결과 순수한 커튼 월의 외벽에 비해 통상적으로 약 30% 정도의 에너지 절감효과가 거두어지고 있는 것으로 보고되고 있다).

춘분과 추분에는 태양이 오전 6시 정각에 정동 방향에서 떠올라 오후 6시 정각에 정서 방향으로 지며, 각 지방 시간으로 정오에 정남 방향의 최고 높이에 형성되는 원호를 따라서 자전한다. 따라서 남쪽 수평선 위에서의 태양의 고도는 90도 빼기 그 장소의 위도의 결과로써 구해진다. 한 겨울에는 태양이 남동쪽에서 떠서 남서쪽으로 지며, 정오의 태양의 고도는 춘분과 추분 때의 태양의 고도보다 23.5도 아래에 위치된다. 디자이너는, 태양의 통계표, 해시계, 그림자의 패턴, 등고선, 어떤 벽면이나 경사지에 도달되는 태양의 방사열의 강도 등을 사용하여 오버행의 비례를 조절해줌으로써, 건물 디자인에 상이한 외벽의 방향과 창문의 규격 등을 시도해볼 수 있다.

6) 지형과 공기의 흐름

지형은 공기의 흐름에 미치는 영향에 의해서뿐만 아니라 태양에 대한 정향(定向)에 의해서도 기후에 일정한 작용을 한다. 산꼭대기에서 부는 바람의 속도는 평탄한 면에서보다 20% 정도 더 빠를 수 있으며, 바람은 일반적으로 바람이 불어오는 방향보다는 산등성이 너머 바람의 반대편 방향에서 더 조용해진다. 하지만 산등성이 너머 바람이 불어오는 방향의 반대편 경사면의 경사도가 완만하고 바람이 불어오는 방향 경사면의 경사도가 급할 경우에는 바람의 조건이 반대로 변해서, 바람의 속도는 바람이 불어오는 방향의 반대편 면에서보다 바람이 불어오는 방향의 산등성이에서 더 낮아질 수 있다.

차가운 공기의 홍수는 개방된 경사지에서 야간에 발생되는 현상이다. 지표면에 가까운 공기층은 바로 밑에 있는 대지에 의해 냉각되며, 방사작용에 의해 저녁 하늘로 열을 빼앗긴다. 무겁고 차가운 이 공기의 박막은 개방된 계곡 또는 어떤 지형의 둑이나 차폐물에 의해 막힌 연못 속에 모이면서, 얇게 가득 퍼져서 고도가 낮은 방향으로 흐른다. 이렇게 해서, 길게 개방된 경사면의 바닥 자리들은 지독하게 춥고, 움푹 파인 구덩이들은 서리주머니(frost pocket)가 된다. 만약에 태양이 지표면을 데우지 못하도록 막는 연무나 안개가 공기 중에 형성되면, 서리주머니는 다음 날까지 지속된다. 이러한 경우에는 지표면의 공기가 가장 차가워지고 상층부의 공기는 더워지게 되며, 이러한 공기의 상태는 통상적인 낮의 상황과는 반대의 상태이기 때문에 '전도(inversion)'라고 명명된다. 차가운 공기가 따뜻한 공기보다 더 무겁기 때문에, 이렇게 전도된 공기층의 구성은 안정적으로 지속될 것이다.

수변지역이 아닌 다른 장소에서라면 바람이 불지 않을 것 같은 날에, 바다나 넓은 호수의 수변지역에서는 바다나 호수로부터 전형적인 오후의 산들바람이 육지를 향해 불어오고 밤에는 육지로부터 바다나 호수를 향해 산들바람이 불어가게 될 것이다. 이러한 현상은, 바다와 육지가 보유한 태양의 방사열에 대한 반사율, 비열, 전도율, 그리고 대류 등과 같은 물리적 성격의 차이 때문에 상대적인 따뜻함이 낮과 밤에 반대로 바뀌는 현상이 나타나면서, (태양의 방사열에 대한 표면 반사율이 높으면서, 낮은 전도율과 거의 전무한 대류작용 등의 물리적 특성을 갖고 있는 지표면이 수면보다 빨리 데워져서) 낮에는 따뜻한 공기가 육지로부터 공기 중의 상층부로 올라가고, (태양의 방사열에 대한 표면 반사율이 낮고, 높은 비열과 중간 정도의 전도율 그리고 내부적인 대류작용 등의 물리적 특성을 갖고 있는 물의 수역은, 온도가 내려가면서 낮에 물속에 저장된 열을 저장된 속도와 같은 속도로 공기 중에 방출시키기 때문에) 밤에는 바다나 호수로부터 따뜻한 공기가 공기층의 상층부로 올라가게 됨으로써 발생된다. 이때 상승 중인 따뜻한 공기의 기둥 아래에 형성되는 비워진 바닥부분을 채우기 위해 더 차가운 주변의 표면으로부터 공기가 유입됨으로써, 결과적으로 지표면 위에 산들바람이 생성된다.

7) 식재와 구조물 배치의 기후조절 효과

지형의 영향은 구조물들과 지표면을 덮고 있는 식물들에 의해 차례로 변경된다. 식물들은 지표면의 형상을 변형시키며, 방사되고 증발되는 면적을 확장시키고 지표면을 그늘지게 하며, 움직이는 공기를 깨뜨리고 가둔다. 지표면을 덮고 있는 식물들은 지표면의 형상을 바꿈으로써, 방사되고 증발되는 면적을 확대함으로써, 지표면에 그늘을 드리움으로써 그리고 움직이는 공기를 깨뜨리고 가둠으로써 기후에 미치는 지형의 영향을 변경시킬 수 있다.

지표면에 식물들을 심어줌으로써 결과적으로 더 시원하고 더 습하고 더 안정적인 국지성 기후가 형성된다. 관목들과 나무들로 조성된 띠는 효과적인 방풍림이 된다. 방풍림은 바람이 불어가는 쪽으로 나무 높이의 10~20배 거리에 대해 바람의 속도를 최대 50%까지 줄여준다. 이런 목적을 위해 관목들과 나무들의 띠는 바람이 불어오는 쪽을 향해 점진적으로 높아져야 하며, 방풍림을 기준으로 바람이 불어오는 쪽의 반대 방향에 공기의 소용돌이가 생기는 것을 줄이기 위해서는 방풍림의 상층부를 약간 개방해주어야 한다. 밀도가 높은 관목을 아래 부분에 심고 중간 밀도의 키가 큰 나무를 상층부에 심어주면서, 다양한 식물의 종류들을 사용하는 것이 좋다. 특별히 관목의 높이에는 상록수를 심는 것이 겨울철에 더욱 효과적이다. 방풍림은 효과를 높여주기 위해 바람이 불어오는 쪽의 산등성이나 인공의 언덕 위에 식재될 수 있다.

구조물들은 바람을 막고 비껴가게 하거나 좁은 개구부를 통해 가속으로 바람의 방향을 전환시킨다. 여름날에는 길을 따라 생성되는 바람의 통로가 바람직할 수도 있겠지만, 눈보라 치는 겨울날 기둥들에 의해 지탱되고 있는 상부의 대형 건물 밑에 생성되는 바람의 통로에 대해서는 바람직하다고 동의할 수 없을 것이다. 길고 곧게 뻗은 도로는 바람의 통로가 된다. 만약에, 바람이 흔히 그러는 것처럼, 탁월풍(혹은 항상풍)이 계절에 따라 방향을 바꾸게 된다면 구조물들에 의해 겨울바람을 비껴가게 하면서도 여름날의 산들바람이 건물 속으로 유입되게 할 수 있다.

부지 내에 배치되어 있는 건물 그룹들 사이에 생성되는 공기의 이동에 관한 연구는 저속도의 풍동실험(wind tunnel test)을 통해 가장 효과적으로 수행될 수 있다. 일군의 건물들 사이에서는 공기의 움직임이 너무나 복잡하게 생성되기 때문에, 때로는 높이가 낮은 건물의 환기를 개선시켜주기 위해서 높은 건물 뒤에 바짝 붙여 배치하는 것이 바람직할 수도 있다. 그러므로 축소된 모형들을 사용하여 부지 내의 공기의 움직임에 대해 연구하는 것은 유용하다. 그러한 연구는 저속의 풍동에서 전문기술적인 장비를 사용하여 수행되는 것이 최선이다. 이것이 예상 풍속과 풍압에 관한 양적 자료를 구할 수 있는 유일한 방법이다. 그럼에도 불구하고, 그러한 장비 없이도 비전문적으로 제작된 풍동에서 연기를 날려서 시험해 보거나, 만약에 구조물의 단면과 평면이 두 겹의 유리 사이에 놓인 견고한 층이라면 심지어 그 단면과 평면 사이로 고운 가루를 불어넣어 시험해 봄으로써, 여전히 바람의 방향과 바람이 없는 부분 그리고 소용돌이(turbulence)가 있는 부분에 대한 대략적인 예측들을 만들어 볼 수는 있다.

일반적으로 건물이나 다른 장벽이 더 높아지고, 바람의 방향에 대해 수직 방향을 이루면서 더 길어질수록, 건물 너머 바람이 불어가는 쪽의 소용돌이는 더 확장된다. 소용돌이는 공기가 상대적으로 조용하고 산만하게 움직이거나 심지어 바람의 대체적인 흐름에 반대되는 방향 속에서 움직이는, 압력이 낮은 영역이다. 하지만 바람이 불어가는 쪽을 향해 두꺼워지는 건물일수록 소용돌이의 범위는 더욱 좁혀진다. 따라서 바람의 방향에 직각 방향으로 배치된 높고 얇고 긴 건물이 가장 효과적인 방풍벽이 된다. 놀랍게도, (앞서 방풍림의 경우에서 설명되었던 것처럼) 만약에 건물의 상층부에서 바람의 일부를 통과시킬 수 있게 되면 더욱 효과적인 방풍벽이 되기 때문에, 바람이 불어가는 쪽 건물 뒤편의 공기 압력은 불어오는 바람과의 기압 차이에 의해 강한 소용돌이가 야기될 만큼 그렇게 현저하게 낮아지지는 않게 되므로, 소용돌이의 강도가 완화될 수 있다.

8) 도시의 국지성 기후(urban microclimate)

인간은 배수, 청소, 경작, 그리고 전 지구적으로 표준이 될 만한 곡물들의 재배 등을 통해 지역들 간에 대비되던 기후상의 차이점들을 경감시키면서, 지구상의 광활한 지역에 걸쳐 국지성의 기후를 변화시켜왔다. 인간이 광범위한 도로의 포장, 높은 밀도의 구조물들, 열과 소음 그리고 불순물들을 만들어냄으로써, 결과적으로 도시 내에 국지성의 기후가 생성되었다.

열섬(heat island)은 도시의 상공에 형성되며, 이러한 열섬 안에 생성되는 상승 대류가 구름을 만들고 (데워진 공기가 상승하고 난 후 비어있는 바닥의 공기층을 채워주기 위해 상대적으로 차가운 공기가 생성되어 있는) 교외 쪽으로부터 도시 내부를 향해 지표면 위의 산들바람(breeze)이 유입된다. 도시 안에 강우량이 증가하고 구름과 안개에 의해 일조량이 감소된다. 다행스럽게도 이러한 영향은 반대로 바뀔 수 있다.

런던에서는 건물을 데우기 위한 목적으로 외부 공기에 개방된 채 불을 피우는 행위가 금지되었을 때, 겨울철의 일조량이 70% 정도 증가하고 지상의 가시거리는 3배가량 증가한 것으로 조사되었다. 과거에 런던에 생성되던 낭만적인 안개는 이제 사람들의 기억으로부터 거의 잊혀지게 되었다. 도시의 지표면에 광범위하게 덮여있는 포장면에 의해, 국지적으로 습기와 냉기가 상실되고 지표수의 고갈과 한층 더 빈도가 높고 피해가 많은 홍수의 흐름을 동반하면서, 지표면 위에 급속한 물의 흐름을 야기한다. 다수의 구조물들이 바람의 흐름을 저지함으로써, 도시 내 도로 높이에 부는 바람의 풍속은 인접 교외지역에 비해 25% 정도 경감될 수 있다. 도시의 기후는 교외의 마을에 비해 보다 더 따뜻하고, 보다 더 건조하며, 공기 중에는 보다 더 먼지가 많으면서도 도시에는 교외지역에 비해 보다 더 많은 비가 내리고, 보다 더 자주 구름이 끼고, 보다 더 자주 안개가 낀다. 소음과 공해의 정도도 더 높으며 섬광이 더 자주 발생되고 햇빛은 더 조금 비추어진다. 도시 내에 위치한 주거건물의 상층부 주거세대에서는, 지표면과의 마찰이 없어져서 속도가 높아진 바람이 건물의 하부에 비해 더 많은 열과 소음 그리고 공기의 오염 등을 날려보내주기 때문에, 저층부의 주거세대에 비해 개선된 국지성 기후를 즐길 수 있다. 이것이 우리가 그렇게 자주 비판하게 되고, 도시 내에서 자랄 수 있는 식물들의 수종을 제한할 뿐만 아니라 식물들이 자라는 계절을 앞당기거나 연장시키기도 하는, 도시의 기후이다.

도시 기후의 이러한 결점들은 도시 안에 사람들이 넘쳐서 그런 것이 아니라 도시에 배치되어 있는 구조물들의 성격, 기계들로부터 방출되는 물질들과 사람들이 소비하려고 선택한 물질들이 원인이 되어 형성된다. 담배 연기, 공기 중의 바이러스와 일산화탄소 및 개방된 연소에 의해 방출된 아산화질소 등이 도시 내에 존재하는 주요 위험 요인들이다. 그렇지 않으면, 제한된 공간 내에서 많은 수의 사람들이 앓고 있는 공기에 의한 병들은 주로 생성된 열과 습기 그리고 인간의 신체에서 나오는 냄새에 대한 심리적 영향에 기인한다. 최소한 도시의 기후가 교외의 기후보다 편안하게 만들어질 수 있도록, 그 반대가 되지는 않도록, 도시 내의 외부공간들이 창조될 수 있어야 한다.

디자이너는 지역의 국지성 기후를 평가하기 위해 오래된 건물들의 풍화, 나이든 거주자들의 지식, 현존하는 식생들의 외양 등 많은 자료들을 평가의 잣대로 사용한다. 디자이너는 가파른 북향의 경사지, 물을 향해 기울어져 있는 서향의 경사지, 언덕의 꼭대기들, 서리 주머니, 길게 개방된 경사지의 바닥면 자리, 메마르고 건조한 지표면 또는 가까운 소음과 공해의 근원 등과 같은 특정한 부지 상황을 회피하거나 그러한 상황을 극복할 수 있는 특별한 계획안을 준비하게 될 것이다. 디자이너에게 매력적으로 느껴지게 될 다른 상황으로는 남동향이나 남서향의 중간 경사지, 물이나 숲의 가장자리 부분, 산등성이의 팔부 능선, 작은 숲이 있고 완만하게 기복이 있는 개방된 땅 등이 있다. 디자이너는 햇빛을 이용하기 위해, 알맞은 자리에 그늘을 만들어 주기 위해, 그리고 바람의 통로를 만들어주기 위해 구조물을 정향시키며, 방사열에 대한 표면 반사율을 이용하기 위해 지표면의 마감 재료를 선택하는 등 국지성 기후를 개선시키기 위해 자신이 알고 있는 전문지식과 기술을 사용한다.

9) 건물의 정향(定向, orientation)

북반구의 온대지방에서는 건물의 남쪽 또는 남동쪽의 외부 벽면이 주요 벽면이 된다. 그렇게 되면 겨울의 햇빛이 유리창을 통해 실내에 가득 채워질 수 있거나, 아니면 지붕 위에 설치된 천창을 통해 실내로 유입될 수 있다. 북쪽과 서쪽 벽면 위에 설치될 창문들의 개구부 수효와 면적이 축소되거나, 심지어는 열의 흐름을 지체시키기 위해서 북쪽과 서쪽의 벽면이 땅 속으로 파묻힐 수도 있다. 대형 유리창이 설치된 벽면은 최소한 서쪽 방향으로부터 낮게 내리쬐는 여름철의 햇빛을 정면으로 마주보도록 정향되지 말아야 하면서도, 모든 방들이 겨울날에도 일정한 정도의 햇빛을 받을 수 있도록 배치되어야 한다. 높은 건물은 태양 빛을 날치기하게 되며, 고층건물에 의해 일조가 도둑질 당하는 것을 방지하기 위해서는 법규에 의한 규제가 필요할 수 있다. 이와는 반대로 더운 기후대에 위치하고 있는 건물의 외벽이 반사성의 표면으로 마감되면 주변 사람들이 받게 될 방사열이 배가되며, 주변 사람들에게는 그늘이 제공해주게 될 그 어떤 편안함도 허용되지 않는다. 높이가 낮은 건물을 개발할 때에는, 태양에 대해 개방된 시야가 확보되는 건물이 배치될 부지들이 늘어나도록 거리가 정향될 수 있다. 만약에 건물의 주 입면이 거리를 향하거나 뒷면의 정원을 향해 배치되는 전통적인 계획안을 가정해본다면, 주택은 동쪽에서 서쪽을 향해 뻗어있거나 동북동쪽에서 서남서쪽을 향해 뻗어 있는 접근 도로들을 따라 나란히 배치될 것이다.

건물의 배치와 디자인을 통해 에너지의 소비가 현저하게 절감 될 수 있지만, 각각의 기후대, 각각의 생활방식, 각각의 부지는 자체적으로 고유의 필요조건들을 갖고 있기 때문에 반드시 이상적인 건물의 정향이 지켜질 필요는 없다. 태양빛을 막거나 건물 속으로 유입시키고, 다량의 방사열이 발산되거나 방향없이 흩어지도록 조정하기 위한 많은 기술들이 개발되어있으며, 실내에 다양한 조망을 주는 것 또한 바람직하다. 북향의 창문을 통해 햇빛으로 가득 물든 자연풍경을 바라볼 수도 있을 것이다. 바람의 패턴은 지속적으로 변화한다. 우리는 기술의 개발에 의해 이상적인 건물의 정향에 대한 의존으로부터 탈피할 수 있다. 기준으로 정해져 있는 건물의 정향에 기대기보다는 계측의 전체시스템이 가동되어야 한다. 에너지의 보존이 배치계획의 전체를 지배하는 목적이 되는 것도 좋지 않다. 에너지는 그 주요 목적을 거주자의 복지에 두고 있는, 부지를 운용하기 위한 하나의 비용에 불과하다. 거대한 태양광 패널과 땅 속으로 파묻혀 있거나 개구부가 없는 북향의 외벽을 보여주는 건물은, 외부에서 그것을 바라보아야만 하거나 실내에서 외부를 향해 그것을 바라보아야만 하는 사람에게 새로운 문제점을 제기한다.

4. 프로젝트 부지의 소음

1) 소음(noise)

외부의 소음을 조절하는 것은 배치계획의 본질적인 주제 중 하나이다. 우리가 소음이 거의 없는 환경을 상상할 수 있음에도 불구하고 통상적으로 부딪치게 되는 문제는 소음의 정도나 소음의 크기 혹은 소음으로 들려오는 정보의 내용을 축소시키는 일이다. 현대의 모든 소음은 낭비된 에너지의 형태를 띠고 있기 때문에, 인간이 에너지의 소비를 늘리게 되면서 음원은 점점 더 어디에나 존재하게 되고 점점 더 강력해진다.

소음의 단계는 우리가 소리를 듣기 시작하는 문턱으로 0을, 우리가 고통을 느끼기 시작하는 문턱으로 140을 규정해주는 대수의 척도로써 매겨진다. 10데시벨의 간격은 그 이전보다 10배로 확장된 소리에너지의 수준을 나타내고, 인간의 귀에는 대략 2배 정도 큰 소리로 구별되어 들릴 것이다. 이와 같이, 다른 소음에 비해 20데시벨 더 높은 소음은 다른 소음의 100배의 소리에너지를 보유하고 있는 것이며 우리의 귀에는 4배 더 큰 소리로 들린다. 사람들은 소음의 단계를 모든 장소들의 외부공간에서는 55데시벨 이하, 실내에서는 40데시벨(보통의 어조로 지속되는 대화를 방해하지 않을 최대 크기) 이내로 유지하고 싶어 하며, 소음의 단계가 35데시벨로 측정되는 방은 공부를 하거나 수면을 취하기에 적합하다. 일반 건물에서 창문이 닫혀있을 경우 실내 소음의 단계는, 외부 소음에 비해 20데시벨까지, 다시 말해 소리에너지의 크기는 최대 1/100까지, 사람의 귀에 들리는 소리의 크기는 대략 최대 1/4까지 낮추어질 수 있으며, 창문이 환기를 위해 일부 열려있을 경우에는 15데시벨까지, 다시 말해 소리 에너지의 크기는 최대 1/50까지, 사람의 귀에 들리는 소리의 크기는 대략 최대 3/4까지 낮추어질 수 있다. 하지만 소음은 소음의 정도가 원인이 되는 정도만큼 주파수(소리의 고저차)도 원인이 되어 우리의 귀에 성가시고 거슬리게 들린다.

사람들에게는 고주파의 소음 또는 사람이 말할 때의 주파수에 간섭이 되는 소음이 특히 불쾌하게 느껴질 것이다. 상대적으로 부드러운 소리라고 하더라도 배경의 소음에 대해 주파수가 대비되는 소리는 쉽게 사람들의 귀에 들려올 것이다. 사람들의 귀에 보다 민감한 주파수의 범위 내에 있는 소리를 더 비중 있게 측정하기 위해서는 종종 dBA 소리 측정법이 사용된다. 사람들은 예상하지 못한 시간이나 잠들고 싶은 밤에 발생되는 소음, 특히 사람의 목소리와 같이 갑작스럽게 들려오는 정보가 가득한 소음을 더 잘 알아듣는다. 이와 같이 우리는 바다와 바람이 내는 소음이나 거리에서 들려오는 육중한 교통 소음 등과 같이 훨씬 더 크고 지속적인 소리를 무시할 수 있음에도 불구하고, 멀리서부터 들려오는 고주파의 절규와 같은 갑작스러운 맞불이나 옆집에서 부드럽게 중얼거리는 대화 등에는 불편함을 느끼게 된다.

2) 소음의 조절(noise control)

서로 마주보고 있는 서로 다른 방의 창문을 모두 열 경우, 한 방에서 다른 방으로 대화가 전달되는 것을 방지하기 위해서는 열려있는 창문들 사이의 실측 거리가 9~12m 미만이 되지 말아야 한다. 음원과 듣는 사람 사이의 거리가 두 배가 되면 소리의 단계는 대략 6데시벨 정도, 다시 말해 소리에너지의 크기는 대략 3/5 수준까지 떨어지게 되고, 사람의 귀에 들리는 소리의 크기는 대략 음원이 내는 소리의 4/5 수준까지 떨어지게 된다. 소리는 분리된 거리뿐만 아니라 난기류와 돌풍에 의해서도 흩어진다. 음원과 듣는 사람 사이에 설치된 장벽 또한 우리에게 전달되는 소리의 크기를 경감시켜 줄 것이다. 나무들이 식재되어 조성된 띠는 고주파의 소음을 줄여주는 가장 효과적인 도구이기 때문에(통상적인 거리에서 발생되는 소음의 주파수가 20~8,000사이클의 범위에서 형성되고, 사람들 사이의 대화가 100~3,000사이클의 범위에서 이루어지는) 일상생활에는 거의 쓸모가 없으며, 고주파의 소음은 초당 주파수 10,000사이클 이상의 높은 음조를 가진 소리를 의미하고, 고주파를 가진 소음의 파장은 그 소음이 가서 부딪치게 될 나뭇잎과 기타 장애물의 평균 규격에 비해 그렇게 크지 않다. 그럼에도 불구하고 소리와 시각은 서로 연결되는 감각이다.

우리가 눈으로 음원을 보게 되면 소리는 더욱 예리하게 들리게 되고, 음원이 눈에 보이지 않으면 소리에 대해 둔감해진 상태로 소리를 듣게 된다. 이처럼 상대적으로 낮은 단계의 소리에 대해서는, 소리에 대한 사람의 시야를 차단하기 위한 수단으로서 나무와 산울타리가 유용하게 사용될 수 있으며 벽이나 건물, 혹은 언덕과 같은 견고한 장벽은 이러한 소리를 차단하기 위해 훨씬 더 효과적으로 사용된다. 만약에 소리가 장벽을 통과할 수 없게 되면 소리를 듣는 사람에게 도달되는 소음은 장벽의 주변을 돌아서 회절된 소리가 된다. 이와 같이 장벽의 효율성은 장벽의 높이가 올라갈수록, 그리고 장벽의 위치가 소리를 듣는 사람이나 음원에 가까워질수록 증대된다. 음원에 가까이 위치한 높은 벽은 소리의 크기를 현저하게 줄여줄 것이며, 음원과 소리 사이의 중간 지점에 위치한 낮은 벽은 소리의 크기를 거의 줄여주지 못할 것이다. 소리는 주변의 대상물과 경질 재료로 마감된 표면에 의해 반사되어 증폭될 수 있다. 소리는 어느 정도까지는 결이 곱고 부드러운 건축 재료로 마감된 바닥면과 벽면에 의해 흡수되며, 소리를 반사하지 않는 직물을 마감재로 사용하게 되면 주변이 조용해지는 효과를 가져오게 될 것이다. 하지만 비바람에 견디면서도 효과적인 흡음재가 되기에 충분하도록 결이 가느다란 인공의 표면을 만드는 것은 어려운 일이다. 눈(雪)과 잎이 작은 식물들에 의해 지표면이 덮이게 되면, 어느 정도 소음을 줄여주는 효과가 있다. 만약에 위에 적은 수단들이나 소음을 줄이는 데 가장 효과적인 수단인 음원 자체의 소리의 크기를 줄이는 방법을 사용하고도 소음이 적절한 수준까지 떨어지지 않을 경우에는, 때때로 물소리의 연출과 나뭇잎이 서걱이는 소리 또는 형체가 없는 흐름의 백색소음(white noise: 빗소리, 파도소리, 폭포소리, 진공청소기 소리, 사무실의 공기정화 장치 등 주파수의 모든 영역에 걸쳐 에너지가 존재하며 거의 일정한 주파수 영역을 가지는 신호로서, 특정한 청각패턴을 갖지 않고 단지 전체적인 소음 레벨로서만 받아들여지는 소음)처럼 바람직한 소음이나 임의적인 소음을 더해줌으로써 원하지 않는 소음을 가려주는 것이 가능하다.

건축디자인에서 다루는 음향디자인과는 대비되게, 배치디자인에서 다루는 음향디자인은 원치 않는 소리를 억누르는 데 초점을 맞추어 왔다. 어떤 배치디자인에서도 소리의 전달을 강화시켜준다거나, 사람들에게 즐거움을 준다거나 정보를 제공해주는 자원으로서의 소리에 관련되는 경우는 드문 일이다. 그렇지만 음향 환경은 수많은 교외 정착지들이 보유하고 있는 주요한 매력 요소이다. 배치계획의 영역에서 시각적인 품질뿐만 아니라 청각적인 품질 또한 다루지 못할 이유는 없다. 그럼에도 불구하고 배치디자이너는 통상적으로 방어적인 방식을 통해 소음의 원천을 억누르거나, 주로 소음의 원천과 사람들의 실제 위치 사이에 거리를 두는 방법에 의존하여 청각적인 품질을 다루게 될 것이다. 소음을 경감시키기 위한 또 다른 방어 수단으로는 건물과 독립 벽체 또는 언덕을 부분적인 방벽으로 사용하는 방법과 개구부의 위치와 규격을 조정해주는 방법이 있으며, 그 다음의 방어수단으로 괴로운 소리의 침입을 가려주거나 정보의 내용을 경감시켜주기 위해 고의적으로 배경 소음을 도입해줌으로써 맞불작전을 사용할 수 있다.

5. 프로젝트 부지의 접근성

아득한 옛날 고대 인류가 채취와 수렵의 단계를 거쳐 농경을 시작하면서 먹고 남은 생산물이 비축되고, 자연스럽게 교환을 위해 잉여농산물이 한 곳에 모여들어 시장이 형성되었으며, 인구의 집중에 의해 도시가 형성되었다. 물이 풍부하게 공급될 수 있는 큰 강의 유역에 농경지가 위치해 있었기 때문에, 물자를 수송하기에 편리한 위치에 시장이 형성된 것은 자연스러운 현상이었을 것이다. 접근성(accessibility)이 결여된 자리에는 사람과 물자의 방문이 줄어들게 되고, 역사적으로 살펴보아도 도시의 형성이나 번영의 사례를 찾기가 쉽지 않다.

우리나라에서 접근성의 정도가 부동산의 가치에 가장 민감하게 반영되는 사례는 지하철 역세권의 부동산 가격일 것이다. 이러한 사례는 선진국의 도시에서도 쉽게 발견된다. 맨해튼의 경우에는 한 시간당 통과하는 보행자의 수효(Miller Samuel report에 정기적으로 조사결과가 보고됨)에 따라 상가의 월세(rent)가 민감하게 반영된다. 도시의 개발이든 부지의 개발이든 접근성은 어떤 장소를 사용하기 위한 필수 선결조건이며, 현대 도시의 접근성은 교통 순환시스템의 효율성을 높임으로써 개선될 수 있다. 도시는 차도와 인도, 오솔길 등의 통로, 철로, 가스와 물을 수송해주는 배관, 전기를 공급해주는 전선, 통신케이블 등으로 구성된 소통의 그물망이다. 도시의 경제적, 문화적 수준은 도시에 설치된 순환시스템의 수용력에 대한 비율로 표시될 수 있으며, 순환시스템의 설치비용은 부지를 조성하는 데 드는 비용 중 가장 중요한 요소가 된다.

1) 접근 및 순환의 체계

통로에는 보행자나 자동차를 위해 기울기가 맞추어지고 표면이 고르게 정리된 우선권 도로, 철도시스템, 전력과 통신케이블, 지표면의 우수를 배수시키고 중력을 이용하여 수인성의 폐기물을 운반해주는 배관파이프, 압력을 이용하여 물과 가스 그리고 증기를 운반해주는 배관 파이프 등 다양한 유형이 존재한다. 차도는 사람뿐만 아니라 물질도 수송하며, 공간을 필요로 하고 정렬에 민감하며, 경계를 이루고 있는 도시나 부지의 품질과 편의성의 기본적인 요소가 된다. 다른 통로들은 이 지배적인 통로에 순응하여 패턴이 만들어지는 경향이 있다. 실제로는 인도마저도 너무 흔하게 별로 중요하지 않은 차도의 부속물 정도로 생각된다. 차도와 인도의 배치를 우선적으로 고려한 후, 다른 순환의 요소들을 연구하여 배치계획안을 정련시키는 것이 가능하다.

- 우선권 도로(Right-of-way)

① 타인이 소유권을 가지고 있는 땅이나 부동산을 뚫고 지나가는 특정한 길을 따라 통과하기 위해 관례나 정부의 토지불하에 의해 수립된 법적 권리 혹은 그러한 권리를 갖는 통로나 주요 도로.

② 고속도로, 공공의 사용을 위한 오솔길, 철로, 운하, 전선의 배관, 석유 수송관, 가스 수송관 등 주로 미국의 수송시스템으로 사용하기 위해 토지가 불하되거나 토지 소유권자의 사용이 유보되는 일종의 지역권(地役權: 자신의 특정 목적을 위해 남의 토지를 이용할 수 있는 권리).

③ 특유의 상황이나 장소에서 보행자, 자동차, 배 등이 상대방보다 우선 통과할 수 있는 법적 권리. 이 권리는 또한 일부 지역에서는 산행을 할 때 산을 올라가는 그룹과 내려가는 그룹이 마주쳤을 경우, 산행의 예의로서 산을 올라가는 그룹이 먼저 지나갈 권리를 갖게 된다는 관습으로 개발되었다.

통상적으로 오늘날의 도로시스템은 통합되며, 우수의 배수시스템은 분산된다. 물, 가스, 전기, 그리고 전화의 배선처럼 물질이나 에너지 혹은 정보가 통로 속에 가두어져서 외부의 압력에 의해 전달되는 순환시스템은 통로의 단면이 작고 지속적이며, 수송되는 것의 성격은 유연하고 통로의 단면에 가득 채워져서 흐르며, 밸브에 잘 맞추어지고 자주 고장에 노출된다.

통로의 패턴은 보통 전체적으로 상호 연결된 네트워크로서 나타난다. 우수와 위생 하수의 배수시스템처럼 중력에 의해 물질을 수송하는 순환시스템이 있으며, 이러한 순환시스템에서는 배관의 경사도가 일정하게 유지되어야 한다. 우수와 위생 하수의 배수관은 딱딱하고 마디에 의해 상호 연결되며, 구경이 상대적으로 크고 단지 부분적으로만 배수관의 단면에 채워져서 흐르며, 평면도에서는 나무가 가지를 뻗는 것과 같은 모양과 패턴을 갖는다.

마지막으로, 인도, 차도, 철로 그리고 항공로처럼, 물체가 스스로의 추진력에 의해 노선을 따라서 움직이게 되는 통로들이 있다. 물질은 중심부의 근원으로부터 어떤 선들을 따라 움직여 나가며, 그러한 선들을 지나가면 순환의 근원과 목적지가 다수가 되며 물질은 단일 목적지를 향해 나아간다. 도로와 전화선처럼, 움직이고 있는 요소들의 방향이 상호 교환될 수 없고, 반드시 특별한 근원으로부터 특별한 목적지를 향해 가야 하는 순환시스템이 있다. 순환시스템의 접속지점과 용량이 떨어지게 되는 지점에서 간섭이 생기게 되면 스위치의 작동이 필요하다. 물리적 순환은 일관된 일반적 성격을 가지고 있으므로 순환시스템 내 흐름의 양이 무시할 수 없을 정도로 많을 때에는, 목적지와 교차로를 갖추고 있는 규정된 통로 속에 이러한 순환의 흐름이 배치되어야 한다. 목적지와 교차로를 갖추고 있는 규정된 통로가 네트워크 속으로 체계화되어, 넓은 지역에 걸쳐 순환의 흐름을 배분한다. 이러한 순환시스템은 도로나 배관 파이프뿐만 아니라 인도, 전선 그리고 비행노선에 대해서도 사용된다. 순환되는 흐름의 양이 많아질수록, 더욱 많은 수의 정교한 목적지 및 교차점과 더불어, 필요한 정의와 통제 그리고 통로의 특성화도 더 많아진다. 순환의 근원으로부터 목적지까지의 노정은 더욱 간접적인 것이 된다.

순환의 네트워크는 그것이 서비스를 공급해주는 지역으로부터 더욱 명백하게 분리되며, 순환의 네트워크와 순환의 흐름이 서비스되고 있는 지역들간에는 상호 연계되기가 더 어려워진다. 초고속의 고속도로들이 그러한 사례에 속한다.

① 격자형 패턴의 순환시스템

통로의 네트워크 형태로는 순환시스템의 일반적인 형태인 격자형 패턴(grid pattern), 방사형 패턴(radial pattern), 선형 패턴(linear pattern) 중에서 하나가 채택될 수 있으며, 균일한 격자형 패턴이 가장 자주 사용된다. 격자형 패턴은 순환의 흐름이 변하기 쉽고 널리 배분되는 곳에 유용하게 사용된다. 따라서 격자형 패턴은 이동이 수월하고, 복잡한 대규모의 지역에 잘 적용된다. 삼각형 그리드에는 두 방향 대신 세 방향의 직선 운행이 허용되며 거의 균일한 접근성이 제공되지만, 운행되기 힘든 교차점들이 생기기 때문에 거의 사용되지 않는다. 육각형이나 삼각형의 그리드가 가로(街路)의 시스템으로 사용될 수는 있지만, 작은 규모의 프로젝트에서 개발하기 어려운 형태의 부지가 만들어지는 경향이 있다.

가장 자주 사용되고 있는 가로(街路)의 패턴인 직사각형 그리드는 시각적인 단조로움과 지형에 대한 무시, 통과 교통에 대한 취약성, 그리고 교통량이 많은 도로와 교통량이 적은 도로 사이에 존재해야 할 차이점의 결여 등에 대해 비판을 받아왔으며, 그것은 특화된 디자인 및 공간과 도로포장의 경제적인 사용을 방해한다. 이러한 결점들이 그리드 시스템에 본래적인 것은 아니며, 혼잡한 교통과 통과교통을 그리드 패턴 내의 특정한 도로 쪽으로 향하게 만듦으로써 결점들이 완화될 수 있으며, 건물과 조경의 패턴을 다양하게 변경시켜줌으로써 그리드 패턴이 단조로워지는 것을 피할 수 있다. 그리드는 지형에 맞춰지기 위해 곡선으로 변경될 수도 있다.

그리드 시스템의 본질은 상호연결의 규칙성에 있다. 그리드는 직선들에 의해 기하학적으로 구성될 필요가 없으며, 반드시 동일한 규격과 모양을 가진 블록들이 그리드에 의해 에워싸일 필요도 없다. 그리드는 그것을 통과하는 순환의 흐름을 조절하고 통제함으로써 좀 더 수정될 수 있다. 블록의 양쪽에 설치된 차로의 방향을 서로 번갈아 가며 바꾸어줌으로써, 모든 순환의 흐름이 일방통행으로 만들어질 수 있다. 그리드 내의 도로로부터 서로 충돌되는 모든 인위적인 조작이 제거되고 나면, 도로들의 수용력이 증가하고 교차점들이 단순화될 것이다. 하지만 차량의 운행에는 더 많은 사전적 고려와 긴 여정이 필요하다. 이러한 유형의 극단적인 사례는 차량을 시계방향으로 진행하다가, 인접한 블록들 주위를 반시계방향으로 이동하도록 지시되어 어느 통로에서든 일방통행이 되고, 각 교차점 사이에서는 반대방향으로 순환의 흐름을 바꾸게 되는, "일정한 흐름"시스템이다. 로터리(환상교차로, 環狀交叉路)에서처럼 직접적인 도로의 횡단은 이루어지지 않으면서 단지 이동의 흐름만 서로 엮이게 되는 경우가 있다. 이 시스템은 교통이 혼잡한 작은 규모의 네트워크에서는 효과적으로 작동되겠지만, 어떤 지속적인 차량의 운행이든 지나치게 우회하도록 만들 것이다.

막힌 그리드 패턴은 좀 더 정교하게 다듬어진 그리드 패턴이다. 이 시스템에서는 통과교통에 집중하고, 통로들 사이의 차이를 허용해주기 위해, 전체 그리드는 그대로 둔 채로 이따금씩 그리드 속에 간섭이 만들어진다. 이 시스템은 흔히 만자(卍字) 형태를 띠게 될 것이다.

② 방사형 패턴의 순환시스템

순환의 흐름이 직장이나 상징적 중심부와 같은 공통의 근원, 교차로, 또는 최종목적지를 가지고 있는 지역에 적합한 방사형 패턴의 순환시스템에서는 중심점으로부터 외곽부분을 향해 통로들이 퍼져나가게 된다. 방사형 패턴은, 비록 교통량이 정점에 도달될 때 중심부의 목적지를 통제하기에 힘이 들기는 하지만,

중심부를 향해 지시된 교통 흐름에는 가장 직선적인 경로를 제공해준다.

방사형 패턴은, 중심부에서 일어나는 활동의 변화에는 쉽게 대응하지 않으며, 만약에 어떤 순환의 흐름이 중심부에 근원이나 최종목적지를 갖고 있지 않을 경우에도 잘 작동되지 않는다. 중심부로부터 발산되는 도로들을 연결시켜주는 도로망을 만들기 위해 동심원을 이루는 다수의 순환도로들이 추가될 수 있으며, 이 도로망은 여전히 중심부를 향한 순환의 흐름에 유리하게 사용되지만 우회하는 순환의 흐름도 마찬가지로 허용해준다. 이 도로망은 방사형 패턴의 외곽부분에서 그리고 대규모의 프로젝트에서 직사각형 그리드처럼 작용한다. 지엽적인 가로(街路)들이 방사형 패턴으로 조성되면, 이로 인해 디자인하기에 까다로운 형태의 프로젝트 부지들이 만들어진다. 방사형 패턴의 순환시스템에 대한 개조는 중심부에서보다는 중심부 이외의 지점에서 지선들이 뻗어 나와 이루어진다. 방사형 패턴의 순환시스템은 중심부로부터 순환의 움직임이 배분되거나 순환의 움직임이 중심부로 집중되는 시스템을 만들기 위해 사용되는 고전적인 패턴이다. 방사형 패턴의 순환시스템에서는 가장 직선적인 운행이 허용되고, 간선도로에 비해 주요도로를 특성화시켜주기에 유리하고, 교차로를 분산 배치함으로써 교차로의 문제점이 관리 가능해진다. 하지만 그것은 특별히 중심부를 향해 직진해 들어가거나 중심부로부터 외곽부분을 향해 직진해 나가는 교통 흐름을 제외한 순환의 흐름을 방해한다. 주거단지의 배치계획에서 사용되는 막다른 도로는 가지치기 배치계획의 한 형태인데, 가볍게 시공된 안전하고 좁은 부차적 도로를 허용해주지만, 방향을 돌릴 때 회전반경이 커지는 비상용 차량이나 수송용 차량이 방향을 돌리기 어려운 작은 로터리 형태가 형성된다.

③ 선형패턴의 순환시스템

선형(線形) 패턴의 순환시스템은 순환의 모든 근원과 목적지가 서로 직접적으로 결부되는 단선이나 연속적인 평행선에 의해 구성될 수 있다. 선형의 순환시스템은 순환의 주요 흐름이 단일 지점으로 흘러들어가거나 단일 지점으로부터 흘러나오기보다는, 지속적으로 두 개의 지점 사이를 오가며 흐르는 곳에 유용하다. 추가적으로, 사람들의 모든 활동이 주도로를 따라서 그 순환선의 주변에 모아지게 되므로, 보조적인 순환의 흐름 또한 직선적인 운행을 하게 된다. 선형 순환시스템은 주도로를 설치하는 초기비용이 많이 들지만 터미널을 설치하는 비용이 적게 들 때, 그리고 적은 수용력을 가진 지선을 건설하면서 달성될 비용의 절감이 거의 없게 될 경우 경제적인 형태가 된다.

선형 순환시스템에는 교차로가 없기 때문에 주도로의 전면부가 최대한 사용된다. 선형 순환시스템은 화물의 운송을 위한 철로와 운하를 따라서, 도로의 개설비용이 상대적으로 높은 농업개척지에서, 그리고 고속도로와 평행하게 이어지는 가늘고 긴 개발지에서 사용된다. 선형 순환시스템의 단점으로는, 주도로의 전체 길이를 따라 수도 없이 발생되는 지선으로부터의 진출입 움직임 때문에 야기되는 초점의 결핍과 주도로에 형성되는 과부하 등이 있다. 배치계획의 규모에서는 선형 순환시스템이 선형의 주거지나 '가로(街路) 도시'로 나타날 수 있으며, 또는 부지의 경계선이 지형의 가장자리를 따라 놓여있기 때문에 필연적으로 선형 순환시스템이 사용될 수도 있다. 선형 패턴의 순환시스템은, 일부 주도로에는 통과교통의 흐름을 유입하고 다른 주도로에는 지엽적인 교통의 흐름을 유입하여 주도로를 특성화함으로써 개조될 수 있다. 이와 같이 선형 패턴의 순환시스템 내에서 직선의 주도로로부터 양쪽 방향으로 지선들이 뻗어나가는 척추형(脊椎形)의 도로는 좁은 도로와 접경하거나 좁은 도로에 의해 교차된다.

선형 패턴의 순환시스템에 생길 수 있는 또 다른 변형인 선형 패턴의 지선시스템에서는, 직선의 주도로(主道路) 하나와 주도로로부터 뻗어나갔다가 다시 주도로로 연결되는 두 개의 지선(支線)을 준비하여 주도로의 측면에 좁은 U자형 가로의 고리(환상선, 環狀線)를 하나 걸러 하나씩 연결시킨다. 선형 패턴의 순환고리시스템에서는, 순환의 고리를 형성시키기 위해 원형(圓形)의 주도로(主道路) 자체를 지선을 위해 열고 닫음으로써, 각각의 최종 목적지에 두 가지 방향의 선택권을 제공해주고, 흐름의 특성을 개선(改善)시킨다. 일반적으로 전기와 물의 배분시스템으로서는 원형의 순환고리시스템이 지선(支線)시스템보다 더 선호된다. 유사하게, 막다른 도로의 길이가 아주 짧은 경우가 아니면, 주요 간선도로로부터 고리의 형태로 빠져나와 작은 주거단지의 순환에 사용되는 좁은 가로(街路)가 막다른 도로의 형태보다 더 효과적이다.

원형의 순환고리들은 대안(代案)으로서의 출구뿐만 아니라 서비스의 순환을 위한 지속적인 진행성의 이동을 허용해준다. 교통과 교통의 속도를 떨어뜨리고, 복잡한 지형을 조정하며, 또는 사람들의 호기심을 유발시키는 가로(街路)를 창조하기 위해서 지선 도로에 의도적인 무질서가 만들어질 수 있다. 이러한 무질서에 의해 대지가 낭비되거나 건물의 정면이 과도하게 길게 가로에 정향(定向)시킬 필요는 없다. 이러한 무질서를 창조하는 의도는, 순환시스템의 패턴의 의미가 도로에 의해서보다는 지표면의 형상에 의해 더 잘 전달될 곳에서 정당화될 수 있다. 이러한 무질서는, 친밀감과 신비감 또는 특별한 성격을 표현해주기 위해, 규칙적인 배치계획안 속에 둘러싸여 있는 작은 영역 안에서 사용될 수 있다. 정해져 있는 것은 아니지만, 어떤 면적 이상의 무질서한 배치계획안이 지속되면 이 배치계획안은 기능을 상실하게 된다.

2) 접근 및 순환의 통로

① 통로의 정렬선

규정된 도로는 보통 지속적인 중심선을 따라 나란히 놓이는 일정한 횡단면을 갖는다. 도로의 중심선은 디자인의 편의성을 위해 수평적인 구성요소와 수직적인 구성요소로 분리되는 3차원 공간에서의 정해진 위치, 즉 정렬선(整列線)을 가져야 한다. 정렬선에 관한 통상적인 기준의 경직성은 필연적으로 자연환경의 유연성과 충돌되기 때문에, 주요도로가 대지와 함께 자연스럽게 흐르고, 나무와 전화선이 조화롭게 연결되고, 절토(切土, cut)와 성토(盛土, fill)의 정지작업(整地作業)을 통해 자동차 진입로와 경사진 정원 사이의 대지를 부드럽게 만들어주기 위해서는 기술이 필요하다. 정렬선은 배치계획이 최종단계에 가까워지면서 상세화되지만, 순환시스템에 관한 스케치가 시작될 때부터 정렬선에 필요한 조건들이 고려되어야 한다.

② 통로의 특성화

순환 흐름의 특성화 정도와 이렇게 특성화된 유형의 도로가 함께 섞여서 만들어내는 순환의 정교함은 계속적으로 반복되는 배치계획의 주제이다. 만약에 보행자와 차량이 각각 전용으로 사용하는 통로 위에서 걸어가거나 운행된다면, 더 안전한 상태에서 더 많은 교통량의 흐름이 수용될 수 있다. 동질성의 순환 흐름이 더 효과적이기 때문에 교통의 흐름이 종류별로 선별되어 순환시스템이 배치된다면 순환의 효율성 또한 증대될 것이며, 부차적 도로에는 경질의 마감재료를 사용하여 포장함으로써 비용 또한 절감될 것이다. 하지만 한 가지의 수송방법으로부터 다른 수송방법으로 바꾸기가 점점 더 어려워지고 도로는 더 우회하게 되므로, 특성화를 통해 획득되는 이익은 다른 한편으로 유연성의 상실을 의미한다. 만약에 자동차와 트럭 그리고 보행자가 모두 완벽하게 분리된다면, 순환시스템에도 높이의 분리가 필요하게 되고 각각의 건물은 3개의 출입구를 갖게 될 것이다. 초고속도로는 특정한 유형의 흐름을 위해 수용력과 속도를 지속적으로 늘려왔지만, 만약에 이런 순환의 유형이 중요성을 잃게 될 경우에는, 특성화된 순환시스템은 환경에의 재적응에 심각한 장애가 될 수 있다.

언제나 순환의 구성요소를 증가시키려는 압력과 감소시키려는 압력이 함께 존재한다. 이러한 압력에 대한 적절한 결론은, 고속도로와 보행자몰이 한편에 그리고 걷기－운전하기－주차하기－놀이터가 다른 한편에 배치되는 것처럼, 교통의 흐름이 집중되는 곳에 고도로 특성화된 순환시스템을, 교통의 흐름이 적은 곳에 낮은 정도로 특성화된 순환시스템을 제공해주는 것이다. 후자의 경우 가로(街路)는 외부 거실공간으로서의 전통적인 역할을 유지한다.

③ 도로 사이의 위계(位階, hierarchy)

배치계획에는 도로의 유형들 사이에 존재하는 일반적인 차이가 표현되며, 이러한 차이의 표현에 의해 차량이 운행하고 있는 도로변에 형성되는 전면 부지에 접근할 수 없는 상태로 원거리의 출발점과 목적지 사이를 연결해주는 '배분도로'가 차량이 운행하고 있는 도로변에 사람들의 활동이 일어나고 순환의 흐름 또한 그러한 특정 활동과 관련된 차량으로만 제한되는 '접근도로(access road)'로부터 구별된다.

'배분도로(distribution road)'는 장거리에 걸쳐 지속되며, 고속의 순환흐름이 허용되고 차량교통을 제외한 모든 교통의 흐름이 배제될 수 있다. 자전거를 타는 사람이나 보행자는 교통흐름의 네트워크 속에서 이러한 '배분도로'와 고도를 달리하여 분리된 채로 직교하여 횡단하게 된다. '접근도로'는 주행거리가 짧으며 낮은 제한 속도를 갖게 되고, '배분도로'와 평행한 차선을 따라서 차량과 보행자 그리고 자전거를 운행하게 되거나, 아니면 아주 근접한 지역에서는 차량과 보행자 그리고 자전거가 분리된 '접근도로'조차도 없이 '배분도로'를 함께 사용한다. 이러한 구별은, 방법과 활동의 다양성, '접근도로'에 사용될 공간과 그에 필요한 값비싼 엔지니어링 비용, 이러한 분리가 만들어낼 도로변 조경의 황량한 결핍감 등 때문에 순수한 결론으로서 적용하기는 힘들다. 하지만 '도로들 사이의 위계'는 일정 부분 권장할 만하다.

전통적인 도로는 선형패턴의 순환시스템에서 설명되었던 순환고리 형태의 U자형 도로나 막다른 도로와 같은, 저밀도의 용도와 면하고 있는 '부차적 도로'로부터 시작된다. '부차적 도로'는 도시 내 일부 지역의 중심지로서 소규모의 특별 활동과 적절한 밀도의 용도가 발생되는 '집산가로(集散街路, collection road)'로 차량을 인도한다. '집산가로'는 보다 먼 간격으로 분리되어 배치된 교차로, 집중적인 전면용도 그리고 조절은 되지만 배제되지 않는 접근성 등의 특징을 가지며, 대량의 차량 흐름을 위해 건설된 주요 '간선도로(arterial road)'로 흘러든다. 만약에 이 '간선도로' 선상에 적절한 집중도의 용도가 발생되면, 그 용도가 수용되어 있는 건물은 끼어드는 서비스 도로 쪽으로 정면을 두어야 한다. 인도나 자전거 도로는 그것들만의 분리된 궤적 위에서 간선도로에 평행하게 배치되며, 육교나 터널 또는 통제된 교차로 등의 수단을 통해 간선도로를 횡단하여 건너게 된다. 차량은 간선도로로부터 높이에 의해 분리되어 긴 간격을 두고 배치된 입체교차로에 의해서만 횡단되며, 나란히 펼쳐진 인도와 전면 접근로를 갖고 있지 않은 자동차전용 고속도로로 진입하게 된다.

④ 초대형 단지의 순환시스템

최대 20만㎡(약 6만평)의 면적으로 조성되며, 순환고리 형태의 부차적 도로나 막다른 도로 등의 순환시스템(circulation system)에 의해 단지의 내부로 침투되기는 하면서도 작은 구획들로 분할되지는 않는 초대형 단지(수퍼블록)는, 통과교통에 의한 공간의 낭비가 줄어들기 때문에 도로 등의 순환 영역과 건물 등의 비순환 영역 사이에 존재하는 구성요소를 증대시킨다. 초대형 단지에서는 통과교통을 좌절시키는 희생을 통해, 주거지역의 편의성을 개선한다. 많은 숫자의 교차로를 제거함으로써, 도로에 직접 면하는 주거세대당 건물의 정면 길이를 최소화시킨다.

수퍼블록에서는 좁은 도로에 형성되는 교통량의 부하를 가볍게 유지시킴으로써 통과교통에 교통량을 집중시킨다. 수퍼블록에서는 대규모이면서도 상대적으로 비용이 많이 들지 않는 단지 내 공원이 배치될 수 있다. 만약에 단지 내에 보행자 도로가 포함된다면, 보행자는 도로를 횡단하지 않고도 상당한 거리를 걸어갈 수 있다. 처음에는 수퍼블록 내에서 각 주거세대에 대한 보행자와 차량의 접근로가 완전히 분리되었지만, 경험에 의하면 차량의 접근로는 또한 보행자의 주출입구로도 사용되었다. 수퍼블록의 주출입구는 보행자의 순환동선과 집으로부터 가까운 거리에서 노는 아이들의 놀이의 많은 부분을 끌어들임으로써 초대형 단지의 '사회적 초점'이 된다. 그러므로 초대형 단지의 주출입구는 단지 내부의 주요 인도시스템과 연계되어야 하는 반면에, 개별 세대의 뒷면에 접근 가능한 지선(支線)으로서의 인도는 생략될 수도 있다. 통상적인 규모의 주거단지에서는, 도로와 그 도로에 접하고 있는 인도의 전통적인 분리를 제외하고는, 이제 보행자와 자동차 통행의 완전한 분리가 필요한 것도 바람직한 것도 아닌 것 같다. 그리고 네덜란드식의 보행자와 차량의 혼용도로인 우너프에서처럼 차량이 엄격하게 통제되는 곳에서는 이런 격리조차도 없어질 수 있다.

보행자 도로와 자동차용 도로의 완전한 분리는 성취되기 어려우며, 산발적인 분리에 의해 실제로 사고가 증가할 수도 있다. 하지만 긴 단지를 뚫고 횡단하거나 도로로부터 어느 정도 떨어진 거리의 조경이 되어 있는 단지 내부를 뚫고 통과하는 주요 인도나 자전거 도로는 상당한 수의 보행자들에 의해 사용되고 있으며, 일반 도로를 보완해주는 바람직한 추가요소가 된다. 이렇게 도로로부터 분리된 인도에는 적절한 유지관리와 함께 경찰의 감시와 조명이 제공되어야 한다. 도로 옆에 나란히 설치되는 인도가 도로의 정렬에 맹목적으로 맞추어질 필요는 없지만, 보행자의 이동의 성격에 조화롭게 맞추어지고 지형의 작은 기복에도 응답함으로써, 인도들이 때로는 도로와 합쳐지고 때로는 도로로부터 갈라질 수 있다. 차도 옆에 설치되는 인도는 보행자의 좁은 오솔길로서도 만남과 놀이를 위한 장소가 되며, 배치계획의 필수적인 요소가 된다. 초대형 단지와 막다른 도로의 규격이 커지게 되면서, 국지적인 교통에는 점점 더 우회하는 통로가 강요된다. 만약에 내부적으로 단지를 횡단하는 인도가 준비되지 않는다면, 걷기에 의한 사람들의 이동은 어려워진다. 이런 이유 때문에 초대형 단지, 막다른 도로, 그리고 고리 형태의 순환도로 등의 길이에 대해 공통적으로 수용되는 최대치가 있다. 하지만 막다른 도로의 끝부분을 보행자를 위한 좁은 오솔길 또는 송수관 설치를 위한 지역권(地役權)이나 비상도로 등에 의해 상호 연결시켜줌으로써, 다시 말하면 막다른 도로를 특수목적을 위한 고리 형태의 도로로 전환시켜줌으로써, 길게 펼쳐지는 막다른 도로의 단점이 완화될 수 있다. 특별히 순환의 흐름이 지장을 주지 않는 곳에서, 차량과 사람의 순환을 촉진시키고 사람들 사이의 사회적 교제를 촉진시키기 위하여 초대형 단지 길이를 짧게 유지시키는 데에는 명백한 장점이 있다.

- **전통적인 City block과 20세기의 새로운 개념인 초대형 단지(Superblock):** 네 면을 둘러싸고 있는 가로(街路)에 의해 형성되는 도시의 한 구획 혹은 단지(a city block 혹은 an urban block)는 도시구조의 기본단위를 구성하며, 도시계획(urban planning)과 도시디자인(urban design)의 핵심 요소가 된다. 도시의 기본단지(a city block)는 더 작은 규모의 택지(lot)로 세부구획될 수

있으며, 각각의 택지는 통상적으로 무조건적인 부지 소유권(Fee simple tenure), 공동의 이익(Interest in common), 조합(Associations), 콘도미니엄(Condominium), 법인(Corporate), 그리고 임차권(Lease hold) 등의 다양한 소유권 양식으로 개인이나 단체에 의해 소유된다. 오랜 시간에 걸쳐 점진적으로 개발된 산업도시 이전의 유럽이나 아시아 그리고 중동의 도시에는 불규칙적인 형태의 도시 기본단지(a city block) 패턴이 형성되어 있으며, 격자형 패턴(grid pattern)으로 계획된 도시는 규칙적인 형태의 도시기본단지들을 갖고 있다. 사람들 사이의 사회적 친교를 촉진시키기 위한 의도로 계획된 격자형 패턴의 도시기본단지에는 주출입구가 도로를 향한 채로 건물이 단지의 주변부에 배치되고, 준 사적공간인 내정(courtyard)은 건물의 뒷면에 배치된다. 도시기본단지의 규격은 도시와 도시 또는 같은 도시의 내부에서조차도 너무나 다양해서 일반화시키기는 어렵지만, 예를 들자면 포틀랜드에는 79m×79m, 휴스턴에는 100m×100m, 새크라멘토에는 120m×120m 크기의 정사각형 형태의 기본블록들이 각각 배치되어 있으며, 맨해튼의 경우에는 274m×80m 크기의 직사각형 도시기본단지들이 배치되어 있고, 각 도시기본단지 안에는 대략 7.5m×33m 크기의 택지가 표준단위로 배치되어 있다. 초대형 단지는 근대주의(modernism) 건축가들과 도시계획가들의 아이디어로부터 발현되어, 한층 더 포괄적인 형태의 그리드 패턴을 형성시키기 위한 목적으로 다수의 도시기본단지(a city block)들을 통합하여 조성되었으며, 20세기 초반부터 중반까지 유행되었다. 이 당시에는 사람들의 보행이나 자전거 교통을 더 이상 쓸모가 없는 것으로 평가절하하고, 자동차의 속도나 운행거리 등을 바탕으로 배치계획안이 구상되는 경향이 있었다. 초대형 단지에서는 전통적인 도시의 기본단지에 비해 더 먼 거리까지 건축선이 후퇴되고, 단지는 차량의 고속운행을 위한 넓은 폭의 간선도로나 순환도로에 의해 에워싸이며, 단지 내부의 교통순환은 막다른 도로나 고리형의 순환도로에 의해 이루어진다. 순환시스템의 이러한 불연속성이 원인이 되어 초대형 단지에서는 차량교통에 대한 의존이 심화되고, 도시가 고립된 개체들로 쪼개지며, 보행자들이나 자전거를 탄 사람들은 단지 밖으로 나가기가 더욱 힘들어지게 되었다. 초대형 단지는 흔히 도시의 교외지역이나 계획된 도시 혹은 20세기에 재개발이 이루어진 도시에서 발견되며, 전통적인 거리는 도로 사이의 위계질서에 의해 대체되어 있다. 도심지역에서는 초대형 단지가 흔히 시청 건물과 같은 공공기관, 대학교 캠퍼스와 같은 교육기관, 공원과 같은 여가용 시설, 대규모 다국적 법인회사의 용도, 세계무역센터, 철도차량기지나 선착장, 대형 병원이나 메디컬센터, 컨벤션센터와 전시장, 쇼핑몰, 복합문화센터, 상품의 물류센터, 경기장 그리고 도시기본단지 주변부 건물들의 배면에 형성되어 있던 슬럼화되기 쉬운 뒷골목을 없애기 위한 목적이 포함되어 1930년대 미국의 도심재개발계획에 의해 조성된 주거프로젝트에서 흔히 발견된다. 맨해튼에 소재한 초대형 단지의 사례를 든다면, 복합 문화센터로는 Lincoln Center가 있으며, 컨벤션센터로는 Jacob K. Javits Convention Center, 교육기관으로는 Columbia University, 무역이나 금융센터로는 World Trade Center와 World Financial Center 등이 있다. 주거단지로서의 초대형 단지로는 18개의 도시기본단지(city blocks)를 통합하여 개발된 스타이베선트 타운이 있다. 스타이베선트 타운의 개발에는, 생활편익시설로서 단지 내 거주자와 인근 주변지역의 거주자들을 위한 대규모의 녹지대가 제공되었으며, 수퍼블록의 단점으로 지적되는 단절의 문제를 해결하고 단지 내 연결성을 개선시키기 위해 광범위한 오솔길의 네트워크가 배치되었다. 이와 같이 초대형 단지를 사용한 주거프로젝트에서는 프로젝트의 목적으로서 차량의 순환시스템과 보행자의 순환시스템 사이의 단절에 대한 개선, 강화된 주거단지로서의 조용함, 축소된 교통사고의 위험성 등이 추구된다. 우리나라의 대규모 아파트단지에도 수퍼블록(초대형 단지)의 개념이 적용된다.

⑤ 입체 교차로와 차량의 최종 목적지

차량의 운행방향이 개별적으로 정향(定向)될 때에, 그리고 주어진 차량이나 메시지가 특정한 최종 목적지에 도착되어야만 할 때에 입체 교차로와 정류장이 문제가 된다. 교통의 흐름이 집중되고, 도로가 특성화되고, 편도의 여행에 여러 가지 수단의 조합이 사용되는 지점에서 순환의 문제가 심화된다. 입체교차로에서 발생되는 지연과 혼란은 순환시스템의 주요 실패 사례이며, 이러한 어려움에 의해 도로의 특성화가 더 이상 진행될 수 없도록 지장이 초래되거나 최종 목적지 터미널의 배분과 축소가 강제될 수 있다. 도로의 교차로와 진입로는 통로의 수용력이 병목현상을 일으키는 지점이다.

병목현상은 운반되는 물체의 크기에 비해 운반차량이 크고 개별적으로 운행되며 차량이 오랫동안 움직이지 못하고 대기해야 하기 때문에 자동차가 넘쳐나게 되는 지점에서 더욱 뚜렷해진다. 주차문제는 배치계획에 의한 수단만으로는 해결할 수 없다. 차량을 운행하여 어떤 건물에 도착했을 때, 어떻게 최선의 방법을 통해 건물 속으로 들어갈 것인가 하는 문제는 전형적인 수수께끼이다. 차량을 건물 속으로 진입시키고 주차할 때의 감속에 관한 기능적인 문제가 언제나 남아있으며, 주차장의 규모를 확장시키면 미적환경이 악화되고, 차량이 주차되어 있는 전정(前庭) 뒤의 출입구를 격리시키게 될 위험 또한 상존한다. 차량의 운행속도와 차량의 정지, 그리고 차량의 뚜렷한 운행방향 사이에 전체적으로 시각적인 전이(轉移)가 만들어져야 한다. 차량이 주차하기 전에 건물의 출입구를 통과하여 지나간 후 차량의 승객들은 통과해 지나갔던 동일한 출입구를 향해 걸어서 다시 접근해야 할지도 모른다. 주차공간은 산개되어 분리된 여러 층에 배치되거나, 사람들의 활동과 연계시켜 배치되거나, 보행자의 접근을 유도하는 조경과 연계되어 배치될 수 있다.

⑥ 순한시스템에 의한 개발비용의 최소화

순환시스템은 프로젝트 부지 개발행위의 특징들 중 가장 많은 비용이 소요되는 요소이다. 순환시스템의 운용비용이 초기의 개발비용과 함께 고려되어야 하지만, 실질적으로는 거의 고려되지 않는다. 최소한 순환시스템의 초기 개발비용을 줄이기 위한 몇 개의 일반적인 규칙들이 있다. 첫 번째 규칙은 단순히 주거세대마다 필요한 도로의 길이나 다른 활동의 단위마다 필요한 도로의 길이를 최소화시키는 것이다. 이것은 도로의 양 측면에 적은 수의 교차로를 설치하며, 도로의 양쪽 측면을 따라 지속적으로 도로에 좁게 면한 부지의 개발을 필요로 한다. 과중한 밀도로 개발된 끝이 없는 도로가 가장 저렴한 배치계획안을 형성하며, 단지의 규격을 키우는 것이 그에 가까워지는 방법이다. 두 번째 규칙은 정교한 입체교차로가 필요한 지점에 입체교차로를 설치하지 않고 그 지점을 특성화시켜주는 것이다. 간선도로와 부차적 도로가 있는 배치계획안을 설치하는 비용이 획일적인 격자형의 순환시스템을 만드는 비용보다 더 저렴할 것이다. 세 번째 경제규칙은 도로가 완만한 경사도와 완만한 곡선의 형태를 갖도록 배치하는 것이 통상적으로 더 저렴한 방법이라는 것이다. 날카로운 곡선의 도로 형태와 가파른 경사도뿐만 아니라 아주 평탄한 경사도 등은 토공사와 배수시스템을 필요로 하기 때문에 개발의 비용을 증가시킨다.

⑦ 도로의 배치계획이 부지의 개발가능성에 미치는 영향

도로가 조성된 후 그물의 구멍처럼 남겨지는 작은 구획들의 모양과 성격 때문에, 도로의 배치계획안 또한 대지의 개발가능성에 대해 결정적인 영향을 미친다. 다른 조건이 동일한 상황에서는, 이러한 구획의 규격이 크고 정형화(正形化)될수록 그리고 이러한 구획이 직각의 모서리를 가진 정사각형에 가까운 형태가 될수록 개발의 가능성이 더 높아진다.

경사지의 등고선들에 대해 평행하게 펼쳐진 도로에 면한 건물에는 평탄한 기초가 허용된다. 그렇지만 부지의 경사가 급할 경우에는, 도로의 고도와 도로의 높은 쪽과 낮은 쪽에 면한 양측 부지의 고도 사이에 현격한 높이의 차이가 존재하기 때문에, 사람들이 이러한 건물에 접근하기 위해서는 무리가 따를 수 있고, 건물의 하수설비가 공공의 하수배관에 접속되기 어려울 수 있으며, 건물

앞의 공간이 한쪽으로 기울어져 보일 수 있다. 이러한 경우에는 도로의 전개방향과 직각방향을 이루는 횡단경사를 공공설비의 설치를 위한 우선권도로에 포함시키고, 도로에 면한 양측 건물들의 시각적 연계를 차단하기 위해 우선권도로를 확장시키는 것이 좋다. 그렇지 않으면, 도로 양측의 건물들 중에서 고도가 낮은 쪽의 건물에서는 고도가 높은 쪽의 건물과 별개의 공공설비시설들을 사용하거나, 한쪽 면만 도로를 향해 정면을 두도록 배치하거나, 혹은 특별한 건물의 유형을 사용하여 건물의 상층부로부터 실내로 진입할 수도 있다. 이러한 이유 때문에, 만약에 건물의 입면이 두 개의 정면을 갖도록 의도되어 있다면, 등고선에 나란히 전개되는 도로는 보통 언덕의 꼭대기로부터 일정거리 이상 뒤로 떨어진 채로 유지되어야 한다.

이제 건물의 기초구조로는 다소 비용이 많이 드는 요소인 계단식의 층으로 구성된 구조물이 만들어져야 하며, 도로면의 경사와 설비 배관들의 경사가 너무 가팔라질 수 있음에도 불구하고, 등고선에 대해 직각을 이루며 전개되는 도로는 위에서 다루었던 건물에 대한 접근성의 문제, 공공설비 배관과의 접속 문제 그리고 시각적인 공간의 문제 등의 문제들로부터는 자유로워진다. 등고선에 대해 직각을 이루며 전개되는 도로의 배면에 있는 부지는 상당량의 계단식 토공사가 필요한 다루기 힘든 횡단경사면을 가지고 있을 수 있지만, 극적인 방법으로 단차를 두는 특별한 건물을 사용할 수 있게 될 것이다. 등고선에 대해 대각선을 이루며 비스듬하게 지나가는 도로는 사용하기에 가장 어려운 택지를 형성시키며, 경사가 완만한 곳이나, 경사가 너무 급해서 등고선에 대해 수평을 이루거나 직각을 이루는 도로가 운행될 수 없는 곳을 제외하고는 반드시 피해야 한다.

⑧ 통로체계가 미치는 사회적 영향

통로체계는 사람들 사이의 소통에 영향을 미치기 때문에, 이웃사람들 사이의 접촉을 장려하기 위해서 공동의 통로를 향해 그들의 주거세대를 개방해주는 것이 좋다. 이웃사람들 사이의 우정은 가로(街路)를 따라 형성되며, 공원을 가로질러서 형성되지는 않는다. 이와는 반대로, 아파트의 복도나 상호 간에 바라볼 수 없는 출입문과 같이 분리되고 감추어진 통로가 평면에 의해 제공됨으로써, 사생활의 보호 및 주거세대들 사이의 구획과 격리가 증진될 수 있다.

순환시스템의 흐름의 규모가 증가하면, 통로는 횡단하여 건너가기가 더 어려워진다. 주거세대의 출입구가 더 이상 통로에 직접적으로 개방되지 않으면 통로는 통로 본래의 역할에 역행하게 될 것이며, 사람들에게 장벽으로 작용하게 될 것이다. 그런 까닭에 많은 사람들로 붐비며 느리게 움직이게 되는 도심의 거리는 도시의 중심적인 장소가 될 수 있지만, 고속도로는 사람들에게 장벽으로 작용한다. 막다른 골목은 이웃사람들에 대해 주의를 집중하도록 작용할 것이며, 도로의 양쪽이나 중앙분리대에 나무들이 식재되어 있는 넓은 공원도로는 도로 양측에 살고 있는 이웃사람들 사이에 경계를 정해줄 것이다. 이러한 영향은 일상적인 움직임을 살펴봄으로써, 그리고 그것 때문에 이웃사람들 사이에 어떤 우연한 접촉이 일어나고 있는지 주목해 봄으로써 추론될 수 있다.

전통적인 거리는 통로로서의 기능 이외에도 다른 많은 기능들을 수행했다. 과거의 거리는 시장이었고 작업실이었으며 만남의 홀이었지만, 우선권 도로로부터 보행자와 나무가 희생되고 이러한 기능들이 제거됨으로써 교통의 편의와 함께 사회의 상실을 맞이하게 되었다. 그렇지만 도로 옆에 설치되는 인도는 여전히 아이들의 놀이터이며 거리의 모퉁이는 사람들이 모여드는 장소이다. 통로에는 통로의 모든 기능들이 유지되어야 한다. 아주 지엽적이거나 특성화된 도로

전형적인 자동차도로의 배치

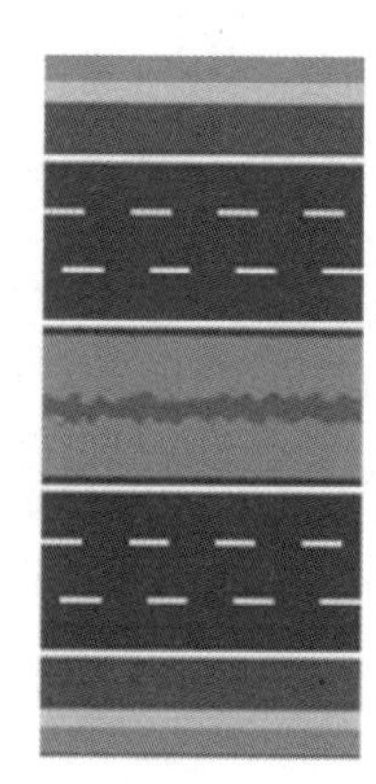

도로의 가장자리(Road Verge)
갓길(Road Shoulder)
내측차선(Inner Lane)
고속차선(Express Lane)
통과차선(Passing Lane)
중앙분리대(Median)
: 갓길 포함

*갓길은 운전대가 오른쪽에 있는 국가에서는 도로의 왼쪽에, 운전대가 왼쪽에 있는 국가에서는 도로의 오른쪽에 설치되며, 도로의 양쪽에 모두 설치되는 경우도 있다.

에서는 포장된 도로를 다시 넘겨받아 보행자 전용도로로 사용할 수 있으며, 차량이 충분히 길들여진 곳에서는 어디에서든 네덜란드의 우너프(woonerf)에서처럼 차량과 사람이 함께 통로를 나누어 사용할 수도 있다.

⑨ 디자인의 초점으로서의 거리

거리는 진정한 공동체의 공간이며 도시 조경의 시각적 전경(前景, 배경의 반대 의미)이 된다. 거리는 이미 공적으로 조절되고 있으며, 사적인 활동에 대한 방해를 최소화하면서 변경될 수 있다. 나무의 식재계획, 조명시스템, 새로운 안내판 만들기, 지엽적인 도로에 일방통행을 지정하거나 통과교통의 흐름을 막는 교통계획, 도로 밑 지하 공공설비시설의 대체, 도로변 주차규정의 변경, 보도나 식재띠의 확장 등 거리에 대한 배치디자인은 시스템 전체에 걸쳐 수행될 수 있다.

우선권도로는, 공공설비시설의 도구를 집적해 놓기에 편리한 도로의 가장자리에 여유 공간을 가짐으로써, 범람하는 물의 통로가 된다. 하지만, 평범한 거리는 도시조경의 필수 요소이며, 거리의 형태와 유지관리에 관한 정책은 배치계획의 법적인 영역에 속한다. 배치계획을 수행할 때에는 나무, 안내판, 조명, 연석(緣石)의 상태 그리고 교통과 주차의 규칙 등이 모두 함께 통합적으로 고려되어야 한다.

오랫동안 관심을 받지 못했던 주거지의 부차적 도로가 자동차로부터의 안전과 걷고, 정원을 가꾸고, 이웃사람들이 외부공간에 함께 앉아 이야기를 나누고 놀 수 있는 거리의 공간을 되찾겠다는 욕구에 의해 새롭게 주목을 받고 있다. 이것은 개별 주거세대로 향한 접근을 방해하지 않고 일반적인 교통의 순환을 전적으로 붕괴시키지 않도록 수행되어야 한다. 자동차의 진입을 막게 되면 교통의 혼란을 일으키게 되어, 상당한 지역에 걸쳐 통과차량들의 교통흐름이 막히게 된다. 많은 장소에서 그러한 구역계획안이 성공적으로 수행되었지만, 그러한 장소의 주변지역에 강제되어왔던 가중된 교통을 견뎌야 하는 사람들에게는 비용의 부담을 주게 된다.

'거주의 뜰'이라는 의미를 가진 네덜란드의 우너프는 이러한 딜레마에 대한 한 가지 결론이다. 차량은 시속 8~15km의 감속된 속도 이하로 우너프 안에 진입할 수 있으며, 보행자와 관련된 어떠한 사고의 책임도 자동적으로 차량운전자에게 부과된다. 보행자가 고의적이거나 영구적인 어떤 수단을 통해서 자동차의 진로를 막도록 허용되어 있지 않음에도 불구하고, 우너프 내에서는 사고의 모든 책임이 운전자에게 돌아가게 되어 있기 때문에, 운전자는 각별히 주의를 기울여 자동차를 운전하게 된다. 운전자의 주의를 끌기 위해 도로의 입구에 설치한 자동차의 속도 감속을 위한 지표면의 융기와 안내판, 거주자들에게 할당된 주차공간의 표시, 새로 식재되는 몇 그루의 나무 혹은 이동식 화분의 배치, 혹은 자동차가 간접적인 노선을 택하도록 강제하기 위한 목적으로 포장된 도로 위에 설치된 기타 장애물 등, 우너프 내에서는 또한 몇 가지의 적절한 물리적 변경이 만들어질 수 있다. 하지만 물리적인 변경은 과도하지 않게 실행된다.

⑩ 이동하면서 보는 전망

새로운 개발 프로젝트에서는 거리나 통로(여기에서 말하는 통로는 도로로부터 분리되어 있는 인도나 오솔길 등을 의미한다)의 패턴에 의해 계획안의 일체감이 조성되거나 파괴될 것이다. 이동하고 있는 사람은 앞쪽을 향하게 되고, 거리나 통로에 대해 집중함으로써 전략적인 공통점을 갖게 된다. 이웃지역들과의 연결감이나 단절감은 지역의 거리시스템을 다른 지역의 거리시스템과 연결시키거나 단절시키는 선택에 의해 생성될 수 있다. 부동산개발의 전문가는 이런 결과에 대해 숙지하고 있으며, 개발 부지 내의 거리를 인접 지역의 가장 중요한 구역으로 연결시킨다.

도로와 통로의 각 지점은 개발의 결과물이 바라다보이게 될 시점(視點)이 되기 때문에, 도로와 통로는 개발 프로젝트의 시각적 성격에 대해 심대한 영향을 미친다. 도로와 통로 사이에는 그것들 고유의 명백한 질서가 수립되어 있어야 하며, 각각의 도로와 통로에는 부지의 기능과 성격을 표현하는 이미지가 구축되어야 한다. 사람들이 도로와 통로를 따라 이동하면서 기분 좋은 공간과 형상의 경로를 경험할 수 있어야 한다. 도로와 통로시스템이 등고선들에 대해 평행하게 전개되든지 아니면 직각 방향을 이루며 공격적으로 전개되든지, 도로와 통로시스템은 바닥에 놓여있는 지형을 표현해주기 위한 강력한 수단이다. 통로의 축선상에 중요한 구조물이 설치되고, 부차적 도로 위에 T자형 삼거리가 배치될 수 있다. T자형 삼거리는 차량들 사이의 충돌을 줄여주기도 하기 때문에, 부차적인 도로가 간선도로를 횡단하게 되는 곳에서 유용하게 사용된다.

끝이 없이 전개되는 도로를 방지하기 위한 또 다른 기법으로는, 시각적인 구획을 만들기 위한 목적으로 건물을 열어 도로를 지속시키거나 건물을 닫아 도로를 막는 방법 혹은 지속적으로 전개되는 도로를 따라 식재의 배열을 조성하는 방법, 그리고 시각적인 종착점으로서 작용하도록 도로의 방향이 전환되는 지점에 조형물을 설치하고 급격하게 도로의 진행 방향을 변경시키는 방법 등이 포함된다.

⑪ 통로의 성격

통로(여기에서 의미하는 통로는 도로와 인도, 오솔길 등 인간의 이동을 허용해주는 모든 길을 포함한다)의 성격은 사람이나 차량이 그 통로를 통과하는 속도에 따라 정해져야 한다. 보행자용의 좁은 오솔길은 지형의 미세한 변화에도 예민하게 반응하며, 고속도로는 길게 뻗어나가는 직선을 채택한다. 보행자의 움직임은 물의 흐름처럼 명백하게 부드러운 운동성을 가지며, 저항이 가장 적은 선을 따라 이동하고, 지름길에 의해 거리를 단축한다. 보행자들은 부드럽거나 격렬하게 이동할 수 있으며, 어떤 목적을 갖고 움직이거나 아무런 목적 없이 어슬렁거릴 수 있다. 보행자의 이동 흐름은 주변환경의 시각적인 매력에 의해, 거리의 바닥 높이와 건물의 개구부 그리고 바닥의 성격에 의해 편향되거나 촉진될 수 있다. 인도는 회랑으로 만들어질 수 있고, 냉난방이 공급될 수 있으며 혹은 눈을 녹이기 위한 목적으로 바닥이 데워질 수도 있다. 인도의 옆에는 벤치, 나무들의 식재, 판매용 간이건물, 카페, 전시용의 상자 또는 정보 전달의 도구 등이 준비될 수 있다. 제대로 만들어진 고속도로가 자동차의 움직임을 표현해주는 것처럼, 좋은 보행시스템은 발로 움직이는 이동의 즐거움과 성격을 반영해준다.

우리에게는 도로와 공공설비시스템을 필요하지만 기꺼이 받아들이기는 힘든 것이며 우리의 시야에서 감춰져야 하는 사물로 생각하려는 경향이 있다. 하지만 순환시스템은 개발된 프로젝트 부지가 가지게 될 본질적인 속성 중의 하나이며, 개발된 부지의 이익과 의미에 많은 관계가 있다. 송전선과 고속도로는 조경의 구성요소이며, 노출된 파이프가 아름다워 보일 수도 있다.

⑫ 순환시스템에 대한 평가

배치계획안은 마음속으로 사람들의 일상적인 동선을 따라가 보고 그 동선의 성격을 살펴봄으로써 점검된다. 순환시스템에 대한 점검은 일상의 모든 측면의 모든 차원에서 실시되고 점검되어야 하며, 기술의 변화에도 쉽게 적응될 수 있어야 한다. 순환시스템의 패턴, 순환시스템의 균형 있는 배치, 순환시스템의 다양성 그리고 순환시스템에 의해 발생될 사회적이고 시각적인 영향과 같은 일반적인 고려사항이 정확한 기술적 표준항목보다 더 비중 있게 다루어져야 한다.

⑬ 도로의 횡단면선(도로의 윤곽선)

통상적으로 자동차 도로는 상당한 거리에 걸쳐 고정되어 남아있게 될 도로의 횡단면이 유지된 채 전개되며, 포장도로의 중심선을 따라 설치될 위치와 표고가 지정된다. 포장도로는 통상적으로 도로의 중심이자 배수의 중심에서 정점(頂點)을 형성하며, 도로의 정점으로부터 가장자리까지의 횡단면 경사도는 콘크리트나 아스팔트 포장도로에서 1/50이 되고, 흙이나 자갈로 덮인 도로에서 1/25이 된다. 모든 것들이 한쪽 방향으로 경사지게 되는 포장도로는, 도로에 중앙분리대로서의 '녹지의 띠(Median)'가 설치되어 있을 때처럼, 도로 양쪽의 반대편에 설치된 연석(curb)들 사이에 표고의 차이가 허용될 수 있을 때에 사용된다. 폭우나 결빙의 가능성이 없는 곳에서는 포장도로 자체를 배수의 통로로 사용하여 도로의 중심선을 향해 경사지도록 설치할 수 있다.

도로의 정점으로부터 가장자리를 향해 경사지우거나 그 반대의 경우 모두 우수의 배수를 위한 통로의 길이를 줄여준다. 주도로에서는 15cm 높이의 수직 연석(curb)과 배수도랑(gutter)이 사용되는 반면에, 시골이나 저밀도 주거지역의 도로에서는 어느 지점에서든 차량진입로가 설치될 수 있도록 10cm 높이의 둥근 연석이 사용될 수 있다. 수직 연석의 높이는 절대로 20cm 높이를 넘지 말아야 하며, 그렇지 않으면 노약자가 이용하는 데 어려움을 겪게 될 것이다. 연석은 장애인의 도로 횡단을 돕기 위해, 각 횡단 지점마다 포장된 도로의 표고에 맞추어지도록 경사로를 사용하여 낮추어져야 한다. 측면에 뗏장이 입혀져 있을지도 모를 약 1m 너비의 얕은 도랑이 있고, 연석이 없이 단순히 잔디나 자갈로 덮인 형태의 '도로 가장자리'는 아주 저밀도의 도로에 사용될 수 있다. 이렇게 될 경우 도랑(ditch)에 의해 지표수가 바닥으로 스며들도록 허용되지만, 모든 차도의 하부와 각각의 교차로에는 '배수암거(culvert)'의 설치가 요구된다. 이처럼 도랑과 배수암거를 함께 설치하게 되면, 도로를 배수통로로 전환시켜주는 연석을 설치하는 것보다 더 많은 비용이 소요될 수 있다.

연석은 포장도로의 가장자리 부분이 파손되는 것을 방지해준다. 포장도로는 교통량의 정도에 따라 콘크리트, 역청질의 머캐덤식 포장도로(스코틀랜드의 엔지니어 John MacAdam이 1820년경에 개발한 도로포장 공법. 자갈이나 쇄석층을 여러 겹으로 깔고 난 후에 아스팔트로 마감하는 공법으로서 현재 대부분의 도로를 포장하는 데 사용되고 있다), 자갈, 다져진 흙 또는 단순히 경사지에 배수시킨 흙 등의 표면이 될 수 있다. 우리는 그동안 흙길이나 자갈로 포장된 도로를 만드는 기술을 잊고 있었던 것 같지만, 만약에 흙길이나 자갈로 포장된 도로에 먼지가 많이 난다면, 도로 중심선상의 정점과 도로 가장자리의 배수도랑이 유지시킬 경우 흙길이나 자갈로 포장된 도로는 가벼운 교통량을 소화하기에 아주 적절한 도로가 된다. 가장 간단한 경우에는 표토가 벗겨지고, 표토 바로 아래층의 흙이 다져져서 배수구를 향해 경사지도록 정지작업이 실시되고, 그 위에 자갈이 덮이거나 소량의 포틀랜드 시멘트 또는 물에 반죽된 석회가 덮임으로써 땅이 안정된다. 모래와 진흙으로 조성되어 운행이 가능한 도로는, 대강 10%의 진흙과 15%의 미사(微砂), 그리고 75%의 모래로 흙의 성분을 조정함으로써 만들어질 수 있다.

편리한 임시도로 또한 통나무, 널빤지 혹은 심지어 와이어 메시와 포장용

자루를 사용하여 시공할 수 있다. 도로의 너비는 필요한 교통량과 주차를 위한 차선을 합산하여 산정된다. 만약에 연석 옆에 차량의 주차를 위한 차선이 준비된다면, 그 폭은 2.5m 너비가 되면 좋고, 각 차선은 부차적 도로에서 3m 폭의 너비를, 고속도로에서는 3.5m 폭의 너비를 가지면 좋다. 도로의 유효높이는 이제 화물을 많이 적재한 트럭이 통과할 수 있도록 최소한 4.25m가 되는 것이 좋다. 차량의 주차를 위한 차선을 갖고 있는 주거단지 내 부차적 도로의 실용적인 최소 포장면 너비는 주차용 차선 하나 더하기 통과교통의 차선 둘, 혹은 8m가 된다. 만약에 저밀도의 프로젝트개발에 의해 도로에 차량을 주차할 일이 전혀 발생되지 않거나 단지 일시적으로 발생될 경우에는, 차량의 양방향 통행을 위해 설정된 이러한 포장도로의 최소너비가 6m(=3m+3m)까지 줄어들 수 있다. 한쪽에만 주차용 차선이 설정되어 있는 일방통행 도로에서는 도로 폭이 5.5m로 축소될 수 있으며, 그러한 도로는 짧은 고리형태의 도로로서 사용되거나 주요 간선도로에 나란히 설치되어 주변부의 접근로로 사용될 수 있다. 가늘고 기다란 '식재 공간의 띠'를 설치하는 목적은 인도를 도로로부터 분리시켜주고, 지표면 아래 위의 공공설비시설들과 가로등 등의 도로시설을 설치하기 위한 여유 공간을 확보해주며, 눈을 쌓아둘 수 있는 여유 공간을 준비해주고, (통상적으로는 이 '식재 공간의 띠'에 의해 나무와 이동 중인 차량이 너무 가깝게 배치됨에도 불구하고) 그 '식재 공간의 띠' 안에 가로수의 식재를 허용해주기 위한 것이다. 가늘고 기다란 '식재 공간의 띠'는 그 안에 나무가 식재되어 있으면 최소한 2m 폭의 너비를 가져야 하며, 그 안에 잔디만 심어져 있으면 1m 폭이면 충분하다. 만약에 '식재 공간의 띠' 부분이 포장되어 단지 공공설비시설의 설치를 위한 목적으로만 사용된다면 그 폭은 0.6m까지 줄어들 수 있다. 상업지역에서는 때때로 '식재 공간의 띠'가 제거되고, 확장된 인도에 가로등의 설치를 위한 조명기둥과 급수전이 설치되며, 도로의 조명기둥은 안전을 위해 연석으로부터 0.6m 뒤로 후퇴하여 설치되어야 한다. 공공의 식재를 위한 자리가 포함되지 않는다면, 개인소유 부동산의 부지 경계선은 인도의 가장자리로부터 부지 쪽을 향해 명목상의 거리(距離)로 정해진다. 사실 가로수는 도로 쪽에 있는 '식재공간의 띠'에서보다는 어쩌면 부지 쪽 인도의 가장자리 부분이나 주택의 앞뜰에 가장 잘 심어질 것이다. 가로수가 주택의 앞뜰에 식재되면, 나뭇가지들이 그보다 더 높이 있는 전신주, 가로등, 그리고 전선과 사람들과의 접촉을 방지하고, 나무뿌리가 지하에 묻혀있는 파이프와 케이블이 훼손되는 것을 막게 되며, 도로를 유지보수하기 위해 사용된 화학물질의 독으로부터 나무가 보호받게 된다.

3) 인도 (보행자 도로)

① 인도와 보행자의 동선 흐름

단독 주거세대의 출입구로 직접 연결되는 인도의 너비가 0.8m 폭이면 충분할 수 있음에도 불구하고, 인도의 너비는 세 명의 사람들이 동시에 서로 엇갈려 통과하거나 나란히 걸을 수 있도록 최소한 1m가 확보되어야 한다. 다수의 보행자들이 모이게 되는 집산보도의 너비는 최소한 2m가 확보되어야 한다. 대규모 보행자 동선의 흐름이 예상되는 중심지역에서는, 도로에서와 마찬가지로 인도에도 요구되는 폭만큼의 너비가 확보되어야 한다. 포장된 도로면에서처럼 인도 역시 인도의 중심선을 정점으로 하여 곡면으로 융기되거나 1/50의 횡단 경사도로 기울어져야 한다. 인도는 통상적으로 보다 단조롭게 콘크리트나 아스팔트로 시공되지만, 자갈이나 벽돌, 돌 또는 도로면의 포장 재료로 시공될 수 있으며, 질감이나 착색 혹은 패턴에 의해 콘크리트 바닥면에 장식이 입혀질 수도 있다. 저밀도의 주거지역에서는 도로의 한쪽 면에만 인도가 설치될 수 있다. 주요 인도시스템은 완만한 경사도에 의해 접근되는 지하도의 형태로 주도로 밑을 통과함으로써, 도로로부터 분리되어 계획될 수 있지만, 아주 짧은 지엽적인 거리와 차량 진입로 또는 실제적인 개발을 앞두고 있지 않은 시골이나 준 시골의 도로를 제외한 모든 도로들의 최소한 한쪽 면에는 인도가 있어야 한다.

사람들은 도로를 따라 걷기를 고집한다. 인도는 아이들이 놀기에 유용하며, 눈이 자주 오는 곳에서 아주 긴요하다. 고밀도의 주거지역에서는 인도의 폭이 지나치게 좁혀질 수 없으며, 그 곳에서 일어날 모든 움직임과 사회적 활동을 수용하기에 충분할 만큼 넓어야 한다. 인도와 보행자 공간은 수용력에 의해서 분석되어야 한다. 사람은 한 사람당 1.2㎡ 이상의 공간이 허용될 때 서있으면서 방해를 받지 않게 되고, 주위를 향해 이리저리 움직이기에도 용이해진다. 이것은 군중들을 수용하게 될 공간에 대한 바람직한 표준이 된다. 한 사람당 1.2㎡ 이하의 공간이 허용되면 순환이 다소 방해를 받게 되고, 사람들은 주위로 이리저리 움직이기 위해 정중한 경고나 다른 사람들과의 접촉에 의지하게 된다. 한 사람당 0.65㎡ 이하의 공간이 허용되면, 단지 공간 안에서 내부적으로 제한된 순환만이 가능해지고 사람들은 개인들로서보다는 그룹으로서 움직이게 되는 등, 사람이 공간에 서있는 행위 자체가 억제를 받게 된다. 이것은 군중들이 모이는 공간으로서 견딜 수 있는 최소한의 면적이다. 한 사람당 0.3㎡의 공간이 허용되면 공간 안에서의 내부적인 순환이 이루어질 수 없게 되고, 사람들에게 불쾌한 상황으로 간주되며 만약에 공황상태가 발생되면 위험해지는 상황인 사람들 사이의 물리적인 접촉을 강제 당하게 된다. 아무리 그렇다고는 해도, 심지어 한 사람당 0.1㎡ 미만 밖에 안 되는 작은 면적의 공간 속으로 사람들을 꽉 채워 넣는 것조차도 물리적으로는 가능하다.

인도에서 보행자의 평균 걸음 속도는 개방된 보행자의 흐름 속에서 활발하게 걸을 때의 속도인 1분당 90m 이상으로부터 보행자의 흐름이 최대한의 비율일 때 발을 질질 끌며 걷게 될 때의 속도인 1분당 45m 미만에 이르기까지 다양하기 때문에, 한 사람의 보행자에 의해 점유되는 전체 인도 공간은 개방된 흐름에서의 55㎡ 이상으로부터 막혀있는 상태, 즉 행동이 억제되어 부자연스럽게 서 있는 상태에서의 0.5㎡ 미만에 이르기까지 다양해질 수 있다. 인도의 너비에 대해 20명이 1분마다 1m를 걷는 속도가 '바람직한 최대 비율의 보행자 흐름'으로 채택될 수 있다. 군중들의 모임은 간헐적으로 흩어지거나 일시적으로 중단되고, 느린 속도의 보행자가 조금 더 빠른 속도의 보행자를 방해하기 때문에, 보행자의 이동 흐름은 통상적으로 파동으로 밀려오거나 무리를 지어서 밀려온다. 이러한 결과는 보행자의 이동 흐름이 아주 많거나 아주 적은 곳에서보다는 적절한 곳에서 더 두드러지게 나타난다.

직장인들이 어떤 지역으로부터 건물 속으로 쏟아져 들어가거나 나오는 러시아워 또는 쇼핑객들이나 점심을 먹기 위한 사람들이 가게나 식당으로 한꺼번에 몰려드는 정오 시간대에 보행자의 이동 흐름이 파동처럼 두드러지게 나타날 것이며, 보행자들의 이동 흐름의 비율 또한 하루를 통해서도 시간마다 달라질 것이다. 보행자들의 이동 흐름은 직접 관찰을 통해 산출될 수 있으며, 그렇지 않으면 거주자의 수효, 피고용인의 수효, 혹은 쇼핑객들의 수효 등과 각각에 제공된 바닥면적 사이의 추정된 관계로부터 산출될 수 있다. 조사 결과, 맨해튼의 미드타운에서는 300㎡의 주거용 바닥 면적이 하루에 6번의 방문을 이끌어낼 수 있으며, 같은 면적의 사무공간은 14번의 방문을, 그리고 같은 면적의 백화점은 300번의 방문을 이끌어 낼 수 있는 것으로 분석되었다.

인도에서는 보행자가 이동의 흐름에 맞추어 서로 부딪치지 않을 정도로 스스로를 조정하기 때문에, 인도 위에서 발생되는 양 방향의 이동 흐름이 단독 방향의 이동 흐름보다 그렇게 크게 비효율적이지는 않다. 그럼에도 불구하고 주요 이동흐름에 역행하는 작은 이동의 흐름이 발생될 때에는 이것은 사실이 아니다. 예를 들면, 주요 이동의 흐름에 역행하는 보행자의 이동 흐름이 전체 이동 흐름의 10%에 불과할 때에도 인도의 전체수용력은 15% 정도 줄어들 수 있다. 평범하고 용이한 조건 속에 놓인 공용 계단은, 그 계단 폭을 이용하여 1분마다 1m의 거리를 이동할 수 있는 사람 수는 평균 7명 이상을 넘지 않는다. 혼잡한 계단에 영구적인 줄이 설치되고 이 줄을 통과하거나 역행하는 사람들의 이동 흐름이 없을 때에는, 1분마다 1m의 거리를 이동할 수 있는 사람 수는 최대 16명까지 올라갈 수 있다.

에스컬레이터는 단순히 올라가는 수고를 덜어줄 뿐이지, 계단을 올라가는 흐름의 비율을 증가시키지는 않는다. 장애인이나 노약자의 접근성을 유지해주기 위해서는 공공의 계단과 에스컬레이터가 경사로나 엘리베이터에 의해 보완되어야 한다. 1분마다 1m의 거리를 이동할 수 있는 사람 수가 7명을 초과하는 곳에서는 어디에서나 계단과 에스컬레이터의 상부와 하부에 기다리는 사람들의 무리가 형성될 것이며, 이를 위해 여유 공간이 준비되어야 한다. 유사하게, 보행자가 도로의 건널목에서 기다려야 하는 경우, 특별히 1분마다 1m의 거리를 이동할 수 있는 사람 수가 7명을 초과할 만큼 인도의 흐름이 과밀해질 때에는 건널목 앞의 인도에 여유 공간이 마련되어야 한다. 횡단보도에서는 서로 교차되는 두 방향의 보행자의 흐름이 정면으로 마주칠 것이기 때문에, 횡단보도의 폭은 접근하는 인도보다 더 넓어져야 한다. 그리고 보행자들이 길을 건너기 위해 같은 건널목을 사용하게 될 인접 인도의 이동 흐름이 1분마다 1m의 거리를 20명 또는 35명이 이동하게 될 만큼 혼잡해진 상태에서 양쪽 방향의 인도로부터 모여든 사람들이 함께 도로 또는 건널목에서 교통신호가 바뀌기를 기다리게 될 때에는, 평면 교차로(둘 이상의 도로들이 만나게 될 때 동일한 고도로 맞추어져서 도로를 횡단하게 되는 교차로)에 대혼란이 일어나게 될 것이다.

② 자전거 도로

자전거를 이용한 이동은 조용함, 경제성, 무공해, 좋은 운동, 그리고 용이한 주차 등의 이점을 갖는다. 동시에, 주차되어 있는 자전거를 훔치기가 쉽고 자전거를 타는 사람들이 자동차들과 섞이게 되면 사고의 비율이 매우 높아진다. 이상적으로는, 교통의 흐름이 아주 적을 때를 제외하고는, 자전거들이 자동차들이나 보행자들과 절대로 섞이지 말아야 한다. 자전거 타는 사람들의 이동 흐름이 하루에 1,500명을 초과할 듯한 곳은 어디에서나 최소한 별도의 자전거 도로가 필요하며 또는 산업 플랜트나 학교처럼 혼잡한 자전거들의 이동 흐름이 정점을 이룰 것으로 예상되는 곳에서도 별도의 자전거 도로가 필요하다. 공간의 여유가 없는 상황에서는, 연석 옆의 자동차 주차가 금지되는 곳에서만 도로의 가장자리에 자전거 도로가 마련될 수 있다.

자전거 도로는 보통 3.5m폭의 가벼운 포장도로로, 완만한 경사도로 가지런하게 지속되는 곡면을 갖도록 시공된다. 자전거 도로가 자동차 교통의 주도로 속으로 통합되어 들어가게 되면 주도로에 자전거 도로가 전혀 없을 때보다 실제로 더 높은 사고율이 유발되기 때문에, 자전거 도로가 높이에 의해 혼잡한 자동차 교통으로부터 분리되어야 하거나 자전거를 타고 도로를 횡단하게 될 때에는 신호에 의해 조절되어야 한다.

모터 달린 자전거와 전력에 의해 운행되는 소형차량 그리고 기타 낮은 동력에 의해 작동되는 저속의 차량은 교통량이 많지 않은 도로의 가장자리 차선 위에서 운행될 수 있다. 이러한 운송의 도구가 자전거 도로에 허용될 수는 있겠지만, 자전거 도로와 분리시키는 것이 더 좋은 방법이다. 아주 느린 속도의 공공서비스용 소형 차량은 때때로 주요 보행자도로에서도 운행될 수 있지만, 일반적으로 모터 달린 자전거는 스스로의 차선을 가져야 하거나 동력에 의해 움직이는 차량으로 분류되어야 하며, 반면에 자전거는 보행자와 함께 분류된다. 도로의 표준 횡단면이 유사한 유형의 도로에 공통적으로 사용되고, 도로의 횡단면을 주변의 맥락에 적응시키는 것은 훨씬 더 이치에 맞는 일이다.

인도는 연석 쪽으로 이동될 수도 있고 반대로 도로로부터 더 멀리 떨어뜨려 설치될 수도 있다. 서로 방향이 다른 도로의 차선은 어떤 조경의 요소를 보존하기 위해서 분리되거나, 차선의 바닥 높이를 서로 다르게 변경시키고 분리대를 설치하여 분리시킬 수 있다. 지세의 흐름에 맞추어지기 위해 절토(切土, cut)와 성토(盛土, fill)에 의한 경사가 만들어지고, 작은 숲에는 나무가 식재될 수 있다. 이처럼 도로를 주변 맥락에 적응시키기 위한 계획은 추가적인 디자인과 감독을 의미하지만, 흔히 보기 좋은 외양과 사용성에 기여하며, 이러한 적응에 의해 공사비가 줄어들기도 한다.

우선권 도로는, 그 땅에 대한 공적인 통제가 유효하고 그 땅을 통과하기 위한 사람들의 공통의 권리가 존재하며, 만약에 가능하다면, 모든 포장도로와 공공설비의 배관이 그 안에 배치되는, 가늘고 기다란 공적 대지의 전체 조각이다. 우선권 도로의 폭은 그 속에 포함되는 요소에 의해 결정된다. 우선권 도로에 공통적으로 주어지는 최소폭은 15m이지만, 부차적 도로에서는 이러한 폭이 실제로는 9m까지 줄어들 수 있다. 이것은 특히 거친 지표면 위에서, 보다 경제적이고 유연한 계획안을 만들어주고 시각적인 척도를 개선해준다. 미래의 교통량 예측이 불확실한 곳에서는, 상대적으로 좁은 포장도로로 시작하더라도 더 넓은 우선권 도로의 사용이 필요할 수 있다. 다른 극단으로, 주요 고속도로에서는 180m 너비의 우선권 도로를 사용할 수 있다.

4) 도로의 정렬

① 도로의 수평 정렬

도로의 수평적 정렬은 도로시스템의 임의의 끝부분에서 시작되어 30m 이내의 위치마다 참고로서 구획되는 포장도로의 중심선에 근거를 둔다. 별도의 번호 시스템은 각각 하나의 지속적인 선에 대해 사용된다. 하나의 중심선이 다른 중심선과 만나는 교차점이나 수평곡선이 시작되는 지점과 수직곡선이 끝나는 지점과 같은 그러한 모든 중요한 지점은 이 번호 체계를 참고로 하여 위치가 정해진다. 도로 중심선의 수평적 정렬은 접선이라고 불리는 직선과 그 직선들이 접선을 형성하는 원형 곡선의 부분, 통상적으로 이 두 가지 서로 다른 요소들이 번갈아 사용되어 완성된다. 만약에 두 개의 곡선들이 중재하는 직선 없이 직접 결합되면, 두 곡선들은 모두 그들의 접속점에서 동일한 가상의 선에 대해 접선을 만든다. 부차적 도로 위에서는 교차로의 모서리를 형성하는 곡선 위의 두 지점이 원의 중심점과 이루는 각도가 15도 미만인 곳에서, 중재하는 수평 곡선없이 두 개의 접선들이 연결될 수 있다. 도로의 모서리에서처럼 운전자가 차량의 진행방향을 돌리기 전에 차량을 정지시키거나 차량의 속도를 늦추는 것이 명백한 곳에서, 이것은 또한 훨씬 더 예리한 각도의 방향전환으로 실행될 수 있다. 접선과 원형의 곡선은 도로를 쉽게 배치하기 위해 사용되고, 일단 사용되면 곡선은 자동차 핸들을 한번 잠금으로써 다루어질 수 있다. 주도로 위에서는 접선과 원형 곡선 사이의 접속점이 나선형 곡선에 의해 부드럽게 처리될 수 있으며, 나선형 곡선의 반경은 직선처럼 무한히 길게 시작된 후에 그것이 연결시키고 있는 원형 곡선의 반경에 닿을 때까지 점진적으로 줄어든다. 이러한 나선형의 전이 곡선은 부차적 도로에서는 거의 사용되지 않는다.

원형 곡선의 곡선이 예리해질수록 반경은 짧아진다. 곡선의 최소 허용 반경은 도로의 어떤 부분 위에서 지속적으로 유지될 수 있는 최대 안전 속도인 '계획된 속도'에 따라 결정된다. 60m 길이 미만의 짧은 접선에 의해 분리된 같은 방향으로 편향되어 있는 두 개의 연속적인 곡선들은 피하는 것이 더 좋다. '등이 깨진 곡선'(등이 깨진 곡선: 짧은 접선을 가지고 연속적으로 같은 방향을 향해 편향되어 있는 두 곡선들의 배열. 야간에 운전을 하거나 가시거리가 제한된 상태에서 운전을 할 때에 운전자는 통상적으로 두 번 연속 같은 방향으로 회전할 것을 기대하지 않는다. 이러한 경우에는 '등이 깨진 곡선' 대신에 복합 곡선이나 나선형 곡선을 사용한 전이가 추천된다)은 보기에 어색하고 운전해서 통과하기에도 힘이 든다. 유사하게, 길이가 30m 미만인 접선에 의해 분리된 서로 반대 방향에 존재하는 두 개의 예리한 곡선들은 피하는 것이 최선이다. 그렇지만, 완만한 역회전의 곡선들은 접선이 없이 직접적으로 연결될 수 있다. 직접적으로 함께 연결되어 있는, 같은 방향이지만 다른 반경을 가진 두 개의 곡선들(복합곡선)은 가능하면 어디에서든 피해야 하지만, 가끔은 필요하다.

도로의 교차로는, 주도로의 교차점으로부터 양쪽 방향으로 각각 30m의 범위 내에서는 주도로 상의 한 지점으로부터 형성되는 수직선에 대해 20도 이내의 각도를 이루면서 부차적 도로가 주도로에 연결되는 방식으로 교차되어야 한다. 급격한 각도로 회전하게 만드는 교차로는 운전하기에 힘이 들고 운전자로 하여금 다가오는 차를 보기 어렵게 만든다. 부차적 도로가 주도로를 가로질러 지나가는 곳에서는 부차적 도로의 중심선들을 서로 약 50m 분리시켜주면, 충돌 가능한 차량의 운행이 분리되기 때문에 사고의 가능성이 줄어든다.

아래 그림들 중 맨 왼쪽 편에 positive offset라고 표기되어 있는 그림에서처럼, 주요도로를 횡단하는 부차적 도로의 중심선들을 서로 멀리 떨어뜨리면 가로지르는 차량 운전자를 당황하게 만드는 반면에, 두 번째 그림에서처럼 경미하게 분리시키면 충돌의 위험이 증가된다. 세 번째 그림에서처럼 부차적 도로들의 중심선을 일치시켜 직접 횡단하는 방법이 가장 명확하기는 하지만, 차로의 시스템이나 신호등의 시스템이 함께 고려되어 디자인되어야 한다. 유사하게, 양쪽의 교통흐름에 강제된 우회적인 방법이 중요하지 않은 두 개의 부차적 도로들 사이에는, 안전의 이유뿐만 아니라 시각적 공간을 폐쇄하기 위해서도, 직선 횡단보다는 T자형 교차로가 선호될 수 있다. 연속적으로 간선도로를 횡단하는 교차로는 주요 교통흐름을 방해하지 않기 위해 서로 250m 이상의 간격으로 떨어뜨려서 배치되어야 한다. 고속도로에서는 입체교차로 사이의 간격이 1,500m나 1000m 거리로 제한될 것이다. 교차로의 코너에 설치되는 연석은 부차적 도로에서 최소한 3.5m의 회전반경을 가져야 하며, 주요도로의 교차로에서는 차량이 쉽게 방향을 회전시킬 수 있도록 최소한 15m의 회전반경을 가져야 한다.

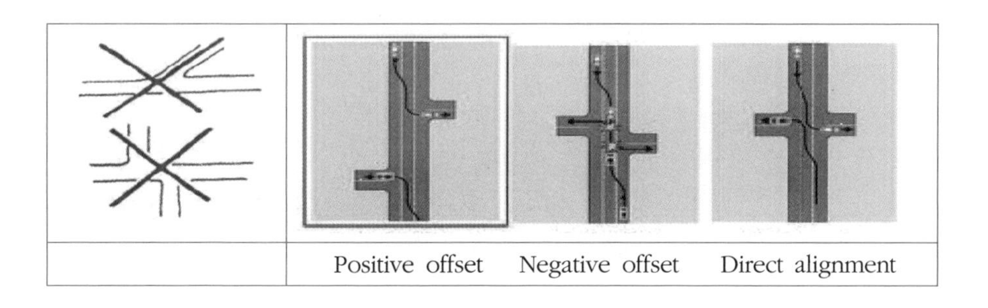

Positive offset Negative offset Direct alignment

교통의 흐름이 혼잡할 때 도로의 수용력에 대한 결정적 한계는 교차로에서 발생된다. 교차로를 통과할 수 있는 전체 수용력이 모든 방향의 도로에서 시간당 500대의 차량으로 낮아지는 곳에서조차도, 교차로로 접근해 오는 차량의 50%까지는 교차로를 통과하거나 회전하기 전에 정지해야만 할 수 있다. 이에 대한 가장 간단한 조치가 부차적인 도로상에 설치되는 정지 표지판이다. 거기서부터 디자이너는 교통신호, 보조도로의 통로화(통로화: 주요 교통차선으로부터 일정한 교통의 흐름을 분리시키기 위하여 주요도로의 기능을 분산시켜 줄 보조적인 도로의 사용을 도입한 엔지니어링 개념), 또는 도로 사이의 등급을 분리하는 방법으로 계획을 진행한다. 대용량의 도로와 교차로의 디자인에 대한 분석은 교통 엔지니어의 업무이지만, 배치디자이너도 관련된 문제들에 대해 어느 정도는 이해하고 있어야 한다. 도로 위에 나타나게 될 위험에 대해 운전자가 반응할 수 있는 충분한 시간을 주기 위해서는 운전자에게 도로의 모든 지점들로부터 최소한의 전면 가시거리가 확보되어야 한다. 최소한의 전면 가시거리는 배치도 위에서 가늠될 수 있으며 건물과 언덕, 조경 그리고 기타 시야를 가리는 것들을 모두 계산에 넣어 산정되어야 한다. 최소한의 전면 가시거리 수치는 도로의 '디자인 속도'에 따라 달라진다. 교차로로부터 20m 떨어져 있는 차량의 운전자는 전체 교차로와 함께 차량이 횡단하고 있는 도로 양측 20m 이내 범위의 도로까지 살펴보아야 한다.

주택은 차량의 전조등이 1층 창문을 비추지 않도록 그리고 어떤 주택이든 통제가 불가능하게 된 차량에 의해 들이 받치는 위험이 없도록 배치되어야 한다. 이것은 예각을 이루는 도로의 축선상 끝에 있는 위치에 대한 논쟁거리가 되며, 특히 경사진 땅의 바닥 부분에 있는 위치에서는 더욱 그러하다.

- 도로의 길이와 도로의 끝부분

통상적으로 고리형태 도로의 최대 전체 길이로는 약 500m가 주어지며, 막다른 도로의 경우에는 최대 전체길이는 150m 정도, 블록의 최대 허용길이는 500m가 될 수 있다. 표준항목의 이러한 모든 내용은, 블록과 고리 형태의 도로 그리고 막다른 도로 등의 길이가 길어지면 일반적인 순환시스템이 더 우회하게 되고, 서비스 공급의 거리가 길어지며, 비상시에 어떤 장소에 접근할 때 길을 잃을 가능성이 높아진다는 동일한 논거에 근거를 두고 있다. 이러한 규칙이 공통적으로 합리적이라고 여겨지지만, 모든 디자이너들이 그러한 규칙에 대해 동의하는 것은 아니다. 이러한 규칙은, 좁은 반도나 산등성이 또는 가로막힌 장애물들로 둘러싸여 있는 땅에서처럼, 어떤 이유로 인해 통과의 순환이 이미 막혀 있는 곳에서는 적용되지 않는다. 막다른 골목에서 차량이 방향을 전환하기 위한 최소한의 회전반경은, 주차 공간 없이 회전하는 차량의 바깥쪽 바퀴가 12m의 회전반경을 가짐으로써, 소방차와 같은 차량이 원활하게 방향을 바꿀 수 있을 만큼의 길이가 확보되어야 한다. 이것은 커다란 원형의 우선권 도로를 필요로 하게 되며, 이로 인해 좁게 조성되는 막다른 골목의 경제적이고 시각적인 목적을 파괴할 수 있다. T자형의 종착점 또는 '도로로부터 갈라져 나온 작은 차량의 통로'가 아주 짧은 막다른 골목에서 차량이 후진했다가 회전하기 위한 대안적인 수단이 되기는 하지만, 차량을 후진시키는 방법은 시야에 보이지 않는 어린아이를 칠 수 있는 가능성을 내포하고 있다.

차량의 후진과 회전을 위해 분기되어 나온 도로의 날개는 도로 폭을 제외하고도 각 방향으로 최소한 차량의 길이만큼 깊어져야 하며, 주차공간을 제외하고 최소한 3m의 폭이 확보되어야 한다. 차량이 회전할 때 차량의 안쪽 바퀴가 이루는 회전반경은 6m가 확보되어야 한다. 차량의 방향 회전을 위한 필요조건이 장애물 없이 준비되는 한, 좁고 짧은 주거단지의 막다른 골목에 이러한 모양이 엄격하게 고수될 필요는 없다. 자유롭게 조성된 주차장과 차량의 도착을 위한 넓은 마당이 아주 바람직할 수도 있다. 개별 진입 차도의 폭은 2.5m가 확보되어야 하며, 진입차도의 입구 연석은 1m 반경의 곡선으로 둥글게 다듬어져야 한다. 진입차도의 입구는, 회전하는 움직임과의 혼란을 피하기 위해서 도로상의 어떤 교차로로부터라도 최소한 15m는 떨어져서 배치되어야 한다. 만약에 다수의 주거세대들에 대해 공통으로 진출입을 위한 차도와 인도가 만들어지지 않는다면, 각각의 주거세대를 위해 별도의 진출입을 위한 별도의 차도와 인도가 준비되어야 한다. 단지 두 세대나 세 세대의 주거세대들에 의해 공동으로 사용되는 인도와 차도는 누가 유지하고 보수해야 할 것인가에 대해 이웃 사이의 잠재적인 마찰의 근원이 된다. 편의성을 유지하기 위해서는 도로로부터 주거세대 출입문까지의 거리가 너무 길어지거나 진입로에 가파른 경사가 포함되지 말아야 한다. 어떤 사람들은 이러한 진입로의 길이를 15m까지로 제한하고, 다른 사람들은 100m까지 느슨하게 늘리기도 하는 등 진입로의 최대 길이는 사람들 사이에 논란거리가 되어 있다. 진입로의 길이는 공사비에 대해 중요한 영향을 미치며, 그 수치는 생활방식에 따라 달라진다.

- 주차장

주차장은 (편리하지만, 고가의 설치비용이 소요되며 이동 중인 차량들을 방해하게 되는) 도로 위 주차, 짧은 경간을 이용하는 주차공간, (가장 저비용이 소요되는 방법이지만, 불편하거나 시각적으로 좋지 않게 보일 수 있는) 야외주차장, 지하주차장이나 경사로 주차 또는 (모든 방법들 중 가장 고비용이 소요되는) 차고 내 주차 등 다양한 방법에 의해 제공될 수 있다. 제대로 제작된 대형버스를 위한 하나의 주차구획은 2.5m폭 × 6m길이의 규격이 되어야 하며, 대형버스를 위해 충분히 여유 있는 주차공간의 느낌을 주기 위해서는 심지어 2.75m폭 × 6m길이의 주차구획이 확보될 필요가 있다. 장애인을 위해 지정된 주차구획은 휠체어의 사용을 허용해주기 위해 4m폭 × 6m길이의 규격이 확보되는 것이 좋고 일반 승용차의 경우 3m폭 × 6m길이의 규격이 이상적이지만, 소형 승용차를 위한 주차구획의 규격은 2.5m폭 × 5m길이의 규격으로까지 줄어들 수 있다(우리나라 건축법에서는 2016년 현재 주거건물에 적용되는 일반형의 주차구획으로 2.3m폭 × 5.0m길이의 규격을, 상업용 건물에 적용되는 확장형의 주차구획으로 2.5m폭 × 5.1m 길이의 규격을, 장애인 전용 주차구획으로 3.3m폭 × 5.0m길이의 규격을, 그리고 보급형의 주차구획으로 2.0m폭 × 3.6m길이의 규격을 각각 규정하고 있지만, 너무 좁게 규정된 주차구획의 폭이 원인이 되어 차량에 승차할 때나 차량으로부터 하차할 때 열린 문에 의해 옆에 주차되어 있는 차량을 손상시키는 일이 자주 발생되고 있다).

주차구획은 차량의 이동 통로에 대해 수평이나 수직 또는 30도나 45도, 아니면 60도의 각도를 이루도록 배치될 수가 있다. 차량의 이동통로에 대해 30도, 45도, 60도 등의 각도를 만드는 주차체계는, 운전자에게 혼선을 줄 수 있는 일방통행의 교통흐름을 필요로 한다. 차량의 이동통로의 폭은, 30도 및 45도 주차체계에 작동되는 일방통행 차선의 3.5m로부터 직각주차체계에 작동되는 쌍방통행 차선의 6m에 이르기까지 다양하다. 공간이용의 효율성을 확보하기 위해서는 각 이동차선의 양쪽 편에 주차구획이 배치되어야 한다(=double loading). 사선주차구획의 내부 끝단 사이에 배치되는 V자 형태의 줄무늬 사선 분리대가 공간을 더욱 절감시켜줄 것이다. 그렇지만 야외주차장에 설치된 분리대와 연석은 제설작업을 방해하고, 미래에 실시될지도 모를 부지의 재배치를 방해한다. 차량의 이동차선에 대한 직각주차가 공간이용의 효율성 측면에서 가장 좋고, 차량의 이동차선에 대한 30도의 사선주차가 공간이용의 효율성 측면에서 가장 비효율적이다. 대규모의 효율적인 야외주차장의 주차구획에 필요한 대체적인 규격은, 주차관리요원에 의해 3~4겹으로 주차되는 야외주차장의 규격인 (주차구획 하나당) 23㎡로부터 운전자 스스로 주차할 수 있도록 여유 있게 설치된 규격인 (주차구획 하나당) 37㎡에 이르기까지 다양하다. 어떤 방향으로든지 야외주차장의 부지를 횡단하는 최대 허용경사도는 5%, 그리고 최소 허용경사도는 1%이다. 대규모의 야외주차장 부지 내에서는, 주차장의 출입구가 산개되어 배치되고 차량이 방향을 회전하는 빈도가 최소화되도록 조정함으로써, 차량의 순환흐름이 지속적으로 유지되어야 한다. 만일 차량의 순환흐름이 일방통행으로 운행될 경우에는, 최소한 4m의 주차장 출입구 폭이 확보되어야 한다. 이때 보행자들이 차량으로부터 목적지를 향해 이동하거나 차량으로 돌아오게 될 때의 이동 상황도 깊이 고려되어야 한다. 만약에 차량으로부터 내린 보행자가 주차구획 사이에 있는 차량의 운행 통로를 따라 걷게 되어있다면, 차량의 운행통로는 보행자가 걸어가는 방향으로 전개되어야 한다.

차량의 주차배열 사이를 따라 땅을 융기시켜 나무를 식재한 띠는 사람들에게 기분 좋은 보행통로가 되겠지만, 공간을 필요로 하고 주차장의 패턴을 고정시킨다. 나무를 심으면 주변의 기후가 개선되고 보기에도 좋아지겠지만, 나무는 뿌리를 키우기 위해 상당한 면적의 공간을 필요로 한다. 야외주차장은 주위에 담장을 설치하거나 나무를 식재해줌으로써, 추가적으로 담장이나 나무 위로 시야를 허용해주기 위해 야외주차장의 바닥면을 주변의 지표면으로부터 일정 정도 땅속으로 침하시켜줌으로써 사람들의 시야로부터 가려질 수 있다. 차량의 이용에 대한 편리성과 다수의 차량이 모여서 형성하는 시각적인 척도 그리고 각 차량에 대한 개별적인 통제를 위해, 주거지역에서는 6대 이상 10대까지의 그룹 단위로는 주차를 허용하지 않는 방법이 더 선호된다. 만약에 목적지까지 사람들을 수송해줄 특별한 수단이 준비되지 않는다면, 상업지역의 대규모 야외주차장에서조차도 사람들의 목적지로부터 200m 이내에 차량을 주차해놓는 것이 바람직하다.

- 트럭의 주차

대형의 트랙터－트레일러트럭의 차체규격은 약 15m×2.5m이다. 트럭이 진행방향을 전환할 때 트럭의 바깥쪽 바퀴가 만드는 최소한의 회전반경은 18m를, 트럭이 통과하기 위한 통로의 수직공간은 4.25m의 높이를 필요로 한다. 그러한 트럭이 흔하게 운행되는 곳에서는 도로의 모퉁이에 있는 연석의 회전반경이 9~12m가 되어야 한다. 트럭을 위한 하역 독(loading dock)은, 트레일러트럭이

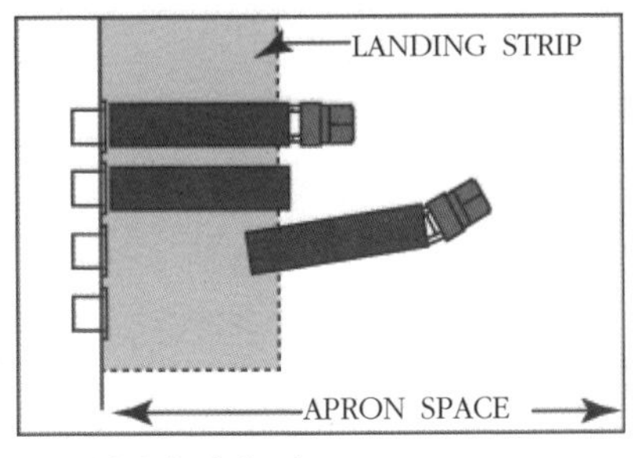

▌로딩닥과 에이프런

후진할 때 장애물 없이 트인 운전자의 시야를 따라 회전하도록 조정되어, 포장된 바닥으로부터 약 1.2m 정도 위의 트럭의 바닥 높이에 설치되고, 트럭 한 대마다 3m의 폭으로 고정되어야 한다. 하역독의 전면에는 트럭을 주차시키고 회전시키기 위한 15m 길이의 에이프런(apron) 공간이 필요하다. 하역독의 바닥 면적은 한 번에 하역 독에 댈 수 있는 모든 트럭들에 설치되어 있는 짐칸의 전체바닥 면적의 약 2배가 되어야 한다는 것이 일반적인 규칙이며, 이렇게 함으로써 하역과 임시 적재를 위한 여유 공간이 허용된다.

- 도로의 수용력

도로의 수용력은 도로의 폭, 도로 표면의 마감 상태, 수평적인 측면과 수직적인 측면의 도로의 정렬, 도로의 가장자리 상태와 같은 도로의 성격들과, 도로를 운행하는 차량의 유형과 속도, 도로를 운행하는 차량에 대한 조절과 통제, 차량 운전자의 운전 숙련도와 같은 교통흐름의 성격에 따라 달라진다. 차량의 흐름이 완벽하게 일정하고, 차량운전자의 운전행위가 전혀 방해받지 않으며, 차량이 최적의 속도와 간격으로 운행되는 곳에서, 도로의 한 개 차선에 대한 이론상의 시간당 수용력은 2,000대이다. 도로의 수용력은 이상적인 포장도로 위를 따라 조직화된 자동차의 차량 대열을 이동시켜봄으로써 대략 개산될 수 있다. 실무에서는 다수의 차선이 설치되어있는 고속도로에서 차선 하나마다 1,500대까지 또는 심지어 1,800대까지도 운행될 수 있는 반면에, 차량이 주차되어 있는 상태에서 진입하고 있는 차량 때문에 발생되는 빈번한 측면 마찰로 인해 혼잡해진 도로에서는, 외곽 차선을 따라서 단지 시간당 200~300대 정도의 차량만이 운행될 수 있다. 주거지역의 지엽적인 도로에서는 차선마다 시간당 약 400~500대의 차량이 운행될 것이다.

② 도로의 수직 정렬

도로의 수직 정렬 역시 일정하게 오르막길이거나 내리막길인 일직선의 접선들로 구성되며, 수직 방향의 곡선들에 의해 연결된다. 이러한 수직 방향의 곡선들은 원형이라기보다는 오히려 포물선의 형태가 된다. 포물선 형태의 곡선은 현장에서 구획하기가 쉽고 서로 교차하는 경사 사이에 부드러운 전이를 만들어 주기 때문에 사용된다. 접선의 경사도는 %로 표기되거나 수평거리 100m마다 수직 방향으로 몇 m가 올라가고 내려가는지로 표기된다. 배치계획에서는 관습적으로, 언덕의 높은 쪽을 향해 올라갈 때의 경사도는 정수의 %로 주어지고, 언덕의 아래쪽을 향해 내려갈 때의 경사도는 마이너스 숫자의 %로 주어진다. 이러한 수직 정렬은 일련의 도로 횡단면(윤곽선)이나 혹은 마치 직선인 것처럼 평면에서 납작하게 그려지고 수직의 축척으로는 과장되게 그려진 도로 중심선의(도로의 진행방향을 따라 절단된) 지속적인 종단면도상에 관습적으로 나타난다. 도로로부터 물이 배수되도록 허용해주는 수직 접선의 최소 경사도는 0.5%이다. 특별한 경우에는 포장도로가 완전히 평평한 상태로 전개될 수도 있겠지만, 가능하면 도로의 횡단면(윤곽선)에는 전체 도로를 통해 '자연 배수'가 확보되어 있어야 한다(자연 배수: 비가 내린 후 별다른 추가조치 없이 48시간 이내에 도로로부터의 배수가 확실히 보장되도록 디자인된 배수시스템의 상태). 다시 말하면, 인접한 땅의 경사가 없어지는 지점에 발생되는 축 처진 곡선이나 내리막길의 고리형태 도로, 또는 막다른 도로가 없어야 한다는 의미이다.

- 도로의 최대 경사도

도로의 최대 경사도는 도로의 '디자인 속도'에 따라 결정되며, 긴 거리에 걸쳐 지속되지 말아야 한다. 만약에 도로의 경사도가 7% 이상으로 지속될 경우에는 승용차가 높은 숫자의 기어 상태를 유지할 수 없으며, 도로의 경사도가 3% 이상으로 지속될 경우 대형 트럭은 반드시 고도가 낮은 쪽을 향해 이동해야 한다. 지속적인 17%의 도로 경사도가 대형 트럭이 가장 낮은 상태의 기어로 올라갈 수 있는 최대 경사도이다. 도로의 최대 경사도는 겨울철의 상황과 지방의 관습에 따라 다소 유동적이다. 얼음이 심하게 어는 곳에서는 어떤 도로든 10% 넘는 도로의 경사도는 지나치게 가파르다고 할 수 있는 반면에, 눈이 오지 않는 기후지역에서는 부차적 도로에서 15%까지의 도로 경사도가 허용된다. 인도의 경사도는 10%를 넘지 말아야 하며, 얼음이 자주 어는 곳에서라면 인도의 경사도는 이보다 더 낮아져야 한다. 그럼에도 불구하고 경사의 방향이 바뀌는 지점에 설치되는 짧은 경사로의 경사도는 15%까지 급하게 경사지을 수 있다. 만약에 경사의 방향이 바뀌는 지점에 계단의 단(段, 디딤판+챌판, tread+riser)들이 사용되어 상하의 경사로가 서로 연결된다면, 사람들의 주의를 집중시켜 밑으로 떨어지는 사고가 유발되지 않도록 적어도 3개의 챌판(riser)들이 계단에 포함되어야 한다. 이때 계단은 사람들이 우회하는 것을 방지하도록 디자인되어야 한다.

서로 다른 경사도를 가진 상하의 경사로를 연결시켜주기 위해 계단을 포함시켜주는 경사로 시스템에서는, 각각 5~8%로 완만하게 기울어진 기다란 디딤판(tread)마다 하나의 챌판을 설치해준다. 사람들이 계단을 올라갈 때 언제나 동일한 발로 디딤판을 밟으며 올라서지 않도록, 다시 말해 계단을 올라가면서 한 번 왼발로 디딤판을 딛고 올라선다면 그 다음 디딤판에는 오른발로 딛고 올라서도록, 홀수의 발걸음이 필요할 만큼 디딤판의 깊이를 맞추어주어야 한다. 발걸음의 보폭 또한 사람들의 평균 신장에 맞추어 조절되어야 하겠지만, 일반적인 사람들의 발걸음의 보폭은 약 0.75m가 되므로, 서로 다른 경사도를 가진 상하의 경사로들을 연결 시켜주기 위해 계단을 포함시켜주는 경사로 시스템에서 선호되는 디딤판의 깊이는, 보폭의 거리에 하나, 셋 또는 다섯 배를 곱한 약 0.75m, 약 2.25m 또는 약 3.75m가 된다. 돌을 재료로 만들어진 계단을 설치할 때에도 역시 일반적인 보폭의 치수가 기억되어야 한다. 전통적인 외부계단의 비례를 맞추어주기 위해 유용한 일반 규칙은, 디딤판 하나의 깊이에 챌판 두 개의 높이가 더해진 값이 70cm가 되어야 한다는 점이다. 챌판의 높이는 최대 16.5cm, 최소 7.5cm 사이에서 다양하게 채택될 수 있다(다만, 이러한 기준은 최근의 건축설계실무에서 통용되고 있는 일반규칙인 디딤판 + 챌판= 45cm±에 비해 여유가 있는 편이며, 외부계단은 눈이나 비에 노출되어 있고 또한 불특정 다수의 공중에 의해 사용될 수 있기 때문에 건축설계실무에서는 외부계단의 디딤판의 깊이로 실내계단의 그것보다 깊은 30cm를, 챌판의 높이로 실내계단의 그것보다 낮은 15cm의 높이를 통상적으로 채택한다). 많은 수의 공중이 이용하는 계단의 경사도(물매)는 50%를 넘지 말아야 한다. 장애인을 위한 경사로의 경사도는 8%를 넘지 말아야 한다.

- 수직 곡선

포물선의 수직방향 곡선에 필요한 길이는 적절한 가시거리를 유지하기 위한 필요성과, 차량에 대한 도로의 주행성 또는 수직방향의 속력에 대한 과도한 가속이나 감속에 의해 야기되는 불쾌한 덜컹거림의 회피를 판단의 근거로 하여 조절된다. 도로의 경사도 차이가 수치상 2%나 그 이상인 곳에서는 어디에서든 자동차에 대한 도로의 주행성을 향상시키기 위해서 수직방향 곡선의 사용이 필요하다.

수직방향 곡선의 최소 길이는 도로의 '디자인 속도'와 경사도의 차이에 따라 결정된다. 길이가 긴 최신형의 자동차가 경사도의 차이 9%가 넘는 두 개의 경사로들이 만나 경사의 방향이 바뀌는 지점을 지나면서 차량의 바닥부분이 도로면에 부딪치게 될 때를 제외하고는, 개별적인 차량 진입로에서는 수직방향의 곡선이 배제될 수도 있다. 그러므로 수직방향 곡선은 그렇게 경사로의 방향이 바뀌는 어떤 차로에서든지, 경사도 차이 1%의 수치마다 최소 0.3m 길이의 곡선을 사용하여 삽입되어야 한다. 도로에 허용될 수 있는 최소한의 전면 가시거리는 수직방향의 정렬뿐만 아니라 수평방향의 정렬을 통해서도 포괄적으로 유지되어야 한다. 도로의 최소 전면 가시거리는 도로 위 1.2m 지점으로부터 도로 위 1cm 지점까지에 대한 시야로서 산출되며, 도로의 횡단면(윤곽선)으로부터 측정될 수 있다.

도로의 최소 전면 가시거리는 도로에 설정되어 있는 '디자인 속도'에 따라 결정된다. 수직방향 포물선의 정점에서 필요한 전면 가시거리는 때때로 자동차에 대한 도로의 주행성 하나만을 위해 필요로 하는 전면 가시거리보다 더 긴 수직방향의 곡선을 필요로 할 수 있다. 축 처진 곡선에서는 또한 처진 도로의 곡면 위를 주행한 결과로서 발생되는 전조등의 조명거리가 최소한의 전면 가시거리만큼 확보되어 있는지 살펴보기 위한 목적으로 반드시 점검되어야 한다. 도로의 교차로에서는 정지한 차량이 브레이크를 조작하지 않고 쉽게 출발할 수 있도록, 각 도로의 횡단면들이 평평하게 펼쳐져야 한다. 교차점으로부터 각 도로를 향해, 4% 이하의 경사도에 의해 최소한 12m 길이로 확장된 플랫폼이 설치되어야 하지만, 이것은 많은 횡단 도로들이 급격한 경사도로 한 개의 도로를 교차하는 곳에서 흔히 어려움을 초래한다.

③ 도로의 정렬에 관한 기준

주거지역의 부차적 도로들에 적절한 '디자인 속도'는 시간당 30km 또는 40km이다. 주요 도로들은 시간당 60km의 '디자인 속도'를 감당할 수 있도록 디자인될 것이고, 고속도로는 시간당 90km의 '디자인 속도'를 감당할 수 있도록 디자인될 것이다. 얼음과 눈이 빈번하지 않은 곳에서는 가장 느린 '디자인 속도'에서 사용될 수 있는 최대 경사도가 다소 증가하게 되겠지만, 이러한 최대 경사도가 긴 거리를 통해 지속되지는 말아야 한다. 도로에 대해 계획되고 있는 것은 실제로 삼차원 공간 속에 존재하는 중심선의 위치이기 때문에, 도로의 수평적인 정렬과 수직적인 정렬이 함께 고려되어야 한다. 실제로 계획되고 있는 도로 중심선에 대한 투시도적인 조망은 조경의 중요한 시각적 특징이 되며, 도로 중심선에 대한 투시도적인 조망은, 평면도에 나타난 것처럼, 도로의 정렬과는 현저하게 달라진다. 도로면의 작은 침하들과 돌기들은, 평탄하게 긴 곡선이나 긴 경사가 옆에서 보일 때처럼, 그것들이 특별히 뚜렷하게 나타날 때에 흉하게 보인다. 곡선 바로 앞에 존재하는 침하, '등이 깨진 곡선' 속에 존재하는 접선에서의 침하, 침하 속에서 시작되는 수평 방향의 곡선, 또는 도로에 비스듬하게 놓이거나 혹은 상판이 도로의 수직방향 정렬 속으로 원활하게 맞추어지지 않는 교량과 같은 어떤 모양들은 사람들에게 단절감이나 뒤틀려있다는 느낌을 주게 된다. 예를 들면, 수직방향의 곡선과 수평방향의 곡선이 서로 일치될 때 또는 측면으로부터 바라볼 때 아름다운 다리의 모습이 보이도록 접근하는 정렬이 조정될 때, 역시 수직방향 곡선과 수평방향 곡선의 아름다운 결합이 형성된다. 수평방향의 곡선들과 수직방향 곡선들의 부분적인 중첩을 피하는 것 또는 최소한 두 곡선들의 부분적인 중첩으로부터 초래될 시각적 왜곡이 없도록 확실히 보장하는 것은 좋은 일반 규칙이다. 도로의 외양을 직접적으로 분석해보기 위해, 줄이나 판지를 사용하여 단순한 형태의 '도로 중심선의 모형'을 만들어보는 것은 흔히 유용한 일이 된다. 안전에 대한 이유들 때문에, 도로의 최고점들이나 도로가 깊게 파인 곳들 또는 가파른 경사의 바닥부분에서는 예리한 수평방향 곡선을 피해야 한다. 포물선의 최고점들을 넘어갈 때에는 전도된 곡선(전도된 곡선: 좌측을 향한 곡선이나 우측을 향한 곡선이 반대방향의 곡선에 의해 바로 이어지는 고속도로나 철로의 수평 정렬의 한 부분) 안에서 방향의 전환이 발생되지 말아야 한다. 경사도 5% 이상의 도로 위에 수평방향 곡선이 발생되는 곳에서, 곡선상의 최대 허용 경사도는 곡선의 반경이 150m 미만인 각 15m마다 0.5%씩 차감되어야 한다.

6. 특수하게 조성된 프로젝트 부지

디자인의 과제가 시간상 분절되어 전통적인 배치디자인의 진행과정을 따라 수행되지 않고, 과제의 일부분만 수행된 후 나머지 과제는 공간의 수요가 발생될 때마다 단계별로 수행되는 경우가 있다. 이러한 경우 프로젝트부지의 배치디자인은 시차를 두고 일부분의 토지에 진행된 디자인의 조각들이 모여서 전체를 이루는 것이 되기 때문에, 디자인의 일체화가 이루어지지 않고 각각의 부지로 단편화된다.

1950년대에 영국에서 처음 시도된 지구단위개발(Planned Unit Development)은 산업시설 위주의 새로운 지역사회를 개발하면서 공공기관이 주관하여 도시계획을 추진하기 위해 기획되었으며, 미국으로 전파된 후에는 하나의 개발단위로서 전체부지에 대한 배치계획이 함께 이루어지거나 구획이 된 토지에 배치계획이 이루어져, 다양한 주거지원시설(supporting facilities)을 갖춘 근린주거지역(residential neighborhood)의 형태로 개발되기 시작하였다. 토지의 구획

(subdivision)에 의한 배치계획은 미국의 도시가 농촌지역으로 팽창되던 시기인 1920년 도시계획을 수행하기 위한 관련법규가 제정되고, 새로 도시에 편입될 대지를 저밀도의 주거와 산업, 상업, 농업시설 등의 용도로 지정하여 개발하면서 시작되었다. 대지를 우선권 도로(주도로)와 공공설비시설, 공개공지, 개인 소유의 부지로 분류하여 커다란 덩어리 형태의 대지로 분할한 후 부지를 개인이나 개발사업자에게 매도함으로써, 추후에 각 부지의 소유주가 다시 부지를 구획하여(resubdivision) 팔거나 개발할 수 있도록 허용해주었으며, 토지의 구획에 의한 배치계획 방법은 전 세계적으로 보급되고 각 지역의 사회적 환경에 맞게 적용되어 신도시계획, 도시재생계획, 밀집된 상업지역과 대규모의 주거프로젝트 개발계획 등에 널리 사용되고 있다. 한편으로 대학과 병원 그리고 대규모의 생산공장과 같이 영구적인 부지를 보유하고 그 부지에 대해 장기적인 통제를 행사할 대규모의 안정된 조직에 의해서, 다가오는 20년 이상의 미래를 위한 배치계획안이 작성된다. 장기적인 배치계획안 또한 미래의 용도와 규모 그리고 개발될 형상과 공간, 조경의 모습이 정확히 알려져 있지 않다는 점에서는 대지의 구획에 의한 배치계획과 다르지 않다.

1) 지구단위개발(Planned Unit Development)에 의한 배치계획

미국으로 전파된 지구단위개발의 개념은, 최초에는 대도시의 외곽에 사기업에 의한 주거단지가 개발되어 입주가 완료된 후 쇼핑시설, 야외주차장, 공원, 놀이터, 학교 부지 기타 지역시설들을 유치하기 위한 수단으로 사용되었으며, 현재는 토지규제의 수단으로서 현실적인 프로그램을 도구로 하여 토지와 도시의 풍경에 내재되어 있으며 물리적으로 치료 가능한 사회적 경제적 결핍을 찾아내고, 40,000㎡(약 12,000평)~80,000㎡(약 24,000평) 이상의 토지를 대상으로 모든 것이 포함된 단일개체의 배치계획 혹은 토지의 구획에 의한 배치계획에 의해, 대규모의 통일된 개발을 촉진시키는 법적인 개발과정이 되었다.

지구단위개발이 적절하게 조절되면 통합된 용도의 토지사용과 공개공지를 제공하는 주거단지의 개발이 촉진된다. 개발지구의 가장 좋은 위치에 가장 넓은 면적을 차지하면서 주거시설이 배치되고, 주거세대의 형태가 다양하게 분포된 대규모의 근린주거지역을 형성하기 위해 단독주택과 공동주택의 수효가 비슷하게 배분되고, 전통적인 배치계획과는 다르게 주거타입이 서로 혼재되어 배치된다. 주거세대에는 흔히 주택이나 주택에 딸린 작은 외부 공간에서 대규모의 공개 공지로 연결되는 접근로가 포함된다.

주거지역에는 학교, 교회, 은퇴자 거주시설, 병원 그리고 위락시설이 자리잡기 시작하며, 주거지역을 벗어난 위치에 지역 쇼핑센터의 부지가 따로 제공된다. 산업지구 주변에 대한 환경수행 기준의 강화로 직주근접의 여건이 개선됨으로써, 충분한 건축선 후퇴와 건물의 높이제한 규정이 지켜지고 주차장시설이 갖춰진 경박형의 산업시설이 지역사회의 경제적 목표에 부합하게 되었지만, 많은 수의 산업시설을 수용한 지구단위개발의 사례는 아직 찾아보기 힘들다.

전통적인 배치계획에서는 최대한의 도로 위 교통량 흐름과 도로를 향해 최대한의 전면 폭을 가진 부지의 취득에 초점을 맞춰왔지만, 지구단위개발의 배치계획안에서는 전형적인 격자형패턴(grid pattern)의 도로가 주는 단조로움을 피하기 위해 위계(hierarchy)에 의한 도로패턴을 채택한다. 교통의 흐름이 적은 지엽도로(local street)를 통해 주거시설에 접근하며, 집산가로(collector street)에 의해 지엽도로들의 교통량이 모아져 지구단위개발의 주도로인 간선도로(arterial street)로 연결된다. 한편 간선도로가 설치되면 도로 양측의 부지 사이에는 차량뿐만 아니라 사람들 사이에도 소통의 흐름이 단절되기 때문에, 간선도로의 설치 위치는 단지의 외곽부분이 선호된다. 주거단지들과 공개공지, 학교, 지역쇼핑구역 등을 연계시키기 위해 보행자 도로의 순환시스템이 준비된다. 지구단위개발의 개념은 전세계적으로 보급되어 특히 대도시에서 지역의 특성에 맞게 수정되어 사용되고 있으며, 우리나라에서도 활발하게 사용되고 있다.

2) 토지의 구획(subdivision)에 의한 배치계획

토지의 구획과정 동안에는 도로와 공공설비시설, 공개 공지 및 개인 소유 토지들의 위치와 형태가 조절되고 다듬어진다. 토지의 구획에 의한 배치계획은 건물의 용도가 혼합되어있지 않고 건물이 분리되어 있거나 단순하게 연결되어 있는 곳에서, 저밀도나 중간 밀도로 개발이 진행될 때에 적용되면 더욱 효과적이다. 대지의 구획평면을 작성하여 개발사업을 진행하게 되면 개발주체의 입장에서는 토지비용과 설계비, 토지의 측량비용과 토공사 비용 이외에 그렇게 많은 대규모의 자금을 필요로 하지 않으며, 부지의 구매자가 부지를 매입한 후 토지를 다시 구획하여 추가적인 개발을 진행한다고 해도 토지의 측량비용과 토지의 분할을 위한 법적비용 이외에는 더 이상의 추가자금이 필요없다는 경제적인 이유 때문에, 그리고 표준화된 건축디자인을 반복적으로 사용하므로 건축설계비에 대한 개발사업자의 부담이 없으며 인허가 기관 또한 건물이 신축될 때마다 유사한 심의를 반복하여 거치지 않고도 개발의 대강을 규제할 수 있다는 사회적 장점 때문에, 토지의 구획에 의한 개발이 통상적인 실무가 되었다.

관습에 의해 건물의 성격과 배치가 미리 정해져 있는 지역에서는 구획작업이 원활하게 진행될 수 있지만, 디자인의 전통이 빈약하고 기술적인 가능성이 다수 존재하는 지역에서는 훨씬 더 불확실하게 진행될 수 있으며, 결과적으로 도로와 부지의 경계선이 강조되고 공간적인 효과가 무시되며, 구획단지의 내부와 외부 디자인이 서로 원활하게 소통되지 못하고 조화를 이룰 수도 없다. 토지구획의 표준화를 위해 흔히 사용되는 부지의 최소 전면폭과 최소면적, 표준패턴 등에 의해 단조로운 디자인이 강요될 수 있지만, 부지의 접근성과 부지로부터의 배수, 외부공간과 사생활의 보호, 공공시설 등에 관한 수행의 필요조건에 의해 부지가 표준 이하로 조정될 위험을 막을 수 있다. 부지의 품질에 생길 예상치 못한 최악의 결과는, 충분한 공개공지가 확보되고, 원활한 교통 및 공공설비의 순환이 유지되며, 공동시설이 적절한 위치에 배치된 토지구획을 수행함으로써 방지할 수 있다. 도로의 패턴은 그 지역의 전반적인 교통 및 공공설비의 순환계획에 맞추어 구획단지의 외부와 연결될 접속점 및 공공설비시스템과 연결시킬 수 있도록 디자인되어야 한다. 토지의 구획에 의해 조성된 도로와 부지가 지표면과 자연스럽게 접속되면 도로가 도로에 접한 부지나 접근로 부지 혹은 맹지에 있는 저습지로부터 유출되는 빗물의 흐름을 받아내게 되며, 이러한 배수가 제대로 수행될 수 있도록 지역권이 준비되어야 한다.

- **접근로 부지(cross-lot):** 도로로부터 맹지로 접근하기 위해 사용되는 부지
- **맹지(rear-lot):** 도로에 직접 연결되지 않아 다른 부지를 통해서만 접근이 가능한 부지
- **지역권(easement):** 통행이나 공공설비의 설치 혹은 배수를 위한 목적으로 타인 소유의 토지를 사용할 수 있는 권리 및 타인의 토지에 통풍이나 일조 그리고 조망 등에 방해가 되는 건축행위를 금지시킬 수 있는 권리

좋은 접근성을 가지고 있으며 궁극적으로는 사람들이 필요로 하게 될 활동과 구조물을 지원할 수 있도록 계획된 택지의 거주권 확보는 토지의 최상위 필요조건이다. 새로운 구획 평면은 이러한 토지의 공급을 확대하도록 펼쳐져야 하며, 이러한 토지의 부족은 건축주 스스로 관리하고 운용하는 주택의 건설과정에 아주 흔히 가장 심각한 장애가 된다.

자연 상태의 기반암은 단순히 미개발된 토지이며, 그 토지 위에 택지가 합리적으로 구획되고 안전한 토지의 권리증과 명료한 우선권 도로가 확보될 것이기 때문에, 택지는 소유주들에게 저렴한 가격에 이전될 수 있다. 기본적인 도로와 공공설비시설의의 개량은 기반암 바로 상부의 지층에 설치되어 있으며, 초기에는 가능한 한 단순하게 유지되어야 한다. 도로에 좁게 면한 작은 택지는 도로와 공공설비시설의 설치비용 그리고 토지 자체의 매입비용을 최소화시킨다. 디자이너에게는 이러한 토지가 주택을 짓기에 효율적인 토지로 보이겠지만, 건축주는 다년간에 걸쳐 주택을 확장하고, 어쩌면 작은 가게를 개설하거나 식재료를 재배하기 위해 여유공간을 원하게 된다. 구획에 의해 조성된 택지는 나중에 확장될 수 없기 때문에, 건축주의 우선순위는 처음에 여유 있는 택지를 취득하는 것이 된다. 상호관계되는 숫자인 부지의 깊이에 대한 부지 전면 폭의 비율, 최소한의 부지 전면 폭, 그리고 최소한의 부지 규격 등은 그래서 중요하다. 한 사람당 필요한 최소한의 표준면적으로 널리 알려진 5m²(약 1.5평)의 거주지 공간과

7명의 가족을 대입해본다면, 주위에 방화대를 가진 2층 주택은 면적 70m²(약 21.2평)의 택지를 필요로 하게 될 것이다. 그러한 택지는 구덩이로 만들어진 변소뿐만 아니라 주택의 어떠한 실질적 확장이나 추가적인 경제활동조차도 불가능하게 만들 것이다. 그렇다면, 대강의 경험법칙으로서 70m²(약 21.2평)가 주택의 시공을 위한 절대적인 최소 택지 면적인 반면에 110m²(약 33.3평)의 바닥면적을 가진 택지는 보다 나은 택지라고 말할 수 있다. 최대 110m²(약 33.3평)~150m²(약 45.4평)로부터 시작하여 그 이상의 택지 면적이 다른 가정들을 위하여 제공되어야 한다. 택지 면적이 150m²가 되면 작업장이나 임대를 위한 방의 추가설치나 대가족을 위한 준비가 허용되기 시작한다. 택지의 전면 폭은 6m 혹은 7m는 택지의 전면 폭으로 너무 좁고, 9m나 10m는 확보되어야 하며, 택지의 전면 폭과 깊이의 비율은 1:1.5로부터 1:4까지에 이를 수 있다.

상대적으로 용이한 택지의 등기를 위해서 그리고 택지 사이의 경계선을 정하기 위해서는 직사각형의 택지가 가장 적합하다. 하지만 가계 소득, 가족의 구성, 그리고 소유권이나 임대 방법 등의 모든 변화를 허용해주기 위해서는 택지의 다양성이 핵심이다. 배치 평면이 확장되면서 수요에 따라 달라져야 할 택지의 규격과 위치의 혼합이 허용되어야 한다. 구획평면의 내용 중 일부가 되는 건축한계선(building limit line)의 주요목적은 부지에 햇빛과 공기를 확보해주고 접근성과 사생활을 보장해주기 위한 것이지만, 부지의 건축 가능면적(buildable area)을 제한하기도 한다. 부지의 크기에 상관없이 정면과 측면 그리고 배면에 기계적으로 설정되는 건축선 후퇴(setback) 기준에 의해, 부지의 낭비가 초래되고 배치디자인은 거리를 따라 단조롭게 반복되는 획일적인 건물의 배치로 귀결될 것이다.

개발이 완결된 이후 사람들이 바라보게 될 대상물은 거리의 외관이 될 것이므로, 토지의 구획에 사용될 최상의 재료는 거리를 따라 움직이게 될 이동의 경로, 거리의 폭에 맞추어진 이동의 경로, 거리의 패턴에 의해 중요한 건물이 사람들에게 자연스럽게 주목받게 되는 방법 등 시각적 영향력을 갖게 될 거리의 패턴이다.

전략적인 거리의 패턴을 조성하기 위한 몇 가지 방법이 있다. 시각적 초점

(focal point) 혹은 공간적인 해방감을 창조하기 위해 통합적인 용도의 건물과 공개공지(public open space)가 배치될 수 있으며, 무리를 이루거나 에워싸임을 조성하기 위해 건축선 후퇴가 다양하게 변형될 수 있다. 시각적인 폐쇄를 위해 건물이 배치되거나 바람직한 지점에 중요한 건물이 배치될 수 있다. 사람들에게 보이는 최종적인 모습은 건물의 배열, 도로와 인도 및 공개공지의 포장, 식재, 야외조명 등에 의해 형성된다. 나무는 공간적 구조를 형성해주기 위해 부지뿐만 아니라 우선권 도로(주도로)에 배열을 지어 식재되고, 조명기둥(lighting pole)은 공개 공지와 우선권 도로에 장식적으로 설치됨으로써 주도로의 축선(axis)이 강화되어 주도로에 강력한 정체성이 형성된다. 하지만, 토지구획에 의한 배치계획이 갖고 있는 많은 장점에도 불구하고 이런 방법은 필연적으로 배치계획의 정상적인 흐름을 파괴하며, 배치디자인과 건축디자인 사이의 괴리에 의해 디자인의 최종 결과물이 모호해지고 거칠어지는 것을 피할 수는 없다.

토지구획에 의한 배치계획을 통해 필연적으로 발생되는 배치디자인과 건축디자인의 괴리는 토지구획평면에서 주도로와 공공설비시설 그리고 이것들이 만나게 될 접속지점, 부지의 용도와 밀도, 주요 조경, 절토와 성토(cut & fill)를 통한 정지작업(grading), 배수 등이 다루어지고, 실제 건물의 디자인이 수행될 때 좁은 도로와 택지 그리고 디자인의 상세가 수행의 표준항목에 맞추어져 다루어짐으로써 최소화될 수 있을 것이다. 이러한 디자인의 접근을 통해 개발의 점진적인 성장이 허용되고, 결혼처럼 친밀한 건물과 부지의 관계맺기가 허용될 것이다.

3) 장기적인 배치계획

이미 서론에서 언급한 것처럼 배치디자인이 일체화될 수 없는 두 번째 사례는 대학과 병원 그리고 대규모의 생산공장과 같이 영구적인 부지를 보유하고 그 부지에 대해 장기적인 통제를 행사할 대규모의 안정된 조직에 의해서 만들어진다. 계획될 건물의 장래 용도와 규모가 정확히 알려져 있지 않다는 점에서 토지구획에 의한 배치계획과 비슷하지만, 현재의 배치디자인을 주관하고 있는 단체가 미래의 상세디자인을 주관하게 될 것이라는 점에서는 선행 사례와 다르다. 이처럼 장기적인 확장의 가능성에 의해 장기정책이 개발될 수 있으며, 필요에 의해 시의적절하게 수정될 수도 있다. 하지만 다가올 미래의 변화를 예측할 수 없듯이 주변환경에 불어올 환경의 변화를 예측할 수 없기 때문에, 주변맥락에 대해 응답하는 디자인을 미리 만들어낼 수는 없다. 결과적으로 단순화된 덩어리 형태의 배치계획안이 다가올 미래를 위해 관례처럼 만들어지고 곧 잊혀지다가 폐기된다. 그러므로, 미래를 위한 장기적인 배치계획안에서는, 용도와 규모도 모르는 건물의 형상에 대한 상상보다는 미래 성장의 형상을 안내해 줄 내역서 및 패턴, 규칙과 삽화로 표현된 상세 등의 세트에 의해 보완된 토지의 사용과 순환, 조경 및 주요 공개공지의 다이어그램을 다루는 것이 훨씬 더 생산적인 대안이 될 것이다.

04

프로젝트 부지의 사용자와 프로그램

사진설명
KTX 대전역사 계획안 모형
이 계획안에서는 디자인의 핵심과제 중 한 요소인 접근성을 개선시키기 위해, 모형 사진의 아래쪽에 보이는 것처럼 구시가지의 주도로를 대전역 동쪽의 낙후지역까지 연장시키고 있으나 아무도 주의를 기울이지 않았고, 대전역의 동쪽 지역은 여전히 구도심으로부터의 접근성이 결여된 채로 남아있다.

1. 프로젝트 부지의 사용자

인간의 목적에 맞는 장소를 창조해야 하는 배치디자인의 과제를 구현시키기 위해서는, 먼저 프로젝트 부지의 성격을 이해하고 배치디자인이 시공으로 구현된 이후의 프로젝트 부지 내에서 사용자들이 어떻게 행동하게 될 것이며, 배치계획안의 가치가 어떻게 평가받게 될 것인가 하는 점을 이해해야 한다. 프로젝트 부지의 사용자는 프로젝트가 완공된 후 어떤 방법으로든지 그 장소와 관련될 모든 사람들을 일컫는다. 디자이너는 자신이 디자인을 진행시켜가는 과정 중에 사람과 장소 사이의 상호작용에 대해 배워야 되기 때문에 사용 가능한 분석방법에 대해 특별히 관심을 갖게 된다. 프로젝트의 부지에 관련된 분석보고서와 환경에 관한 개인적인 경험을 통해 광범위한 공감을 얻을 수 있는 결론을 추출해낼 수도 있지만, 그 장소에 거주하게 될 사람들의 반응에 관한 분석은 가장 단순한 배치디자인의 과제에 대해서조차도 필수적이다. 그러므로 디자이너가 잊지 말아야 것은 프로젝트의 공사가 완료된 이후에 그 장소가 갖춰야 할 품질이며, 인간의 몸과 마음 그리고 활동에 최적화되고 접근성이 좋으며 관리가 수월한 장소를 창조해내는 것이 변치 않는 디자인의 목적이 될 것이다.

1) 디자인의 대상

장소를 사용하게 될 사람들의 반응에 관한 분석은 바로 "어떤 사용자의 반응에 대해 분석해야 할 것인가?"라는 난처한 질문에 부딪치게 된다. 프로젝트 부지의 사용자가 뚜렷하게 드러나며 사용자들 모두가 동등한 의사결정의 권력을 갖고 있다면, 제한된 수효의 프로젝트 부지 사용자들을 분석 대상에 추가시킴으로써 간단한 대화와 관찰을 통해 프로젝트 부지의 사용자들에 대한 분석을 수행할 수 있으므로 상황이 그렇게 복잡해지지는 않는다. 난처함은 프로젝트 부지의 사용자들이 서로 다른 가치관과 목적을 추구하고, 설계비를 지급하는 건축주와 프로젝트 부지의 실제 사용자가 구별되기 시작할 때에 배가된다. 이런 경우에는 서로 충돌하는 다양한 필요조건을 식별하고 만족시키기 위한 수단이 필요하며, 이것은 대규모의 프로젝트와 공개공지에 대한 배치도의 작성에 필수적이다.

고객의 구매 성향에 의해 매장의 배치에 영향을 미칠 때와 같이, 프로젝트 부지의 사용자가 배치디자인에 대해 간접적으로 강력한 영향력을 행사할 수도 있지만, 대부분 그런 영향력은 제한적이다. 프로젝트 부지의 사용자가 부지 내에 존재하지 않는다면, 그에게 디자인의 견고한 기초가 될 실제 장소에서의 구체적인 경험은 없겠지만, 만약에 접촉이 이루어질 수 있다면 그도 여전히 배치디자인의 결과물에 대해 영향을 미칠 수 있다. 이러한 종류의 사용자로는 미래의 아파트 입주자가 될 수 있으며 혹은 미래에 창고를 사용하게 될 트럭 운전수가 될 수도 있다. 하지만, 디자이너는 언제나 프로젝트 부지의 사용자가 원하는 것을 디자인에 반영하지 못할 개연성에 직면하게 된다.

프로젝트 사용자 분석의 첫 번째 단계는 프로젝트 부지 내에 존재하게 될 인구에 대한 분석이다. 만약에 프로젝트 부지 사용자의 문화적 배경이나 사회경제적 분류가 서로 다를 경우에는 현저한 결과의 차이가 예측된다. 서로 다른 나이와 성별, 개인사, 생활 스타일, 또는 민족성 등을 가진 사람들 사이에는 일반화시킬 수 없는 상이한 점들이 나타날 수 있다. 프로젝트 부지의 환경에 대한 사용자들의 반응은 프로젝트 부지의 사용자들 사이에 존재하는 차이점 때문에 장황한 목록의 리스트가 만들어질 수 있다. 디자이너는 다양한 사용자그룹의 일반적인 필요조건이나 최소한의 필요조건을 충족시켜주면서, 가장 면밀하게 주의를 기울여야 할 요구조건을 가진 사용자그룹을 선택할 수밖에 없다. 이러한 선택은 부분적으로 과거의 유사한 사례들에서 나타난 경험을 근거로 하여 내려진 기술적인 결정이다. 프로젝트 부지의 개발이 완료된 이후의 사용자들의 유형에 관한 단순한 점검표 혹은 정교한 인구 예측이 될 수도 있는 초기의 인구보고서는 상대적으로 중립적으로 기록될 수 있으며 숨겨진 편향성을 가려줄 수도 있다. 하지만 초기 인구보고서를 작성하고 나면 상품을 판매해야 할 목표시장인 사용자그룹에 집중된 디자인이 진행된다.

2) 건축주

디자이너에게는 자신에게 디자인서비스를 요청하고 설계비를 지불해줄 일단의 명목상의 건축주들이 존재하며, 디자이너는 건축주의 요구사항에 주의를 기울여야 한다. 그러므로 설계 프로젝트의 수주 자체는 사용자에 대한 디자이너의 분석과 신청에 대해 사용자가 내린 첫 번째 결정이다. 설계프로젝트의 수주 다음에는 프로젝트의 공사와 유지관리에 현저한 영향력을 가진 사람은 누구인가가 파악되어야 한다. 너무 늦어져 시간을 놓치게 될 때까지 은행이나 인허가 기관과 같은 결정권을 가지고 있는 사용자들을 경시하는 일은 흔하게 벌어지는 실수이며, 이런 실수는 마지막 순간에 원치않는 설계변경으로 귀결된다. 청소부, 관리인, 정원사, 수선공 등과 같이 시공이 완료된 이후의 프로젝트 부지를 유지보수할, 영향력이 없어 보이는 사용자 그룹을 경시하는 것도 아주 흔한 실수이다. 진정으로 그들의 적극적인 지지가 포함될 때에만 프로젝트 부지가 성공적으로 사용될 수 있을 것이다.

2. 변하지 않는 배치디자인의 목적

1) 인간의 몸에 대한 맞춤: 장소의 거주성

디자이너에게 특수한 상황이나 권력을 가진 프로젝트의 사용자그룹이 요구하는 사항들보다도 더 중요하게 요구되는 것은 모든 사용자들에 의해 공유되는 기본적인 기준항목들이다. 디자이너의 첫 번째 관심은, 거주성 혹은 장소에 대해 생명력을 부여하는 지지라고 할 수 있는, 생물학적 요구사항에 관한 것이 되어야 한다. 어떤 환경에서든지 인간의 활발한 기능을 지원하고 우리 몸의 능력에 맞추어주는 정도에 따라 환경의 품질이 판단될 것이다. 환경은 병의 발생, 오염된 공기와 물, 소음, 열악한 날씨, 섬광, 먼지, 사고, 독이든 쓰레기, 또는 불필요한 스트레스 등에 의해 부정적으로 정의된다. 특정한 사용자그룹이 이러한 해악에 대해 상대적으로 더 취약할 수는 있겠지만, 이러한 해악은 모든 사람들에 악영향을 미치며 흔히 간과된다. 환경의 오염 때문에 사람들이 겪고 있는 스트레스와 병은 좋은 배치디자인에 현저하게 경감될 수 있다. 인간공학과 환경의학은 거주할 만한 배치디자인으로 인도하는 우리의 안내자이며 커다란 보편성을 갖고 계획안에 적용된다.

2) 인간의 마음에 대한 맞춤: 장소의 의미

장소는 우리의 신체구조뿐만 아니라, 우리가 어떻게 지각하고 상상하고 느끼는지, 우리의 마음이 작동하는 방법에도 맞춰져야 한다. 사람들에게 느껴지는 장소의 의미는 각자의 문화적인 배경 및 개인의 기질과 경험에 따라 달라지게 되며, 이러한 지각에는 우리의 감각과 두뇌 구조에 기인된 규칙성이 있고, 우리의 신체구조뿐만 아니라 마음이 작동하는 방법에까지 맞추어진 장소의 품질에는 '장소의 의미'가 형성되어 있다고 할 수 있을 것이다. 우리의 두뇌는 우리를 둘러싸고 있는 환경의 특징을 식별하여 이미지 속으로 조직화시키고, 그러한 이미지를 머릿속에 기억하고 있는 다른 의미와 연결시킨다. 장소의 특징이 식별되어 이미 기억되고 있는 이미지와 융합되고 조직화되기 위해서는, 우선 장소가 인지될 수 있어야 하고, 기억될 수 있어야 하고, 생명력이 부여될 수 있어야 하고, 우리의 주의를 끌 수 있어야 하는 등 장소에 명확한 지각적 정체성이 부여되어 있어야 한다.

디자이너는 식별가능한 시간과 공간 속의 특징들을 프로젝트의 사용자들이 이해할 수 있는 패턴으로 만들면서, 그러한 특징들을 서로 연관시킬 수 있어야 한다. 단지 미학에 불과할 뿐이라고 그렇게 자주 버려지는 이러한 감각적인 성격이 사실은 실무수행을 위한 기본이다. 감각적인 성격은 감성적인 안전의 원천이 되며, 자아의 존재의미를 강화시켜 줄 수 있다. 심리적인 정체성과 환경적인 정체성은 서로 연계되는 현상들이므로, 장소의 핵심적인 기능은 우리 내부의 결속감과 지속적인 감정을 유지해 주는 데 있을 것이다. 특별히 어린시절뿐만 아니라 성인이 되어서도, 장소는 개인의 지적, 감성적 개발에 일정부분 역할을 수행한다. 길을 몰라 걱정스러운 방문객이나 나이 많은 거주민 그리고 가끔 산책하는 사람 등을 위해서는 장소 안에 시각적인 단서가 작동되어야 한다. 시각적인 단서(사례; way finder 등)들은 사용자들에게 미학적인 즐거움을 제공해주며, 세상에 대한 지식을 확장시켜주는 수단이 된다. 이렇게 '장소의 의미'를 강화시켜주는 장치들은 배치디자인의 직관적이고 경험적인 전승지식의 일부가 된다. 장소에는 용도나 사회구조, 정치경제적 패턴, 그리고 인간의 가치 등 일상의 다른 측면에 관련된 깊은 의미가 표출되어야 한다.

공간적인 세상과 사회적인 세상의 조화에 의해 프로젝트부지 사용자의 활동이 촉진되고, 공간과 사회가 서로 이해할 수 있게 된다. 공간적인 정체성은 개인적인 정체성 혹은 그룹 정체성의 외부를 향한 표현이라고 할 수 있다. 공간의 의미가 쉽게 읽혀지면 공간은 적어도 프로젝트의 사용자 그룹이 주변에 자신들의 고유한 의미를 구축할 수 있는 공통의 기반이 된다. 시간에 대한 읽기의 수월함 역시 똑같이 중요하다. 환경은 희망과 위험을 수반한 채, 그 환경 안에 거주하고 있는 사람들을 과거로, 현재의 리듬으로, 그리고 미래로 정향(定向)하게 한다.

3) 인간의 활동에 대한 맞춤: 장소의 적응

좋은 환경은 사용자들의 활동에 잘 맞춰지도록 작동됨으로써 목적이 있는 행위를 지원한다. 사용자의 활동이 수행되어야 할 행위의 무대(behavior setting)들은 그것들의 목적에 적합한 크기로 부지에 적절하게 배치되어 있는지, 내부적인 혼란은 발생되지 않을 것인지 제대로 판단하기 위해서는, 디자이너가 사람들에게 널리 통용되고 있는 생활방식을 이해하고 있어야 한다. 편지를 부치고, 이웃사람들과 대화하고, 외출하고, 쓰레기를 버리고, 저녁 시간에 집 밖으로 나와 앉아있는 등 사용자들의 모든 행위는 디자이너의 상상 속에서 경험된다. 프로젝트 부지의 사용자들은 흔히 각양각색의 사람들로 구성되겠지만, 디자이너는 사람들이 실제로 무엇을 하는지, 또한 사람들이 무엇을 경험하고 계획하는지 알아야 할 필요가 있다. 공감이 이해의 시작이기는 하지만, 사용자들의 실제 행동을 파악하기 위해서는 행위에 관한 체계적인 연구에 의존하거나, 사용자들을 디자인의 의사결정 과정에 참여시키는 것이 좋은 방법이다. 부지 내에서의 바람직한 행위와 이를 지원하는 수단의 내역은 프로그램이라는 방법에 의해 디자인으로 이월된다. 행위는 변하게 되어 있으므로, 행위의 충돌이 처리되고 행위의 변화에 대한 적응성이 준비되어야 한다. 건축주는 현재의 필요에 얽매여있지만, 디자이너는 자신의 계획안이 또한 미래를 수용해야 할 것임을 예측하고 있어야 한다. 예측은 모호한 기술이기 때문에, 디자이너는 과도한 수용력, 좋은 접근성, 부분의 독립, 자원의 보존, 그리고 유연한 계획의 과정 등과 같은 일반적인 방책에 의지하게 된다. 인간의 활동에 대한 장소의 적응성과 맞춤은 프로젝트 부지가 어떻게 구성되었느냐에 의한 것만큼이나 어떻게 관리 되느냐에 따라 결과가 달라진다.

4) 장소의 접근성(accessibility)

어떤 프로젝트 부지든지 부지의 사용자가 다른 사람, 서비스, 자원, 정보 또는 장소 등에 도달할 수 있는 정도를 나타내는 접근성에 관련된다. 건물을 배치하면서 가장 먼저 구현시켜야 할 접근성은 물리적 접근성이다. 건물의 주출입구는 보행자의 흐름이 가장 강한 위치에 배치되어야 하며, 차량의 출입구는 교통의 흐름을 방해하지 않기 위해 부지를 둘러싸고 있는 도로 중 차량의 흐름이 가장 약한 서비스 도로에 위치시켜야 한다는 등의 기본 원칙은 모두 물리적 접근성을 강화시키기 위한 기술이다. 이처럼, 부지의 체계화에 의해 취득되는 접근성은 교통의 순환을 다룰 때에 필연적으로 언급되는 품질임에도 불구하고, 사회적·심리적 접근성과 같은 다른 종류의 접근성에 관해서는 너무 자주 무시된다.

노년층, 십대, 장애인 그리고 다양한 사회경제적 계층 등 다른 사용자그룹들 사이에 발생되는 접근성의 차이는 사회정의의 기본지표이다. 재고되어야 할 많은 배치계획의 고려사항들에는 사생활의 보호, 사회적 상호작용, 쇼핑이나 직장 그리고 학교까지의 거리, 다양한 활동 사이의 선호되는 연계뿐만 아니라 자동차, 대중교통수단, 자전거, 그리고 보행자에 관한 사항이 포함되어 있어야 한다. 사람들은 소통이 장려되기를 원하거나 단지 소통의 허용만을 원할 수도 있으며 사생활의 보호와 안전을 위해서 또는 충돌을 피하기 위해서 사용자들 사이의 소통을 축소시키고 싶어 할 수도 있다. 프로젝트부지에는 동질 그룹의 사용자들이 입주하게 되고, 서로 만나려는 사람들 사이의 욕구를 해소시켜주기 위해 공통의 출입구를 설치하고, 시각적 접촉을 확대시켜주며, 우편함, 세탁소 또는 교회와 같은 시각적 초점(focal point)을 사용하여 프로젝트 부지 내의 소통을 장려해줄 수 있다. 한편으로, 예리한 부지경계선, 확장된 공개공지, 그리고 구성된 요소들 사이의 빈약한 연계 등은 사람들을 분리시키는 경향이 있다. 프로젝트 부지의 개발에 사용된 양질의 구성요소에 의해 서로 다른 종류의 사람들 사이에도 소통이 장려될 수 있는 반면에, 조잡한 품질의 구성 요소에 의해 유사한 사람들 사이의 상호작용만이 보다 더 확실하게 수용된다. 그럼에도 불구하고, 디자인의 목적이 단순히 접근성을 극대화하는 데 있는 것은 결코 아니다. 사용자들이 지나치게 극대화된 접근성을 견디기 힘들어 할 수도 있기 때문에, 디자이너는 사용자들이 가장 접근하고 싶어 하는 것이 무엇인지를 포함하여, 사용자들에게 적절하고 이상적이라고 생각되는 접근성에 대해 파악해야 할 필요가 있다.

5) 장소의 관리

프로젝트 부지의 관리와 통제는 언제나 논의의 주제가 된다. 이상적인 환경은 그 환경을 사용함으로써 프로젝트 부지의 품질에 가장 큰 이해관계를 가지며, 프로젝트 부지에 필요한 것이 무엇인지 가장 잘 알고 있는 사람들에 의해 모든 기본적 측면들이 관리되고 통제되는 환경이다. 그러나 이러한 이상은 프로젝트 부지를 관리할 수 있는 권력의 실재에 의해서 충족되어야 할 뿐만 아니라, 프로젝트 부지의 사용자들이 부지에 일시적으로 머물게 되는 경우거나, 프로젝트 부지의 사용자들에게 그런 측면들을 관리하고 통제할 능력이 없는 경우에도 충족이 되어야 한다. 일반적으로 디자이너는 프로젝트 부지의 실제 사용자들에 의한 책임 있는 관리와 통제가 장려되는 방법을 추구한다. 디자이너는, 실제로 발생되고 있는 사회적이고 경제적인 권력의 배분에 대항하여 싸우거나, 프로젝트 부지 사용자들의 무능함 또는 사용자들이 다른 사용자들에게 필요한 사항을 무시하는 것에 대항하여 싸우거나, 때로는 기술적으로 필요한 환경자체의 규모에 대항하여 싸우는 등 세상의 풍조에 대항하여 투쟁한다.

3. 디자인의 정의(justice)와 프로젝트 비용의 배분

생명력을 부여해주는 지지(장소의 거주성), 장소의 의미, 장소의 적응, 장소의 접근성, 장소의 관리와 통제 등 이러한 기본적인 기준항목들은 장소와 사람들의 모든 조직을 통해 이어지는 끊이지 않는 맥락, 다시 말해 부지 디자인의 변하지 않는 목적이다. 상세한 시방서의 내용이 달라지기는 하겠지만, 기본적인 생각은 일정하다. 디자이너가 외부로 향해 직면하고 있는 것으로부터 다른 영역에 속한 이유와 목표에 이르기까지, 변하지 않는 기본적인 생각은 디자이너의 중심 가치이다. 디자이너는 물론 정의(正義) 혹은 이러한 환경적인 복리들이 어떤 방법으로 프로젝트 부지에 거주하게 될 사람들 사이에 공정하게 배분될지에 관해서도 관심을 가지고 있을 것이다. 그리고 디자이너는 이러한 환경적인 복리를 획득하기 위해 얼마나 많은 분량의 다른 이익이 포기되어야만 하는지에 관해 산출된 회계, 즉 비용에 관해 우려하게 될 것이다. 아이들에게 안전한 거리를 만들어 주기 위해 얼마나 많은 정도의 자동차 접근로를 포기해야만 할 것인가? 이러한 유연성을 획득하기 위해 기념비적인 형상의 어떤 부분이 희생될 필요가 있는가? 이러한 항목에 소요되는 비용은 장소의 거주성, 장소의 의미, 장소의 적응, 장소의 접근성, 장소의 관리와 통제 등 디자이너의 다섯 가지 중심가치들 중의 하나를 얻기 위한 요금이 될 수도 있다. 우선순위(priority)에 의한 교환은 디자인의 본질이다. 이러한 종류의 비용은, 정의가 사람들 사이의 공정한 이익 배분에 관한 언급인 것처럼, 다른 가치들 사이에 이익을 배분하기 위한 수단이다.

사람들은 대체 비용에 대해 생각하기를 디자인 이외의 다른 상품에 대한 요금, 즉 모든 목적의 도량 단위로서 특별히 현금으로 생각한다. 하지만, 비용은 조직의 노력과 사회적, 생태적 붕괴뿐만 아니라 노동력과 자본으로 소요되는 현금을 포함한다. 확보되어야 할 이익이 제시되어 있는 상태에서는, 개발에 소요되는 공사비와 유지보수 비용은 명백하게 최소화되어야 한다. 하지만 이익이 비용에 대해 어떻게 교환되어야 하며, 유지보수 비용이 공사비에 대해 어떤 방법으로 교환되어야 하는지에 관한 문제는, 프로그램의 확정으로부터 시작하여 디자인의 전 과정을 통해 지속적으로 해결되어야 하는 복잡한 문제이다.

프로젝트 개발에 소요되는 비용은 같은 단위에 의해 측정될 수 없다. 비용은 보통 개발의 결정을 만드는 사람들의 마음에 가장 중요하게 자리 잡고 있지만, 그 비용은 제한된 유형의 비용이며 프로젝트 부지에 대한 미래의 유지관리 비용은 대부분 무시된다. 순간의 비용절감은 현금 이외의 비용을 부과하게 될 값비싼 항목들을 삭감하여 만들어진다. 빠르게 진행된 디자인과 신속하게 만들어진 결정에 의해 즉각적으로 획득된 경제성은 추후에 무거운 부담을 부과할 수 있다. 지속적으로 소요되는 비용과 이익 사이의 전반적인 균형에 관한 비판적인 점검은 거의 보이지 않는다. 현금공사비는 통상적으로 형상의 규칙성에 의해, 중간 정도 고밀도에서의 압축적인 배열에 의해, 도로나 하수설비 등과 같은 값비싼 요소의 축소에 의해 그리고 시방서에 낮은 품질의 표준사양을 적용함으로써 최소화된다. 하지만 낮은 품질의 표준사양은 미래에 겪게 될 높은 유지보수 비용을 의미하며, 전형적으로는 초기의 공사비보다도 더 많은 비용이 소요된다. 그러므로 프로젝트의 유지보수 비용은 언제나 프로그램에 포함되어 있어야 한다.

유지보수 비용은 형상의 단순함뿐만 아니라 자기조절 생태체계, 내구성이 있는 물질, 사람들의 합의에 의해 책임감을 고취시키기 위해 만들어진 규칙이나 제도적인 체계 등에 의해 최소화된다. 좋은 배치계획과 나쁜 배치계획 사이의 비용 차이는, 단지 더 나은 결론을 찾기 위해 필요한 디자인 기간에 대해 추가로 지불되는 비용에 불과할 수 있다. 디자인의 비용은 전체 프로젝트 비용에 비교해 보면 아주 적은 비용이며 디자인을 수행하는 데 걸리는 시간은 프로젝트의 생명과 관련하여 생각해보면 짧은 시간이지만, 압박에 시달리는 건축주에게는 직접적인 경비의 증가와 디자인 시간의 지연이 거대하게 확대되어 다가온다.

4. 프로젝트부지의 품질에 대한 사용자의 반응 분석

일단 관련된 프로젝트 부지의 사용자들이 식별되고 나면 장소의 거주성, 장소의 의미, 장소의 적응, 장소의 접근성, 그리고 장소의 관리 및 통제와 같은 품질들에 대한 사용자의 필요조건과 요구사항은, 정보를 불러내는 데 사용되는 수단에 따라 사용자들에 대한 간접 관찰, 사용자들에 대한 직접 관찰, 사용자들과의 직접 소통, 참여자 분석 등의 방법에 의해 분석될 수 있다.

1) 프로젝트 부지 사용자들에 대한 간접관찰

프로젝트 부지의 사용자들에 대한 간접관찰을 수행하면서, 우리는 현재를 설명하고 미래를 예측하기 위해 과거의 행위에 관한 일부 기록을 사용한다. 증거가 이미 만들어져 있기 때문에, 사용자들에 대한 새로운 관찰이 실시되지 않을 수 있다. 프로젝트 부지의 사용자들에 대한 간접관찰은 단순하고 경제적이며 감시의 용이함이 장점이지만, 간접관찰을 통해 데이터에 함축되어 있는 디자인에 관한 시사점들을 추출해내기는 어려울 것이다. 이러한 간접관찰 기술은 사용자들이 모집되어 있지 않거나, 디자인 센터가 부지에서 너무 멀리 떨어져 있거나, 혹은 시간과 돈 때문에 사용자들에 대한 더 직접적인 접근이 허락되지 않을 때 사용된다.

프로젝트 부지의 사용자들에 대한 간접관찰은, 또한 사용자들을 프로젝트의 의사결정 과정으로부터 배제시키고 싶을 때 유용하게 사용된다. 과거에 어떤 선택이 이루어졌을 때, 예를 들어 사람들이 어디에 있는 어떤 형태의 주택을 매수했는지 혹은 여가를 즐기기 위해 근처의 공원을 이용했는지와 같은 질문에 대한 대답은 사람들의 실제 과거행동을 나타내주기 때문에 신뢰할 만한 가치가 있다. 만약에 과거의 선택이 실제의 결과로 이루어졌다면, 현재의 선택들도 비슷하게 이루어질 것이며, 그럴 경우에 과거의 선택에 대한 정보가 유용성을 갖게 된다. 많은 계획안들이 전적으로 그러한 정보에 근거하여 작성된다. 하지만 과거의 선택에 대해 조사해 보는 방법에는 어려운 점이 있다. 이러한 과거의 선택이 우리가 다루고 있는 부지의 성격에 의존하여 이루어진 것인지, 아니면 다른 요소에 의존하여 이루어진 것인지 확인하기가 어렵고, 미래의 행위에 대한 시사점은 단지 과거의 경험에 근거한 것일 뿐이며, 사람과 환경에 대한 확고한 이론이 없이는 사람들이 다음에 어떻게 행동할 것인지 확신할 수 없다.

서구에서는 도심을 떠나 교외로 이사를 가는 사람들이 많이 있지만, 그 사실 때문에 새로운 중심도시가 공급될 경우에도 교외로 나가려는 사람들의 움직임이 반대로 바뀔 수 없다고 단언할 수는 없다. 도시로부터의 탈출이 왜 발생되는지 그 원인을 꿰뚫어볼 수 있을 때에만 그 반대의 경우를 예측해볼 수 있다.

2) 프로젝트 부지의 사용자들에 대한 직접관찰

프로젝트 부지의 사용자들에 대한 직접관찰에 의해 어떤 한 장소에서 사람들이 실제로 어떤 행위를 하는지가 기록된다. 프로젝트 부지의 사용자들에 대한 직접관찰은 객관적 데이터의 풍부한 출처가 되며, 어떤 행위가 이루어지는 장소는 모두 객관적인 데이터를 모으는 장소가 된다. 디자이너에게 관찰되는 행위는 통상적으로 가시적인 행위이지만, 디자이너는 사람들의 발언 역시 기록할 수 있다. 데이터는 보고서로 작성될 수 있으며, 카메라와 동영상에 의해 보완될 수도 있다. 행위주의자들은 이러한 직접적인 관찰만이 과학적으로 유일하게 적절한 데이터이고 다른 어떤 것도 신뢰할 수 없다고 말할 것이다. 일부 심리학자들에 의해 행위와 공간의 관계가 집중적으로 연구되고 있지만, 직접적인 관찰에는 두 가지의 일반적인 제약사항들이 있다.

첫 번째로, 디자이너에게 당황스러운 분량의 관찰기록이 제출되고, 녹음은 장황하며 지루하다. 적절한 이론이 없이는 무엇을 관찰해야 할지 확신할 수 없다. 행동의 많은 부분이 공간적인 배경과 아무 연관성이 없거나, 행동과 공간 사이에 서로 관계가 있다고 말할 수 없다. 공간과 행동 사이의 분명한 연관성을 보여주는 순간은 자주 있지 않을 것이다. 두 번째로, 우리가 공간에 대해 연관성이 있는 행동을 추출해냈을 때조차도, 분명한 행위를 수반하고 행위에 대한 동기를 부여하며, 그 행위에 인간의 성격을 부여해주는 느낌, 이미지, 태도, 그리고 가치 등 사용자들의 내적인 경험에 대한 정보는 받지 못한다. 하지만, 행위에 관한 관찰이, 사람이 장소에 대해 실제로 느낀 경험에 대한 질문에 의해 보완될 때에는, 행위와 장소에 대해 느낀 경험이 결합된 조합은 장소가 어떻게 작동하는지 알 수 있는 가장 신뢰할 만한 데이터가 된다.

디자이너에게는, 이와 같이 과정을 길게 늘인 두 가지 방법, 즉 장소에 대해 실제로 느낀 경험을 묻는 질문에 의해 보완된 행위에 관한 관찰방법을 통해, 장소에 관해 연구하도록 권고된다. 행위의 무대(behavior setting)는 배치계획의 목적에 가장 가까이 맞추어진 사용자의 행위에 관한 직접관찰 유형으로서, 거리의 신문가판대, 어린이놀이터와 같이 어떤 경계가 정해진 구역 안에서 고정된 패턴의 행위가 규칙적인 간격으로 반복되고, 그러한 공간과 행위가 하나의 전체로서 파악될 수 있는 장소를 일컫는 개념이다. 어떤 광활한 환경이든, 규칙적인 절차에 의해 식별되고 분간될 수 있는 공간적이고 시간적인 단위의 배열로 나누어질 수 있다. 사용자들의 행위와 명백한 목적은 그러한 행위의 무대에서 정례화되는 경향이 있기 때문에 그들의 행위와 목적에 관해 기록하고 중요한 의미를 이해하는 것은 더 쉬운 일이다. 행위의 무대의 수효와 유형, 행위의 무대의 공간적이고 시간적인 경계선과 물리적 성격, 행위의 무대에 존재하는 사용자들과 관련 행동 등에 관한 묘사가 일반 환경에 대한 기본적인 묘사이며, 새로운 프로젝트 부지에 관한 프로그램을 작성하기 위한 첫 번째 단계가 된다.

보다 기본적인 직접관찰의 개념은 행위의 무대와 쌍둥이 개념이라고 할 수 있는 행위의 순회 개념이다. 행위의 무대에 의해 행동과 장소의 구획된 단위가 직접 관찰되는 반면에, 행위의 순회 개념에 의해서는 시간의 주기를 넘어, 예를 들면 일상적인 하루 동안, 개인이 따라서 이동하는 활동의 행적이 직접 관찰된다. 이것은 이곳저곳으로 이동하며 다양한 역할들에 관여하는 개인에 의해 경험되는 것으로서, 장소에 관한 개인적인 시각이다. 이것은 내부자의 시각이며 그 개인과의 대화를 통해 가장 잘 이해된다. 관찰의 대상자에게 감시당하고 있다는 사실이 알려진다면, 관찰 대상자의 행위는 필연적으로 왜곡된다. 하지만 어떤 장소가 평범한 하루의 일상을 통해 어떻게 경험되는지 평가되어야 한다는 아이디어는 중요하다.

5. 프로그램의 내용

디자인이 수행중인 프로젝트에 적합한 독특한 결론을 추구하는 반면에, 프로그램은 보편적인 성격과 바람직한 결과물에 대해 관심을 갖게 된다. 프로그램은 부지를 개선시키기 위한 목적과 시방서에 관한 합의의 세트를 기술(記述)한다. 프로그램은, 어느 정도의 환경적인 품질을 수반하여 어떤 용도들이 프로젝트에 포함되어야 하는지, 프로젝트에 포함된 각 용도의 구성 비율은 어떻게 배분되어야 하는지, 그리고 프로젝트의 완공 후에는 누구에 의해 사용될 것인지, 프로젝트의 체계는 어떤 패턴으로 구성되어야 하는지, 프로젝트의 공사와 유지보수는 누구에 의해 얼마의 비용을 들여서 수행되어야 하며, 어떤 일정표에 의해 수행되어야 할지를 묻게 된다. 프로그램의 질문에 대한 정답 중의 몇 가지는 부지의 가능성에 의해 제안될 것이며, 나머지 답안은 디자이너, 건축주, 프로젝트 부지의 사용자, 재무적 투자자, 인허가 담당자 그리고 다른 프로젝트 관련자들의 동기로부터 전개될 것이다. 전통적으로 부지에 관한 프로그램은 계약 당사자인 건축주에게 작성의 책임이 있는 것으로 여겨져 왔으며, 디자이너에게 프로젝트에 대한 건축주의 목적과 과제의 한계에 대해 설명해주기 위해 제공된 '개요'로 여겨져 왔다. 이 모호한 서류는 최대한의 전체 비용을 명시하고, 프로젝트에 수용되어야 할 공간이나 세대수 또는 구조물의 목록 등을 제공하며, 구성요소들 사이의 바람직한 접근성을 제시한다.

디자인은 부지 속으로 맞추어질, 프로그램에 대한 3차원의 고심작이 될 것이다. 대부분의 쟁점들은, 추후에 디자인 단계에서 행해지게 될 선택을 통해, 함축적으로 방향이 제시될 것이다. 이러한 접근법에서는 새로운 고려사항이 발견되면 디자인의 앞 단계로 돌아가야 할 필요성이 생길 수 있으며, 상세한 사항에 대한 결정이 기본적인 선택과 뒤섞이게 된다. 이러한 접근법으로 디자인을 진행하게 되면 건축주와 디자이너 사이의 오해로 귀결될 수 있으며, 통상적으로는 프로젝트가 완공된 이후에 궁극적으로 평가될 수 있는 환경수행에 대한 의도의 흔적을 거의 남기지 않는다.

1) 프로그램 작성의 가치

명확한 프로그램의 작성 과정은 더 신뢰할 수 있는 디자인의 근거를 제공한다. 프로그램의 작성과 디자인 작업은 결코 완전히 분리될 수 있는 활동이 아니며, 그렇게 되어서도 안 된다. 계획안의 스케치는 프로그램에 의해 결정된 결과물을 명료하게 만들기 위해 필요하며, 초기의 계획안은 이전에 기대되지 않았던 프로그램의 선택사항을 드러내준다. 프로젝트의 초기 단계에서는 프로그램이 주의를 집중시킬 수 있지만, 프로그램의 작성과정에서 결정된 사항이 확고하게 굳혀지기 전에 전체 디자인의 다양한 가능성에 대한 탐구를 시작하는 것이 중요하다. 추후에 디자인의 계획안이 개발되고 나면, 프로그램에 대한 추가적인 조정이 필요할 수도 있다. 프로젝트의 전 과정에 걸쳐서 강조하는 점이 달라지기는 하겠지만, 프로그램의 작성과 디자인 작업은 지속적이며, 서로 교직(交織)시키는 활동이고, 프로젝트 부지의 형상을 결정하는 과제의 상호보완적인 측면이다. 신도시의 창조에서처럼 프로젝트의 부지가 장기간에 걸쳐 개발되는 곳에서는 프로그램이 디자이너 세대들에게 업무의 구조를 빠르게 습득할 수 있도록 허용해줌으로써, 지속성을 이어주는 실과 같은 역할을 하게 될 것이다.

프로그램은 매년 혹은 격년마다 완료된 작업의 물리적 재무적 결과를 고려하여 재작성된다. 상세하게 작성되는 프로그램은 새롭게 입주한 프로젝트 부지의 사용자들이 현재의 정책에 대해 도전하고, 한 장소의 미래에 대해 갖고 있는 그들 고유의 시각을 프로그램에 주입하도록 허용해준다. 프로젝트에 다수의 건축주들이 존재할 경우에는, 프로그램의 내용이 건축주들 사이의 소통에 주요 도구로 사용될 수 있다. 예를 들어, 토지개발공사와 같은 공공회사는, 디자인과 공사에 책임을 지게 될 사기업의 개발회사들에게 그들이 프로젝트에 도입하고자 의도하고 있는 내용을, 제안서를 요청하는 패키지를 통해 중계해 준다. 개발회사들이 부지를 매입하기 위해 경쟁해야 할 때에는 중요한 물리적, 사회적 그리고 재정적인 기준항목이 상세하게 설명되는 것이 필수적이다. 이러한 경우는, 개발회사들이 그들의 개발목적을 위한 특별한 디자인을 준비하기 전에 프로그램이 확정되는 경우에 해당되므로, 개발회사들이 부지를 매입한 후 제반 규정들을 준수하는 범위 안에서 어떤 내용의 개발이 가능할지를 탐구해보는 디자인 연구를 통해 프로그램의 내용이 시험되어야 한다.

프로그램을 준비하게 되면, 좁은 부지에서조차도 환경의 성격에 관해 참신한 방법으로 생각하게 만들 자극제를 제공해줄 수 있다. 건물로 가득 채워진 도시지역에 새로운 학교 건물을 배치하는 것이 한 사례이다. 미국의 교육위원회는 학교 시설에 대해 엄격한 최소 공간의 필요조건을 차용하고, 너무 좁다는 이유로 도시 내에 소재한 많은 자리들을 학교부지의 후보군으로부터 배제시켰다. 하지만, 만약에 공개공간에 대한 필요성이 학생들의 활동을 위한 견지에서 고려되는 것이라면, 용도를 중복시키고, 한층 더 집약적인 활동을 만들며, 지붕층 위 데크나 인근의 구획된 택지와 같은 새로운 장소를 식별해내기 위한 방법이 발견될 수 있다. 어려운 배치 문제에 의해 독특한 디자인의 응답이 창출될 수 있다.

프로그램의 표현 양식은 프로젝트 목적의 목록과 디자인의 표준목록의 일람표, 책임의 도표, 프로젝트에 포함되어야 할 요소와 그 요소의 바람직한 수행의 성격에 관한 일람표, 바람직한 연계에 관한 다이어그램, 프로젝트의 전체 공사 일정표, 현금 흐름표(Cash flow projections) 및 기간별 손익계산서(Income statement) 그리고 일정 기준시점에 대한 대차대조표(Balance sheet) 등을 포함한 재무 보고서, 프로젝트의 준공 이후 실제로 사용될 때 건물들과 공간들이 사람들에게 어떤 모습으로 보여야 할지에 대한 시나리오, 디자인의 출발점으로서 작용할 수 있는 다른 프로젝트의 사례 등 여러 가지 형식을 채택할 수 있다. 대부분의 프로그램들은 프로젝트 부지에 수용되어야 할 거주 인구(population)와 프로젝트 부지에 포함되어야 할 활동이나 요소들에 관해서, 그것들이 포함될 시기 그리고 각각에 대한 관리와 재무적 책임의 패키지(package)에 관해서, 디자인이 프로젝트 부지에 구현된 이후의 환경으로부터 기대되는 수행(performance)의 유형과 정도에 관해서, 그리고 배치디자인에 의해 통합이 추구되어야 할 기본적인 패턴(patterns)이나 물리적 배열 등에 관해서, 이렇게 네 가지 영역들의 범주 안에서, 다양한 강조를 통해 프로그램의 내용에 관한 결정사항을 구체화시킬 수 있다.

2) 프로그램에 의해 결정이 구체화될 네 가지 영역

① 프로젝트부지에 거주하게 될 사람들과 인구수

프로젝트 부지 내의 거주 인구에 관한 가정은 흔히 선택이 거의 힘든 측면으로 생각된다. 이것은 기존의 조직이 새로운 시설으로 이전되어야 하는 곳, 프로젝트 부지의 위치나 성격 때문에 프로젝트의 개발에 대해 매력을 느낄지도 모를 사람들이 입주에 심각하게 제한을 받게 되는 곳, 또는 프로젝트 부지의 지주가 특정한 사람들을 위한 시설을 개발하기로 미리 결정한 곳 등 많은 경우들에서 사실이다. 디자이너는 초기에 가정했던 그러한 내용들을 받아들임으로써,

프로젝트 부지에 특유한 그 거주자들에 대해 배운다. 하지만 많은 경우 질문은 열려있다. 예를 들면 부지는 주택의 용도로 적합해 보일지 모르지만, 시장의 수요가 불확실할 수도 있다. 프로젝트의 개발이 비록 저소득층 가정을 판매 대상으로 겨냥하고 있다고 하더라도, 그 가정들이 어린아이들이 있는 가정인지, 독신자들의 가정인지, 노인들의 가정인지 등 저소득층 가정들의 상세한 성격이 판매결과의 중요한 요인으로 작용할 것이다. 비록 프로젝트 개발의 구성요소들이 결정될 때까지는 실제 입주자들이 알려지지 않겠지만, 도심지와 같이 다양한 용도의 개발이 가능한 곳에서는 입주의 개연성이 있는 프로젝트 부지 사용자들의 주요 그룹을 정확하게 예측해내는 것이 프로젝트 개발의 성공 여부에 필수적인 요인이 될 수 있다.

프로젝트 부지에 입주할 개연성이 있는 인구의 윤곽을 구축하는 것은, 프로그램 작성의 필수적인 첫걸음이다. 하지만 단순한 통계적 윤곽을 통해서는, 좀처럼 프로젝트 부지에 입주할 개연성이 있는 사람들에 관한 전체적인 내용을 파악할 수 없다. 디자이너가 단순한 통계적 윤곽을 통해 환경의 맥락에 순응하는 장소를 창조할 수는 없다. 프로젝트 부지에 입주할 개연성이 있는 사람들이 시간을 보내는 방법, 그들이 좋아하는 것과 싫어하는 것, 그들의 사회적 배경, 그들의 사회적 네트워크 등 잠재적 입주자들에 관한 좀 더 상세한 설명서에 의해 축적된 통계적 데이터가 보완되며 과거를 문서화하는 것으로 제한되지 않는다. 새로운 기회를 통해 그들이 부지를 어떻게 사용할 것인지에 관해 작성된 시나리오 또한 디자이너가 환경의 맥락에 순응하는 장소를 창조하는 데 참고가 될 것이다.

② 패키지: 프로그램에 포함될 내용

프로젝트 부지의 사용자들은, 프로젝트 부지를 위해 선택된 개선 항목의 패키지에 의존한다. 프로그램 패키지 구성하기의 가장 단순한 형태로는, 주택의 세대수와 각 유형별 규격, 상업시설의 바닥면적과 주차장의 주차대수, 지어져야 할 실내 및 실외의 여가시설 등, 프로젝트의 개발을 통해 제공되어야 할 요소들의 유형과 수량(혹은 면적)을 결정하는 것을 포함한다. 여기에 더해, 어쩌면 프로젝트가 완공된 이후의 유지보수비용과 단계별 일정표를 포함한, 지출비용의 요소와 유형에 의해 분류된 예산이 추가적으로 포함될 수 있다.

프로젝트 개발에 대해 상당한 경험을 보유한 단 한 사람의 건축주가 존재하는 프로젝트 부지에서는, 이렇게 초기에 추정된 숫자들이 신뢰받기에 충분하므로 프로그램 작성의 근거로 사용될 수 있다. 계획안의 스케치에 의해 프로그램의 패키지를 프로젝트 부지 위에 수용하는 것이 가능한지의 여부가 결정되기 전에, 프로그램을 정련하여 얻어지는 것은 거의 없다. 추후 여러 가지 디자인의 초기계획안들이 시도된 이후에는 재무적인 일정표에 관한 보다 상세한 분석이 필요할 수 있다. 이러한 분석은 실시설계도서의 작성을 진행하기 전에 확정된 개발 프로그램으로 공식화될 것이다. 그렇지만 대부분의 경우에서, 프로그램에 포함될 패키지의 내용들은 프로그램에 포함될 수 있는 복합용도에 의해 발생될 결과, 프로그램에 포함될 수 있는 복합용도를 순서대로 배열하기, 프로그램에 포함될 수 있는 복합용도를 판매하기 위한 마케팅, 프로그램에 포함될 수 있는 복합용도의 유지관리, 그리고 프로그램에 포함될 수 있는 복합용도에 닥쳐올 잠재적인 어려움 등과 함께, 프로그램에 포함될 수 있는 복합적인 용도에 관한 보다 제한 없는 탐색 후에야 비로소 분명해진다. 예를 들면, 주거용도에 적합한 위치에 있는 넓은 면적의 부지를 개발하면서 프로그램에 포함될 내용(패키지)을 결정할 때에는, 여러 가지 주거유형의 조합이 고려될 것이며 각 주거 유형의 밀도가 다양하게 정해질 것이다. 재무적 견적서는, 프로젝트의 개발 결과 획득될 상품에 대해 추정되는 시장에서의 소화와 기대되는 투자수익률(ROI: return on investment)의 관점에서, 프로젝트의 개발을 완료하기 위해 필요한 재무적 투자금액과 시간을 나타낼 만큼 충분히 상세한 개요로 표현될 것이다. 각각의 선택사항 안에서 다음과 같은 기본적인 대안들이 시도될 것이다.

- **자본수익률(ROI: Return on Investment):** 자본 투자의 효율을 평가하거나 다수의 투자행위들 사이의 효율을 비교하기 위한 수행 계수로서, 투

자비용에 대한 수익금의 상대적 비율을 나타내며 아래의 계산식에 의해 산출된다. 부동산 투자의 경우, 일반적으로 판매시장이나 임대시장의 안정성이 높은 부동산시장에서는 낮은 수치의 ROI가 통용되고, 판매시장이나 임대시장의 안정성이 낮은 부동산시장에서는 높은 수치의 ROI가 통용되는 것이 원칙이다. 예를 들면, 부동산개발의 사업계획표를 작성할 때 맨해튼의 5th Ave와 57th St가 교차하는 지점처럼 유동인구가 많은 도심의 핵심지역에서 연 2%의 ROI가 시장가로 적용된다면, 핵심지역이라 하더라도 교외에서는 연 7~8% 이상의 ROI가 적용되는 것이 실무를 위한 시장의 관례이다. 물론 이러한 기준 계수는 그 도시의 경제상황에 따라 변화한다.

ROI＝{Gain from investment(투자수익금액)－Cost of Investment(투자비용)}
÷Cost of Investment(투자비용)

프로그램에 대한 분석은 부지의 규격 및 용도구역과 같은 제약에 근거해 개략적으로 실시될 수 있다. 이러한 분석을 보다 잘 수행하기 위해서, 부지 안에 건물과 기타 요소가 배열된 간단한 스케치를 도구로 사용하여 프로그램에 대한 분석이 실시된다. 다음 사례에서 보는 것처럼 디자인의 변경이 가능한 것은 바뀔 수 있다. 부지로 오가는 접근로 때문에 프로젝트 부지의 용적이 제한될 수 있고, 지형의 특징 때문에 세대수의 증가로 상쇄시켜야 할 만큼 막대한 하부구조의 설치비용이 필요할 수 있다. 개발수익이 프로젝트의 추진 동기가 되는 부지에서는, 프로그램의 대안 패키지의 상대적인 경제성이 프로그램에 포함될 내용(패키지)을 결정하는 지배적인 기준이 될 것이다. 적절한 개발시기의 선택, 물류, 그리고 조직에 관한 쟁점이 흔히 이러한 결정에 중요하게 작용된다.

개발 프로젝트에 다른 프로젝트와 구별되는 특유의 성격을 수립해주면, 시초에는 낮은 수익성이 예측되지만 '시장분석'에서 제안하는 것보다 더 큰 초기의 이윤 확대가 발생될 수 있다. 그것이 임차인의 요구를 수용하기 위해 프로그램에 포함될 내용(패키지)을 다시 조정해야 하는 것을 뜻한다 할지라도, 프로젝트의 개발을 시작하기 위해 한 사람이나 두 사람의 핵심 임차인(anchor tenant)을 유입시키는 능력은 경제성 측면에서 압도적으로 유리하다. 프로그램의 패키지를 구성하는 일은 예술이지 과학이 아니다. 이것은 미래의 경제와 그 가능성에 대한 감각, 즉 예감과 통찰력에 의해 다듬어진다. 프로젝트의 개시로부터 종료(closeout)까지의 정확한 현금 흐름에 대한 개산, 채무의 누적, 그리고 투자수익률 등이 프로그램의 패키지에 포함된 내용의 가능성을 평가하는데 도움이 되지만, 유일한 결정의 근거가 되는 것은 아니다.

- **부동산 개발의 추진을 위한 전제조건:** 재무적 운용과 설계기획 등 부동산의 개발에 최적화된 각 분야 최고의 전문가들로 구성된 인적체계가 완비되어 있는 상태라 하더라도, 부동산의 개발이 추진될 수 있으려면 추가적으로 몇 가지의 전제조건들이 반드시 충족되어야 한다. 공적 프로젝트가 아니라 수익이 부동산개발의 목적이 되는 프로젝트에서는 개발수익에 부정적인 영향을 미칠 수 있는 요인들이 사전 검토과정에서 철저하게 파악되어 배제되어야 한다. 부동산 개발에 가장 큰 영향을 주는 요소는 프로젝트 부지의 위치(location)이다. 개인차가 있기는 하겠지만, 가장 투명하고 선진화되어 있는 부동산 개발시장 중의 하나로 평가되고 있는 맨해튼의 개발전문가들 사이에서는 "Location, location, and location!"이라고 강조될 만큼 프로젝트 부지의 위치는 통상적으로 부동산개발의 성공을 위한 핵심적인 요소임이 강조되고 있다. 그들 사이에 통용되는 경험법칙에 의하면, 또한 전체 프로젝트 비용을 구성하는 부지비와 개발비용, 그리고 공사비가 각각 전체 프로젝트 비용의 30% 내외에서 통제될 수 있어야 한다. 그 다음에 언급되는 전제조건들로는 대출금에 대한 이자율과 프로젝트의 수익률을 들 수 있겠는데, 프로젝트의 개발비용으로 조달되는 자금(project financing)에 대한 이자는 반드시 연리 10%를 넘지 말아야 하며, 지금까지 언급된 수치들을 근거로 하여 작성될 프로젝트의 예측수익률은 프로젝트의 전체비용 대비 18%를 밑돌지 말아야 한다. 정확한 예측

수익률 산출을 위해 프로젝트의 개시일로부터 종료(closeout)일까지의 현금 흐름을 보여주는 현금흐름표(Cash Flow Projections)가 작성되고 이를 근거로 프로젝트의 개략 수익계산서(Quick and Dirty Analysis)를 작성하게 되는데, 뉴욕의 경우에는 모두가 공신력을 인정해주는 Miller Samuel Inc.의 시장분석보고서를 참고로 분양가를 책정하는 게 관례이다. 하지만 불행하게도, 부동산 개발사업의 성패를 좌우할 수도 있을 만큼 비중이 큰 분양가 산정을 위해 참고할 정도의 공신력 있는 정보를 취득할 수 있는 도시가 그렇게 많지 않기 때문에, 분양가를 과다하게 책정하여 스스로 위험에 빠지거나 너무 소극적으로 책정하여 사업의 기회를 놓치게 되는 경우는 셀 수도 없을 만큼 많다. 부동산의 개발사업은 예측을 근거로 하여 도전하는 사업이며, 개발 프로젝트의 규모에 따라 달라지기는 하겠지만 장기간에 걸쳐 많은 참여자들의 노력을 요구하는 사업이기 때문에, 선진화되어 있지 않은 사회일수록 사업은 더 많은 변수와 위험에 노출될 수 있다. 부동산 전문 변호사를 고용하여 용도구역에 규정되어 있는 부지의 용도를 변경시키고자 하는 경우를 제외하고는, 별다른 돌발 상황을 고려하지 않고도 오로지 실력과 노력만으로 개발사업을 성공시킬 수 있는 투명한 환경이 조성되어 있는 맨해튼의 부동산 개발시장에서도 지금까지 언급된 전제조건들을 지키는 것은 사업의 위험을 회피하기 위한 필수적인 판단 기준으로 작동되고 있다. 하지만 이는 어디까지나 맨해튼의 사례이며, 이러한 조건들 또한 사회적, 경제적 상황에 따라 변화해야 한다는 것이 자명한 이치일 것이다. 비자금을 모으기 쉽다거나 기술력 부족을 이유로 후진국 건설시장에만 목을 매지 않고, 영국, 덴마크, 이탈리아, 이스라엘, 일본 심지어 중국의 건설회사들까지도 이미 진출하여 자체사업을 벌이고 있는 세계최고의 맨해튼 개발시장에 우리나라의 건설회사들이 진출하여 실력으로 정면승부를 벌이는 날은 언제쯤 올 것인가?

공공기관 및 사회기관에서 추진하는 프로젝트에서처럼 개발수익이 프로젝트의 추진동기가 되지 않는 프로젝트 부지에서는, 프로그램에 포함될 내용(패키지)이 프로젝트 수행자금의 원천에 의해 자주 강한 영향을 받게 될 것이다. 공공기관은 기숙사에 수용될 학생들에 대한 일인당 비용이나 최대 임대료처럼 허용이 가능한 비용에 대한 내부 규정을 갖고 있을 것이며, 사적인 기부자는 그의 기부금에 의해 수행되어야 할 개인적 목적을 갖고 있을 것이다. 하지만, 공공기관이나 정부기관에게는, 새로운 환경에 의해 장시간에 걸쳐 발생될 비용과 이익에 대해 분석하고, 그들이 프로그램의 내용에 대해 내린 결정이 자금의 원천에 의해 왜곡되도록 방기하지 않는 것이 중요하다. 새로운 환경에 의해 장시간에 걸쳐 발생될 비용과 이익에 대해 분석하고 프로그램의 패키지에 포함될 내용을 결정하는 과정에서, 프로젝트 부지의 사용자들이 입주한 후에 프로젝트 부지를 유지관리하기 위해 발생될 비용은 언제나 결정의 중요한 판단 요인이 되어야 한다.

③ 디자인이 구현된 이후의 환경 수행

개발 프로젝트에 대한 재무적 분석을 실행할 수 있으려면, 프로그램의 패키지 내용은 반드시 부지의 평당 가격이나 평당 공사비 등 직접 비용으로 처리될 수 있는 용어에 의해 표기될 필요가 있다. 하지만 보다 세련된 프로그램에는, 이러한 양적인 크기를 정리하여 '행위의 무대'에 관한 일람표를 작성하게 되며, '행위의 무대'의 일람표에는 그 장소에 포함될 용도의 유형에 관해서, 시기의 선택에 관해서, 그 장소에 포함될 비품에 관해서, 프로젝트가 완공된 이후의 그 장소의 품질에 관해서, 그리고 '행위의 무대'와 다른 프로젝트 구성요소들 사이의 연계에 관해서 각각 기술된다.

프로그램에는 너무 쉽게 단순 분류된 구획지로 바뀌게 되는 어린이놀이터에 대해 명기하는 대신에, 다양한 나이 또래의 어린이들에 의해 사용될 일련의 놀이의 무대와 그러한 놀이의 무대가 어떻게 사용되도록 기대되어야 하는지가 기술되어야 한다. 프로그램은 시설의 대략적인 개당 예산이나 전체예산을 할당해주면서, 놀이에 바람직한 비품을 기술해주기 위해 진행되며, 선호되는 비품의 유지관리 방법이 프로그램에 의해 식별될 것이다.

정부청사 프로젝트를 수행하기 위한 프로그램에 기술된 필요조건은, 예를 들면 '평균 50명의 공무원 그룹들, 각 그룹은 외부 방문자를 만날 장소를 필요로 함, 각 그룹의 절반은 사적이고 안전한 근무 장소를 필요로 하며 나머지는 상당한 비율의 협력 작업이 가능한 장소를 필요로 함'에서처럼 활동의 목적에 의해 기술되는 것이 좋다. 활동을 기준으로 한 프로그램의 기술(記述)은, 프로그램의 기초가 될 행위에 대한 가정을 노출시켜주기 때문에, 더욱 독창적인 디자인을 촉진시킬 뿐만 아니라 사회과학자와 디자이너 사이의 협력을 위한 토대를 제공한다. 행위의 무대(behavior setting)에 관해 상술하는 기술(技術)은 대도시 지역이나 뒤뜰의 배치에 다 같이 적용될 수 있으며, 활동의 단위는 그에 따라 적절하게 달라질 것이다. 일단 동일한 하나의 범주로 분류된 것들은 추후에 거의 분리되지 않는다. 제조업을 하나의 부문으로 선택하여 여러 종류의 생산 활동을 하나의 범주 안에 포함시켰기 때문에, 디자이너는 서로 다른 종류의 제품들이 서로 다른 지역적 필요조건을 가질 수 있음을 거의 깨닫지 못하게 될 것이며, 대부분의 공장지역들에서 실제로 지속되고 있는 행위의 풍부한 다양성을 자각할 수 없게 될 것이다. 더구나, 집 안에서의 거주와 직장에서의 근무가 같은 건물 안에서 바람직하게 이루어질 수도 있는 가능성을 배제하면서, 산업을 다른 활동으로부터 분리시키려는 자연스러운 추세가 형성될 것이다.

행위의 유형이 전통적으로 같은 그룹 안에 속하도록 분류되어 있다거나 용도구역 법규에 의해 법적으로 결부되어 있다는 이유로, 혹은 행위의 유형이 서로 유사한 이름으로 불리고 있다는 이유로, 동일한 하나의 범주 안에 함께 묶이도록 분류되지 말아야 한다. 만약에 문제가 관리 가능해질 수 있어야 한다면, 사람들의 활동에 대한 어떤 종류의 분류는 반드시 만들어져야 한다.

디자이너는 행위의 무대 안에서 활동하게 될 사용자들의 목적을 통해 상호 관련되거나, 같은 시간과 공간 내에서 함께 배치되어야 하거나, 그 활동이 발생될 '행위의 무대' 내에 상호보완적인 요구조건을 주문할 활동의 그룹들을 찾아낸다. 활동에 의해 분류되어 함께 묶인 그룹들은 관찰과 디자인의 수행이 가능한 시간 안에 다루어질 수 있을 만큼 작은 단위로 아주 섬세하게 분리된다. 과거에 만들어진 활동에 대한 분류가 사람들의 활동을 새로 분류하기 위한 안내서는 될 수가 있겠지만, 디자이너는 새롭게 발생되는 각각의 문제 때문에 적절한 '활동의 전략적 묶음'에 대해 재고해볼 필요가 있다. 과거의 개인적인 경험이 '행위의 무대'에 대해 상술하기 위한 자료가 될 수도 있지만, 현장이나 유사한 상황에서 행해진 상세한 관찰이 자료로 사용되는 것이 더 낫다.

하나의 프로젝트에 의해 기존의 환경이 복원된 곳에서는, 현재의 일상이 기존의 주변 환경에 늘 적응되고 있음을 기억하면서, 복원된 환경을 사용하고 있는 구성원들이 지금 이 순간에 공간을 어떻게 사용하고 있는지 체계적으로 관찰함으로써 많은 것을 배울 수 있다. 새로운 개발계획이나 프로젝트 부지를 위해 계획된 용도의 조합에 관한 선례가 많지 않은 곳에서는, 사례의 작은 조각들로부터 그리고 프로젝트 부지의 사용자들이나 그들의 대행자들과의 많은 대화를 통해, '행위의 무대'의 계획표가 작성될 필요가 있을 것이다. 어떤 경우에는, 영구적으로 설치될 필요가 있는 주요 자원을 유입시키기 전, 임시적인 시설물을 설치하여 프로젝트 부지를 시험적으로 사용해 보는 것도 가능하거나 필요할 수 있다. 수변공간 축제는 수변지역을 산업용 이외의 용도로 사용해본 전통이 거의 없는 도시들에서 수변지역에 영구적인 환경을 조성하기 전, 새로운 용도에 대한 사람들의 반응을 평가해 보기 위한 목적으로 기획되었다. 풍부하게 배치된 수변활동이 그 결과이다. 프로그램의 작성은 이제 프로젝트 부지 내에서 행해지는 사람들의 활동이 초기에 체계화되는 것을 의미하며, 사람들의 활동에 대한 초기의 체계화에 의해 적절한 '행위의 무대'를 절실히 필요로 하는 상황이 반복적으로 발생된다.

④ 환경 수행을 위한 '행위의 무대'의 필요조건

환경수행을 위해 바람직한 '행위의 무대'에 관해 상술함으로써, 편리함의 정도, 안락함의 정도, 활동을 촉진시키는 정도, 안전의 정도, 의미의 강도, 적응의 정도, 접근성의 정도, 관리의 정도, 유지보수성의 정도, 순응성의 정도 또는 바람직한 기타 품질 등 부지의 배치로부터 기대되는 수행의 수준에 관한 질문을 바로 떠올리게 된다. 환경의 수행에 관한 개념은 프로젝트의 목적에 담겨 있거나, 표준 항목에 암시되어 있거나, 관례에 의해 영위된다. 긴요한 환경 수행의 목적을 식별해줌으로써 계획안을 이끌어내게 되며, 이러한 환경수행의 목적은 추후 사람들의 거주환경을 평가하는 근거가 된다. 프로젝트 부지가 장기간에 걸쳐 여러 단계(phases)를 통해 개발될 때, 각각 새롭게 개발되는 부분의 환경 수행력을 감시하는 것이 특별히 중요할 수 있다. 그렇게 하기 위해서는 프로그램의 내용 중에 프로젝트의 개발 의도가 가능한 한 정확하게 표출될 필요가 있다.

행위의 무대를 위한 필요조건은 절대적 결정사항으로서, 바람직한 양적 증가나 품질로서, 디자인에서의 교환이 어떻게 만들어질 수 있는지 암시해주면서 비교적인 용어로 기술될 수 있다. 환경의 수행에 관한 모든 설명서들은, 인간의 행위가 행위의 무대와 어떻게 연관되는지, 인간과 환경 사이의 순응이 얼마나 견딜 수 있을지 등 인간의 행위에 관한 가정을 다수 만들어낸다. 만일 공통의 수행목적이 모든 주택들은 버스 정류장으로부터 걷는 거리 10분 이내에 위치하고 있어야 한다고 기술하고 있다면, 이것은 차량을 기다리기 위해 소비하는 시간이나 서비스의 질 또는 목적지의 패턴 등이 교통수단의 선택을 위해 더 긴요할 수 있음에도 불구하고, 기차역이나 버스정류장까지 걷는 시간이 대중교통을 이용하려는 사람의 기꺼운 선택에 중요한 결정인자로 작용하며, (건강한 사람에게도 멀리 느껴질 수 있기는 하겠지만 몸이 불편한 사람에게는 10분 동안 걷는 것이 너무 먼 거리로 느껴질 텐데도) 시간과 거리에 대한 필요조건이 건강한 사람과 몸이 불편한 사람에 대해 동일하게 적용되고 있으며, 걷는 운동이 즐겁고 건강한 것으로 생각될 수 있음에도 불구하고 모든 사람들이 걷는 거리를 최소화하기를 갈망한다고 추정하고 있다. 각각의 추정은 시험을 거칠 수 있으며, 그런 연구를 통해 프로그램 작성의 지식이 진화된다. 하지만 면밀하게 검사가 실시된 수행의 표준항목이 거의 없기 때문에, 그러한 표준항목의 근거에 대해 회의적인 데에는 충분한 이유가 있다.

⑤ 환경수행에 대한 측정과 환경수행의 가치

환경수행에 대한 측정에는 방법의 올바른 선택이 결정적으로 중요하게 작용한다. 주거단지의 개발디자인을 수행하면서 버스 정류장을 배치해야 한다면, 모든 주택들이 버스정류장으로부터 10분 이내의 거리에 위치해 있어야 한다는 표현보다는, 디자이너의 해석이 첨가되어 버스정류장으로부터 700m의 거리 이내에 위치해 있어야 한다는 표현이 훨씬 더 합리적인 표현이 될 것이다. 환경수행의 목적은 의미심장하게 기술되어야 하며 또한 대안들 사이에서 차별화되어야 한다. 디자인의 결론이 기술되어 있는 표준항목에 맞추어지고 모든 주요 목표가 달성되어야 할 때에는, 표준항목들의 조합이 완전하게 갖춰져야 한다. 직접적인 양적목표와 한계사항은 표준항목에 기술하기 쉽지만, 보편성의 정도는 측정하기 어렵기 때문에 장소의 품질을 다루기 위한 목적은 표현하기가 더 어렵다.

환경수행의 목적이 너무 일반적이어서 시험할 수 없거나 디자인의 과정이 시작되기도 전에 결론을 지시하는 것은 좋지 않다. '여름의 실내 온도를 쾌적대(comfort zone, 인체에 가장 쾌적하게 느껴지는 상태로서, 온도, 습도, 풍속에 의해 정해지는 어떤 일정한 범위) 이내로 유지하기'라는 환경 수행의 목적은, 시험이 가능하고 다양한 수단을 통해 성취될 수 있으므로 더 좋은 설명이 될 수 있다. 가능한 한 환경 수행의 목적이 구체적이면서도 단일 결론을 확정하기에는 부족한 형태로 표현하는 기술(記述)이, 프로그램의 기술로서 일반적으로 더 선호된다. 가장 좋은 프로그램의 기술형식은, 필연적으로 환경수행의 목적을 지원해주는 환경의 품질과 함께 인간의 바람직한 행위를 상술해주는 감각적인 기술 형식이다. 감각적인 형식은 측정하기 어렵지만, 환경의 품질이 무시되지는 말아야 한다. 비록 그러한 차원에 비추어 본 환경수행의 성공여부에 대한 판단이 주관적인 것임에 틀림없다고 하더라도, 프로그램에는 통로의 바람직한 성격, 보존해야 할 전망, 가시적인 활동의 혼합, 또는 개발이 완료된 이후의 환경에 대한 읽기의 용이성 등이 기술되어 있어야 한다. 제대로 기술된 프로그램에 의해 부지의 경험에 관해 생각할 용어들이 확정될 수 있으며, 그러한 용어들이 알려진 인간의 가치관과 조화를 이루도록 보증될 수 있다.

프로젝트 부지의 유지관리에 관한 결정에 의해 환경요소의 수행이 혼란에 빠질 수도 있다. 주택들과 학교 건물 사이의 직접적인 연결이 프로그램의 내용 중에 요구되었음에도 불구하고, 공공기관이 통로를 유지관리하기 위한 예산을 배정받지 못해서, 눈에 덮인 통로가 겨울철에 이용되지 못하고 방치될 수도 있다.

4) 환경의 패턴

어느 장소에서나 일상적으로 발생되는 모든 중요 기능을 망라하여 프로그램에 포함시키는 것은 읽는 사람을 기진하게 만드는 수행보고서의 목록을 시사한다. 환경의 패턴은 디자인에 직접적인 가교로서 작용한다. 프로젝트 부지에 존재하는 문제점들 중에 선례가 전혀 없는 것은 거의 없기 때문에, 유용한 프로그램에 의해 실행가능한 사례가 식별될 수 있다. 환경의 패턴에는 결론으로부터 단일 요구사항에 이르기까지, 그리고 많은 수요들에 대응하는 복잡한 전형에 이르기까지 망라될 수 있다. 환경의 패턴은 부지가 주목을 끌만한 맥락의 측면에 대해 강조하거나, 그룹 만들기에 관한 쟁점에 초점을 맞추거나, 우리 주변의 척도로부터 확장된 척도에 이르기까지 우리를 둘러싸고 있는 모든 환경요소들의 척도에서 식별될 수 있다. 배치계획의 문제마다 한편 독특하고 한편으로는 어디에나 적용될 수 있는 패턴의 특별한 조합을 필요로 할 것이다. 환경의 패턴이 (환경의 패턴을 디자인하기 위한 목적으로 기술된) 환경수행에 관한 기록과 (환경의 패턴이 사용되어야 할) 맥락 그리고 (환경의 패턴이 구성된 양식의 중요 측면에 관한) 다이어그램 등에 의해 수반되고 있는지에 대해, 그리고 이전에는 환경의 패턴이 어떤 장소에서 시도되었는지에 대해 시험해 볼 수 있다.

반복되기 쉬운 프로젝트를 위해, 프로그램의 작성이 실시되는 곳이나 여러 주기의 프로그램 작성과 입주 후의 평가가 가능한 곳에서는, 환경의 패턴이 루스－리프(loose－leaf) 형식으로 편집될 수 있다. 환경의 패턴은 구체적이면서도 이미지를 형성해주기 때문에, 프로젝트 부지의 사용자와 전문가 사이의 논의를 위한 효과적인 초점이 된다. 프로그램의 내용이 결정되어야 할 네 가지 영역들, 즉 프로젝트 부지에 거주하게 될 사람들과 인구, 프로그램에 포함될 내용(패키지), 환경의 수행 그리고 환경의 패턴 등의 네 가지 영역은 물론 서로 밀접하게 연관된다. 적절하지 않은 패턴은 프로젝트 부지에 거주할 사람들을 잘못 추정하고 있거나 자원과 유지관리의 제약사항에 적응되어 있지 않기 때문에, 그러한 환경의 패턴을 수록하고 있는 목록을 모으는 것은 도움이 되지 않는다. 프로젝트 부지에 거주하게 될 사람들과 인구, 프로그램에 포함될 내용(패키지), 환경의 수행 그리고 환경의 패턴 중의 한 가지 영역에서 만들어진 선택은 필연적으로 다른 영역에도 영향을 미친다. 프로그램 작성에 완벽한 시작점은 없으며, 흔히 쉽게 인지되는 마지막도 없다. 내부적인 일관성을 확보하기 위해서는 통상적으로 여러 번의 반복적인 프로그램 작성이 필요할 것이며, 신뢰할 만하다고 증명될 때까지는 프로그램이 계속 시도되고 시험되어야 한다.

6. 프로그램의 준비

건축주에 의해 할당된 임무가 프로젝트의 프로그램 작성을 어떻게 시작해야 할지에 대한 첫 번째 단서를 제공해 줄 것이다. 프로그램 작성의 첫 번째 단계는 과거의 성공적인 개발 프로젝트에 포함되어 있는 환경의 패턴을 분리시키면서 인구구성의 데이터를 구축하고, 그 개발 프로젝트의 프로그램에 포함되어 있는 내용(패키지)에 관한 개산 견적서를 작성하면서 이전의 개발 프로젝트를 분석해보는 것이다. 하지만 다른 부지에 수행되었던 이전의 프로젝트를 분석해보는 이 첫 번째 시도가 새로운 프로젝트 부지에 잘 적응되지 않을 수 있다. 이전 프로젝트의 분석에 사용된 부지의 주민들을 새로운 프로젝트의 부지로 유입시키는 것은 불가능하므로, 인구구성의 윤곽이 수정되어 그려질 것이다. 현재의 프로젝트 부지를 취득하기 위해 지불된 부지의 매입가격이 분석 대상 부지의 매입가격보다 더 높을 수 있다거나 부지의 본질적인 성격이 서로 다를 수 있다는 점 때문에, 현재의 프로젝트 부지에서는 이전 부지와 다른 프로그램의 내용

(패키지)이 제안된다.

새로운 프로젝트 부지에 거주하게 될 사람들의 인구구성과 프로그램에 포함될 내용에 대한 각각의 불확실성 때문에, 새로운 프로젝트를 위한 프로그램 작성의 첫 번째 단계로서 분석되었던 이전 프로젝트의 환경패턴과 환경수행에도 이의가 제기된다. 프로그램의 모든 측면들에 대해 동시에 요술을 부리는 것은 어렵기 때문에, 디자이너는 가능한 한 다수의 측면에 대해 합리적인 추정을 만들고, 나머지 영역을 탐구한다. 프로그램의 각 측면에 관한 초안이 일단 작성되고 나면, 초기에 만들어졌던 프로그램의 추정이 재고될 수 있으며, 그 결과로써 프로그램의 내부적인 일관성이 수립될 수 있다. 명백한 선례를 갖고 있지 않은 프로젝트를 위한 프로그램 작성 작업은, 프로젝트의 목적을 목록으로 만들고 난 후에, 이 목적의 목록을 환경수행에 관한 보고서의 내용으로 번역해내는 것으로부터 시작될 수 있다. 복잡한 프로젝트일 경우에는, 특수 분야의 전문가들이 서로 다른 여러 다른 관점으로부터 문제의 틀을 구성하도록 도와줄 수 있다.

새로운 도시를 계획할 때에는, 실현가능한 프로젝트의 목표사항과 완공 이후 프로젝트의 환경수행이 판단 받을 수 있는 방법에 대해 논의하기 위해서, 지역개발에 경험이 많은 다양한 그룹의 전문가들을 함께 영입하는 것이 좋다. 작성되고 있는 환경수행 보고서에 의해 환경의 패턴에 관한 생각으로 직접 인도될 수 있으며, 프로그램에 포함되어 있는 재무적인 내용에 관한 초기의 조악한 스케치들이 보강될 수 있다. 프로젝트 부지에 대한 느낌, 프로젝트 부지 사용자들의 꿈과 경험, 또는 건축되지 않은 이상적인 계획안으로부터 프로젝트의 프로그램 작성이 쉽게 시작될 수 있다. 각 프로젝트는 그 프로젝트 고유의 진행 논리와 프로젝트의 출발점, 그리고 주의를 요하는 쟁점의 세트를 갖게 될 것이다. 프로젝트의 유형 또한 관련되어야 할 프로젝트 부지 사용자들의 세트에 영향을 주게 될 것이다.

아직까지 우리는 프로그램의 작성 작업을 전문가와 직접 관계되는 건축주의 영역으로 그려왔다. 하지만 프로젝트의 개발에 의해 영향을 받게 될 사람들을 프로그램의 내용에 포함시킬 수 있도록 범위를 확장하는 것이 당연히 바람직하다. 프로그램의 작성을 도와주기 위해 상담에 참여한, 프로젝트의 개발에 의해 영향을 받게 될 각 그룹의 사람들에게는, 부분적이기는 하지만 프로그램의 결정사항에 대해 언급할 수 있는 일정한 권리가 있다. 프로젝트 부지 주변의 이웃사람들은 그들의 사업, 그들 부동산의 자산가치나 부동산의 임대료, 그들이 현재 이용하고 있는 도로에 발생될 추가적인 교통량, 공공설비시설을 함께 사용하게 될 추가적인 사람들, 그리고 전망의 파괴 등에 대해 직접적인 이해관계가 걸려있을 수 있다. 프로젝트 부지 주변의 이웃사람들이 가장 경계하게 될 사안을 프로젝트 진행의 초기에 식별함으로써, 프로그램의 결정사항에 대한 반대를 경감시키고 불필요한 피해를 방지할 수 있다. 그러한 한 가지 기술로는, 환경영향 평가보고서 및 사회영향 평가보고서의 초안 작성이 프로그램 작성의 초기작업과 함께 시작되고, 프로그램의 작성과 계획설계단계(Schematic Design Phase), 중간설계단계(Design Development Phase), 실시설계단계(Construction Document Phase) 등의 디자인 단계가 진행되면서 그러한 보고서들의 내용이 정교하게 다듬어지는 '착수-완료 영향분석'이 있다. 가능하다면, 프로젝트의 완공 이후에 부지를 사용하게 될 사람들을 프로그램의 작성 과정에 관련시키거나, 만약에 그런 사람들이 존재하지 않거나 식별되지 않을 경우에는, 프로젝트 부지의 궁극적인 사용자들을 대신하여 프로그램의 내용에 대한 의견을 개진해 줄 대리인들의 그룹을 구성할 수 있다. 사람들은 프로젝트에 직접적으로 관련됨으로써 더 나은 장소에 관한 자신들의 소망을 탐구하고 반영시킬 기회를 갖게 되며, 결과적으로 환경의 수행에 관한 참신한 아이디어의 도출로 나타날 수 있다. 프로그램의 내용에 대한 프로젝트 부지 사용자들과의 의견 개진이 일찍 시작되고, 디자인의 전체 진행과정을 통해 지속된다면 더욱 풍성한 열매를 맺게 된다. 이때 논의되어야 할 프로그램의 내용은, 프로젝트 부지의 사용자들에게 실제로 영향이 미치게 될 프로그램의 결정사항에 초점이 맞추어져야 한다.

일상적인 프로젝트 부지의 사용자 대 방문객, 건물주 대 임차인, 그리고 피고용인 대 관리자 등의 관계처럼 동기에 의한 차이점, 그리고 사회적 계층, 인생 주기의 단계, 인종이나 민족성 등의 차이점은 흔히 환경에 대한 선호도의 변화를 예측하기 위한 훌륭한 지표가 된다. 프로젝트 부지 사용자들 사이의 이러한 차이점은, 그렇게 다양한 프로젝트 부지 사용자들의 이익을 대변하여 프로그램에 반영시켜줄 상담그룹을 형성하기 위한 논리적인 범주이다. 각 개인은 개인적인 특유한 견해뿐만 아니라 대변자로서의 견해를 가지게 될 것이므로, 어느 정도의 보편성 있는 의견이 도출되도록 허용해주기 위해서는 충분한 숫자의 사람들을 상담에 관련시키는 것이 중요하다.

디자이너는 상담에 참석한 사람들 스스로가 이해할 수 있는 용어로 프로그램의 내용을 번역하도록 도와줄 수 있고, 대안들이 완공된 이후의 결과가 어떻게 나타날지에 대해 스스로 설명하도록 도와줄 수 있으며, 그들이 제안한 사안이 진지하게 고려되도록 구체화시키는 것을 도와줄 수 있다.

집락분석방법은 많은 기능이 복잡한 방법에 의해 서로 관련되어야 할 프로젝트 부지에서 실행될 경우 일정부분 이점이 있을 수 있다. 서로 다른 여러 세대들 사이에 실제적이거나 바람직한 연계의 강도가 정해지고 나면, 한쪽으로 편중된 연계의 길이가 최소화될 때까지 축척 없이 그려진 세대의 다이어그램이 재배열되고, 최종적으로 다이어그램 속의 세대들이 축척이 있는 면적의 형태로 다시 그려진다. 집락분석의 모델링은 병원, 새로운 대학 캠퍼스, 그리고 산업시설 등에 대한 프로그램의 작성에 적용되었다.

집락분석의 모델링은 프로젝트 부지 내의 어떤 요소가 프로그램 내의 같은 그룹에 함께 포함되어야 하는지 결정하도록 도와주며, 이것을 억제하는 요소가 무엇인지를 식별해준다. 집락분석방법을 결정론적인 방법으로 사용하는 데 따르는 위험은, 그러한 분석방법이 치수를 측정하기 힘든 것보다 쉽게 치수를 측정할 수 있는 연계를 강조함으로써, 프로그램의 환경수행을 편향시킨다는 점이다. 주변 환경에 의해 사방이 막혀있는 프로젝트 부지에서는, '건물의 외피에 관한 연구'를 통해, 다양하게 제한적인 상황에 의해 프로그램에 포함될 내용(패키지)이 어떤 영향을 받게 될지 발견할 수 있을 것이다. 용도구역 안에 정해진 용적률(FAR: floor area ratio)에 맞추어 건축될 수 있는 건물의 지상층 연면적(buildable floor area)은 건물의 외피연구에 하나의 명확한 주제가 되지만, 다른 환경수행의 필요조건에 대해서도 유사한 연구가 실시될 수 있다.

이러한 질문에 대해 응답하기 위해서는 일련의 디자인 연구가 필요하지만, 디자인 연구가 최종적인 배치를 위한 시도는 아니다. 디자인 연구의 목적은 프로그램에 포함될 내용과 환경수행 사이의 일관성을 이해하고, 프로그램의 내용이 부지에 실질적으로 구현될 수 있도록 보증해주기 위한 것이다. '디자인의 가능성 연구'에 의해 프로젝트 부지 안에 바람직한 환경의 패턴을 실제로 구현시키기 위한 연구가 수행되며, 환경의 패턴을 취득하는 것이 불가능하다거나 예기치 않은 결과로 귀결된다는 것이 실증될 수 있다. 프로그램의 내용에 따라 환경의 패턴이 조성되기 때문에, 프로그램과 환경의 패턴이 서로 얼마나 긴밀하게 맞물려있는지가 반영되어, 디자인과 프로그램 작성 사이의 경계선이 모호해지기 시작한다.

7. 프로그램에 포함될 디자인의 원형(原形, prototype)

공공기관이나 개발회사가, 다른 사람들에게 프로젝트의 대상 부지에 대한 생각을 전달하고 프로젝트 부지에 구현될 환경의 패턴과 환경수행에 대해 마음을 쓰게 될 때에는, 그러한 환경의 패턴과 디자인이 구현된 이후의 환경수행을 구체화시킨 디자인의 원형(原型)이, 긴 목록의 안내서들보다 더 효과적이면서 마음속에 장소의 풍경을 그려볼 수 있는 소통수단이 될 수 있다. 자원이 허락될 때에는, 취득될 수 있는 방법이 그림으로 묘사되어 있는 원형의 형상들, 그리고 이것들과 함께 짝을 이룬 뚜렷하고 명백한 시방서들, 이 두 가지가 모두 소통수단에 포함되는 것이 더 나을 수 있다. 여기에 서술된 대로, 프로그램의 작성 작업에는 비용과 시간이 소요된다.

프로그램 작성의 비용은, 만약에 프로그램이 작성되지 않을 경우에 발생될 수 있는 실수들의 위험에 대해 균형이 맞춰져야 한다. 프로그램에 대한 건축주의 통제가 간접적인 곳에서, 많은 관련자들의 노력이 세밀하게 조직화되어야 할 디자인과 공사가 진행되는 곳에서, 프로젝트의 개발이 수년간에 걸쳐 대규모로 발생될 곳에서, 프로젝트 개발의 대행기관이 여러 프로젝트를 총괄하여 운용할 수 있거나 장래의 개발 수행능력을 개선시키기 위해 교육을 받아야 할 곳 등에서 정교한 프로그램의 작성이 정당화된다. 하지만 만약에 신중을 기해야 한다면, 가장 단순한 문제조차도 디자인의 서곡으로서 명료한 프로그램을 필요로 한다. 디자인이 시작될 때 프로그램은 버려지지 않는다. 더욱이, 프로그램은 장래에 발생될 개발 행위의 결과물을 평가하는 데 중요한 참고자료가 될 것이다.

8. 프로그램의 시장분석과 재무분석

1) 시장분석

특정한 프로젝트 부지의 사용자들이 선호하는 것에 관한 깊은 지식을 취득하기 위해 투자를 하기 전에, 다른 방법을 통해 프로젝트의 잠재적인 판매시장이 조사될 수 있다. 해당 부지의 프로젝트가 대도시의 분양시장이나 임대시장 경제와 경쟁해야 한다면, 예상되는 시장점유율이 현실적인지를 측정해보는 것은 중요하다. 예를 들면, 프로젝트 부지에 예상되는 주거수요는 대도시의 성장의 결과이거나, 현재 대도시 내에 거주하고 있는 주민들 중에 잠재되어 있는 거주 위치를 바꾸려는 수요 때문이거나, 새로운 프로젝트 부지에 제공될 주택 형태에 대한 대도시 내의 거주인구 중 적어도 일부 사람들의 선호도에 기인한 일반적인 이동 때문이거나, 그것도 아니면 이 모든 것들이 일부 조합된 결과일 수 있다.

시장분석에 의해 이러한 추세의 크기, 경쟁력이 있는 기회, 그리고 프로젝트 부지를 경쟁력 있게 만드는 데 긴요할 것으로 판단되는 요소들이 식별될 것이다. 시장분석에는 부동산이 공급되어야 할 시장의 계층이 기술되고, 일년 동안 부동산의 판매 시장에 흡수될 수 있는 주거의 세대수가 추천될 것이다. 시장분석은 공통적으로 프로그램 작성 작업이 시작될 때 실시되고, 프로젝트 부지 내의 인구, 프로젝트의 프로그램에 포함될 내용의 패키지, 그리고 디자인이 구현된 이후의 환경수행의 목적에 관한 요점적인 윤곽을 제공해준다. 물론, 시장분석이 언제나 필요한 것은 아니다. 많은 프로젝트들을 위한 유일한 시험은 건물을 짓고 나서 소비자들의 수용여부를 관찰하는 것이다. 다른 프로젝트의 경우에는, 프로그램의 결정은 재정적인 수익보다는 오히려 시공회사나 사회기관이 서비스하고자 하는 사람들의 반응에 따라 달라질 것이다.

2) 프로그램의 재무 분석

① 견적서

프로젝트의 결과를 근거로 작성되는 재무적 대차대조표에 대한 예측인 재무적 견적서(the pro forma)는, 필요할 경우 시장조사 보고서나 프로그램으로부터 직접 준비된다. 재무적 견적서에 의해, 유형과 원천에 의해 예상되고 기술될 수 있는, 프로젝트 개발기간 동안의 각 회계연도의 비용과 수입이 식별된다. 일시적이거나 영구적으로 필요한 대출금과 대출비용에 맞추어, 각 회계연도의 연말에 그때의 시점 기준으로 건축주의 순 현금자산이 요약된다. 그런 후에는, 초기 투자금액이 상환될 기간, 투자가 집행된 자기자본의 이익률(ROE: return on equity), 시장의 침체로 인해 예상되는 결과, 인플레이션의 심화 또는 대출비용의 변화, 추론을 바꿈으로써 재무적 실행력이 변경될 수 있는 방법 등 재무적인 생존능력을 결정하기 위한 다양한 계산이 만들어질 것이다. 공공기관이나 사회기관의 프로젝트처럼, 전형적으로 시장의 압력에 의해 영향을 받지 않는 프로젝트의 재무적 견적서는 이와는 다른 형식을 취할 것이며, 전형적으로 비용과 이 비용이 청구될 자금의 예상 흐름에 초점을 맞추게 된다.

② 한계경로 분석 및 프로젝트의 평가와 검토 기술

이러한 재무분석을 단순화시킨 많은 컴퓨터 프로그램이 존재한다. 프로젝트의 일정표 작성과 서로간의 기능적인 관련성에 따른 요소들의 그룹만들기 등 프로그램의 다른 측면들도 컴퓨터의 도움을 받아 효과적으로 처리될 수 있다. '한계경로 분석(CP)'과 '프로젝트의 평가와 검토기술(PERT)'은 복잡한 건설 프로젝트에 관련된 과제, 비용, 그리고 시간 등을 모델링하기 위해 개발된 방법이다.

그 방법들에 의해, 어떤 요소를 시간 내에 완료하지 못하면 프로젝트의 전 과정이 지연될 지점들을 의미하는 병목현상의 예상 발생지점이 식별되며, 그런 우발적인 사태에 의해 프로젝트의 진행이 정지되는 것을 방지해 주게 될 일정표 작성에 도움이 될 수 있다.

상세하게 작성된 일정표의 모형은 오직 프로그램의 종료를 지향하여 구축되지만, 그렇게 되면 고려되어야 할 선택 사항이 시간상의 제약을 받을 수 있기 때문에, 프로그램 작성의 초기단계 동안에 프로젝트의 일정표에 관한 스케치가 유용하게 사용될 수 있다. 프로젝트의 난방시스템으로서 지역난방시스템이 단독으로 고려될 때에는 재무적으로 적합해 보일 수도 있겠지만, 지역난방시스템의 공사에 필요한 장기간의 준비기간 때문에 전체 프로젝트가 지연되고 프로젝트의 재정운용이 불균형에 빠질 수도 있음이, 프로젝트의 일정표에 의해 드러난다.

9. 환경에 미칠 프로젝트의 영향 분석

대부분의 대형 프로젝트들이 환경에 미치게 될 영향은, 해당 법규에 의해 공식적으로 검토되어야 한다. 이 시점에는 프로그램의 작성과정에서 수집된 자료들이 대단히 귀중한 자료가 될 것이다. 프로젝트가 환경에 미치게 될 영향에 대해 검토하는 목적은, 의사결정권자들의 올바른 판단을 도우려는 데 있다.

환경의 영향에 관한 보고서는, 정밀조사에 대한 예측을 드러내고 이에 대해 '서로 받아들일 수 없는 의견'을 추구하게 된다. '환경에 대한 영향 보고서'에 의해, 환경에 대해 가장 바람직한 영향을 미치게 될 프로젝트의 계획안이나 나쁜 영향을 가장 조금 미치게 될 프로젝트의 계획안이 선택되도록 요구되고 있지는 않지만, '환경에 대한 영향 보고서'에는, 환경에 대해 가장 바람직한 영향을 미치게 될 프로젝트의 계획안이나 나쁜 영향을 가장 조금 미치게 될 프로젝트의 계획안이 의사결정권자들에 의해 선택될 거라는 가정이 담겨있다. 주변 환경에 대해 미치게 될 프로젝트의 영향은 환경영향평가 보고서에 요약된다. 그러한 보고서는 흔히 부지경계선을 벗어난 주변부에 미치게 될 프로젝트의 영향만을 다루지만, 새로운 지역사회와 같은 대형프로젝트에서는 프로젝트에 의해 환경에 미치게 될 가장 중대한 영향이 프로젝트 부지의 내부에서 발생될 수 있다.

환경영향평가 보고서는 관련 단체에 회람되고, 그들의 논평을 구하게 된다. 그런 후에, 검토자들의 응답이 환경영향평가 보고서에 추가되고, 보고서는 접수된 논평들을 반영하여 수정될 수 있다. 환경영향평가 보고서의 검토 업무가 부과되어 있는 각 기관에는 보고서의 형식, 내용, 준비의 진행과정, 그리고 보고서의 유포와 등록에 관한 각 기관 고유의 안내서가 비치되어 있으며, 결과물로서의 서류가 완성도와 법규에 대한 순응을 검사 받기 위해 남겨질 것이므로, 이러한 안내서들은 꼼꼼하게 준수되어야 한다. 전형적인 환경영향평가 보고서의 목록에는 다음과 같은 내용들이 포함될 수 있다:

- **프로젝트에 대한 기술:** 프로젝트의 목적, 전체 범위와 규모, 그리고 성공을 위해 긴요한 프로젝트의 측면
- **부지에 대한 기술:** 부지의 위치, 현재의 용도, 법적인 부지경계선과 상태, 그리고 설계 이전단계의 부지분석에 대한 요약을 수반한 부지 주변의 상황
- **고려 중인 대안에 대한 기술:** 이것들은 일반적으로 여러 개의 표준 범주로 나누어진다. a) 행동이 없는 대안, b) 위치의 대안, c) 프로그램에 의한 대안, d) 디자인의 대안, e) 엔지니어링의 대안, f) 제도적인 대안
- **대안의 영향:** 현존하는 자연환경 및 문화적 환경의 영향, 부지 및 주변 주민과 프로젝트 부지 사용자들의 영향. 이러한 것은 적대적인 영향과 우호적인 영향으로 분류되어 비교적인 방법으로 배열된다. a) 건물 공사 도중 혹은 초기 입주 시에 발생되는 단기적인 항목, b) 장기적인 항목
- **제안된 평면:** 제안된 계획안에 대한 상세기술과 선택의 이유
- **제안된 평면에 의한 상세한 영향:** 예상뿐만 아니라 결과에 대한 근거를 설명하고, 불가피하게 남아있는 부정적인 영향을 요약하면서, 일반적인 영향의 유형에 따라 분류한다.
- **영향을 경감시키는 행동:** 식별된 부정적 영향을 최소화하고, 부정적인 영

향에 대해 반대로 작용하기 위해 취해질 단계들

- **공적인 반응과 사적인 반응:** 환경영향 평가보고서의 회람 결과, 대행기관에 접수된 논평과 프로젝트에 관심이 있는 그룹으로부터 나온 논평.

방대한 상세의 뒤얽힘 속에 중요한 발견 사항들을 묻어둔 채, 이러한 주제들을 기진할 만큼 다루고 있는 환경영향평가 보고서는 그 분량이 수백 페이지에 달할 수도 있다. 환경영향평가 보고서가 신중하기는 하지만, (법적인 책임을 지겠다는 서류를 남기지 않는 것이기 때문에) 대부분 실질적인 책임을 지지 않는 요구에 단순하게 순응하는 경우가 된다. 어떤 이유에서이든지 간에 환경영향평가 보고서는 정보를 충분히 알고 있는 상태에서 진행되는 토론을 억제한다. 최상의 환경영향평가 보고서는, 프로젝트 부지 내의 주민들과 부지 주변의 이웃사람들에게 결정적인 결과를 가져올 개연성이 있는 단지 작은 수의 요인들만 선택해서, 그 요인들에 대해 모든 주의를 집중시키는 방법이 될 것이다. 이때 중요도가 떨어지는 다른 쟁점들은 대충대충 소홀하게 다루어진다. 때로는 프로젝트 부지의 선택, 프로젝트 부지의 취득을 위한 보조금이나 대출금의 수령, 프로젝트 부지의 밀도, 프로젝트 부지의 형상, 하부구조의 표준 항목들, 배치, 공사, 그리고 기술 등 프로그램의 의사결정 단계에 의해 '프로젝트가 환경에 미치게 될 영향에 대한 분석'을 체계화하는 것이 유용하다. 프로젝트에 대한 심각한 주의나 반대는, 전체 프로젝트에 그늘을 드리울 것 같은 단계가 아니라 변화가 가장 필요한 단계들에 집중될 수 있다.

프로그램, 예산, 그리고 환경에 미칠 영향에 대한 분석은 모두가 예측에 불과하다. 프로그램은 바람직한 결과물에 관해 이야기하고, 예산은 지출되어야 할 자원을 제시하는 반면에, 프로젝트에 의해 환경에 미치게 될 영향에 대한 분석은 다른 사람들에게 미치게 될 비용과 이익에 대해 고려한다. 단순하거나 복잡하거나 간에 모든 프로젝트들은 예측을 포함한다. 그러한 예측은 프로젝트의 초기단계에 일찍 밝혀지고 진술되어야 하며, 디자인이 개발되면서 예리해져야 하고, 프로젝트 부지 사용자들의 입주에 의해 시험되어야 한다.

05 배치디자인의 의미와 마감재료

사진설명
Frederick Law Olmstead가 디자인한 뉴욕시 Central Park 남쪽거리(57th st)의 모습. 멀리 도로 한켠에 마차들이 줄을 지어 관광객을 기다리고 있으며, Columbus Circle에 SOM NewYork에서 디자인한 Time Warner Center의 Twin Tower가 보인다.

디자인은 프로그램에 담겨있는 내용을 충족시켜 줄 형상에 대한 탐색작업이다. 프로그램이 보편적인 성격과 바람직한 결과물에 관계되는 반면에, 디자인은 프로그램의 내용을 충족시켜 줄 수 있는 특유의 결론을 다루게 된다. 디자인은 프로그램을 작성하는 가운데 시작되고, 프로그램의 내용은 디자인이 진행되면서 수정된다. 통설에 의하면, 디자인은 신비한 계시의 섬광이다. 이 섬광을 받은 디자이너가 다른 디자이너의 사례를 따름으로써, 계시받는 것을 배운다. 계시를 받은 후에는 개발되어야 할 상세와 계시된 결론을 수행해야 할 노동이 따르지만, 통설에 의하면 이것은 디자인과는 별개이다. 디자인은 천재에게 한정되어 있거나, 실무로부터 분리되도록 한정되어 있거나, 갑작스러운 계시에 한정되어 있지 않다. 좋은 장소는, 지속적인 프로그램의 재조립과 반복적인 결론의 탐색을 통해 취득되어 있는 형상의 가능성에 대한 본질적인 이해로부터 만들어진다. 한꺼번에 계시가 떠오르는 사례는 결코 흔한 것이 아니며, 계시는 조금씩 산발적으로 나타난다. 경험을 통해 배운 특유의 방법이 디자이너가 이 발견의 여행을 떠날 수 있도록 도와준다.

배치 디자인은 활동의 패턴, 순환의 패턴, 그리고 활동과 순환의 패턴을 지원해주는 감각적인 형상의 패턴 등, 이 세 가지 요소들에 대해 다룬다. 활동의 다이어그램에 상징화되어 있는 첫 번째 요소는 프로그램의 필요조건에 따른 행위의 무대의 배치, 행위의 무대의 성격, 행위의 무대들 사이의 연계, 그리고 행위의 무대의 밀도와 구성요소 등이며, 두 번째 요소는 움직임의 통로의 배치계획 및 활동의 위치에 대한 움직임의 통로의 관계, 그리고 우리가 장소를 눈으로 보고, 귀로 듣고, 코로 냄새 맡고, 마음으로 느끼게 되는 감각적인 체험과 그 장소가 우리에게 주는 의미 등 장소에 관한 인간 경험의 핵심 내용이 된다.

디자이너는 사람들이 어떤 한 장소에서 어떻게 활동하게 될 것인지, 그 장소를 어떻게 움직여 통과하게 될 것인지, 그 장소를 어떻게 경험하게 될 것인지 등에 대해 관심을 갖는다. 이것들은 디자이너의 초기 스케치의 대상이고, 디자인 작업의 전 과정을 통해 지배적인 주제로 남아있게 된다. 각 요소는 다른 요소에 대한 암시를 내포하고 있으므로, 디자이너는 서로 맞물려 있는 다수의 가능성들과 직면하게 된다. 의미가 담겨있는 한 장소의 품질은 그 장소의 형상과 그 장소를 지각하는 사람 사이의 상호작용에 의해 형성된다. 의미가 담겨있는 그 장소의 품질은 하수설비의 배치나 자동화된 창고 같은 것들과는 아무런 관계가 없다. 하지만 사람이 어디에 있든지 간에 그 장소의 의미가 담겨있는 품질은 그 사람에게는 아주 결정적인 품질이 된다. 감각적인 필요조건이 실용적인 필요조건과 일치하거나 충돌할 수도 있겠지만, 한 장소를 판단하는 데 있어서 감각적인 필요조건이 실용적인 필요조건으로부터 분리될 수는 없다. 감각적인 필요조건은 비실용적인 것이 아니며, 혹은 단순히 장식적인 것도 아니며, 혹은 다른 관심사항에 비해 더 고상한 것도 아니다. 느낀다는 것은 살아있음을 의미한다.

지각(知覺)은, 대상물을 지각하는 사람과 그 대상물 사이의 대화가 직접적이며, 강렬하고, 심원하며 또한 다른 결과들로부터 격리되어 보이는 곳에서 겪게 되는, 미학적인 경험을 포함한다. 하지만 지각은, 우리가 한 장소의 형상을 보고, 그 장소에서 들리는 소리를 듣고, 그 장소의 표면에 마감되어 있는 재료를 만지고, 그 장소의 냄새를 맡고, 그 장소의 형상과 인간의 활동을 보면서 느끼게 되는 우리 일상의 감각적인 체험을 포함하므로, 역시 일상생활의 필수불가결한 요소이다. 디자이너는, 자신이 창조 중인 형상을 지각하는 사람이 그 형상에 대해 일관되게 감동을 주며 의미있는 이미지를 가지도록 도우면서, 자신의 형상이 한 장소의 형상과 그 장소를 지각하는 사람 사이에 형성되는 의미 있는 상호작용의 기꺼운 동반자가 되도록 자신의 형상을 다듬는다. 우리가 찾고자 하는 것은, 부분들이 함께 작용하면서도 지각적으로 일관되며, 시각적 이미지가 그 장소에서 벌어지는 일상과 행동에 맞추어지도록 기술적으로 조직된 장소이다.

자연환경에서는, 조화롭게 균형잡힌 힘의 지속적인 영향에 의해 부분들이 전체로 합쳐진 통합된 조경의 모양이 만들어진다. 예술에서의 통합된 예술은 포괄적인 목적이 숙련되게 적용된 결과물이다. 디자이너는 장소의 표현을 강화시키기 위해 고심하며, 특정한 서식지 내에 거주하는 생물들의 생태계로서의 장소의 본질에 대해 사람들과 소통하기 위해 작업한다. 디자이너는 지각(知覺)에 관한 지식을 사용하여, 단순화와 대비의 수단에 의해, 뿌리내린 그 지역 고유의 특성을 선명하게 만든다. 이런 디자인 지식의 일부가 새로 만들어진 것이기는 하지만, 대부분은 오랫동안 전래되어 내려온 기술의 전승지식이다.

1. 은유적으로 표현되는 디자인의 결론

디자인은 과거의 경험을 염두에 둔 채, 실현가능성을 마음속에 그려보고 가늠해보는 과정이다. 디자이너는 실현가능한 결론들 중의 하나를 마음속에 떠올리면서 다수의 가능성을 점검한다. 디자인의 결론은 흔히 은유의 개념과 함께 시작되며, 은유의 논리에 의해 고심작으로 인도된다. 그런 후에, 기능의 실용성, 프로젝트의 비용, 또는 기초의 안정성 등 현실적인 개념들이 이 아이디어에 대한 시험 항목으로서 마음속에 떠오르게 된다. 초기에 내린 디자인의 결론이 모두 프로젝트의 목적인 결과까지 도달되지는 못하겠지만,. 폐기되는 쟁점이라 하더라도 디자이너에게 문제에 대해 또 다른 방법으로 생각해볼 것을 지적해 준다. 문제가 재구성되고 새로운 주기의 창조와 시험이 이어진다. 디자이너의 마음은 은유적인 풍경의 다양한 측면에 귀를 기울이고, 내용의 의미를 이해하기 시작한다. 디자이너는 '가상의 세계(virtual reality)'를 구축하여 중요한 지점에서는 정확해져야 하고 중요성이 덜한 지점에서는 느슨하고 미온적인 태도를 견지해야 하는, 디자인의 전체 시스템의 내용을 마음속에 그려본다. 가상의 세계는 프로젝트의 부지와 프로그램에 관해 디자이너가 알고 있는 지식이 마음속에 삼차원의 형상(3 dimensional form)으로 그려진 것이며, 디자인의 가능성이 신속하게 시험될 수 있게 작용한다. 다이어그램과 모형이 유용할 수도 있지만, 가상의 세계는 마음속의 그림이다.

디자이너가 하나의 부지를 생각할 때에는 통일된 하나가 아니라 수많은 조각들로 분리되어 있는 것처럼 보이고, 그것은 필연적으로 그 부지에 대한 디자이너의 시각을 편향되게 하며, 또한 분절되어 있는 프로젝트 부지의 조각들을 일체화된 하나로 만들기 위해서는 통합을 위한 장치가 필요함을 보여준다. 비슷하다는 개념과 비슷하지 않다는 개념은 실현 가능한 결론을 상상하고 시험하도록 도와주는 환경에 대한 이해력이기 때문에, 디자이너는 과거의 기억을 통해 유사한 상황의 목록을 축적하고, 각각의 새로운 상황과 마주치게 되면 과거의 상황과 비교하여 비슷한 것은 무엇이고 가장 비슷하지 않은 것은 무엇인지 스스로 질문해본다.

프로젝트 부지의 형상은 주변의 맥락에 따라 달라지기 때문에, 이 가상의 세계는 거의 언제나 원래의 프로젝트 부지의 경계선을 넘어 외부를 향해 확장된다. 디자이너는 자기 디자인의 초점은 어디에 두어야 할 것인지, 자기 디자인의 주변 맥락은 무엇인지, 자기 디자인의 내용과 주변의 맥락은 또 서로 어떻게 연결되어야 할 것인지를 결정하게 된다. 이 가상의 세계는 흔히 디자이너에게 처음 주어진 프로젝트 부지보다 더 넓은 세상이 되며, 이런 관계로 어떤 종류의 긴장이 일어난다. 프로젝트 부지 주변의 맥락이 바람직하지 않거나 의미가 없는 경우까지도 굳이 새로운 디자인이 주변의 맥락과 조화를 이뤄야 할 필요는 없겠지만, 새로운 디자인에는 주변 맥락에 대한 고려가 반드시 포함되어 있어야 한다.

2. 배치디자인의 진행 방법

1) 이전의 결론에 대한 개조

대다수의 환경디자인 계획안들은 이전에 사용된 결론이 개조되어 만들어진 결과물이다. 다른 프로젝트에서 본보기로 삼을 만한 형상이 새로운 프로젝트의 원형(原型, prototype)이 된다. 몇 개의 사례들을 예로 들자면, 막다른 길, 뒤뜰, 가로수들이 늘어선 거리, 도로의 축을 중심으로 멀리 보이는 전망, 어린이 놀이터, 그리고 보행자 도로 옆의 카페 등 아주 흔히 사용되는 것들은 관례적인 사례가 된다. 사람들의 두뇌는 그런 인습적인 형상으로 가득 채워져 있다. 스스로를 디자이너라고 생각하지 않는 사람이, 현재의 상황이 어떠하든 거기에 맞추기 위한 최소한의 개조(adaptation)를 통해 반복적으로 그러한 관례를 사용한다. 스스로를 디자이너라고 공언한 디자이너는 이전에 내려진 결론들에 관한 문헌을 검토하고, 오늘날의 유행을 따르며, 깊이 의식하지 않고 공통적인 관례를 사용한다.

형상과 행위가 서로 완벽하게 들어맞는 새로운 형상을 창조하는 것은 지난한 과업이기 때문에, 형상의 유용성에 관해 시험해 보고 상세를 세련되게 조율하기 위한 반복적인 시도가 필요하다. 장소의 모든 특징을 혁신하는 것은 불가능하기 때문에, 우리는 이전에 성취된 결과물들에 의존할 수밖에 없다. 일부는 과거에 장기간에 걸쳐 성취되었던 결과물들에 의존하면서, 형상의 유용성에 관해 시험하고 상세를 세련되게 조율하기 위한 시도를 반복하였던 가장 훌륭한 과거의 계획안은 이런 과정의 정점에 존재하고 있었다.

디자이너들은 환경의 기능을 개선하기 위한 약간의 조정과 함께 과거의 결론을 복사해 내었다. 우리가 최근에 볼 수 있는 환경은 잘 적응된 형태의 기적이다. 적절한 관례가 널리 확산된 곳에서는, 많은 사람들의 마음이 모여 창조되었으면서도 여전히 조화를 이루고 시각적으로도 일상의 생활방식에 꼭 맞게 짜여진, 격조 높은 지역적 조경이 발전될 수 있다. 완전한 디자인 과정으로서의 증축을 위한 개조는 프로젝트의 목적이 되는 항목, 프로젝트 부지내의 행위 및 기술, 용도구역이나 건축법규 등의 제도 그리고 행위의 무대가 모두 상대적으로 안정적이어서 변경을 필요로 하지 않을 때, 환경에 관련된 결정의 보폭에 비해 상대적으로 외형의 변화가 느린 곳에서 유용하다. 하지만 보다 역동적으로 변화하는 상황에서조차도, 우리는 이전의 형상을 개조한다.

이전의 형상이 개조된 것은 평범한 디자인 작품에도 어디에서나 나타나며, 그로 인하여 치명적인 결정이 만들어진다. 고속도로의 위치와 주변지형이 서로 다르기 때문에, 그것을 어떻게 직선으로 만들 것인지에 관해서 많은 사람들 사이에 격렬한 논쟁이 일어날 수 있음에도 불구하고, 정확하게 가지런한 정렬이면 어떤 것이든지 다 디자인 개념의 근거를 두고 있는 원주(圓周, 원의 둘레)의 원형(原型), 도시의 중심부(city center)로부터 원주의 둘레 부분에 있는 지점들을 향해 도로들이 방사형으로 뻗어나가는 형태에 관해서는 아무도 왜 그렇게 되어야 하는지 의문을 갖지도 않고 그대로 따른다. 그런 결과로, 가나에 있는 신도시의 마스터플랜(master plan)이 이상하게도 텍사스에 있는 도시의 마스터플랜과 닮아 있다. 이처럼 관례를 피해 갈 수는 없겠지만, 위험은 생각 없이 관례를 사용하는 데에 있다.

사용할 수 있는 관례는 프로젝트 고유의 문제에 대해 어느 정도의 합리적 연관성을 가지고 있어야 하며, 소규모 개조의 사슬에 의해 좋은 결론에 도달될 수 있어야 한다. 서로 다른 환경에서 개발되어 최근에 유행하고 있는 디자인의 스타일이나 형상은 사용 가능한 관례의 이러한 기준에 근본적으로 미치지 못할 수 있다. 몇 년 전, 디자이너들이 디자인을 수행하면서 관례들에 의존하고 있음을 인정하게 되었을 때 당황스러웠을 것이다. 이제는 과거의 어떤 사례를 생각나게 하는 장소를 디자인하거나, 과거의 어떤 사례를 기억하게 만드는 장소를 디자인하거나 혹은 과거의 어떤 사례에서 사용되었던 표현방법으로 장소를 디자인하는 것이 유행되고 있다. 그런 과거의 형상들이 널리 알려지고 경험되는 곳에서 발생되는 이런 과거와 현재의 제휴는 상징적인 기능을 갖는다. 하지만 사물이 아니라 사람이 장소나 상황에 대해 회상하거나 기억한다는 것을 잊지 말아야 한다. 과거에 내려졌던 어떤 결론에 대한 적합성을 판단하기 위해서는, 이전 사례의 환경수행과 적절한 맥락에 대한 지식 그리고 현재 직면하고 있는 문제에 대한 정확한 진단이 반드시 요구된다. 디자이너는 형상이 그 형상의 사용자들에게 어떻게 적응되었는지 추측해보도록 요구받게 된다. 사람들에게 친밀한 환경의 장점에 대해 잘 알고 있는 디자이너는 개조를 통한 디자인을 선호하며, 진정으로 위대한 환경은 환경에 대한 많은 사람들의 이해가 축적되어 형성된 산물이다. 개조는 현재 사람들에 의해 사용되고 있는 환경에 대한 수정이 만들어져서 그 결과가 관찰될 수 있고, 그 후에 다시 한 차례 조정이 실행될 수 있을 때에 특별히 강력한 디자인의 방법이 될 수 있으며, 이로써 형상과 목적 사이의 밀접한 맞춤이 구현된다. 하지만 소규모 환경에 대해 분산된 관리가 실시되는 곳을 제외하고는, 일반적인 프로젝트 부지의 운용에 소요되는 비용과 규모 때문에 현장에서 수행되는 개조는 어려워진다. 모조품보다는 실제 결과물을 가지고 작업하는 것이 화가와 도공 그리고 소규모 건설업자의 특권이다.

2) 프로젝트 부지의 분리와 결합

① 모듈에 의한 부지의 구획

복잡한 프로젝트와 직면하게 되었을 때 합리적으로 대응할 수 있는 방법 중 하나는 문제를 수많은 부분들로 잘게 부수는 것이다. 잘게 부서진 부분들을 분리해서 풀고 나면, 부분들의 결론을 결합시킴으로써 문제의 모든 측면들에 대해 응답하는 전체적인 결론에 이르게 된다. 전통적인 구획방법은 각기 독특한 성격을 갖는 별개의 구역들로 부지를 분리하여 평면의 어디에서나 반복될 수 있는 요소를 부여하는 방법이며, 그러한 요소를 모듈(표준단위)이라고 부른다. 모듈은 연구하기에 용이할 만큼 작으면서도, 공간적인 형상이나 사회적인 모임의 구성과 같은 평면의 중요 쟁점에 부합될 만큼 충분히 커야 한다. 대규모의 주거개발

프로젝트에서 한 세대나 두 세대의 주택으로 구성된 모듈(표준단위)은 상호관계라는 배치계획의 주요주제를 상실할 수 있으며, 반면에 500세대의 주택으로 구성된 모듈은 다루기에 불편할 뿐더러 배치계획으로 반복되기에는 너무 큰 규모가 될 것이다. 저밀도의 주거단지에서는 20~30세대의 주택들이 모여서 조성된 단지의 규모에서 그럴듯한 공간의 단위가 창조될 수 있으며, 근거리에서 수립되는 사람들 사이의 사회적 관계가 그와 비슷한 규모에서 응집되는 것으로 보이기 때문에, 20~30세대의 주택들이 흔히 주거단지의 편리한 모듈이라는 것이 입증되고 있다. 다시 말하면, 모듈은 충분한 자급자족성을 확보하고 있어서, 모듈 안에서 상당한 수효의 내부관계가 결정될 수 있고, 외부 패턴의 영향으로부터 독립적일 수 있어야 한다. 만약에 그런 방법으로 프로그램을 구획하는 것이 가능하다면, 모듈러 디자인이 편리한 방법이다. 하지만 모듈러 디자인이 디자인을 수행하기에 편리한 도구이기는 해도 디자인의 원리(原理)로 격상되지는 말아야 한다. 어떤 부지가 반 독립적이며 반복적인 기능을 갖고 있기 때문에 모듈을 사용할 경우 가장 잘 계획될 수 있다고 하더라도, 다른 부지도 그런 것은 아니다. 더구나, 공간적으로 구획된 부지들이 디자인의 빌딩블록으로 사용된다고 하더라도, 반드시 모듈에 의해 분할되어야 할 필요는 없다. 모듈은 각각 크기나 기능이 서로 다르거나, 특유의 지역적 구획을 소유하고 있거나, 독특한 거주인구를 포함할 수 있다. 우리는 순서대로 냇물의 둑을 다루는 디자인에 집중한 후 아케이드로 조성된 거리의 횡단면을 다루는 디자인에 집중할 수 있으며, 그런 후에 공공이 모이는 중앙 집회광장의 형상을 다루는 디자인에 집중할 수 있다.

② 행위, 순환, 형상 등 분리된 측면에 의한 부지의 구획

프로젝트 부지를 해체하기 위한 두 번째 방법은 행위와 순환, 형상 등의 다양한 측면이 전체 부지에 관련되는 디자인을 고려해보는 것이다. 사용이 가능해 보이는 한 가지의 구획 방법은 배치디자인의 세 가지 기본요소인 행위와 순환 그리고 행위와 순환을 지원해 주는 형상을 마치 분리될 수 있는 요소들인 것처럼 생각해보는 것이다. 이와 같이 디자이너는 행위의 무대가 될 장소의 다양한 성격, 그 장소의 밀도, 혼합의 구성요소, 그리고 그 장소들 사이에 형성되어야 할 바람직한 연계에 대해 고려해보면서, 첫 번째로 행위의 무대가 될 장소를 생각해볼 수 있다. 디자이너는 장소 각각의 보편적인 형상과 요구조건에 익숙해지기 위해 내부로부터 행위의 무대가 될 장소를 디자인하며, 그런 후에 프로젝트 부지의 상세한 필요조건과 프로젝트 부지 내에 전개될 사건에 맞추어 행위의 무대가 될 장소를 배치한다. 디자이너는 프로젝트 부지의 분리된 조각들에 대해 깊이 생각하며, 모든 기능들이 적절하게 수용되었는지 그리고 프로젝트 부지가 보유하고 있는 각각의 장점이 제대로 사용되었는지 살펴보기 위해 배치의 결과를 시험해본다. 그렇지 않으면, 디자이너가 부분들 사이에 형성될 가장 중요한 연계에 의해 부지의 조각들을 그룹으로 묶어주는 '집락분석 다이어그램(제4장 6. 프로그램의 준비 참고)'을 만들 수 있으며, 이 다이어그램을 부지에 적용시켜 본다.

디자이너는 또한 프로젝트 부지에 일정한 패턴의 형식을 적용하여 분할을 시작할 수도 있다. 패턴의 습관은 깨뜨리기가 어렵기 때문에 스스로 자각하지 못한 채 너무 흔하게 일반적인 형상이 추정된다. 디자이너는 습관적인 패턴을 탈피하여 지혜롭게 형상의 대안을 상상할 수 있는 능력을 개발해야 한다. 형상의 대안이 될 수 있는 다양한 원형(原型)의 세트와 원형의 본질적인 의미는, 행위와 순환 그리고 행위와 순환을 지원해 주는 형상 등 분리된 측면들에 의해 프로젝트 부지를 구획하기 위한 디자이너의 상투적 수단 중 일부이다. 원형은 일정 부분 본질적이고, 일정 부분 특유의 척도와 상황에서만 나타나는, 각각의 고유한 함의를 포함하고 있다. 디자이너가 프로젝트 부지 사용자들의 행위를 근거로 하여 배치계획안을 수립하고 나면, 다음에는 그리드에 의한 계획안이나 선형 혹은 중앙집중적인 계획안과 같은 보편적인 배치의 패턴을 시험해 보고, 막다른 골목과 동그란 모양을 띤 원형(圓形)의 순환고리, 수퍼블록, 뱀처럼 꼬불꼬불한 도로와 같은 순환도구의 목록을 도구로 연출하면서, 다양한 도로의 배열을 배치디자인에 시도해 본다. 디자이너는 통로, 산등성이와 계곡 시스템, 지표면이 끊어지거나 완만한 바닥 등과 같이 프로젝트 부지 안에 존재하는 동선의 순환에 이용되거나 지장을 주게 될 순환의 결정요인을 찾아낸다. 프로젝트 부지 안에 존재하는 순환의 결정요인을 찾아내는 시도를 통해, 일관된 구조를 갖고 있으며 프로젝트 부지에 적합해 보이고, 또한 제안된 용도의 통상적인 밀도와 유형에 적합해 보이는 순환시스템의 스케치가 그려진다. 마지막이나 처음이 없기는 하지만, 마지막으로 지형을 강조하는 가운데 공간의 원형을 배치디자인에 시도하면서, 입체의 크기나 성격 또는 전망의 이미지를 도구로 하여 풍경을 연출하는 등, 디자이너는 장소의 감각적인 형상을 사용하여 디자인을 수행하게 되며 이것은 부지 체계의 보편적인 개념으로 귀결된다.

행위의 패턴과 순환의 패턴 그리고 행위와 순환을 지원해 주는 형상의 패턴 사이에서는 각각의 측면들이 서로에게 스며들게 될 때까지 서로간에 충돌이 일어날 것이다. 시행착오를 거치면서, 행위의 무대 안에서 펼쳐질 사용자들의 행위에 잘 맞추어진 형상과 원활한 접근성을 제공해주는 형상 그리고 매력적인 시각적 형상 등이 행위의 패턴과 순환의 패턴 그리고 형상의 패턴이 함께 응집된 체계 안에 결합될 때까지, 행위의 패턴과 순환의 패턴 그리고 행위와 순환을 지원해 주는 형상의 패턴이 재구성된다. 체계화된 배수 시스템이나 명확한 사회구조 때문에 어떤 상황에 어떤 형상으로 맞추어져야 할지 암시되어 있음에도 불구하고, 어떤 자연의 법칙에도 보편적인 형상이 어떤 특정한 상황 안에 고유한 것이라고 명시되어 있지는 않기 때문에, 행위의 무대와 접근성 그리고 시각적 형상 등이 재구성되는 작업은 시간을 오래 끄는 과정이 될 수 있다.

일관된 형상은 인간의 솜씨에 의해 창조되거나, 인간의 솜씨에 의해 만들어진 이전의 습작으로부터 인용된다. 행위의 무대 위에서 펼쳐지는 사용자들의 활동과 접근성, 그리고 의미 있는 형상 등만이 디자인의 문제가 분해될 수 있는 유일한 봉합선이 되는 것은 아니다. 건축, 조경, 엔지니어링 등의 전문가적인 과제에 의해 디자인의 문제를 분리하는 것 또한 통상적인 일이다. 전문가적인 과제에 의해 디자인의 문제를 분리할 경우에는 통합이 지연되거나 피상적인 방향으로 흘러가기 쉽기 때문에, 이것은 가장 위험한 구획이 된다. 건물과 부지 사이의 부조화는 부분과 전체 사이의 상호작용이 실패한 지속적인 사례가 된다. 복도는 인도의 연장선이고, 창문을 통해 보이는 외부의 전망에는 특별한 의미가 있으며, 건물의 모양은 풍경 속의 형상이다. 각층의 바닥면과 지표층 바닥면과의 관계는 특별히 중요하다. 건축디자인과 배치디자인은 함께 수행되어야 한다.

③ 특정항목을 최적화하기

분리된 표준항목을 최적화시키는 것은, 여전히 비공간적인 쟁점을 기준으로 디자인의 문제를 분리시키는 또 다른 방법이다. 디자이너는 다른 표준항목에 대해서는 단지 관습적인 부분이나 최소한의 방법 안에서만 만족시키면서, (인간의 마음에 맞추어진 장소의 의미, 사용자의 활동에 대한 장소의 맞춤, 사용자가 타인이나 장소 및 서비스 등에 도달할 수 있는 정도를 나타내는 장소의 접근성, 장소의 관리와 통제, 프로젝트의 개발부터 완공 이후의 유지보수비용까지 포괄하는 프로젝트의 비용, 프로젝트 완공 이후의 유지관리 혹은 이들 항목이 보다 좁혀져 세분화된 표준항목의 구획 등) 변하지 않는 배치디자인 특유의 목적을 최적화시키는 배치도의 작성으로 디자인을 시작한다. 이때 접근하기에 끝도 없이 어려우면서도 어린이들에게는 가장 안전한 배치도를 계획하거나, 황량함은 고려하지도 않은 채 공사비가 가장 저렴할 것 같은 배치도처럼 한쪽으로 치우친 배치를 계획하게 되면 전체 프로젝트가 명백한 웃음거리로 전락한다.

배치디자인 특유의 목적으로 기술되어 있는 표준항목의 전체 세트에 응답하는 결론에 도달하기 위해서, 각각에 맞는 품질이 추구되고 또한 강화되며, 충돌이 회피되거나 타협이 이루어진다. 단일 표준항목을 기준으로 만들어진 이러한 결론들은 서로 영향을 주고받게 되어 있으므로, 디자이너는 서로 상충되는 배치도의 목적 속에 내재되어 있는 대립적인 의견이나 이해관계와 초기에 직면하여 해결해야 한다. 두 개의 표준항목 사이에 발생될지도 모를 부적응에 대한 판단은 디자이너의 마음속에 수행 가능한 결론이 떠오를 때에만 가능하다. '인접한 주택으로부터 개인의 마당을 향한 조망 금지'라는 표준 항목의 의미가 '남향으로 노출되는 개인의 마당'이라는 표준항목의 의미와 충돌될 때 디자이너는 도대체 어떤 판단을 내려야 하는 것일까? 디자인의 문제는 본질적인 구조를 갖고 있지 않으며 오로지 인간이 상상할 수 있는 결론에 대한 참고로서의 구조만을 갖고 있다는 사실이, 오히려 더 인간의 이해력에 맞는 방법을 사용하여 디자인의 문제를 분해해야 할 충분한 이유가 된다.

한편, 디자인의 문제를 분리시키기 위해 본질적인 기능을 최적화하는 방법이 있다. 어떤 환경의 본질적인 기능을 추상화한 후에, 이 보편적인 기능을 가장 잘 만족시킬 수 있는 형상을 개발하고, 최종적으로 다른 기능과 제약(制約)사항을 만족시키도록 형상을 개조한다. 이때 하나의 표준항목에 의해 결론이 유도된다. 예를 들어, 어떤 지역이 야외장터가 되어야 한다면, 물건을 구매하는 행동이 본질적인 행위가 되고, 그러한 행동이 사람들을 끌어들이도록 환경에 의해 뒷받침되어야 한다. 디자이너는 상품을 구매할 소비자를 유입시킬 행위의 무대의 성격에 대해 숙고하며, 그러한 성격을 갖춘 행위의 무대가 갖추어야 할 이상적인 형상을 상상하며, 그런 후에 상품의 배달과 보호, 소비자들의 도착, 비용, 유지보수, 그리고 부지의 지형 등을 관리하기 위해 행위의 무대를 개조한다. 디자이너가 그의 이상과 너무 심각하게 타협하지 않고, 위와 같은 방법으로 디자인을 수행할 때에 성공적인 프로젝트가 된다.

▌개발되기 이전의 볼티모어 항구 전경

이것은 여러 제약사항들에 종속되기 쉬운 단일기능을 최적화시켜 주는 선형적인 프로그램 작성 작업과 유사하다. 위에 기록된 환경의 본질적인 기능에 대한 최적화 작업이 복합성을 다루는 강력한 방법이기는 하지만, 그러한 방법에는 한계점이 있다. 그 환경에 지배적인 기능을 발견하는 것이 가능해야 할 것이며, 지배적인 기능에 대한 사용자들의 만족은 다른 어떤 요인보다 훨씬 더 중요하다. 만약에 최적화되어야 할 기능이 더 쉽게 측정된다거나 보다 극적이라는 이유로 선택된다면, 그러한 선택 이후에는 다방면에 걸쳐 디자인의 문제가 왜곡된다. 대학의 지배적인 기능은 교육이어야 한다고 공표되어 있으며, 그렇게 명명된 기능은 표준화된 환경 속의 표준화된 과정으로 이해된다. 실제 대학의 모든 풍부한 복합성은 상실된다. 어떤 환경에 지배적인 기능이 실제적인 것이라고 하더라도, 이상적인 결론은 이어지는 개조의 과정에서 타협되어 동력의 대부분을 상실한다. 지배적인 기능과 부수적인 기능 사이의 적절한 균형은 유지되기가 어렵다. 본질적인 기능에 대한 탐구는, 장소는 모든 것들을 포괄하면서 즉각적으로 파악되는 이미지를 가지고 있어야 하며, 다른 목적을 희생해서라도 그러한 이미지를 취득하기 위해 장소가 준비되어 있다고 믿는 디자이너가 일하는 방법이다. 본질적인 기능에 대한 탐구로 인해, 디자이너와 건축주 그리고 다른 프로젝트 관련자 사이에 의견 차이에서 비롯된 극적인 대립이 초래될 수 있다. 그렇지만, 상세한 필요조건의 순차적인 조합과는 대조되게, 이러한 '본질의 포획'은 인간이 생각하는 방법에 아주 잘 합치되어서 건축주에게 큰 감동을 주게 된다. 디자이너가 만일 '본질적인 기능에 대한 탐구'의 매혹적인 힘을 조심하기만 한다면, 그리고 디자인의 문제가 너무 심각해질 때 그러한 방법을 기꺼이 버릴 수가 있다면, '본질적인 기능에 대한 탐구'는 디자인을 시작하는 한 가지 방법이 될 수 있다.

Benjamin Thompson의 디자인에 의해 'festival market place 개념'으로 개발된 이후의 'Baltimore Harbor Place' 야경

④ 문제의 해결(Problem Solving)

디자이너가 하나의 이상적인 계획안으로부터 디자인을 진행한 다음에 그 계획안이 주변 환경에 적응되는 방법보다는, 다른 방법을 추구하여 주변환경 자체 내에서 디자인의 문제에 관한 단서를 찾을 수 있다. 부지의 지형에 잠재되어 있는 디자인의 가능성과 어려움에 대한 분석으로부터 배치계획안의 작성을 시작하는 것이 공통적인 방법이다. 훌륭한 원경이 확보되어 있는 자리에 고층 건물을 배치하고, 관습적인 위치에 함께 모여 대화를 나누고 즐거운 시간을 보낼 수 있는 장소를 배치하는 것처럼, 계곡의 시냇물, 주요 구획, 핵심적인 통로, 시각의 초점 등 잠재되어 있는 프로젝트 부지의 얼개를 찾아낸다.

오래된 건물의 장식적인 양식을 극화시키고, 햇빛이 가득한 남향의 경사지에 연립주택을 배치하며, 사람들의 눈길을 끄는 지형에 공원을 배치한다. 부지의 지형에 잠재되어 있는 디자인의 가능성과 어려움에 대한 분석으로부터 배치계획안의 작성을 시작하는 방법을 사용하여, 과거의 흔적과 특별한 어려움이 밀집되어 있으며 해결해야 할 문제점이 많은 부지를 대상으로 디자인을 수행하는 것은 쉬운 일이다. 하지만, 해결해야 할 문제점이 많은 부지를 대상으로 하는 디자인 작업에 한층 더 익숙하다고 하더라도, 지형의 가능성과 어려움에 대한 분석으로부터 배치계획안의 작성을 시작하는 기술이 부지에 대해서만 한정되는 것은 아니다. 디자이너는 또한, 새로운 환경의 필요성을 야기시킨 문제점, 의사결정 과정을 둘러싸고 있는 권력의 구조 등 프로젝트 부지에 존재하는 문제의 다른 측면들에 의해 발생되는 통상적인 결과를 사용할 수 있다. 대부분의 사람들은 이상적인 결론을 상상해내기보다는 문제점을 찾아내는 데에 더 익숙하다. 당혹스러운 어려움을 특유의 가치 있는 자산으로 전환시킬 정신적인 준비성은 디자이너에게 매우 유용하다. 하지만 실질적으로는 디자인의 결론이 문제점으로부터 발현되지 않는다. 디자인의 문제에 대한 초점 맞추기는 이상적이지만 비현실적인 꿈꾸기보다는 덜 위험하며, 디자인의 문제에 대해 초점을 맞추게 되면 대안들 중 하나의 결론을 선택해야 할 때 판단을 내리기가 보다 용이해지고, 실행가능한 결론을 도출해내기도 쉬워진다. 하지만 디자인의 문제에 대해 초점을 맞추게 되면 즉각적인 어려움을 해결하는 일에 디자이너의 시야를 고정시킬 것이기 때문에, 인지되지 않은 주제와 근본적인 혁신에 의해 성취될 수 있는 결론들이 무시되고 수립된 디자인의 목표에 미치지 못할 수도 있다. 어쩌면 들어보지 못한 방법에 의해 지형이 개척될 수 있으며, 그렇지 않으면 새로운 지형이 만들어질 수도 있다. 디자인의 문제를 분석하는 것은 언제나 필수적인 디자인 과정의 한 단계이지만, 디자이너의 일하는 방법이 그런 한 가지 방법으로 한정되지는 말아야 한다.

⑤ 미래의 결과물을 도출하기

실행에 옮겨질 개연성이 가장 높은 것은 즉각적인 행동이므로, 즉각적인 행동에 의해 초래될 미래의 결과를 유추해보는 것이다. 만약에 도로를 개설해야 하고 도로가 개설된 이후 10년이 흐른 다음의 결과에 대해 제대로 생각해낼 수 있다면, 그 생각의 결과로 인해 초래될 계획안은 도로가 개설되고 난 이후 10년이 흐른 다음에 만들어질 결과에 대한 실행의 수단들을 가지게 된다. 이렇게 프로젝트 개발의 초기 움직임에 초점을 맞추는 방법은 불확실성으로 가득 찬 긴 개발의 경로를 제시한다. 이렇게 프로젝트 개발의 초기 움직임에 초점을 맞추는 방법에 의해, 미래의 그 시간, 그 장면에 존재하게 될 사람들에게 그 이후의 결정이 맡겨진다. 디자이너가 수행하게 될 초기의 행동은 미미하지만 제대로 시작되면, 미래에 이어질 디자이너의 활동이 지속적으로 가능하도록 다듬어진다. 추가적으로, 디자이너의 이러한 초기 행위는 디자인의 가능성을 탐색해보기 위한 실험으로 채워질 수 있다. 이렇게 디자인의 가능성을 탐색해보기 위해 실시될 실험의 성공과 실패는 다음에 수행해야 할 그 무엇에 관한 단서를 찾기 위해 꼼꼼하게 점검될 것이다. 그러한 실험 안에 구체화된 새로운 수단이 스스로 실행되면서, 디자인의 문제가 좀 더 명확해지는 데 도움이 되고, 디자인의 목적을 결정하는 데에도 도움이 될 것이다.

⑥ 약점의 조절

디자이너는 의식적으로든 무의식적으로든, 어떤 측면이 디자인의 결론에 이르는 단초가 될 것이며 어떻게 해서 디자인의 결론이 최종적으로 함께 묶이게 될 것인지, 디자인을 시작하게 될 방법을 선택한다. 디자이너는 때때로, 자신의 잠재의식에 의해 대부분 환상적이고 실행될 수 없는 형상과 형상 사이의 연계가 제안되도록 허용해주면서 무비판적인 태도를 취한다. 이와 같이 디자이너는 '생각없이 낙서하기'로부터 '단호하고 비판적으로 검토하기' 사이를 왔다 갔다 하게 되기 때문에, 디자이너의 기술 중 일부는 두 가지 상태의 마음을 관리하는 데 있다. 디자이너의 비판력이 자신의 창의력을 억제하지 말아야 하며, 자신에 의해 수행된 디자인 과정의 불합리한 진행이 비판으로부터 멀어지게 하지도 말아야 한다. 디자이너의 두 가지 정신적인 상태 중의 한 측면이 다른 한쪽 측면을 압도할 때에 디자인은 실패하게 된다.

⑦ 막힘의 극복

디자이너에게는 디자인의 거의 모든 과정에서 자신의 생각이 막혀 아무것도 생각나지 않는 것처럼 느껴질 때가 있다. 디자이너가 시도했던 모든 결론들이 스스로가 추구하고 있는 목표에 미치지 못하며, 어떤 방법으로도 문제를 재구성할 수 없으며, 새로운 아이디어는 잠재의식적으로 가로막힌다. 가로막힌 장벽을 깨고 나오기 위해, 불합리한 아이디어를 억누르도록 교육받은 어릴 때의 교훈을 잊어버리고, 마음속에 내장되어 있는 검열기를 혼동시켜 디자인의 맥락을 변경해보라. 쉽게 변경될 수 있는 가능한 최악의 디자인 환경을 마음속으로 상상하고, 이것이 그 반대를 제안하도록 만들어 보라. 마음속에서 프로젝트의 부지를 디자인하거나, 디자인 행위가 마치 수세기 동안 걸리는 것처럼 긴 시간의 흐름 속에서 혹은 크고 작은 척도의 장소 속에서 뛰어다녀보라. 디자이너가 스스로를 어린이 놀이터라고 상상하면서, 어떻게 하면 아이가 자신의 몸 위에서 놀도록 도와줄 수 있을까를 걱정하면서, 스스로를 물질적인 사물 자체 속으로 투사시켜보라. 때로는 어떤 신비한 연계를 가진 것처럼 갑자기 나타나는 현상의 병치로부터 놀라운 아이디어가 발현된다. 디자인팀은 임의로 선택된 수많은 생생한 시각적 이미지와 직면하게 될 수 있으며, 마치 디자이너가 해결해야 할 디자인의 문제와 어떤 연계가 있는 것처럼 느껴지는 풍경을 떠올릴 수도 있다. 디자인 팀의 구성원들은 그 숨겨진 관계를 묘사하기 위한 시도를 통해 새로운 연상(聯想)을 밝혀낸다. 이것은 아이들의 게임이며, 디자이너는 아이들처럼 자유로운 생각을 가져야 한다. 창의적인 디자이너일수록 명백하거나 적절한 연상으로부터 자유롭게 관찰하고 제안하는 능력을 가지고 있다.

3) 주변의 맥락에 대한 응답

대부분의 건물들은 그 건물에 생기를 부여해주는 활동의 배경이 된다. 디자이너는 누구나 다양한 기능과 역사를 갖고 있는 부분들이 조화롭게 직조된 구조물로서의 통합된 도시풍경이 창조되기를 원한다. 도시 풍경의 통합을 이루기 위해 수용된 접근방법 중에서는 각각 기존 건물의 요소와 유사해져야 할 건축선의 후퇴, 건물의 유형, 건물의 최고높이, 주변 환경에 대한 건물의 비례, 건물들 사이 혹은 건물 전체와 건물의 부분 요소들 사이의 비례, 건물의 지붕 형상, 건물 외부마감의 색상과 재료, 건물로 채워진 부분과 공지의 비율(건폐율: 건물의 수평투영면적의 전체대지에 대한 비율, lot coverage), 건물의 바닥면, 건물의 방향성, 용도의 패턴 등 건물 요소의 점검표를 사용하여 배치디자인을 시작하는 방법이 가장 흔하게 사용된다. 하지만 도시 풍경의 통합을 이루기 위한 점검표에 맞추어 디자인된 건물이 주변의 맥락과 잘 어울릴 수 없는 곳도 많이 있다. 그러므로 새로운 건물이 인공적인 맥락(artificial context)인 기존의 인접건물들과 조경뿐만 아니라 자연적인 맥락(natural context)인 주변의 자연환경과 함께 우리의 눈에 실제로 어떻게 보여질까 하는 점도 중요한 디자인의 고려사항이 되어야 한다.

배치디자인은 부분들을 조립하는 과학이 아니라 정교한 기술이다. 건물들의 스카이라인, 장식적인 요소가 풍부한 재료의 질감, 척도의 의미, 지표면에서의 활동 유형, 익숙한 문화적 상징물, 공간을 에워싸는 특별한 방법, 빛의 연출 등과 같은 요소들이 우리가 강화하고 싶어 하는 특성을 만들어내기 위한 목적에 더 긴요하게 사용될 수도 있다. 하지만 이러한 핵심적인 공간의 속성은 그 특별한 장소에 대한 주의 깊은 연구에 의해 어렵게 추출되고, 증축의 실질적인 효과를 직접 시험해봄으로써 확인될 수 있다. 최상의 시험은, 먼 거리에 놓여있는 대상물로서가 아니라 현실의 맥락 속에서 실질적으로 체험하게 될 제안을 보여주는 현실적인 모의실험이다. 이렇게 현실적인 그림을 구성하고 시험해보기 위해 일상적인 시점(視點, viewpoint)을 선택하여 현재 상황의 사진에 새로운 제안의 사진을 합성해보거나 주변 맥락의 모형 속으로 새롭게 제안되는 모형을 삽입하여 거리의 높이에서 바라보면 좋은 실험이 된다.

디자이너들은 맥락주의(contextualism)를 주장하면서 우리에게 익숙한 상징 위에 재치 있는 연출을 창조한다. 하지만 환경적인 형상과 추상적인 아이디어 사이의 연계는 극도로 간접적이며, 속도가 느린 문화적 축적에 의존하여 형성된다. 직접적인 시각적 형상이 지속성의 의미에 보다 더 확실한 영향을 미친다. 건물은 주변의 맥락 속에서 직접 보이고 느껴져야 하며, 이것이 우리에게 똑바로 판단되는 최상의 것이다. 어쨌든 우리가 장소를 존중하도록 강요받고 있으므로, 우리의 시대정신보다는 특정한 장소의 정신을 표현하는 것이 훨씬 더 중요하다. 주변맥락에 대한 현재의 관심에도 불구하고, 사회적이고 경제적인 압력에 의해 기존의 주변맥락과 새로운 개발프로젝트 사이에 지속적인 단절이 발생된다.

대규모 프로젝트가 개발될 때에는, 프로젝트 관계자의 관심이 외부보다는 내부로 지향된다. 대규모 프로젝트에서는 프로젝트를 불리한 조건으로부터 격리시키기 위해, 이익의 창출이 가능한 시장을 매점하기 위해, 공사를 촉진시키기 위해, 혹은 원하지 않는 사람들을 배제시키기 위해 특수성이 강조되며, 이러한 특수성은 개발의 과정을 경계가 만들어진 영역 속으로 분리시키는 관리적인 절차에 의해 강화된다. 이러한 사례로서 야외주차장에 둘러싸인 쇼핑몰, 고급 사무실단지, 담장으로 에워싸인 복합주거단지, 아트리움 상부의 호텔, 그리고

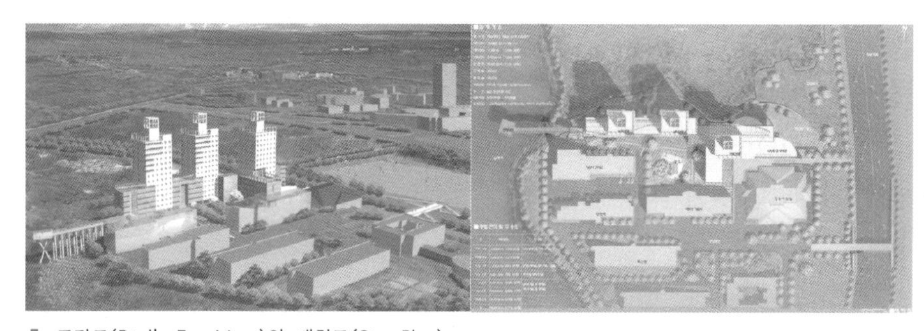

▌ 조감도(Bird's Eye View)와 배치도(Site Plan)
이 책을 통해 일관되게 강조되고 있는 '주변 맥락에 대한 응답(response to surrounding context)'이 건물의 형상(building form)과 배치(building placement)를 통해 다양하게 시도된 영남대학교 기숙사 신축계획안의 조감도(Bird's Eye View)와 배치도(Site Plan). 주 캠퍼스와의 물리적 분리를 시각적으로 완화시키기 위해, 캠퍼스의 랜드마크인 중앙도서관 타워와 공통의 기준요소(datum)가 될 타워를 반복 배치하여 두 캠퍼스가 상호 연계되고(mutually related), 주변보다 높은 부지의 북쪽 지형을 이용한 지하 구내식당의 전면유리를 통해 중앙도서관 타워에 대한 시각적 접근성(visual accessibility)이 확보되어 있다. 여학생 기숙사타워는 사생활보호를 위해 두 개의 남학생 기숙사타워로부터 분리되어 있으며, 동일한 형상의 타워를 반복적으로 배치함으로써 리듬감이 생성되고 있다. 건물의 입면과 보행자 다리를 통해 강력한 조망의 요소인 호수를 향한 물리적, 시각적 접근성(physical & visual accessibility)이 강조되고, 기존건물과 새 건물 사이에는 잔디와 나무로 조경된 내정(courtyard)이 학생들의 휴식과 모임을 위한 장소로 제안되어 있다.

주차장 건물 위에 높이 배치된 고급 아파트 등이 있다.

사람들이 요새로부터 요새로 종종걸음으로 걸어가면서 더욱 안전하다고 느낄 수도 있겠지만 그들을 둘러싸고 있는 주변세계에 대해서는 점점 더 단절됨으로써 공공의 조경은 비워지고 사람들의 접근이 점점 줄어들게 되어, 거리는 단지 교통의 통로로 격하된다. 이에 대한 반작용으로, 용도의 혼합과 도시구조의 재구성을 통해 거리의 생명력이 재창조되어야 한다. 역사는 변화가 없는 기간의 단절된 이어짐이라고 여겨질 수 있기 때문에, 모든 외면적인 형상에 보존되어야 할 일부 선택된 과거에 매달림으로써 역사가 인식된다. 하지만 역사는 끊임없는 변화의 과정이며, 역사의 가장 중요한 특징은 개발의 기나긴 여정이 변화하고 있는 현재의 시간 속에 연계되는 수단인 지속성이다. 그러므로 시간의 맥락은 공간의 맥락만큼 중요하다. 이러한 관점에서 보면, 과거의 형상은 보존되어야 할 대상이 아니라 지속성의 의미를 예리하게 각인시켜주는 방법으로 재사용되고 다듬어져야 할 대상이다. 이러한 문제점에 대한 한 가지 명백한 대응방법은 주변에 존재하는 건물들의 형상을 모방하도록 새로운 건물의 모양이 다듬어지거나, 새로운 개발단지의 외곽 부분에 주변에 있는 현존 건물들의 형상을 모방한 건물들을 배치하고 새로운 개발단지의 중심부분으로 들어갈수록 점차 새로운 형상의 건물들을 배치하여 점진적으로 변화시키는 것이지만, 그런 방법은 실행하기가 어렵다. 이보다 더 좋은 방법은, 기존의 도로들이 프로젝트 부지 내의 새로운 구조 속으로 연장되어 들어가고, 연장된 새 도로의 전면부가 건물과 다양한 용도에 의해 지속적으로 점유되는 것이다. 외부주차장과 같이 부지를 분리시키는 분열성의 용도는 기존의 건물들과 새로운 개발단지 사이의 경계면에 있는 거리를 따라 배치되기보다는 블록의 내부 쪽에 배치되는 것이 좋다. 쇼핑이나 공공서비스의 용도는, 개발부지의 한 구획으로서보다는 오히려 기존의 주변건물들과 새로운 개발부지 공동의 중심부를 형성해주기 위해, 새로운 개발부지의 가장자리 구역에 배치될 수 있다.

3. 배치디자인의 진행과정

디자이너는, 형상이 마치 자신의 제안에 대해 응답하면서도 자체적인 고유의 의지를 갖고 있는 생물체라도 되는 것처럼 형상을 거의 의인화시키면서, 형상과의 대화를 계속한다. 디자이너의 마음은 이미지와 유추로 가득 채워지고, 이것으로부터 발견물이 만들어진다. 디자이너와 형상간의 대화는 내면적이며, 침묵의 단어와 빠른 스케치, 그리고 마음에 느껴진 이미지에 의해 지지된다. 제안이 유망한 것으로 비춰질 때에, 디자이너의 제안은 모든 주요 측면들이 반영될 것을 보증하면서, 느슨하고 자유롭지만 완전한 다이어그램 성격의 스케치로 개발된다. 이러한 대안들은 연속적인 수정과 삭제의 수단을 통해 고쳐지지 않으며, 한쪽으로 치워지거나 전체적인 시스템으로서 다시 그려진다. 그렇게 하지 않으면, 이어지는 변경을 통해 가치 있는 디자인의 가능성이 묻혀 버릴지도 모른다. 잘 훈련된 디자이너는 자신의 스케치가 디자인 과정의 어떤 시점에 모호해질 수 있거나 정확해질 수 있을지를 알고 있으며, 다시 말하면, 그것은 디자이너가 디자인과정의 어떤 시점에 선택에 대한 판단을 유보할 수 있거나 분명하게 판단해야 하는지 알고 있다는 의미가 된다. 어떤 대안들은 거부되고 어떤 대안들은 유지도며, 디자인의 진행과정을 통해 새로운 대안이 제시된다. 새로운 대안이 개발되면서, 대안에 대한 표준항목의 적절성이 다시 고려될 것이며, 부지가 다시 분석될 것이고, 프로그램은 수정될 것이다.

디자이너는 이미 제기된 다양한 반대 의견에 맞추기 위해 대안을 수정하면서, 실행가능한 대안을 다시 그린다. 혼란스러운 형상의 변경 속에 순간적으로 나타나는 새로운 배열의 암시에 대해 주의를 기울이다가, 이윽고, 디자인의 모든 주요 차원에서 선택 사항의 폭이 좁혀지고 디자이너가 동시에 전체를 파악하게 되면서 기본적인 계획안이 발현된다. 디자인의 진행 과정은, 광범위한 디자인의 가능성이 만들어지고 디자인의 결론을 선택하기 위한 판단이 이루어질 때까지, 개방적이고 유동적으로 유지된다. 만약에 디자인의 시작이 초기의 추정으로부터 정확한 결론으로 명료한 단계에 의해 진행되는 논리적인 과정이라면,

디자인하는 데 훨씬 짧은 시간과 훨씬 적은 노력이 소요될 것이다. 하지만 디자인은 디자이너의 경험 및 디자인의 원리에 대한 연구, 그리고 프로젝트 부지 및 프로젝트의 목적, 분석 등에 의해 준비된 토대 위에 실시되는 비합리적이며 감성적인 탐구이다. 디자이너가 거짓된 흔적을 알아차리고 나서 디자인을 계속 진행시켜나갈 때, 디자인의 전 과정을 통해 부분적인 판단이 만들어졌음에도 불구하고, 체계적이고 합리적인 비평이 감성적인 탐구의 산물에 영향을 주게 되었다.

각각의 배치도는 버려진 아이디어의 표류에 의해 선행되며, 모든 디자이너는 온갖 수단을 다해 어떤 형상을 다듬지 않고 그대로 남겨놓았을지도 모른다는 불안감에 사로잡힌다. 그리고 최종적인 계획안이 식별되었을 때에는, 선택된 계획안을 확증하기 전에 어느 정도 시간이 경과되도록 허용해주는 것이 현명하다. 디자이너는 창작의 열기 속에 형성된 이런 아이디어에 대한 감성적인 애착을 피할 수 없다. 시간이 흘러 냉정해진 디자이너의 눈에는 계획안의 흠결이 발견될 수 있으며. 디자이너는 그러한 실수를 받아들이는 법을 배워야 한다. 디자인은 활동의 패턴의 다이어그램, 동선의 순환 패턴의 다이어그램, 그리고 (역사적 스타일, 외부공간에 대한 지각, 외부공간의 외위 싸임, 외부공간의 비례와 척도, 외부공간의 조명, 만지기와 듣기에 의한 외부공간의 지각, 함축된 의미, 전망에 대한 시점, 시각적 경로, 장소 내에서 펼쳐지는 가시적인 활동, 장소의 투명성, 조경의 상징성, 장소에 담겨있는 시간의 의미, 조경요소의 지각적인 구성 등) 감각적인 품질(감각적인 형상의 패턴)의 다이어그램 등과 함께 평면과 단면으로 개발된다. 투시도나 아이소메트릭(평면상태의 공간이나 물체에 같은 축척의 높이를 주어, 원근법을 무시하고 입체의 형상으로 그린 도형) 형식의 스케치는 감각적인 형상을 전달하도록 도와준다. 디자인은 3차원의 형상과 공간을 다루는 작업이므로, 상세를 표현하지 않고 형상의 크기만을 표현한 거친 상태의 모형은 프로젝트 부지 주변의 맥락을 보여주고, 건물과 지표면 사이의 관계를 보여준다. 모형은 신속하게 제작하고 쉽게 수정하기 위해 투박하게 만들어진다. 하지만 거친 상태의 모형은 부정확하고, 디자인의 상세를 왜곡시키며, 사람들이 활동하고 있을 때보다는 정지되어 있을 때의 형상을 보여주기 때문에 디자인의 감각적인 품질을 표현하기에 충분하지 않다. 게다가 정교한 설명회용 모형은 제작하는 데 비용이 많이 들고 시간이 오래 걸릴 뿐만 아니라 위험하게도 유혹적이다.

1) 디자인의 가능성에 대한 탐색

① 디자인의 대안(代案, alternative)

초기 디자인의 진행 과정은 기본계획배치도로 귀결된다. 복잡한 문제에 관한 기본적인 결정이 남겨져 있는 대규모 프로젝트의 경우, 두 가지나 세 가지 종류의 기본계획 배치도가 작성될 수 있다. 기본계획배치도는 제안된 건물의 위치와 형상, 지표면 위의 동선 순환, 외부공간 위에서 펼쳐질 것으로 예측되는 사용자들의 활동, 지표면의 모양과 지표면에 대한 처리 사항, 조경의 주요항목 등 무엇이든지 외부공간의 용도와 품질을 전달해주게 될 특징을 보여준다. 기본계획배치도에는 최종적인 개발의 내용이 제시되거나, 각 단계 자체적으로 실행될 수 있고 어느 정도 지속될 수 있는 개발의 단계가 지시될 수 있다. 기본계획배치도는 수정된 프로그램과 예산안과 함께 건축주에 의해 공식적으로 검토된다. 건축주에 의해 기본계획 배치도가 일단 받아들여지면, 공사의 과정을 통제할 기술적인 도면과 서류의 세트로 정교하게 다듬어질 것이다. 그런 후, 다양한 이권을 가진 다수의 건축주들에 의해 서로 상충되는 선택사항이 비교 검토되어야 하는 보다 복합적인 프로젝트의 경우에는, 건축주들이 주요 변수에 맞추어 조정된 다수의 합리적이고 바람직한 결론들과 그에 대한 완벽한 개발을 빈번하게 요구할 것이며, 세 가지나 네 가지의 대안들이 만들어질 것이다. 그런 후에 건축주들이 선호하는 대안을 선택하게 된다. 대안에 함축된 의미를 깊이 헤아려 보지 않은 채로 결론을 선택하는 것이 어려운 일이지만, 모든 대안들을 그렇게 상세하게 개발하는 것도 많은 시간이 소요되는 일이다.

대안을 선택하는 일은 상세한 실행가능성에 관한 예감에 근거를 두어 실행될 수 있다. 디자이너는 가장 가능성이 높은 것부터 시작하여 한 번에 하나씩 합리적인 디자인의 대안을 개발한다. 각각의 디자인 가능성은 건축주가 채택의 여부를 판단하기에 충분한 정도 이상으로 상세하게 개발된다. 만약에 한 가지 디자인의 가능성에 대한 제안이 거절되고 나면, 디자인의 진행과정은 새로운 결론을 구하기 위해 재순환된다. 통상적으로는 효과적인 실무에 의해 처음부터 2~3가지의 대안들을 작성하는 방법과 가장 개연성이 높은 것부터 시작하여 한 번에 하나씩 합리적인 디자인의 가능성을 개발하는 두 가지의 접근법 사이에서 타협안이 만들어진다.

② 디자인의 개념 설정을 위한 설계경기(design competition)

디자인의 개념 설정을 위한 설계경기를 계획하는 것은 디자인의 가능성을 탐색하는 또 다른 방법이다. 다양한 형식에 의해 설계경기가 실시될 수 있지만, 통상적인 방법은 배타적으로 디자인에 초점을 맞추는 것이다. 프로젝트 부지에 관련된 문서와 프로젝트의 상세 프로그램이 디자인 아이디어의 표현방법에 관한 건축주의 확정된 요구조건과 함께 모든 설계경기 참가자들에게 배분된다. 제출된 작품들은 저명한 실무 건축사들로 구성된 심사위원단(우리나라에서는 공개된 심사위원 후보 명단에서 건축설계경기의 심사위원이 선정되어, 건축디자인 전공교수, 건축구조공학 전공교수, 건축기계설비 및 전기설비 전공교수, 토목공학 전공교수들로 구성되고 설계경기 주최 측의 담당자나 공무원 등이 추가적으로 심사위원단에 참여하여, 심사위원 각자가 아무런 설명도 없이 익명으로 채점한 점수가 합산되어 당선작이 결정된다. 디자인의 개념을 설정하기 위해 기본계획안을 선정하는 설계경기의 심사에 중간설계단계 이후에나 관련되어야 할 구조공학, 기계설비, 전기설비, 토목공학 교수들이 참여하여 전문가인 건축사의 작품을 채점하는 것은 도저히 이해하기 힘든 일이다. 더구나 모든 심사위원들이 동일한 배점을 행사함으로써 건축디자인 전공 교수의 의견은 상대적으로 무시되고 있으며, 심사위원 후보자들의 명단이 공개됨으로써 로비가 난무하게 되어, 설계경기의 목적이 무엇인지조차 헷갈리게 만드는 설계경기가 실시되고 있다. 하지만 미국이나 유럽에서는 건축설계경기가 건축의 가능성을 탐색하기 위한 이벤트인 점을 감안하여 심사위원들은 철저히 계획안의 개념을 창조하는 실무에 종사 중인 건축사(registered architect)들만으로 비공개 구성되고, 통상적으로 결선에 오르는 5개의 작품들에 대해서는 도면과 함께 심사위원들 각자의 논리적인 심사평이 기명으로 공개된다. 그 후 결선의 결과 선정된 당선작에 대한 심사평은 심사위원들 공동의 명의로 다시 한 번 발표된다. 설계경기에서 당선되고도 다른 건축사들로부터 존중받지 못하는 경우가 대부분인 우리나라의 현실과, Antoine Predock의 사례에서 보듯이 오랜 무명생활을 거치면서도 끝까지 포기하지 않고 실력을 쌓은 결과 설계경기를 통해서 명성을 얻는 건축사들이 셀 수 없이 많이 배출되는 서구의 차이는 다름 아닌 심사의 공정성에서 비롯된 것이다. 건축문화의 한 단계 level-up을 위해서는 하루 빨리 개념설계 계획안을 제대로 볼 수 있는 심사위원단의 구성과 심사과정의 공정성이 확보되어야 할 것이다)에 의해 판단을 받게 되고, 당선작이 발표되고, 그런 다음 건축주는 계획설계도서, 중간설계도서 및 실시설계도서의 작성을 위해 설계경기의 당선자 혹은 다른 누군가를 자유롭게 고용한다.

실행하기에 충분할 만큼 상세한 제안도면을 준비하기 위해 소요되는 비용 때문에, 그리고 추후에 실행이 불가능하다고 입증될 수도 있는 계획안이 심사위원들에 의해 선택될 위험성 때문에, 두 단계에 걸친 설계경기를 실시하는 것이 보다 보편적인 것으로 받아들여지게 되었다. 기본개념이 표현된 초기의 출품작들로부터 소수의 유망한 계획안들이 선발되어, 각 디자이너의 계획안이 상세계획으로 개발될 수 있도록, 선발된 디자이너들에게는 디자인의 비용이 지급된다. 그렇지 않으면 지명 설계경기가 실시될 수도 있는데, 지명 설계경기에서는 단지 몇 개의 디자인회사들만이 계획안을 준비하도록 초대받고 일정한 설계비를 지급받게 된다. 건축주의 위험을 최소화하기 위한 또 다른 설계경기 방법은 "계획설계 설계경기"를 개최하는 것이다. 이런 경우에는 특별한 재정적 조치들에 따라, 계획안들이 프로젝트를 시공하게 되어있는 건설회사의 제안서에 의해 수반된다. 하지만 설계경기가 이런 방법으로 진행되면 디자이너와 건축주 사이에는 '어느 정도 거리를 두는 관계'가 형성된다. 디자이너와 건축주 사이의 이러한 장벽은, 경쟁관계에 있는 그룹들이 현장에서 나란히 앉아 짧고 집중적인 기간 동안 함께 일하며, 각 경쟁그룹이 그들의 결정에 의해 영향을 받게 될 건축주 및 다른 관련자들과 동등한 발언기회를 갖게 되는, '집단토론회 설계경기'에 의해 깨질 수 있다.

2) 디자인 팀

지금까지 우리는 디자인이 마치 외로운 개인들에 의해 수행되는 것처럼 말해왔다. 실제로는, 전혀 다른 전문 지식과 기술을 과제에 도입하여 협동적으로 작업하게 되는, 다수의 전문가들이 대부분의 프로젝트들에 연루된다. 전문가들로 구성된 팀이 단순하게 실무적인 필요성에 의해서만 조직되는 것은 아니며, 각 분야의 전문가들에 의해 분야별 행동에 깊이의 차원이 더해진다. 한 개인이 스스로를 막다른 골목에서 발견할 수도 있는 곳에서는 문제를 재구성할 수 없으며, 동등한 입장에서 함께 일하고 있는 디자이너그룹이 다른 유효한 선택권이 있음을 확신시켜줄 것이다.

서로 다른 가치를 지향하고 있는 프로젝트의 목적에 맞추어진 대안은 별도의 개인에 의해 더 용이하게 수행된다. 그럼에도 불구하고, 통상적으로 단일 조직 내에 어떤 프로젝트에 필요한 모든 분야의 전문가들을 포함시키는 것은 가능하지 않다. 프로젝트의 제한된 작업범위 내에는 전문가로서의 성장기회가 존재하지 않을 수도 있기 때문에, 때때로 그것은 심지어 바람직하지도 않다.

배치계획안 작성과정의 각 단계에서 제대로 된 배역이 가능해지도록, 협동작업에 의해 배치디자인팀의 직원과 컨설턴트들의 업무 조정이 연루된다. 그럼에도 불구하고, 만약에 대지의 형상, 사람들의 활동 그리고 구조물 등 부지의 모든 중요 요소들이 하나의 긴밀하게 구성된 팀에 의해 디자인되는 것이 최선이다. 만약에 다양한 기술을 보유한 사람들이 평면도의 작성을 위해 협력해야 한다면, 프로젝트의 디자인 팀원들이 문제에 관해 똑같이 이해한 후에 작업을 시작해야 하는 것은 기본이다.

프로젝트의 디자인 팀원들이 단체로 부지를 답사하고, 프로젝트 진행과정의 초기에 열리는 건축주 회의에 공동으로 참여하는 것은 좋은 투자가 될 것이다. 합의에 이른 결정사항을 회의록으로 기록하고, 회의록의 핵심적인 내용을 회람시키며, 프로젝트 관련 지도와 데이터가 디자인 팀원 모두에게 이용 가능하도록 보증해주는 소통시스템에 의해 디자인 팀원 모두가 프로젝트의 진행 속도에 보조를 맞춰 나갈 수 있게 될 것이다.

주요 대안이 고안되고 상세한 주의가 기울여져야 할 대상으로 범위가 좁혀질 때 혹은 최종계획안으로부터 잘못된 내용이 수정되어야 할 때와 같은 핵심시점에는, 집중적인 작업회의를 위해 전체 팀을 한 자리에 모으는 것이 유용할 수 있다. 토론을 위한 모임은 아이디어의 흐름을 장려하기 위한 목적으로 조직될 필요가 있다. 브레인스토밍과 창조공학은, 새로운 가능성을 촉발시켜주는 이익을 위해 구성원들이 비판과 자기검열을 유보시킬 것에 대해 동의하는, 그룹차원의 동력확보를 위한 토론 방법이다.

전문가는 다른 전문가의 영역을 침범하도록 장려된다. 디자인의 유추와 디자인의 사례는 공동의 이해를 구축한다. 계획안은 마지못해 받아들였던 팀의 구성원들에 의해 추후에 쉽게 훼손될 수도 있기 때문에, 선호되는 계획안에 대한 강력한 합의가 팀의 구성원들 사이에 형성되는 것이 중요하다. 숙련된 전문가로서의 지위 때문에 질문을 결정하도록 허락되지는 않으며, 전문가들이 내린 판단의 내용은 정밀조사에 대해 개방되어야 한다. 만약에 디자인회사가 신도시의 계획처럼 대형 프로젝트이면서 각각 서로 다른 일정표를 갖고 있는 다수의 프로젝트에 동시에 종사하고 있다면, 수직선이 엔지니어링, 계획, 공사, 재무, 마케팅 등의 분야별 전문가 그룹을 나타내고, 수평선은 함께 임시 팀을 형성하게 될 프로젝트 팀을 나타내주는, '매트릭스 조직'으로 구성될 경우 많은 장점을 가질 수 있다.

프로젝트 매니저는 팀의 구성원들 중 어느 분야의 팀원이든 간에 필요한 대로 선발해 일을 시킨다. 각 전문가는 프로젝트 매니저와 자신의 전문분야별 그룹매니저에 대해 동시에 책임을 진다. 만약에 프로젝트가 여러 단계로 구획되어 있을 경우에는, 장기적 책임과 단기적 책임을 분리하여, 팀의 어떤 구성원에게는 3년, 5년, 또는 10년 후를 미리 생각하게 하는 반면에 다른 구성원에게는 다음 해의 쟁점에 대해 집중하도록 역할을 분담시키는 것이 바람직할 수 있다. '매트릭스 조직'이 과다하기는 하지만, 엔지니어링과 도면 생산으로부터 디자인을 분리시키는 조직이나 한층 더 위계에 비중을 두어 구성된 분야별 전문가들의 조직보다는 유연성이나 지속성, 그리고 책임성의 측면에서 더 우수하다.

4. 외부공간의 형상과 품질

1) 외부공간의 감각적인 품질

① 배치디자인의 역사적 유형

배치디자인의 사례에는, 장소가 어떻게 사용되어야 하며 무엇을 표현해야 하는지에 관한 아이디어와 관련하여 공간의 유형과 활동 그리고 건축재료 등의 독특한 배열방법을 보여주는 많은 역사적인 유형들이 존재한다. 배치디자인의 역사적인 유형은 형상의 가능성에 관한 방대한 자료를 제공해주기 때문에, 디자인의 문제를 풀어줄 시사점을 찾기 위해 배치디자인의 역사적인 유형을 철저하게 조사해보는 시도는 합당하고 유용하다. 과거의 결론이 삶의 전통의 일부에 불과할 뿐 현재의 문제에 여전히 조화롭게 적응되는 것은 아니거나, 현재의 사용과 격리되어 있는 역사적인 구경거리를 만들고자 하는 의도가 깔려있는 것이 아니라면, 과거의 결론을 도매금으로 베껴대는 디자인 행위에는 정당성이 결여된다. 우리는 현재의 시간과 장소에 적합한 고유한 배치디자인의 유형을 가지고 있어야 하며, 만일 그렇지 않다면 현재의 시간과 장소에 적합한 우리만의 고유한 배치디자인의 유형을 개발해야 한다. 우리의 시간과 장소에 적합한 고유의 배치디자인 유형 또한 과거로부터 자라나는 것이기는 하지만, 과거의 결론을 있는 그대로 반복할 수는 없다. 형식적인 프랑스 정원의 강력한 축선은 방대한 지역의 형상들을 통제하기 위한 힘과 그 힘을 과시하기 위한 의지에 기대어 사용된 것이었다. 일본식의 정원은 꼼꼼한 유지관리와 복잡한 문화적 연상의 세트에 의존하여 조성된다. 사람들로 활기찬 이탈리아의 광장은 지역사회의 생활방법에 의존하여 조성된다. 디자이너는 주변의 환경에 현존하는 조경이나 새롭게 형성될 조경에 적합한 새로운 원형(prototype)을 창조해야 한다.

② 외부공간에 대한 지각(perception)

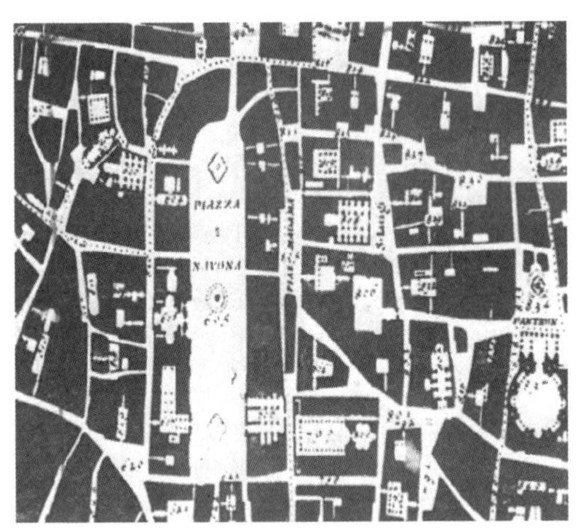

▌ 1748년 제작된 놀리의 로마지도(Nolli`s map) 일부

장소에 대한 첫 번째 감각적인 체험은, 눈과 귀 그리고 피부를 통해 읽혀져, 관찰자를 에워싸고 있는 공기의 체적을 지각하게 되는, 공간적인 체험이다. 외부공간은 건축공간과 마찬가지로 빛과 소리에 의해 감지될 수 있으며, 놀리의 로마지도에서 보여지듯이 에워싸임에 의해 외부공간의 의미가 규정된다. 하지만 외부공간은 자체만의 고유한 성격을 가지고 있고, 그러한 성격은 배치계획을 위한 함축적인 의미가 된다. 배치공간은 건축공간에 비해 한층 더 확장되고, 공간의 형상은 더 느슨해진다. 통상적으로는 배치공간의 수평 치수가 수직 치수에 비해 훨씬 더 크다. 배치의 구조는 건축의 구조에 비해 덜 기하학적이고, 배치 요소들 사이의 관계가 덜 정확하고, 모양은 상대적으로 덜 규칙적이다. 실내의 방에서는 견딜 수 없게 느껴질 평면에서의 일탈이 도시의 광장에서는 오히려 바람직하게 느껴질 수도 있다.

배치계획에서는 땅, 바위, 물, 그리고 식물 등 건축계획과는 주목할 만하게 다른 마감재료를 사용하며 인간 활동의 리듬, 자연 환경의 주기, 축적된 성장의 영향, 부식, 그리고 수선 등의 끊임없는 변화에 노출된다. 조경에 형상을 주는 빛은 시간, 날짜 그리고 계절에 따라 움직이기 때문에, 장소는 시간의 경로에서, 그리고 시간의 확장된 기간을 넘어 경험된다. 건축공간과 배치공간의 이러한 차이점이 이에 상응하는 기술의 변화를 요구한다. 두 개의 수경공간이 그들의 윤곽이 어울려 보인다는 이유로 합체되고, 커다란 대상물이 상대적으로 근거리에 있는 작은 대상물에 의해 가려져 있다는 이유로 사라지고, 실제로는 굽어있음에도 불구하고 축선이 직선으로 보이는 등 결점이 가려질 수 있으며 환영(illusion)이 창조될 수 있다. 평탄한 지역이 반대방향으로 기울어진 인접 경사와의 대비로 인해 기울어진 것처럼 보이고, 명백하게 다른 두 대상물의 입면 고도가 인접 지표면의 경사 처리방법에 따라 뒤바뀌어 보일 수도 있다. 이처럼 거리를 추정하고 형상이나 경사도를 계획할 때, 훈련된 눈을 제외하고는 누구든 겪게 될 어려움과 결부된 외부공간의 느슨함에 의해 어느 정도 배치계획의 자유가 허용된다. 우리의 눈을 현혹시키기 위한 이러한 자유는 명확하게 연결된 전체를 만들기 위해 상응하는 책임을 부과한다. 단순하고, 장소의 의미가 잘 읽혀질 수 있으며, 조화롭게 균형이 잡힌 외부공간은 그 공간을 체험하는 사람들에게 강력한 이벤트가 된다.

외부공간의 구조는 순수한 자연의 힘이 이루어내기 힘든 방법으로 설명되며, 부분들 사이에 확립된 연결은 시간과 거리를 무시하는 방법에 의해 설명된다. 파악이 어려운 치수는 시각적인 측정 도구에 의해 읽혀지고, 부분은 모양이나 마감재료의 흔적에 의해 전체에 연결된다. 배치도의 변경은 단면도에 발생된 변경에 맞추어 조율된다. 신비와 의문의 분위기를 추구하는 것이 아니라면, 디자이너는 공간이 잘 규정되고 명확하게 결합되었으며 자신이 확립하고자 하는 형상이 견고해졌음을 확인해야 한다.

공간적인 척도는 빛, 마감재료의 색상과 질감, 그리고 상세에 의해 강화된다. 우리의 시각은 다양한 측면을 참고하여 거리(距離)를 판단하며, 원거리에 있는 대상물을 숨기기 위한 가까운 대상물의 겹침, 움직이고 있는 눈에 의해 깊이 있게 보이도록 배치된 대상물의 시차운동(視差運動, 視差; 관측 위치에 따른 물체의 위치나 방향의 차이), 평행선들이 하나의 선으로 수렴되는 현상 등, 우리의 눈이 거리를 판단하기 위해 참고하는 많은 측면들 중의 일부는 대상물들 사이의 떨어진 거리에 의해 형성되는 명백한 깊이를 과장하거나 축소하기 위한 목적으로 교묘하게 조정될 수 있다. 비어있던 자리에 나무를 심어 나무들 사이에 일정한 간격이 형성되고, 나무들이 겹쳐 보이면서 하나의 점으로 수렴되도록 한 줄의 나무를 추가함으로써 실제로 떨어져 있는 깊이가 투시도 안에서 읽힐 수 있도록 만들거나 청록색의 섬세한 질감을 가진 더 작은 나무들을 배경으로 사용함으로써 깊이의 환영을 창조하는 등, 대상물들 사이의 거리측정에 참고되는 측면을 교묘하게 조정함으로써 공간적인 효과가 높아진다. 어느 환영에서든지 다른 시점으로부터 바라볼 때 눈에 의한 착각이 발생될 수 있는 위험은 늘 존재한다.

고도(입면적인 높이)나 기하학 형태의 평면처럼 사람의 눈에 의해 간접적으로 지각되는 성격의 환영을 유지하기는 상대적으로 더 용이하며, 대체제로 쓰이는 다른 물질의 색상과 재질의 모방처럼 그렇게 직접적으로 지각되는 환영은 획득하기가 훨씬 더 어렵다.

③ 외부공간의 에워싸임(enclosure)

외부공간이 건물, 나무, 산울타리 그리고 언덕 등에 의해 규정되기는 하지만 완전하게 에워싸여지는 일은 드물다. 외부공간에는 부분적으로 경계가 만들어지고, 외부공간의 형상은 그 지표면의 바닥 모양과 우리의 상상에 의한 공기 중의 경계선을 구획해주는 작은 요소들에 의해 완전해진다. 수평적인 요소가 외부공간을 지배하기 때문에, 수직적인 요소는 과장된 중요성을 드러낸다. 우리는 놀라운 산악 풍경의 사진이 수평선에 발생되는 소소한 지각 변동으로 기록되는 것을 발견하고 놀라게 된다. 높이의 변화에 의해 공간이 규정될 수 있고, 역동적인 움직임의 효과가 창조된다. 만일 규칙적으로 조성된 외부공간에 급한 경사가 포함되면, 외부공간의 바닥면은 불안정하게 기울어질 것이다. 이처럼 외부공간들 사이에 존재하는 수직적인 높이의 차이는, 외부공간 안에서 조정되는 것보다 중요한 개구부 사이의 접근로나 전이공간에서 조정되는 것이 더 안전하다. 성공적인 배치디자인을 만들기 위해서는 외부공간의 바닥면 높이나 작은 돌출물 혹은 실제 시각적인 공간을 메워주는 동시에 시각적 초점(focal point)이 되기도 하는 지표면 위의 조형물 등이 배치도의 일반적인 모양보다 더 중요할 수도 있다. 하지만 일단 읽혀지는 공간이 확립되고 나면, 그 공간은 강력한 감성적 영향력을 갖는다. 작은 에워싸임의 친밀감과 커다란 개구부의 흥분은 우주적인 감각이다.

작은 밀폐공간과 커다란 개구부 사이의 전이는 수축이나 해방의 강력한 감각으로 인해 더 강렬해진다. 외부공간은 일반적으로 불투명한 방벽에 의해 에워싸이게 되지만, 또한 반투명하거나 깨어진 벽에 의해서도 에워싸인다. 주랑(柱廊, colonades), 보행공간을 보호하기 위한 안전기둥(bollards), 그리고 심지어 지표면 위 바닥 패턴의 변화나 상상에 의한 물체의 확장 등 공간을 규정해 주는 요소들이 시각적인 멈춤을 의미하기보다는 시각적인 제안을 의미할 수 있다. 건물은 전통적으로 도시의 외부공간을 에워싸는 요소였지만, 건물을 둘러싸고 있는 개방공간에 대한 요구가 점점 높아지게 되었다. 건물주변의 그런 개방공간은 건물들의 겹침과 서로 엇갈리게 배치된 개구부들, 고가다리를 통한 거리의 연결, 스크린 벽이나 주랑, 또는 심지어 높이가 낮은 담장의 지속적인 선에 의해서도 시야로부터 가려질 수 있다. 건물 주위 외부공간에 대한 에워싸임은 현재는 더 흔하게, 땅의 모양 지우기에 의해 지지되는 나무의 식재와 산울타리의 설치를 통해 취득된다. 훌륭한 벽이나 기둥이 세워진 것과 마찬가지의 효과를 얻기 위해, 나무를 식재해줌으로써 나무들의 배열이나 캐노피 등이 형성될 수 있다. 한편, 높이가 인간의 키와 비슷한 관목은 우리의 시야와 움직임에 더 결정적인 장애물이 된다.

④ 외부공간의 비례와 척도

공간적인 성격은 공간을 구성하는 요소들 사이의 비례와 척도에 따라 달라진다. 척도가 참고가 되는 표준이나 특별한 어떤 것에 비교된 사물의 규격을 언급하고 있다면, 비례는 한 부분의 다른 부분에 대한 그리고 한 부분의 전체에 대한 적절하거나 조화로운 관계를 일컫는다. 비례는 부분들 사이의 내적 관계이며 모형을 사용하여 연구될 수 있는 반면에, 척도는 어떤 물체의 규격이 하늘이나 주변의 풍경 또는 관찰자 자신 등과 같은 다른 대상물의 규격에 비교해 어떤 정도의 크기인지를 나타내는 상대적 관계를 의미한다. 몇 개의 시험적인 수치들이 척도에 할당될 수 있다. 다시 말하면 몇 개의 시험적인 수치들이 인간의 눈이 갖고 있는 성격과 신체 규격 때문에 편안하게 보이는 외부 공간의 치수로서 할당될 수 있다.

우리는 약 1,200m 떨어진 거리에서 인간의 존재를 간파할 수 있게 되고,

25m 떨어진 거리에서 그 사람을 인지할 수 있으며, 14m 떨어진 거리에서 그 사람의 얼굴 표정을 알아볼 수 있으며, 1~3m 떨어진 거리에서 우리에게 즐거운 일이 되거나 방해가 될 것 같은, 우리와의 직접적인 관계 속에 있는 그 사람에 대해 느낄 수 있다. 얼굴표정을 통해 그 사람의 감정을 느낄 수 있는 1~3m의 치수로 조성된 외부공간은 사람들이 견딜 수 없을 만큼 작아 보인다. 12m의 치수로 에워싸인 외부공간 안에서는, 사람들이 서로의 얼굴표정을 알아볼 수 있는 거리 이내에 존재하게 되므로 서로에 대해 친밀감을 갖게 된다. 25m의 치수로 에워싸인 외부공간 안에서도 사람들이 여전히 서로를 인지할 수 있으므로, 이 정도 크기의 공간은 인간에게 편안하게 느껴진다. 과거에 건물들에 에워싸여 조성된 대부분의 성공적인 광장들의 짧은 폭의 치수는 140m를 넘지 않는다. 그 외에도, 강이나 호수와 같은 물을 넘어 바라보이는 전망이거나 높은 곳으로부터 아래를 향해 바라보이는 전망처럼, 지형의 특징이 없거나 숨겨져 있는 시점과 전망 사이의 중간 지표면을 넘어서 바라보이는 원거리의 광대한 조망이 아니라면, 장변 쪽의 치수가 1.5km를 넘게 될 경우 인간의 존재를 간파할 수 있는 거리의 범위를 벗어나게 되므로, 보기 좋은 도시의 원경이 되기는 어렵다.

지금까지 논의된 것들은 모두 움직이지 않거나 천천히 움직이는 관찰자에 의한 공간 지각에 관한 것이다. 빠른 속도에서의 공간에 대한 지각(知覺)은 다른 동물들의 이야기이다. 공간에 대한 지각(知覺)에 미치는 다른 영향은 우리 시선의 각도와 우리가 광경을 훑어보는 방법에 기인한다. 주 치수가 우리 눈으로부터의 거리와 동일한 대상물은 하나의 전체로서 바라보기에 어려움이 있지만, 대상물 자체가 상세하게 조사될 수는 있다. 바라보는 사람으로부터 대상물까지의 거리가 주 치수의 2배보다 더 멀어지게 되면 사람의 눈에 하나의 단위가 되어 전체로서 보이게 되고, 바라보는 사람으로부터 대상물까지의 거리가 주 치수의 3배보다 더 멀어지게 되면 여전히 시야를 지배하기는 하면서도 다른 대상물들과의 관계에 의해서 우리 눈에 보이기 시작하는 경향이 있다. 바라보는 대상물까지의 거리가 주 치수의 4배보다 더 멀어지게 되면, 우리의 주의를 끌 만한 별다른 특성을 갖지 못하는 한, 대상물은 일반적인 장면 속의 한 개 요소가 되어 우리의 눈에 보이게 된다. 이와 같이, 외부공간은 에워싸고 있는 벽면의 높이가 장변 길이의 1/2~1/3이 될 때에 우리에게 가장 편안하게 느껴지고, 반면에 그 비율이 1/4 아래로 떨어지게 되면 에워싸임의 의미를 잃기 시작한다. 만일 외부공간을 에워싸고 있는 벽면의 높이가 외부공간의 장변 폭보다 더 커지게 되면, 안전하다는 느낌보다는 억눌리고 있다는 느낌을 받게 되므로, 인간은 하늘을 인지하는 것을 멈추게 된다. 이런 경우 외부공간은 구덩이, 도랑 또는 외부의 방이 된다. 사람이 외부공간 안에서 안전하다고 느끼거나 억눌려 있다고 느끼게 되는 감정은, 사람에 대한 외부공간의 척도와 빛이 그 공간 안으로 들어오는 방법에 따라 달라진다.

인체분석에 근거하여 수립된 시각적인 규칙의 또 다른 사례는, 눈높이에서 좁은 장벽에 의해 초래되거나 눈높이에서 멈추어지는 수직면에 의해 초래되는, 눈높이에서의 모호함에 대한 민감도이다. 시각은 그 민감한 높이에서 명확하게 유지되거나 결정적으로 막혀야 한다. 우리의 눈높이를 1.5m라고 가정한다면(이것은 우리나라의 경우이며 외국의 경우에는 사람들의 평균적인 눈높이가 달라질 수 있을 것이다), 외부공간의 장벽의 높이는 1.5m보다 낮아지거나 그 이상이 되어야 하며, 난간과 유리 사이에 설치되는 창문의 가로대를 설치하지 않는 것이 좋다. 외부공간의 겉모습은 외부공간 안에서 펼쳐지는 인간의 활동에 의해, 인간이 외부공간을 통과하는 방법에 의해, 벽과 바닥 마감재료의 색상과 질감에 의해, 외부공간을 비춰주는 조명방법에 의해, 그리고 외부공간 안에 가구로 장식되어 있는 물체들에 의해 수정된다.

우리의 눈에 익숙한 광장도 인공조명 아래에서는 신비롭게 보일 수 있다. 널리 알려진 대로 가구가 배치되기 이전의 비어있는 방은 가구가 배치되어 있을 때의 동일한 방보다 더 작게 보이며, 개방된 수면 위에서는 물체들 사이의 거리가 축약되어 보인다(그러므로 아파트의 분양을 촉진시키기 위한 전략 중의 일환으로 가구들이 비치된 모델 하우스를 준비해 수요자들에게 보여주는 것은 현명한 전략이 될 것이다) 인체 규격에 맞추어 만들어진 몇 개의 물체들에 의해 인간과 대규모 공간 사이의 척도 관계가 수립될 수 있으며, 로마의 광장 내에 배치된 타워와 같이 수직방향으로 높이 쌓아 올린 조형물이 광장의 중심을 표현하거나 거리 축(axis)의 종착점 역할을 하게 되는 것에서 알 수 있는 것처럼, 좁은 외부공간을 보다 넓은 세계로 관련시킬 수 있다. 파란색과 회색으로 마감된 표면은 멀리 떨어져있는 것처럼 느껴지는 반면에, 따뜻하고 강한 색상으로 마감된 표면은 우리를 향해 다가오고 있는 것처럼 느껴진다. 아래로 내려다보이는 전망은, 개별 대상물의 실체가 평면 위에서 보이는 것보다 더 확실하게 시야에 들어오기 때문에 실제보다 더 긴 것처럼 보이고, 위로 올려다 보이는 전망은 개별 대상물의 실체가 시야에 드러나 보이지 않기 때문에 실제보다 더 짧은 것처럼 보인다(그런 까닭에 등산을 할 때에, 산의 정상을 향해 올라갈 때에는 산의 초입에서 정상을 올려다 봤을 때 느꼈던 것보다 더 멀리 걸은 것처럼 느껴지고, 하산할 때에는 생각했던 것보다 더 짧게 걸은 것처럼 느껴질 수 있다).

⑤ 외부공간의 조명: 자연광과 인공조명

공간의 수직면이나 수평면을 씻어내는 조명은 공간의 성격을 결정짓는 요소이다. 공간에 대한 조명은 공간의 의미를 선명하거나 희미하게 할 것이고, 공간의 윤곽이나 질감을 강조할 것이며, 공간의 형체를 감추거나 드러내주고, 공간의 치수들을 축소하거나 확장시켜 보여줄 것이다. 물체의 정면으로부터 빛이 비춰질 경우에는 물체가 납작하게 보이는 반면에, 측면으로부터 비추어지는 빛은 물체의 표면을 더욱 또렷하게 드러내준다. 이것은 아침저녁으로 스쳐 지나가는 햇빛이나 적도지방에서 태양으로부터 수직으로 비추어지는 햇빛에 의해 생성되는 효과이다. 물체의 하부로부터 비추어지는 조명은 뜻밖의 품질을 드러내주며, 사람들에게 극적인 효과를 주거나 사람들을 성가시게 하는 요소가 될 수 있다. 물체의 뒤편으로부터 비추어지는 조명은 물체의 윤곽을 만들어 보여주며, 검정색이나 흰색으로 색조를 양극화시킨다. 윤곽선에 의해 보이는 대상물은 눈에 띄는 시각적 특징이며, 디자이너는 언제나 하늘을 배경으로 우리의 시각에 보이는 물체의 윤곽선에 대해 주의를 기울인다. 밝은 표면으로부터 바깥쪽으로는 방사열이 발산되며, 방사열 때문에 광원이 뚱뚱하게 보이고 윤곽선에 의해 생성되는 대상물의 모습이 가늘게 보인다. 대형의 입체나 어둡고 불투명하거나 빛으로 번쩍이는 섬세한 고딕창의 장식격자처럼, 그림자에 의해 만들어지는 패턴은 매력적인 특징이 될 수 있다. 그림자에 의해 공간의 표면 모델링작업이 설명될 수 있다. 그림자가 드리워진 나무 너머로 바라보이는, 조명이 밝혀진 개구부는 극적인 광경을 드러낸다. 그런 까닭에 공간 및 건물의 표면에 대한 정향(定向)과 모델링 작업을 통해, 개구부의 배치를 통해, 건물 및 공간의 표면에 그림자를 드리우는 작업을 통해, 빛을 반사하거나 여과시키는 작업을 통해 빛의 효과가 조정될 수 있다.

하지만 자연광은 시간과 계절, 그리고 날씨에 따라 변화하기 때문에, 어떤 특별한 극적 효과보다는 변화하는 빛을 우아하게 받아들이는 형상을 디자인에 적용시킬 필요가 있다. 이렇게 하기 위해서는 디자이너가 해와 달의 위치에 관한 기하학과 변화하는 날씨 속에서 나타날 빛의 효과에 대해 잘 알고 있어야 한다. 바다로부터 멀리 떨어진 내륙지방의 낮고 예리한 자연광이 멀리 떨어져 있는 물체를 선명하게 비추어주고, 혹은 북쪽 해안의 부드러운 회색빛 자연광이 형상을 부드럽게 만들어주고 우리로 하여금 가까이에 있는 것들에 주의를 기울이게 만드는 것처럼, 그 지역에 특별한 빛의 품질에 대해 민감하게 이해하고 응답해야 한다.

인공조명은 자연광에 비해 통제하기가 더 쉬우며 극적인 가능성이 풍부할 뿐만 아니라 값이 비싸고, 통상적으로는 변하지 않으며, 기술의 한계와 안전 및 기능적인 조명의 필요조건에 종속된 또 다른 자원을 가지고 있다. 대부분의 부지는 이제 낮 시간뿐만 아니라 밤 시간에도 사용되고 있으며, 어떤 부지는 어두워진 이후에 한층 더 집중적으로 사용되기까지 한다. 인공조명은 공간의 모습을 개조시키고, 태양이 진 후에는 공간을 창조하기까지 하며, 공간의 표면에 마감되어 있는 재료의 질감을 변형시키고, 출입구를 장식해주

▌2002월드컵 울산문수경기장 야경

고, 통로의 구조나 활동의 실재를 나타내주고, 공간에 특수한 성격을 부여해준다. 인공조명에 의해 아름다운 나무나 기념비의 형상이 극화될 수 있으며, 흐르는 물이 빛나거나 반짝이도록 장식될 수 있다. 변화하는 빛 자체가 사람들의 호기심을 자극하는 전시물이 될 수 있다. 하지만 인공조명은 거의 효과적으로 사용되고 있지 않다. 범죄에 대한 두려움, 움직이는 자동차에 대한 강박관념, 조명산업의 잘못된 표준항목들, 그리고 에너지비용과 유지비용 등 이러한 것들이 복합적으로 작용하여 거친 노란색 섬광을 강요한다. 보행자가 인도 위를 걸어가고 운전자가 도로 위에서 차량을 운행하기에 필요한 다양한 필요조건, 야경을 다양하게 차별화시켜 구성해주기 위한 필요성, 조명에 의한 공간의 조정과 시각적인 드라마의 즐거움, 달빛과 별빛의 품질, 어둠 자체의 진정한 경이 등 이러한 모든 것들이 우리의 환경으로부터 추방되었다. 실리주의적인 기준항목이 기계적으로 적용되어, 가끔 눈에 띄는 화려한 광고나 상점의 창문을 제외하고는, 우리의 시각 풍경을 무미건조하게 만들었다.

⑥ 만지기와 듣기에 의한 공간의 지각

듣기의 의미 역시 우리에게 공간의 모양을 전달해준다. 야행성동물과 맹인은 메아리의 위치를 이용하여 세상 속으로 움직여 나간다. 우리는 메아리가 울리지 않는 상태를 개방된 공간이 더 확장되고 있다는 의미로 번역한다. 작은 범위에 대해서라면 유사하게, 우리는 표면의 느낌에 의해 영향을 받거나 마치 그렇게 느껴야 하는 것처럼, 보이는 방법에 의해 영향을 받으며, 우리의 피부에 와 닿는 방사열에 의해 영향을 받거나 그 반대의 경우에 의해 영향을 받는다. 만약에 어떤 벽면에 의해 소리가 반사되거나, 그 벽면의 표면이 만지기에 거칠어 보이거나, 그 벽면으로부터 방사열이 발산되면 그 벽면의 시각적 존재감이 강화된다. 장소에는 정체성의 일부인 특정한 냄새가 배어있으며, 선선하거나 더운, 습하거나 건조한, 날씨 등으로 기억될 국지성 기후는 장소의 두드러진 특징이다. 디자이너가 비록 그런 작업에 익숙하지는 않지만, 빛, 소리, 냄새, 그리고 촉감 등의 모든 감각들은 디자이너에 의해 탐사될 수 있다.

⑦ 함축된 의미(connotations)

공간의 형상은 커다란 규격이 느끼게 하는 외경심과 작은 규모가 느끼게 하는 즐거운 관심, 높고 가느다란 수직형상이 느끼게 하는 열망과 수평선이 느끼게 하는 수동성 및 영원성, 원형 형상들이 느끼게 하는 폐쇄적이고 정적인 외관과 들쑥날쑥하게 튀어나온 모양이 느끼게 하는 역동성, 동굴이 느끼게 하는 보호받는 느낌과 초원이 느끼게 하는 자유로움 등과 같이 상징적으로 함축된 공통의 의미를 내포하고 있다. 공간이나 형상에 대한 사람들의 강력한 느낌은 지붕과 문 같은 인간 주거의 기본적인 요소들에 의해 일깨워지며, 또한 땅과 바위 그리고 물과 나무 같은 기본적인 자연 물질들에 의해 일깨워진다.

⑧ 전망에 대한 시점(視點, viewpoint)

통상적으로 풍경은, 관찰자의 눈이 따라 움직이는 통로 그리고 창문이나 사람들이 앉아있는 좌석 또는 주출입구와 같은 어떤 핵심위치처럼, 제한적인 시점의 세트로부터 관망된다. 빠른 스케치에 의해서든지 아니면 전망을 향해 시각의 출발점을 중심점으로 하여 그려지는 원호의 흔적에 의해서든지, 이렇게 중요한 지점들로부터 뻗어나가는 시선들이 평면도와 단면도 위에서 분석되어야 한다. 배치계획안의 모형은, 상부로부터 관망되는 개략적인 전망이 아니라 배치계획이 구현된 이후 사람들의 눈에 실제로 비추어질 공간의 모습을 살펴보기 위해서, 이렇게 중요한 지점들로부터 눈을 땅에 가까이 위치시켜 관찰함으로써 연구된다. 바늘구멍 관찰 장치, 작은 거울 혹은 관찰자를 바닥에 투사해 마치 우리가 모형 사이를 걷고 있는 것처럼 보이도록 허용해주는 잠망경 등과 같은 그러한 간단한 도구들을 이용하면 이렇게 시점의 이동이 가능해진다.

전망을 바라보는 사람들의 시선은, 지층레벨에서의 경미한 위치 이동이나 통로의 방향 혹은 불투명한 장벽의 설치 등 디자인을 통해 교묘하게 조정된다. 전망을 일정한 틀 안에 끼우거나 전망을 세부 구획함으로써 사람들의 시야가 통제될 수 있으며 혹은 통로나 반복된 형상의 배열을 따라 사람들의 시선이 유도될 수 있다. 초점이 되는 어떤 조형물의 시각적 매력에 의해 주변의 상세가 모호해질 수 있다. 원경(遠景, distant view)은 대비되는 전경(foreground)에 의해 강화된다. 실제로 관리하기에 가장 어려운 것은 흔히 중간 거리에 위치해 있는 전망이며, 원경에 대해 주의 깊게 선택된 일부 전경의 상세를 부각시켜주기 위해서, 전경과 원경 사이에 나무를 심거나 지표면의 고도를 낮추어줌으로써, 디자인에 의해 중간 거리에 놓여있는 지표면이 가려질 수 있다. 원경 자체는 관망되도록 승인된 것으로 구성될 수 있다. 병산서원에서는 강 건너에 있는 산이 정자의 기둥 사이를 통과해 건물로 둘러싸인 마당 속으로 도입되어 들어온다. 사람들의 앉는 자리와 주거지는 동이 트는 것을 바라보기 위해서, 물속에 비친 달을 바라보기 위해서, 혹은 가을의 단풍이나 대나무 숲에 이는 바람을 즐기기 위해서 등과 같이 특별한 의도를 위해 중요한 자리에 배치된다. 정원은 서로 연계되어 있으나 각기 독특하며 주의 깊게 준비된 감각의 세트이다.

⑨ 시각적 경로(visual sequences)

특히 오늘날에는 풍광이 통상적으로 움직이고 있는 관찰자에 의해 경험되기 때문에, 하나의 전망은 이어지는 전망의 경로를 따라 축적되는 효과만큼 그렇게 중요하지 않게 되었다. 한순간에 일부 전망의 균형이 무너지는 것은 그렇게 중요한 영향을 미치지 않으며, 장기간에 걸쳐 전체의 균형이 무너지는 것이 훨씬 더 중요한 결과를 초래한다. 작은 구멍으로부터 확장된 넓은 공간으로 나오게 되면 강력한 효과가 생긴다. 우리가 풍광을 스쳐 지나갈 때, 바람에 일렁이는 풍경이 우리에게 즐거움이 될 수도 있다. 길이 방향을 제시하고 우리의 시각이 연결고리로서 길을 따라가게 되는 것에서 보듯이, 배치계획안을 작성할 때에는 잠재적인 움직임을 표현해주는 것이 중요해진다.

폭이 넓은 디딤판(tread)과 높이가 낮은 챌판(riser)으로 구성된 계단은 사람들을 끌어들이고, 좁고 굽은 길은 무엇인가 숨겨진 약속이 있는 곳으로 사람들을 인도한다. 어떤 목적지로 향한 방향, 가로지른 거리(距離)의 표시, 입구와 출구의 명료함, 전체 구조 속에서의 관찰자의 위치 등에서 보듯이, 정향(定向)은 사람들의 잠재적인 움직임을 드러내주기 위해 중요하다. 시야에 비춰질 전체 전망이 향(向)에 암시될 수 있으며, 시야에 비추어진 이 전체 전망이 상세장면에 초점이 맞추어져 소소한 전망이 이어지고, 그런 후에 전체 전망이 풍경을 지배하는 전경(前景) 뒤에 다시 나타났다가, 전체 전망과 소소한 전망이 함께 밀폐된 공간에 의해 교체되고, 마침내 풍경이 관찰자 앞에 활짝 열리게 된다. 사람들의 이동이 지속되지 않고 일정한 높이마다 계단의 디딤판들과 계단참에 단속적으로 도착하게 되는 것처럼, 전망이 전체 장면과 소소한 장면에 대해 번갈아 정향(定向)하여 반복되면, 풍경의 변화 없이 연속적으로 이동되도록 단순하게 길이가 연장된 접근 방법보다는 한층 더 사람들의 흥미를 끌게 될 것이다.

연속되는 전망의 경로에 관한 디자인이 가능해지도록 다수의 그래픽 언어들이 고안되었다. 이동의 형태는 직접적이거나 간접적인, 유연하거나 형식을 고수하는, 평탄하거나 변덕스러운, 의도적이거나 즉흥적인 등의 의미를 갖고 있다. 이러한 이동의 의미를 높여주기 위한 목적으로 대상물이 배치될 수 있다. 사람들의 이동 속도가 증가하면서 시야가 전면의 4분면으로 좁게 제한되고, 시간당 100km의 속도로 이동할 때에는 보행 속도에서 즐거움을 느낄 수 있는 공간적인 효과를 지각할 수 없기 때문에, 관찰자의 이동 속도는 공간적인 효과를 지각할 수 있는 척도로서 중요한 의미를 갖는다. 경로로서 관망되는 공간적인 형상은 배치계획의 기본적인 구성요소이다. 이와 같이, 이 중요한 시각적 감각에 대한 연구를 위해 불투명한 대상물들 사이에 놓여있는 공간의 윤곽을 그려보는 것은 유용한 일이다. 그럼에도 불구하고, 이러한 공간이 2차원의 공간으로 생각되는 것은 아니며, 사람들이 움직여 통과하는 진행의 과정으로서 생각되어야 한다. 경로는 훑어보기와 주변 시야(=시선의 바로 바깥 쪽 범위) 때문에 발현되는 우리의 공간 지각에 동반되어, 풍경과 회화적 구성 사이에 나타나는 급격한 변화이며, 훌륭한 환경을 대상으로 좋은 사진을 찍는 것이 왜 흔히 불가능한지를 설명해 준다.

⑩ 장소 내에서 펼쳐지는 가시적인 활동

만약에 가시적인 공간이 디자이너가 전통적으로 통제력을 사용하는 요소라고 하더라도, 가시적인 공간이 모든 관찰자에게 두드러진 감동을 주는 장소가 되는 것은 아니다. 사람들이 서로의 움직임을 바라봄으로써 생성되는 시각적인 흔적을 포함하여 인간의 흔적을 드러내지 못하는 장소는, 그렇게 많은 신축 건물들이 그런 것처럼 우리에게 억압적이고 냉담한 느낌을 준다. 사람들의 행동을 바라보고 사람들이 떠드는 소리를 듣는 일은 우리에게 끝없는 즐거움을 준다. 사람들을 바라보기와 사람들에게 관망되기, 사람들이 가득찬 거리에서 혼자 산책하기 등은 우리에게 반복되는 즐거움을 준다. 운이 좋게도 디자이너가 장소의 이런 측면을 통제하지는 않지만, 배치계획을 통해 눈에 보이는 활동을 지원하거나 억압할 수 있으며, 사람들이 서로를 알아가도록 도와줄 수도 있다. 각각의 활동 장소로부터 사람들이 서로 바라볼 수 있도록, 활동의 장소가 집중되고 섞일 수 있다. 지나가는 사람이 그 공간에서 시간을 보내도록 공간과 야외벤치를 장려할 수 있으며, 생산적인 활동과 보행동선 위의 교통흐름이 사람들의 시야에 노출될 수 있다. 인간의 행동이 쉽게 흔적으로 남겨질 수 있도록, 행위의 무대가 형상과 실체를 가질 수 있다.

다른 생물들의 실재는 서식지가 배치되고 먹이와 물이 공급되는 방법에 의해 권장될 수 있다. 자연 상태의 삼림, 잡목림, 그리고 늪지의 가장자리가 야생의 동물들에게는 특별히 매력적인 서식지가 된다. 야생동물들에게 효과적인 서식지가 되기 위해서는 이러한 작은 삼림의 가로지른 폭이 최소한 20m는 되어야 한다. 자연 상태의 삼림, 잡목림, 그리고 작은 습지들이 많은 종류의 새들과 동물들을 먹여 살릴 것이다. 만약에 이런 작은 광야가 버려둔 산울타리나 배수도랑에 풀이 자라 형성된 거친 식물의 띠로 연결되어 있다면, 이러한 거친 식물의 띠를 통해 하나의 서식지로부터 다른 서식지로 야생 생물들의 이동이 허용될 것이다. 작은 물의 수역이 매력을 더해주고, 어떤 식물은 동물이 좋아하는 먹이를 제공해준다. 계획된 태만은 야생의 생물들에 대해, 어린이들에 대해, 심지어 우리들 자신에 대해서도 그것대로의 가치를 갖는다.

⑪ 장소의 조화와 투명성

사람들에게 따뜻한 느낌을 주며 우리 일상생활의 흔적을 담고 있는 장소가 갖고 있는 품질 중의 하나로, 장소의 가시적인 형상이 사람들의 활동 형태와 척도에 맞추어지는 정도를 의미하는, '장소의 조화(congruence)'가 있다. 풍경을 바라보는 사람들의 시각(視覺)적인 정점은 관망되고 있는 사람들의 활동의 정점과 일치하며, 공간의 규격은 활동의 집중도에 맞추어 정해진다. 사람들의 활동으로 채워져 활기에 넘치는 광장의 중심은 광활하게 보이고, 사람들이 없는 그 주변 공간은 쓸쓸하게 보일 것이다. 텅 빈 부지 사이로 작은 길을 따라 걸어가면 긴 여행으로 느껴질 수 있으며, 그렇지 않고 사람들의 활동이 있는 부지 사이로 작은 길을 따라 걸어가는 경우에는 상대적으로 짧은 여행으로 느껴질 수 있다. 공간은 직접적인 행위의 의미로서 공간 안에서 일어나는 활동에 맞추어져야 할 뿐만 아니라, 시각적으로도 공간 안에서 일어나는 활동에 맞추어져야 한다. 활동이 명료해지고 표현될 수 있음으로 해서, 행동의 감성적 분위기가 시각적으로 강화될 수 있다. 서로 떨어져 있는 물리적인 거리와 빛에 의해 우리가 사람들의 얼굴 표정을 읽을 수 있을지의 여부가 결정될 것이며, 소리의 크기가 사람들 사이의 대화를 쉽거나 어렵게 만든다.

장소에는 우리가 앉아서 사람들의 행동을 바라볼 수 있는 안락한 틈새공간이 있을 수 있다. 공간의 모양과 공간의 상세의 위치에 의해, 행위의 무대에 대해 경계를 정하려는 노력이 도움을 받거나 방해받게 될 것이다. 야외콘서트에 참석하는 즐거움 중의 일부는 청중의 일원이 되어 함께 호흡하게 된다는 의미에 있다. 소풍을 가거나 축제에 참가하여 행진하는 것과 같은 야외활동은 근본적으로 이런 상호 시각성(mutual visibility)에 관계가 있다. 개방성(openness), 투명성(transparency), 그리고 훑어보기(overlook) 때문에 현재 발생되고 있는 일이 사람들에게 전망의 일부가 된다. 여기에서 우리는, 관찰되고 있는 사람이 감춰지기를 선호하는 활동을 우리가 노출시킬 수 있게 될 위험, 즉 사생활 보호의 암초를 비껴간다. 이와 같이, 우리는 합의에 의해 공적인 행동이라고 여겨지거나, 보는 사람과 관망되는 사람이 공통적으로 소통하기를 원하는 행동이거나, 혹은 자동차와 선박의 이동, 대형기계를 이용한 작업 등과 같이 인간 활동의 비개인적인 흔적에 존재하는 그러한 인간의 행동만을 노출시킨다. 이런 수단에 의해, 장소는 우리에게 따뜻한 의미로 다가오게 되고, 장소는 사람들의 활동으로 인해 활성화된다.

⑫ 조경의 상징성

명백하고 전통적인 기호에 의해서든지 아니면 모양과 동작의 암시적인 의미에 의해서든지, 조경은 또한 공간과 활동에 관한 직접적인 지각을 넘어 상징적인 소통의 매개체가 된다. 상징물은 사회적인 창조물이기 때문에 외부인이 이해하기에는 어려움이 있을 수 있다. 의미는, 동일한 가치관을 지니고 동일한 활동에 참가해온 동일한 그룹의 사람들에 의해 오랫동안 소유되어온, 정착된 풍경에서 자동적으로 생성된다. 더 이동하기 쉽고 복합적인 상황에서는 의식적으로 디자인된 상징성이 상대적으로 더 중요성을 갖는다. 자신이 디자인한 환경의 반향을 확대시키기 위한 목적으로 디자이너가 이러한 상징적 형상을 교묘하게 조작할 수 있다.

기호학의 최근 작품에 의해 영감을 받은 많은 동시대의 건축가들이 이제 상징물을 자유롭고 절충적인 방법으로 사용한다. 하지만 깊은 의미의 상징성은 천천히 자라나는 것이며, 상징물을 자유롭고 절충적인 방법으로 사용하는 동시대 건축가들의 이러한 게임은 곧 스스로 탈진될 수 있다. 디자이너가 받게 될 사려깊은 충고는, 공간과 시간, 대지, 생물체들, 그리고 인간의 활동 등과 같은 자신의 기본 물질에 대한 직접적인 지각을 예리하게 다듬도록 스스로를 한정시키고, 기본 물질의 바탕에 놓여있는 상징성이 스스로 자라나도록 허용해주어야 한다는 것이다.

⑬ 장소에 담겨있는 시간의 의미

우리의 존재 속에는 시간과 공간이 함께 거대한 비중을 차지하고 있기 때문에, 시간의 의미에 관해 사람들과 소통하는 것은 공간의 형상을 전달하는 것만큼이나 중요하다. 좋은 디자인은, 특별히 사람이 앉아있던 자리처럼 본질적인 인간의 사용에 대해 전달해주는 증거물이나 십자가와 무덤 그리고 옛날에 존재했던 나무 등처럼 우리의 심금을 울려주는 그러한 증거처럼, 과거에 사람들에 의해 장소가 점유되었던 증거들을 우리에게 보존해준다. 우리는 새로운 것을 옛날 것과 대비시켜봄으로써 시간의 깊이를 느끼게 된다. 과거의 건물이나 부분들이 새로운 용도로 사용되기 위해서 또한 현존하는 식생의 패턴을 보존해주기 위해서 개축될 수 있다. 미래의 거주자가 자신의 흔적을 표시할 수 있도록, 배치계획안에 여지가 남겨진다. 아름답게 풍화될 재료가 선택된다. 식물이 어떻게 성장하고 충분히 발육되고 썩어 가는지, 구조물이 어떻게 파괴되고 대체되는지에 대해서도 배치계획안의 일부로서 포함된다. 장소에서 발생되고 있는 빛의 이동, 성장의 주기, 그리고 활동의 리듬 등을 통해 장소는 사람들에게 계절의 변화와 하루 중의 어떤 시간에 머물고 있는지를 연상시켜줄 수 있어야 한다.

사람들에게 특별히 의미 있는 기념일과 이벤트 등 현재의 시간을 기념하도록 공간을 준비해주게 되면, 결과적으로 장소에는 '특별한 일의 의미'뿐만 아니라 '장소의 의미'가 형성될 수 있으므로, 측정될 수 있는 미래의 변화에 대비하여 영구적인 장소의 특징이 준비되어야 한다. 배치디자인이 시간 속에 격리되어 있으며, 갑자기 나타나는 어떤 것이며, 자체적인 변화 없이 지속되는 어떤 것이라고 상상하는 것은 잘못된 생각이다. 한 장소가 견뎌온 시간의 흐름은 우리를 어떤 장소에든 감성적으로 부착시켜주는 바로 그 '시간 속의 뿌리내림'이므로, 역사적인 조각들을 보존하면서 한 장소가 견디어 온 시간의 흐름이 배치디자인에 표현되어야 한다.

⑭ 조경 요소의 지각적인 구성

환경을 지각(知覺)한다는 것은 가설(假說)을 창조하고, 관찰자의 경험과 목적뿐만 아니라 관찰자의 감성에 도달된 자극에 근거를 둔, 공간과 시간에 대한 체계화된 마음의 이미지를 구축하는 것에 다름 아니다. 관찰자는 이런 이미지의 체계를 구축하면서 대칭과 질서 그리고 반복, 지속성과 닫힘, 형상이나 물질의 지배적인 배치, 형상이나 물질의 리듬, 형상이나 물질 공동의 척도 등과 같은 동질적인 물리적 성격을 포착하게 될 것이다. 형상이나 물질의 유사성 등 부분들 사이에 잠재적인 지속성이 내재되어 있다면, 다음의 사례와 같이 예리한 변화 또한 부분들을 서로 연관시키는 방법이 된다.

어둡고 좁은 길은 그 길이 끼어들어가는 대로에 관계되며, 조용한 공원은 전면에 위치한 집약적인 쇼핑센터에 관계된다. 이처럼 관계된 대비에 의해 사물의 본질이 드러난다.

동양의 정원 디자이너들은 부드러운 것과 짝을 이룬 거친 것, 드러누운 것과 짝을 이룬 직립한 것, 물과 짝을 이룬 바위, 평야와 짝을 이룬 산 등, 상호보완적인 요소들을 정원 디자인에 많이 사용해왔다. 이처럼 가까운 것과 멀리 떨어져 있는 것, 유동적인 것과 고정된 것, 익숙한 것과 낯선 것, 밝음과 어두움, 채움과 비움, 옛날 것과 새로운 것 등이 배치디자인에서 함께 짝을 이룰 수 있다.

지속성은 주택과 지표면 사이의 접속점, 대문, 통로 위에서 진행방향을 결정해야 할 지점, 스카이라인, 일몰 지점, 해안선, 그리고 숲의 가장자리 등 중요한 전이공간에 따라 달라진다. 만일 관찰자에 의해 시간과 공간이 읽혀질 수 있어야 하고 시간과 공간 사이에 원활한 접속이 이루어져야 한다면, 이러한 전이가 명확하게 만들어져야 한다. 처마돌림띠, 조적구조의 바닥층, 그리고 문의 몰딩 등에 대한 전통적인 건축적 강조는 부지의 가장자리와 부지의 입구 그리고 전환점이 될 만한 부지의 이벤트 등에 반향될 수 있다. 난해하고 복잡한 계획안은 혼란으로 귀결될 수 있으므로, 야외의 장면 안에 존재하는 수많은 조형물과 이벤트는 그룹 만들기와 대비의 방법을 사용하여 지각적으로 조절되어야 한다.

풍부함은 재료 속에 내재되어 있으며, 재료는 복합적이고 늘 움직임 속에 있으므로, 장면은 형상을 잃지 않은 채 이러한 재료의 물질적인 변화를 받아들여야 한다. 이것은 형상의 기하학보다는 단순성을 요구한다. 좋은 계획안은, 중요한 지점에서는 고도로 정련되면서도 전체적으로는 거의 거친 계획안이 될 수 있다. 배치계획안의 주요 체계는 흔히 위계(hierarchy)에 의해 구성되거나 중앙집중형의 구성(centralized organization)이 된다. 배치계획안의 주요 체계에는, 다른 공간이 위계에 의해 주요 통로에 종속되어 있거나 주요 통로가 다수의 부차적 통로들을 연계시키게 되는, 목적지로서의 중앙공간이 존재할 수 있다. 배치계획안의 주요체계에는, 사람들이 대문을 통하여 부지 안으로 진입한 후 프로젝트의 핵심 부분에 존재하는 정점에 도달되기 위해 이용하는 주요 접근로가 있을 수 있다. 특별히 복합적이고 변화가 진행 중인 대규모의 조경 안에서는, 그러한 위계에 의한 배치계획안이 구조적으로 유일하게 가능한 배치도가 되는 것은 아니다. 디자이너는 통로의 네트워크를 상호 연계시키고, 또한 지속적으로 변화하는 활동 및 공간, 그리고 결정적인 시작이나 끝이 없는 다수의 경로를 상호 연계시키면서, 다수의 중앙공간이 존재하는 배치계획안의 형식을 사용할 수 있다. 그러한 구조를 갖고 있는 배치계획안은 무질서로 빠지는 실수 없이 사용하기가 더 어렵지만, 우리의 상황에는 더 밀접하게 적응된다. 그러한 구조의 배치계획안은 여전히 대비, 지속성, 강조 그리고 그룹 만들기 등에 만들어진 연속적인 변화에 의존한다. 배치디자이너는 언제나 자원의 부족에 직면하기 때문에, 자신의 조망을 보존하여 가장 좋은 지점에 전시하고, 물체들을 모아 함께 시각의 초점이 되는 지점에 배치하며, 주요 통로를 따라서 경제성을 높여 사용될 공간과 고품격의 공간을 분리해주고, 활동을 도입하고 유지관리하거나 활동으로 채우기 어려운 공간을 회피함으로써, 집중의 전략을 사용해야 한다.

⑮ 배치 디자인의 언어

배치도와 식재평면도, 단면도와 윤곽도면, 상세도, 시방서, 투시도 등 배치계획에 채택된 어휘들은 물리적인 형상을 조절하도록 디자인되어 있기 때문에,

부지 내에 있는 감각적인 측면들의 많은 부분과 소통하게 되지만, 감각적인 측면들 모두와 소통하게 되는 것은 아니다. 예를 들면, 배치계획에 받아들여진 어휘가 감각적인 프로그램의 필요조건을 전달하기 위해 디자인된 것은 아니며, 배치계획에 받아들여진 어휘는 가시적인 활동, 주위 환경에 대한 조명, 주위 환경의 소리, 주위 환경의 날씨, 주위 환경의 냄새, 연속적인 일련의 경험, 개발의 단계, 매일의 리듬, 혹은 계절적인 리듬 등과 같은 그런 직접적인 장소의 품질을 전달하는 데에는 실패한다. 직접적인 장소의 품질을 전달하기 위해서는, 프로그램에서 요구되고 있는 조건의 다이어그램, 가시적인 활동의 다이어그램, 주위 환경과 연속적인 형상의 다이어그램, 혹은 이동하면서 바라보는 전망을 묘사해주는 일련의 그림들, 주기적인 변화나 개발의 단계를 묘사해주는 일련의 그림들 등 추가적인 주해가 사용되어야 하며, 컴퓨터를 이용하는 여러 가지 수단이 가능하지만 빠르고 불확실한 디자인 과정의 흐름에는, 평면이나 조망 또는 다이어그램에 관한 빠른 자유스케치가 여전히 가장 유용하다.

⑯ 대규모 프로젝트의 배치계획

어떤 대규모 프로젝트의 경우 미래의 어떤 시간에 다른 사람들에 의해 개발될 장기간의 계획안이 작성되고 있는 것이기 때문에, 배치디자이너가 부지의 형상을 완전하게 통제할 수는 없을 것이다. 그러한 경우의 프로젝트를 수행할 때의 공통적인 실무는, 거리의 배치계획과 대지의 구획 또는 건물의 용도와 밀도 및 규모에 관한 규칙과 같은, 오로지 배치도의 기술적인 측면만을 부지에 배치하는 작업이 될 것이며, 감각적인 품질은 후임자에게 위임하게 될 것이다. 하지만 감각적인 품질이 이렇게 배제되고도 의미 있는 형상을 다루는 것은 여전히 가능하다. 예를 들면, 부지의 횡단면도와 식재계획평면도 및 주요 거리로부터 관망될 연속적인 전망 등과 같은 디자인의 뼈대가 자세하게 명기될 수 있을 뿐만 아니라, 미래 요소의 형상을 정확하게 고정시키려는 시도를 하지 않고도, 디자이너는 또한 미래에 배치될 요소에 관한 민감한 프로그램을 상세하게 명기할 수 있다.

배치디자이너는 이처럼 배치도 위에 일부 중요한 랜드마크의 위치를 지시할 수 있으며, 가시적인 공적 활동이 배치되도록 요구할 수 있으며, 부지에 배치되어 있던 기존 건물의 성격이 표현될 것을 요구할 수 있으며, 신축건물에서 바라볼 때 주요접근로로부터 개별접근로가 구별되도록 요구할 수도 있다. 이러한 시각적인 실행의 필요조건을 충족시킬 수 있는 특별한 결론이 화재방지와 접근성 혹은 구조적 안정성을 위한 필수요건으로서 뚜렷하게 명기될 수 있다. 미래의 배치디자인에 대한 밀도의 통제는 기술적으로 사회적으로 경제적으로 심지어는 시각적으로도 기본적인 영향을 주면서도 광범위한 다양성을 허용한다.

용적률(FAR: floor area ratio)은 밀도의 한계를 표현하는 가장 효과적인 수단이며, 건물의 지하층 바닥면적을 제외한 지상층의 연면적을 부지의 면적으로 나누어 산출된 비율이다. 최대 허용용적률은 나라와 지역에 따라 달라지며 2019년 현재 우리나라의 건축법과 건축법시행령에는 1,500%, 서울시 조례에서는 1,000%까지 허용되고 있다. 마천루들이 즐비한 미국의 맨해튼에서는 용적률이 2,000%까지 허용되며, 공공에 대한 공개 공지의 제공과 이른바 air-rights의 매수로 인한 보너스 비율이 합쳐져 2,500%의 용적률이 적용되어 시공된 사례도 있다. 건물의 건폐율(lot coverage)과 건축한계선(building limit line)은 흔히 건물의 최고높이 제한이나 건축선 후퇴(building setback)의 형식으로 나타난다. 건축한계선에 의해 건물에 대한 접근성이 확보되고, 장래의 사용을 위해 외부공간이 보존되며, 환기가 되고 시각적 결과가 성취된다. 건물의 최고높이 제한과 건물의 전면 건축선후퇴(front yard setback)는 공히 시각적 효과를 위해 사용되며, 측면 건축선후퇴(side yard setback)는 화재의 확산방지와 비상시 건물로 접근할 수 있는 접근로의 확보를 위해 사용된다. 가끔씩 건축한계선은 공개 공지를 규정하거나 중요한 위치에서 흥미로운 거리의 전면부를 조성해주기 위해 건축지정선(mandatory building line)으로 변경되어, 건물들이 지정된 건축선까지 앞으로 튀어나오거나 처마돌림띠의 높이가 공통적으로 유지되도록 요구함으로써 의무적인 건축선이 유지되는 것도 바람직하다. 이처럼 건물에 공통적인 기준요소(datum)를 덧입히는 것도 거리의 정체성을 강화하는 한 가지 방법이 된다. 또한 어떤 특정 구역 안에 불투명한 영구 조형물이 설치될 수 없는 조망의 지역권(easement)을 도입하여 통경축(view corridor)이 보존됨으로써 중요한 조망을 확보하거나 최소한의 밀도를 지정하여 수목의 식재를 통제할 수 있으며, 지붕과 벽면에 사용될 마감재료의 색상과 재질이 규정되거나 창문의 특징이 미리 규정될 수 있다.

미래지향적인 배치디자인의 형상을 제안하는 방법에는 여러 가지가 있다. 토지구획 부지의 배치계획에서는, 조경과 디자인의 상세에 의해 다른 통로들로부터 차별되는 별도의 분리된 통로와 전체 네트워크를 통해 사람들에게 쉽게 인지될 수 있는 구조로 다듬어진 주요 전망의 경로(통경축, view corridor)를 제안함으로써, 통로시스템의 성격이 미리 규정될 수 있다. 또한 도로의 조경이 사람들에게 지배적인 인상을 줄 수 있도록, 밀실하게 집중되어 식재된 수목에 의해 주요 통로와 연결망의 교차점이 표시되고, 집중적으로 식재된 수목들 사이에 이따금씩 건물을 배치할 수 있다. 건축한계선(building limit line)과 건물의 최고높이 그리고 집중적인 수목의 식재구역을 지정함으로써 건물공사 이전에 주요 공개공지의 형상이 미리 결정될 수 있다.

5. 의미가 담겨있는 배치디자인의 요소

1) 지표면의 형상과 구조물의 배치

공간은 주로 에워싸고 있는 수직면들에 의해 규정되지만, 유일하게 지속적인 표면은 우리들의 발아래에 놓여있으며 이 바닥면의 형태는 현존하는 지형에 의해 결정된다. 주의깊은 부지 조사를 통해 대지의 모양 안에서 경사가 급격하게 변경되거나 압도적인 전망을 즐길 수 있을 만한 그러한 핵심지점이 드러난다. 대지는 동종의 성격을 갖도록 어떤 전략적인 선들을 따라 서로 연결되어 작은 구역들로 나누어질 수 있다. 모든 부지는 그것들 고유의 특별한 성격이나 배치도를 통해 응답할 만한 중추적인 특징을 가지고 있다.

배치디자이너는 강력한 성격을 지닌 부지에 의해, 부지에 맞추어 배치도의 기본체계를 디자인하도록 지시받을 것이며, 지형을 명료하게 만들어줄 단순한 배열을 요구받을 것이다. 보다 더 중립적인 성격의 평탄한 지면과 부지에는 보다 자유롭고 복잡한 패턴 만들기가 허용된다. 도로가 되든지 아니면 건물이 되든지, 구조물의 장변 치수가 등고선(contour)을 따라 나란히 놓이게 되면, 인공의 구조물과 완만한 기복을 가진 지형 사이에는 알기 쉬운 시각적 관계가 성립된다. 구조물의 바닥 부분이 지표면과 원활하게 만나게 되면, 구조물의 바닥 부분과 지표면의 정렬을 통해 부지의 형상이 강조되며, 자연 상태의 등고선이 상대적으로 훼손되지 않은 채로 남겨진다. 이것은 흔히 가장 비용이 적게 드는 디자인의 결론이 된다. 만약에 급경사의 대지에 건물이나 외부공간을 배치할 때 등고선에 나란히 따라가며 배치하는 방법이 사용되면, 부지의 고도가 높은 쪽으로부터 구조물을 향해 낭떠러지가 생기거나 아니면 구조물로부터 고도가 낮은 부지 쪽을 향해 낭떠러지가 생기게 되며, 이것은 건물과 부지로부터의 배수를 어렵게 만들거나 건물을 사용하기 힘들게 하는 원인이 될 수 있고, 전체적으로 조화로운 외관을 조성하기 어렵게 하는 원인이 될 수 있다. 이런 경우에는 도로나 건물의 축선이 등고선을 직각으로 교차하여 직접적으로 떨어뜨리는 것이 최상의 결론이 될 수 있다. 그렇게 되면 도로의 경사가 가팔라지고, 건물의 정면(이때, 도로를 따라 나란히 배치된 부분은 건물의 정면이 되고, 건물의 측면은 등고선과 평행하게 나란히 배치된다)에 직각으로 교차하여 떨어지는 단면의 낙차가 계단과 같은 형상에 의해 조절되어야 할 수 있겠지만, 등고선을 무시하고 계획된 것처럼 보이면서도 사실은 등고선이 아주 잘 표현되어 있는 샌프란시스코의 거리처럼 지형의 구조가 극화된다. 그럼에도 불구하고, 구조적인 축선이 등고선에 대해 대각선으로 배치될 때에는 구조물과 지형 사이에 더 다루기 힘든 관계가 발생된다.

대지의 기본 형상이 장악될 수 있도록 구조물을 배치하고, 그 구조물로부터 바라다 보이는 전망과 그 구조물에 도달될 수 있는 접근로를 정렬시킨다. 언덕 위에 나무를 심어 숲을 만들고 계곡의 바닥은 깨끗이 치워 배수를 강조하면, 언덕의 높이가 실제보다 과장되어 보일 수 있다. 키가 큰 나무들이 비옥한 대지의 산기슭에서 자라고 키가 작은 나무들이 언덕 위에서 자라는 자연의 패턴은, 실제로 숲의 지표면에 관한 우리의 감각을 흐리게 만드는 경향이 있다. 산등성이 볼록한 곡면으로 이어지는 지표면의 등고선들에 대해 직각으로 교차하여 직선으로 식재된 나무의 배열은 부풀어 오른 산등성이의 형상을 더욱 생기 있게 만들고, 산등성이를 따라 발생되는 깊은 굴토는 맨 땅을 드러내게 된다. 서로 다르게 처리된 지붕면과 정면을 가진 균일한 높이의 여러 개의 건물들은 '충적의 의미'를 강조하기 위해 층층이 단이져 내리는 형식으로 언덕 위에 정렬될 수 있다. 언덕의 높이를 강조하기 위해 높은 건물이 언덕의 높은 지점에 배치되고, 낮은 구조물은 계곡 속에 파묻히듯이 배치된다. 그럼에도 불구하고, 건물이 대지를 지배하도록 만들거나 원거리로부터 잘 보일 수 있도록 만들고자 하는 의도를 갖고 있는 게 아니라면, 언덕의 최정상 부분 산등성이에 건을 배치하기 보다는 지표면이 산기슭을 향해 보다 급격하게 떨어져 내리기 시작하고, 더 지속적인 전망을 갖게 되며, 건물의 지붕선이 하늘에 대해 윤곽선으로 비추어지기보다는 언덕꼭대기를 배경으로 하여 그 전면에 윤곽선으로 비추어지게 될, 언덕의 눈썹이라고 할 수 있는 군사적 정상에 건물을 배치하는 것이 최선의 방법이다. '군사적 정상(軍事的 頂上, military crest)'은, 언덕이나 산등성이의 진입 부분을 향해 최대한의 관찰과 직접적인 포 사격이 가능한, 언덕이나 산등성이의 전면 혹은 후면에 위치한 지형적인 정상의 바로 아래 8부 능선 이상의 경사지역을 일컫는 군사과학 용어이다.

어떤 새로운 개발 프로젝트의 수행을 위해서이든지 불가피하게 현존하는 등고선을 변형시킨다. 새롭게 조성되는 지표면의 모양은 현존하는 지표면 속으로 조화롭게 맞추어져야 하며, 그렇게 하지 않으면 현존 지표면에 대한 의도적인 침입이 된다. 만약에 전자의 경우라면, 새로운 지표면의 형상은 현존하는 지표면과 같은 종류의 대지 형상이어야만 한다. 예를 들어 온화하고 다습한 기후대 지역에서는 통상적으로 경사가 지속적이면서 물 흐르듯 이어지고, 곡면은 곡면 속으로 들어가며, 산허리와 산꼭대기는 볼록한 곡면으로 만나고, 산기슭의 바닥과는 오목한 곡면으로 만난다. 모든 지역은 그 지역에 고유한 대지 형상과 국지성의 기후, 식물로 덮여있는 지표면 등을 가지고 있겠지만, 지역에 고유한 흔적을 단순하게 숨기려고 하기보다는 의도적으로 지표면의 모양을 다듬고 드러내어 감추는 일을 선택할 수 있으며, 통로의 이동을 합리적이고 흥미롭게 보이도록 개선시킬 수 있다. 불쑥 튀어나온 도로는 얇고 가파르게 절개된 측면으로 떨어뜨려서 사라지게 디자인할 수 있으며, 현존하는 지형이 단조롭거나 급격하게 변형이 이루어져야 할 곳에서는 인공적인 지세를 창조할 수 있다.

2) 지표면의 모형과 지도

최종적인 디자인의 결정 사항들이 등고선지도에 의해 보다 더 정확하게 전달될 수 있음에도 불구하고, 지형적인 형상이 보유한 이러한 품질들은 모형을 통해 쉽게 이해된다. 모형작업은 조각적인 작업이며, 조각적인 매개수단을 통해 결론을 추구하는 것을 대체할 수 있는 수단은 없다. 카드보드를 사용하여 단순한 등고선 층의 모형들이 만들어지고, 새로운 배열들을 보여주기 위해 카드보드를 자르고 끼워 붙인다. 보다 더 복잡한 지표면 위에서는 카드보드보다 발사우드(balsa wood) 플라스틱 물질을 사용하여 모형을 만드는 것이 최선의 방법이 될 수 있다. 만약에 플라스틱 모형이 물질을 추가하거나 삭제하지 않고도 다른 모양으로 바뀌게 된다면, 그 결론이 깎아냄과 채움이 대략적으로 균형을 맞추게 되는 하나의 대안이 된다. 이때 정해진 디자인의 결론 사항들은, 토공사량의 계산과 현장에서의 공사시방서 작성을 위해, 정확한 등고선 도면으로 전환되어 표현된다. 하지만 어떤 핵심지점으로부터 보이지 않는 지면에 그림자가 드리워지게 한 후 핵심지점으로부터 관망될 수 없는 위치들을 표시해주는 방법을 통해, 등고선지도 위에서 일정한 예비 분석이 수행될 수 있다. 이것은 사격 범위를 설정하기 위한 군대의 답사와 유사하며, 전망의 범위와 거의 유사하다. 등고선 지도 위 예비분석을 통해 도출된 산골짜기의 협곡이나 군사용 정상과 같은 개념은, 군사용 사격범위와 전망의 범위 양쪽에 공통적으로 사용된다. 주어진 지점으로부터 바라보이게 될, 보다 더 크고 복잡한 풍경에 대한 지표면의 투시도는 Building Information Modeling(BIM) 기법을 통해 컴퓨터 화면에 표현될 수 있다.

3) 지표면의 질감과 마감재료

지표면 위에 마감된 물질의 질감은 마감된 표면의 시각적 성격을 형성하는 데 도움이 되고 그 자체로서 즐거움의 근원이 될 수 있다. 지표면은 풍경을 통합시켜주는 조화로운 배경에 불과하게 될 수 있지만, 미켈란젤로가 디자인한 로마의 캄피돌리오 광장(Piazza del Campidoglio)처럼 평면의 패턴을 형성하는 지배적인 표면이 될 수도 있다. 마감된 표면 위에 사람들의 외부활동이 배치되어 표현될 수 있으며, 마감된 표면이 사람들의 야외활동을 안내하는 하나의 역할을 수행할 수도 있다. 지표면 위에 마감된 물질은 사람들에게 촉감뿐만 아니라 시각적인 감각을 더해준다. 마감된 주변의 표면으로부터 들어올려진 화단은 주변의 교통으로부터 식물들을 보호해주고, 주변 바닥면과 다르게 부드러운 재료에 의해 마감된 가늘고 기다란 장식띠들은 자갈이 깔린 광장을 통해 보행자들을 안내한다.

주변의 표면으로부터 표고를 변경하여 조성된 바닥면은 공간의 영역과 성격을 규정짓는 도구로서 작용한다. 계곡은 진로를 따라 우리의 시야를 안내하고, 중앙부가 움푹 들어간 바닥면은 우리에게 정지된 느낌을 준다. 이끼, 하나의 물질로 포장된 인도, 또는 아주 짧게 깎은 잔디와 같이 부드러운 질감으로 마감된 표면은, 마감된 표면 아래에 놓여 있는 지표면의 모양과 부피를 강조해 주며 지표면의 명백한 크기를 증대시켜준다. 마감된 표면은 그 바닥면으로부터 세워지는 조형물을 위한 배경으로서 작용한다. 하지만 다듬지 않은 잔디와 자갈 그리고 벽돌과 콘크리트 블록처럼 거친 질감으로 마감된 표면은, 그 표면 밑에 놓여있는 지표면의 체적이나 표면 위에 설치된 조형물이 아니라 마감된 표면 그 자체를 더 주목하게 만들면서, 그 반대의 방법으로 작용한다. 재료로 마감된 지표면 위의 표면이 그러한 시각적 중요성을 갖고 있기 때문에, 우리는 재료로 마감된 표면의 가치향상을 위해 숙고해야 하며, 어쩌다가 우연히 주의를 끌도록 마감된 표면을 남겨두지 말아야 한다.

우리는 배치디자인을 수행하면서 베어진 잔디, 역청질의 포장도로, 단일 물질로 구성된 콘크리트 등 충분히 다양하지 못한 제한된 종류의 재료를 지표면 위에 사용하여 표면 위를 깨끗하게 덮거나, 나무나 건물 아래에 설치한다. 이러한 배치의 결과는 단조롭거나 추하게 보이고, 주변의 맥락과 잘 어울릴 수 없다. 콘크리트로 마감된 바닥면은 그 위에서 달리기에 적절하지 않고, 땅으로부터 수분을 빼앗아 가며, 태양열과 빛에 대한 반사율(albedo)이 높은 까닭에 태양의 방사열이 지표면에 입사된 후 바로 대기 중으로 반사됨으로써 더욱 무더운 여름철 기후를 생성시킨다. 아스팔트 또한 본질적으로 반사율이 높은 재료이며, 옅은 색상에 비해 태양열에 대한 반사율이 높은 검정색의 특징이 더해져서 더욱 무더운 여름철의 국지성 기후를 생성시킨다. 잔디는 태양열과 빛에 대한 반사율이 낮아 국지성 기후를 순화시켜줄 수 있지만 집중적인 교통을 감당할 수 없으며, 지속적인 관리와 풍부한 물의 공급을 필요로 한다. 이에 대해 대안이 될 수 있는 지표면 위 마감 재료들로는 개간이 되었거나 다져진 대지, 거칠게 베어진 잔디, 관목 숲, 타닌이 많이 함유된 나무껍질과 기타 낟알 모양의 마감재료, 자갈을 여러 겹으로 깔아 물다짐한 도로, 모래와 자갈, 충전재와 함께 사용되는 아스팔트나 콘크리트, 표면용 골재, 나무 블록이나 나무 데크, 테라조나 모자이크, 그리고 벽돌로 포장된 표면 마감, 타일, 아스팔트와 시멘트 마감재, 커다란 크기의 자갈, 그리고 석재 블록이나 슬래브 등이 포함된다.

지표면 위에 경질 마감 재료를 사용하기 위한 많은 대안들은 다른 재료가 섞이지 않은 아스팔트나 콘크리트에 비해 시공비가 상대적으로 비싸고, 빈번한 잡초뽑기와 청소 또는 파손된 재료의 교환을 필요로 한다. 잔디를 제외한 대부분의 연질 지표면 마감재는 마모에 민감하고, 태양빛 아래에서 잔디 및 잡초만큼의 경쟁력을 갖지 못하기 때문에, 잔디는 여전히 연질의 지표면 마감재들 중 최고의 재료이다. 거친 잔디, 자연 삼림 속의 바닥면 또는 야생의 관목과 약용식물들의 혼합림(잡초들) 등과 같이 사람이 관리하지 않아도 자체적으로 잘 관리되는 표면마감은 현재 사용되고 있는 빈도보다 더 자주 사용될 수 있다. 런던의 햄스테드 히스(Hampstead Heath)는, 겉으로는 방치된 시골 휴양지역의 한 모형처럼 보이지만 실제로는 도시사람들에 의해 사용될 수 있도록 주의 깊게 관리되고 있는 시설이다.

봄꽃이 만개할 수 있도록, 지표면 위에 서식하는 새와 동물들이 새끼를 기를 수 있도록, 잔디는 늦은 여름에 베어진다. 통로와 더 집중적인 활동이 필요한 공간을 위해서 풀을 베어낼 수도 있고, 통로와 공간이 사람들의 손길이 닿지 않는 더 넓은 지역 안에 배치될 수도 있다. 재료에 의해 표면이 마감된 지역의 가장자리에 작은 연석을 설치해주거나 목초지의 띠를 설치해주면 유지관리하기가 수월해진다. 보도의 가장자리, 숲이나 연못의 가장자리, 아니면 내부와 외부 사이의 출입문과 같은 두 서식지들 사이의 가장자리는 언제나 우리의 흥미를 끌게 되고, 디자인을 진행하는 동안 더 집중적인 주의를 기울일 것을 요구한다. 우리는 두 서식지들 사이의 가장자리에서 시간을 보내는 것을 선호하게 되고, 이러한 가장자리에서 종들의 다양성이 최대가 된다.

4) 활동의 관리

공공장소가 단일기관에 의해 관리되도록 지정되어 있는 곳에서는 지금까지 언급된 것보다 더욱 적극적인 장소의 관리가 가능하다. 단일기관에 의해 관리되는 공공장소에서의 프로그램과 디자인에는 일정한 부지 내의 활동에 대해 직접적인 촉진책이 포함될 수 있다. 이러한 촉진책으로서 뉴욕의 World Financial Center 광장처럼 콘서트나 페스티벌을 기획하여 연간일정표에 소개할 수 있으며, 뉴욕 다운타운의 Stone Street처럼 일요일에는 차량의 통행이 금지되고 거리 전체가 야외식당으로 변하게 만들 수 있으며, 노점상들의 거리 위 영업행위를 장려할 수 있고, 행인들과 상호소통하게 될 거리의 광대를 배치할 수 있으며, 혹은 어떤 단체의 기념일을 위한 의식을 창안해낼 수도 있다. 공사(工事) 행위를 기념하고 사람들에게 공사행위의 개요를 설명해줄 수 있으며, 혹은 미래의 고고학자들이 발견하라는 의미에서 대중들이 작은 물체를 구멍 속으로 던지는 의식을 허용해줌으로써, 거리에서 수행되고 있던 굴토공사의 준공을 기념할 수도 있다. 일본식 정원 안에서 행해지던 모래 위 가래질이 예술적인 패턴으로 진화된 것처럼, 깨끗하게 정화된 눈더미들이 시각적 효과를 위한 모양으로 다듬어질 수도 있다. 만약에 이런 고안물들이 너무 무리한 것처럼 우리의 눈에 이상하게 보인다면, 거기에는 정말로 과도한 유지관리의 위험이 있다. 배치디자인에 의해 물리적인 형상뿐만 아니라 활동까지도 다루어져야 하고, 공사행위와 유지보수 그리고 개조행위와 같이 필연적으로 발생될 활동의 형식이 고려되어야 하며, 때로는 그러한 활동까지도 규정되어야 한다는 것은 진리로 남는다.

▌뉴욕시의 Stone Street, 주말 차도에 개설된 야외식당 전경

6. 배치디자인의 마감재료

1) 바위와 흙

바위와 흙은 우리 환경의 기초이며 중요한 배치디자인의 기본재료들이다. 절토 부분과 성토 부분, 구덩이와 노두(露頭), 낭떠러지, 동굴, 그리고 언덕은 인류를 그 표면에 거주시키면서 다양한 형상으로 지표면을 표현해주고 있는 지구의 감각과 체적의 의미, 견딤의 의미에 대해 사람들과 소통한다. 바위는 멋진 배치디자인의 재료이며, 장기간에 걸쳐 강력한 힘이 작용하여 형성된 강도(强度)와 영원성을 표현한다. 특히 오랫동안 풍화되었을 때에 바위는 우리에게 광범위한 색상과 구성 성분 그리고 표면의 질감 등을 보여준다. 바위는 조약돌, 큰 자갈, 호박돌, 얇은 기반암(bedrocks), 거대한 노두 등의 형태로 나타나며, 인간은 바위를 변형시켜 보도블록, 블록, 슬레이트, 슬래브, 그리고 쇄석으로 만들어낸

다. 한국인들은 돌에 관한 감정사들이며, 다양한 돌들을 사용하여 정원에 훌륭한 조형효과를 만들어준다. 돌은 가격이 비싸지만 담장과 계단, 그리고 광장이나 인도의 표면을 마감해주기 위한 이상적인 재료가 될 수 있다. 풍화된 돌은 풍경 속에서 매력적인 조형물이 된다. 만약에 풍화된 돌이 어떤 자연 풍경의 일부가 되도록 의도되어 있다면, 그 지방의 바위들이 노출된 형태가 주의 깊게 관찰되어 디자인에 반영되어야 한다. 한편, 고속도로를 따라 바위층들 사이로 거칠게 잘려나가 조성된 인공적인 바위의 절단면은 흔히 바위가 우리에게 보여주는 가장 충격적인 모습이다.

2) 물

모든 물은 동등하게 배치디자인의 요소가 될 수 있지만, 물이 배치된 이후의 효과는 극단적으로 달라진다. 물에 의해 만들어지는 형상의 범위, 물의 가변성과 통일성, 반복적으로 복잡하게 얽힌 물의 움직임, 냉정함과 즐거움의 제안, 그리고 물과 생활과의 직접적인 관련, 새와 동물을 끌어들이는 물의 힘뿐만 아니라 빛과 소리의 연출과 같은 모든 것들이 물을 외부공간에서 사용되기에 아주 훌륭한 배치디자인의 재료로 만들어 준다. 물은 우리의 시각뿐만 아니라 소리와 냄새 그리고 촉감에도 영향을 미친다. 움직이고 있는 물은 우리에게 생명감을 느끼게 해주면서도, 여전히 통일감과 안정감을 느끼게 해준다. 하지만 만약에 지표면이 물 쪽을 향해 경사져 내려가지 않으면, 물은 마치 수면이 기울어져 있는 것처럼 불안정하게 보인다. 물은 표면에 위에 빛을 받아들이면서 여전히 거울로서 작용할 수도 있다. 물이 용기에 넘치도록 가득 차고 수면이 흔들리지 않으며 개방된 경계면을 가지게 되면, 물의 표면에 변화하는 하늘이 반사된다. 이러한 물의 성격을 이용하여 reflecting pool이 배치디자인의 요소로 자주 쓰인다.

물이 담겨있는 용기의 바닥면이 어두운 색상으로 마감되어 있고 수심이 얕으면, 물의 표면반사율이 개선되어 가까이에서 햇빛을 받고 있는 물체들의 이미지가 물의 표면에 비추어진다. 흐리고 습한 날씨에는 '물의 영역'이 우중충하고 침울하게 보일 것이기 때문에, 흐리고 습한 날이 많은 지역에서는 '물을 담고 있는 조형물(water features)'이 폐쇄적인 위치보다는 개방된 위치에 배치되는 것이 좋다. 흐르는 물의 소리와 움직임은 물을 담는 용기의 형상에 의해 강화된다. 물이 수벽(water wall)을 따라 공기 중으로 쏟아져 내리고, 장애물을 때리며 소용돌이치다가 흘러내리도록 디자인될 수 있으며, 효과를 극대화하기 위해서 적은 양의 물이 반복적으로 운행될 수도 있다. 이렇게 하여 아주 작은 물방울조차도 음악을 연주하게 만들 수 있다.

무어인 정원디자이너들은 물을 운행시키는 기술의 명수들이었으며, 바로크 시대의 정원디자이너들은 계단식 폭포 아래로 물의 작은 흐름들을 유도하여 감추고, 한 번 더 사라지도록 만들기 위해 물을 용솟음쳐 오르게 만들었다. 일본의 정원디자이너들은 바위와 모래의 상징적인 흐름을 물의 흐름처럼 사용하였다. 물의 매력에 사람들의 마음이 강하게 이끌리기 때문에, 관찰자들이 물을 향해 그 안을 들여다보게 되고, 물은 배치디자인의 핵심적인 조형물이 될 수 있다.

물의 가장자리는 배치디자인의 중요한 측면이며, 우리에게 주의 깊은 생각을 요구한다. 물의 가장자리는 주변으로부터 확연하게 분리되도록 급격하고 명확하게 규정되거나, 주변으로부터 분리되지 않도록 완만한 경사에 의해 모호하게 규정될 수 있다. 단순한 물의 형상은 우리에게 명료함과 안정감을 전달해준다. 수변공간의 가장자리에 설치된 조형물은 관찰자들에게 강렬한 인상을 준다. 디자이너가 자연스러운 수변공간을 조성하기 위해서는, 그 지역의 수변이 형성된 고유한 방법에 주목하여 디자인에 반영해주어야 한다. 하지만 많은 사람들이 수변공간을 방문할 것으로 예상된다면 바닥의 마모가 심해질 것이 확실하므로, 수변지역의 표면을 포장해주는 것이 보다 현명한 선택이 될 것이다. 그러한 물의 품질에도 불구하고, 도시환경에서는 물을 도입하고 유지보수하기에 많은 비용이 소요될 수 있으며, 물에 의해 안전에 관한 문제가 발생될 수도 있다. 배치디자이너는 도시환경에 식물들과 다른 생물들이 전혀 존재하지 않는 맑은 물을 공급해주어야 할지, 아니면 균형 잡힌 생태계를 만들어주어야 할지를 결정해야 한다. 만약에 배치디자이너가 도시환경에 식물들과 다른 생물들이 전혀 존재하지 않는 맑은 물을 공급해주기로 결정한다면, 디자이너는 인공의 용기 속에서 걸러지고 재순환된 물을 사용하여 빈번한 청소를 제공해주어야 한다. 겨울철과 수선 및 청소를 위해 폐쇄될 기간 동안에는 이러한 용기들이 마른 상태로 유지도어야 하며, 용기의 외관이 깨끗하게 유지되어야 한다. 만약에 배치디자이너가 도시환경에 균형 잡힌 생태계를 제공해주기로 결정한다면, 디자이너는 완전한 영양분의 순환고리를 형성하게 될 바닥의 토양과 식물들 그리고 물고기 등을 도시환경에 도입하게 될것이다. 넘어진 나무와 덤불이 야생 상태의 삼림지대의 일부인 것처럼 영양분의 순환고리의 일부인 조류(藻類)와 진흙, 그리고 곤충류 등도 물론 바닥의 토양과 식물 그리고 물고기 등과 함께 도입된다. 깨끗한 연못의 수심은 극도로 얕게 조성될 수 있으며, 연못은 어디에든 배치될 수 있다. 생태적으로 균형 잡힌 연못에는 햇빛이 필요하며, 겨울을 지나는 동안 작은 물고기들이 물속에서 생존해야 한다면 연못에는 적어도 45cm의 수심이 필요하다. 깨끗한 연못과 균형 잡힌 연못은 모두 확실하게 방수 처리된 조적조나 짓이겨진 진흙, 혹은 플라스틱판 깔개를 필요로 한다.

3) 수목의 식재

조경작업과 함께 병행하여 사용되는 일반적인 재료로서 바위와 흙 그리고 물 다음으로 중요한 배치디자인의 요소로는 나무와 관목 및 약용식물 등과 같은 살아있는 식물재료들이 있으며, 통상적으로 건물과 도로가 배치된 이후 배치도에 나무들의 위치가 지정된다. 식물로 덮여있는 공간 또한 외부공간체계의 구성요소가 된다. 일부 위대한 조경공간 중에는 수목이 식재되어 있지 않으면서도 아름다운 광장이 있지만, 식물은 배치디자인을 구성하는 핵심적인 기본재료 중 하나이다. 부지의 개발프로젝트를 수행할 때에는 식물의 식재가 주요 항목이 되지 못하고, 부가적인 항목으로서 예산이 부족할 경우 우선적으로 제외될 첫 번째 항목으로 남겨진다. 배치계획에는 개별적인 수종보다는 식물의 그룹들과 식물들이 식재된 지역의 일반적인 특성이 반영된다. 나무와 관목 그리고 표층식물이 배치계획의 기본재료가 된다. 특별한 효과를 위해 특별한 수종의 나무가 사용될 수는 있겠지만, 나무는 배치도의 구조를 형성하는 척추이다. 사람의 키 높이까지 자라는 관목은 효과적으로 에워싸인 공간을 형성하여, 사생활을 보호해주는 차폐물이 되며 이동을 막아주는 방벽이 된다. 식물의 외양은 처한 환경의 영향에 따라 다양한 형상을 취하고 식물이 생장하고 수령이 쌓여가면서 변화하지만, 각각의 수종은 고유한 생장의 습관을 갖고 있으며, 잎새와 줄기 그리고 봉오리가 서로 연결되면서 종을 보존해가는 고유한 방법을 갖고 있다. 이러한 패턴이 나무의 수령과 노출의 재해로 인해 어떤 한 나무에 개별적으로 왜곡되어 나타나게 되면, 그 수종 고유의 특징적인 크기와 구조, 재질 등이 만들어진다.

배치디자인의 차원에서는, 나무의 개별적인 형상보다도 생장의 습관과 재질, 그리고 그룹으로서의 크기와 형체에 더 주의를 기울여 나무를 배치하는 것이 좋다. 왜냐하면 나무의 생장습관과 재질 그리고 그룹으로서의 크기와 형체는 예측될 수 있는 측면들이며, 다른 관점으로 살펴보아도 변화될 개연성이 높지 않기 때문이다. 나무의 생장률, 나무가 생장한 후의 크기, 나무의 색상, 나무의 생애주기, 나무의 향기, 그리고 계절적인 효과와 같은 나무의 특성들은 배치디자인을 수행하는 동안 나무의 외양 다음으로 고려되어야 할 사항들이다. 나무가 위치해 있는 국지성의 기후와 토양의 상태에 강한 수종이 배치디자인을 위해 선택되어야 한다. 배치디자인을 위해 선택된 식물은 예측되는 교통량에 견뎌내야 하고, 병충해의 공격에 저항해야 하며, 선택된 식물에 대해 예측되는 수준의 유지관리 이상으로 돌봄이 요구되지 말아야 한다. 건물들이 밀집되어 있는 도심지역에는 공기가 오염되어 있으며 태양의 방사열과 독성 화학물질이 존재할 뿐만 아니라 물과 햇빛 그리고 부식토가 부족하기 때문에 식물이 생장하기에 특별히 어려운 지역이다. 이렇게 거친 서식지를 위해서는 나무의 수종이 특별히 선택되어야 하며, 마감재로 포장되어 물이 스며들지 않는 표면은 나무의 본줄기로부터 적어도 0.9m 이상 떨어져서 설치되어야 한다.

① 환경의 안정과 변화

바닷물에 의해 형성된 늪지, 메마른 사막, 비가 많이 내리는 숲(多雨林), 대

초원, 덤불과 썩어가는 나무들이 밀실하게 우거진 원숙단계의 삼림과 같이 인간에게 매력적인 환경은 통상적으로 안정적인 생태적 정점상태에 있지 않다. 우리는 목초지, 곡물의 경작지, 공원, 과수원, 또는 교외의 정원 등처럼 우리에게 더 생산적이거나 더 즐거움을 주게 될, 정점을 향해 전이되어가는 과정 등에 있는 생태적인 중간단계의 환경을 선호한다. 우리는 결과적으로 이 불안정한 중간단계의 환경을 유지시키기 위해 나무를 심는다. 농장에는 농장의 경제적인 소득에 연동되어 임금을 지급받게 될 수많은 노동력이 필요하며, 농장의 경제적인 소득이 끊어지면 대지는 다시 덤불로 뒤덮인다. 표면이 포장된 광대한 도로와 공개공지를 보유한 도시의 환경이 더 오랫동안 유지되지만, 10년 동안 돌보지 않으면 구획된 부지 안에 잡초들이 자라나고 포장된 도로와 공개공지에는 균열이 생긴다. 하지만 식물의 생태계는 스스로 다시 일어선다. 어떤 식물들의 시스템이든지 생장하고 죽어간다.

배치디자이너가 현존하는 건강한 수목들을 보존하기는 하지만, 건물들이 밀집된 개발프로젝트에서 현존하는 건강한 나무들을 보존하는 일은 통상적으로는 오로지 전통적인 주요도로나 상당한 규모의 수풀 또는 좋은 수종에나 적용이 가능하다. 그럼에도 불구하고, 현존하는 건강한 나무들은 모두 주의를 기울여 보호해야 한다. 공사현장 내에 광범위하게 퍼져있는 표층식물은 공사행위에 방해가 되기 때문에 보존이 불가능하다. 완전히 성장한 나무들은, 서식지의 격렬한 변화를 견뎌내지 못하여 생존이 불가능하게 될 것이며, 나무들의 뿌리가 죽게 되면 지하수위(ground water table)가 내려가게 되고, 공해가 나타날 것이며, 국지성의 기후가 변하게 될 것이다. 지하수위가 내려가고 공해가 나타나며 국지성의 기후가 변하는 등 나무들의 서식지에 격렬한 변화가 일어나게 되면, 주의를 기울여 관리되고 가지들이 전지된다는 전제하에, 완전히 성장한 나무가 뿌리의 절반까지 잃은 채로 생존할 수도 있겠지만, 성장한 나무의 뿌리들이 펼쳐지는 범위 안에서는 지표면이 절토됨으로써 고도가 낮추어지는 것은 피해야 한다. 다만 나무의 줄기 주위에 커다란 규모의 우물이 설치되고 새로 조성된 지표면의 높이까지 거친 돌로 채워진다면, 나무를 지탱해주는 지표면의 고도가 주변 지표면의 고도에 비해 단지 조금 높여질 수는 있다.

지하수나 국지성의 기후에 발생되는 어떤 변화도 나무의 생존에는 치명적이다. 커다란 나무를 대체하게 될 어린 나무를 잘라내면서 오로지 커다란 나무만을 보존하는 것도 잘못된 일이고, 프로젝트의 개발이 완료된 이후에 고목나무를 제거하기 위해서는 많은 비용이 소요될 것이기 때문에, 전성기가 지난 대형의 고목나무를 살리는 것 또한 현명치 못한 일이다. 새로운 개발부지는 식물들이 식재되어 있지 않은 황량한 땅이며, 프로젝트의 개발이 완결된 이후 오랜 시간이 지난 부지에는 식물들이 지나치게 생장되어 있다. 프로젝트 부지에 영구적으로 배치되어야 할 나무들은 서로의 간섭을 피하기 위해 구조물이나 다른 나무들로부터 충분히 멀리 떨어뜨려서 배치해야 한다. 나무들이 최대한의 규격까지 자라게 배치해주려면 나무들의 dripline을 고려하여, 예를 들어 주로 숲 속에서 자라는 큰 나무는 나무들 사이의 간격이 적어도 15~20m 가량 떨어지도록 배치해주어야 하며, 나무들이 건물 옆에 식재될 때에는 건물로부터 적어도 6m 가량 떨어뜨려서 배치해야 한다. 프로젝트의 개발 초기에 비어있던 공간은 건물이 준공된 이후 빨리 생장하는 식물들로 채워질 수 있으며, 이렇게 빨리 생장하는 식물들은 너무 밀집되어 나중에는 제거될 것이다. 다 자란 수종(樹種)은 다른 장소로 옮겨 식재될 수 있지만, 나무를 옮겨 심는 데에도 비용이 많이 소요되기 때문에 중요한 자리에 식재되어야 할 수종은 따로 비축되어야 하며, 때로는 미래에 추진될 개발 프로젝트를 위해 나무를 임시로 식재해 놓는 것도 가능하다. 나무를 임시로 식재하는 데 드는 초기의 투자비용은 적은 액수이며, 이어지는 개발 프로젝트에서는 프로젝트의 시작 단계부터 다 자란 나무들을 위한 자리가 배정된다. 방치되어 있던 세부구획 부지에서 벌어지는 개발 프로젝트의 재개에서처럼, 뜻밖에 다 자란 나무들을 식재하기 위한 자리가 미리 주어지는 프로젝트에서는 배치디자인의 결과가 보기에 좋다.

② 식물의 유지관리

장소의 유지관리는 장소의 초기 형상만큼이나 중요하다. 장소의 유지관리

비용을 줄이기 위해서는, 주어진 인간의 목적에 합치되도록 장소에 맞추어 정점에 이른 생태계의 단순화 작업을 최소한으로 줄이는 것에 디자인의 기본을 두어야 한다. 생태계가 정점에 다다랐을 때의 상태가 삼림인 장소에서는, 디자인을 통해 나무의 형상을 강조하고, 사람의 접근이 가능한 높이까지 개방해주기 위해 덤불을 제거해주며, 표층식물을 단순화시킬 수 있다. 자연적인 진화를 허용해주고 실패의 위험을 줄이기 위해서, 정점에 다다랐을 때의 생태계에 대한 최소한의 단순화에 의해, 주종을 이루는 식물들과 대체 식물들이 보존되고 수종의 다양성이 유지된다. 나무는 여러 장소에서 하늘을 향해 개방될 것이며, 토착적이거나 토착화된 외래종인, 새로운 수종이 시각적 효과를 위해 도입될 것이다. 잔디를 대신해 거친 풀과 야생의 약용식물이 하늘을 향해 개방된 지표면을 채우게 될 것이다.

지표면 위에 배치되는 바닥의 포장이나 밀집된 잔디가 단지 심한 마모가 예상되는 위치에서만 사용되는 반면에, 바닥을 들어올린 지표면이나 장애물을 배치해줌으로써, 통로는 식물의 생장에 민감한 부분으로부터 비껴나서 배치된다. 가축이 풀을 뜯게 하거나, 풀을 태우거나 혹은 매년 풀베기를 하는 등, 비용이 덜 드는 유지관리 실무가 처방된다. 짧게 깎은 잔디가 필요한 장소에는, 잔디가 짧게 베어지고 다듬어져서 기계들이 접근할 수 있게 될 넓고 단순한 모양의 영역이 조성된다. 나무와 기타 영구적인 식물이 강조되고, 외래식물이 선택에서 제외된다. 만약에 가능하다면 장소의 유지관리비는, 공원 부지에서 벌목된 목재들로부터의 수확이나 도시의 거리를 따라 식재된 과일나무로부터의 수확, 혹은 곡물의 경작지나 목장, 대여 정원 등 시민들에게 제공된 공지로부터의 수확처럼, 어떤 생산적인 소득에 의해 균형이 맞추어진다. 공격적이지 않은 잡초가 자라도록 허용될 수 있으며, 관목과 가로수는 전지되지 않고 대강 잘라내어지며, 가래질된 뿌리 덮개가 지표면 위에 뿌려진다. 곤충에 대한 방제 시기는 곤충의 생애주기의 결정적인 순간이나 유행병이 발생되는 시기로 제한된다. 어떤 조경계획이든지, 예산, 우선권순위의 세트, 일상적인 유지관리의 일정표, 그리고 새로운 식재의 안착을 위해 항상 수반되는 집중적인 관리와 부분적인 대체를 위한 비용 등, 유지관리에 대한 계획을 포함하고 있어야 한다.

③ 외래식물

장소의 유지관리를 위해 자원이 집중될 수 있을 때마다, 유지관리 계획의 그 어떤 항목에서도 사막 속에 설치되는 물의 공원이나 북극지방에 설치되는 온실, 혹은 마감재로 포장되는 밀림 속의 광장 등과 같이 고도로 인공적인 조경의 사용이 배제되지 않는다. 야생적인 환경 안에 설치되는 고도로 인공적인 조경은 바로 그러한 대조에 의해 주변 현실에 대한 사람들의 인식을 강화시켜 준다. 하지만 디자이너는 중도적인 입장에서 그것들을 유지관리하기 위한 방법을 제안하면서도 자연상태를 반향하지 않거나 자연상태에 대해 선명한 대조를 이루지도 않을, 특성이 없는 대규모의 조경을 지지한다. 또한 디자이너는 명백하게 인공적인 정원을 제외하고는 어떤 지역에든 그 지역에 낯선 외래식물은 결코 사용되지 말아야 한다고 느낀다. 사람들은 자연스럽게 그 지역 고유의 식물이 그 지역의 환경에 잘 견딜 수 있고 자연적으로 진화할 것이며, 그 지역의 환경과 어우러져 사람들의 눈에 조화롭게 보일 거라고 생각하게 된다. 하지만 자체적으로 유지관리되는, 명백하게 자연적인 많은 수종(樹種)들이 사실은 아주 최근에 도입된 외래종이며, 친숙한 연상에 의존하여 구현되는 시각적인 조화는 새로운 경험에 의해 확장될 수도 있다.

그 지역의 환경에 잘 견딜 수 있는 내성과 유지관리에 관한 객관적인 필요조건과 환경과의 시각적인 조화에 관한 주관적인 필요조건이 어떤 장소에 식재될 수종을 선택하는 데 고려되어야 할 근본적인 원리이다. 수종에 대한 새로운 관리방법에 의해, 이전에는 완벽하게 인공적이라고 여겨졌던 식물의 안정적인 생태계가 창조될 수 있다. 키가 큰 나무들과 나란히 식재된 키가 작은 관목들은 자연 상태로 보존된 삼림의 수직적인 층리를 뚜렷하게 보여줄 것이며, 높이가 낮은 장식물이 삼림과 목초지 사이의 경계를 표시해줄 것이다.

④ 수종의 혼합

자연상태로 보존된 지역에는 수많은 다양한 수종들이 포함되어 존재할 수 있으며, 외부로부터 격리되어 보존된 지표면에도 시간이 흐르면서 동일한 수종들의 다양성이 취득될 수 있지만, 경제적인 이유와 나무에 의해 형성될 시각적인 영향력 때문에, 배치디자인에 사용될 수종의 숫자를 제한하는 것이 통상적인 배치디자인의 실무이다. 거리를 따라서 나란하게 혹은 화단 안에 단일 수종의 나무를 심도록 제한하면, 이를 바라보는 사람들에게 생생한 시각적 인상을 주게 된다. 하지만 배치디자인에 광범위한 지역에 수명이 긴 식물을 식재하게 될 때에는, 새로운 병충해가 그 수종을 말살시킬 수 있으며 그 수종의 천이(遷移)가 준비되기도 어렵기 때문에, 프로젝트 부지 내에 단일 수종만을 심는 것은 위험하다. 프로젝트 부지 내에 수종을 혼합하여 심는 것이 현명하기는 하지만, 그 수종의 숫자가 많아질 필요는 없으며, 통상적으로 세 가지에서 다섯 가지의 수종을 혼합하여 식재한다. 이때 주의할 점은 나무들 각각의 특성을 잃지 않도록 나무들의 배열 속에 다양한 수종이 균등하게 섞이지 않도록 배치해야 한다. 각 수종의 작은 무리를 만들어 다른 유형의 수종으로 형성된 무리들 속으로 드문드문 섞어 식재하는 것이 좋다. 식재계획의 주요 골격은 사용자들의 입주 전에 완료되어야 하며, 공개공지에 수행될 공적인 식재는 사유지와 통합되어 전체적인 패턴으로서 구상되어야 한다. 원거리에서 관망될 수 있는 키가 큰 나무들의 배열이 배치도의 주요 축선(軸線)을 표시해주고, 나무의 무리에 의해 주요공간의 영역과 성격이 규정된다.

4) 담장

배치도 위에 얇은 선으로 표현되는 담장과 울타리는 나무와 산울타리가 하는 것처럼 공간을 구획해준다. 그렇기 때문에 담장과 울타리는 지표면의 표면마감과 함께 인공적인 야외요소들 중 가장 중요한 요소이다. 담장과 울타리의 위치와 높이, 재질과 상태 등은 우리가 주목해볼 만한 가치가 있다. 울타리는 흔히 프로젝트 개발의 마지막 순간에 별 생각 없이 추가된다. 사람들에게 공통적으로 선택되는 울타리의 유형은, 가시철사의 감성적 의미를 담고 있으며 셀 수 없이 많은 구멍들을 통해 전망을 여과해주는, 체인링크 울타리이다. 이것은 아스팔트 포장과 함께 이 세상의 아름다움을 감소시키는 것들 중의 하나이다. 불행하게도, 체인링크 울타리는 아스팔트처럼 싸고 견고하며 효과적이다. 체인링크 울타리는 사람들의 눈에 잘 띄지 않도록 가시성을 감소시켜 어두운 색상으로 칠해져야 하며, 울타리의 전면에 나무의 배열을 만들어줌으로써 사람들의 시야로부터 가려질 수 있다. 높이가 낮으면서 부드럽게 담장임을 상기시켜주는 것으로부터 높고 견고한 방벽에 이르기까지, 다양한 담장의 대안들이 존재한다.

전통적으로 나무로 만든 울타리가 많이 사용되어왔지만, 이것들은 빈번한 페인트칠을 필요로 하며 지표면과 접촉되는 부위는 반드시 보호처리되어야 한다. 주철(鑄鐵, 무쇠)과 단철(鍛鐵)로 성기게 만들어진 세공품이 보기에 화려하고 내구성이 높기는 하지만 가격이 아주 비싸기 때문에 때때로 주조된 알루미늄 또는 연강(軟鋼) 등을 재료로 하여 모사품으로 만들어지며, 녹이 스는 것을 방지하기 위해 빈번한 페인트칠을 필요로 한다. 나무기둥이나 쇠기둥과 함께 사용되어 적당하게 늘어뜨린 철사 울타리는 값이 싸고, 울타리로 사용되기에 적절하며, 전망을 가로막지도 않지만 쉽게 훼손된다. 벽돌과 돌을 재료로 사용하면 가장 훌륭하고 견고한 벽이 조성될 수 있지만, 돌은 가격이 매우 비싸고 벽돌도 그렇게 싸지는 않다. 만약에 벽을 위해 제대로 된 재료가 선택되면, 재료는 아름답게 풍화되고 벽을 타고 기어오르는 식물과 이끼, 그리고 지의(地衣)들이 벽에 의해 무난하게 지지될 수 있다. 벽돌로 쌓은 벽에서는 벽돌의 선택, 벽돌 사이의 접착, 갓돌(벽체의 꼭대기 돌)쌓기 그리고 이음매의 처리 등에 의해 벽체의 시각적인 질감이 결정된다. 콘크리트 블록은 벽돌에 비해 상대적으로 저렴한 재료이며, 만약에 콘크리트 블록이 주의 깊게 쌓이고, 훌륭하게 디자인된 갓돌이 벽체 꼭대기에 놓이게 되면 훌륭한 조적조 담장이 된다. 콘크리트 블록 담장 위에 패턴이 계획될 수 있으며, 구멍이 뚫린 채로 남겨질 수도 있다. 자연석이 건식벽 안에 쌓여져 담장이 만들어질 수도 있다. 심지어 흙조차도 나무로 덮여있는 언덕이나, 다져서 굳힌 흙벽 위에 방수 갓돌이 얹혀있는 형태를 취함으로써 훌륭한 담장이 된다. 담장은 양쪽 면이 모두 노출되기 때문에 견고하게 만들어져야 하며, 오래되고 견고한 담장에 드러나는 시간과 풍화의 흔적은 사람들에게 대단한 매력이 된다. 시야를 확보해주기 위한 목적으로 벽에 구멍이 뚫릴 수 있고, 구멍이 뚫려있는 담장이라 하더라도 옆으로 비켜서서 바라보거나 벽에 색상이 칠해진 상태에서 빛이 비추면, 벽체가 마치 불투명한 것처럼 보일 것이다. 몹시 눈에 거슬리는 울타리는 산울타리나 덩굴식물에 의해 가려질 수 있으며, 혹은 저습지의 바닥부분에 설치될 수 있다. 정원의 울타리는 전 세계를 통해 담장의 패턴을 공급해주는 풍부한 자원이 되고 있으며, 언제나 새로운 담장의 형상이 창조되고 있다. 이러한 담장의 변형 중 많은 것들이 지역적인 전통의 일부가 될 것이며, 담장이 품고 있는 상징적인 함의는 강력하다.

5) 배치계획의 세부 항목

프로젝트 부지에는 인간이 만든 많은 기타 세부 항목들이 포함되어 있다. 야외용 의자, 교통신호등, 상점의 간판, 설비기둥, 조명기둥, 조명등, 미터기, 쓰레기통, 소화전, 맨홀, 화분, 보행자 보호기둥, 버스정류장, 안내판 등 끝도 없이 목록이 이어질 도심지역의 평범한 거리가구 등처럼 우리 가까이에 존재하는 세상의 세부 항목들이 디자인이 되지 않은 채로 만들어져 축적된다면, 그것들에 의해 난잡한 의미가 창조될 수 있다. 프로젝트 부지의 사용자 스스로가 바닥이나 계단 또는 벤치를 사용하면서 직접적으로 접촉하기 때문에, 프로젝트 부지의 사용자는 바닥의 재질이나 계단의 모양 또는 벤치의 디자인에 의해 영향을 받는다. 프로젝트 부지의 사용자에 의해 직접 사용되지 않는 세부 항목들은 사용자의 의식적인 주의를 끌지 못할 수도 있다. 프로젝트 부지의 사용자가 조명등을 바라보지만 조명기둥에 대해 주목하지는 않으며, 전화기를 사용하지만 머리 위에 설치된 전화선에 대해 주목하지도 않는다. 만약에 세부 항목들이 좋은 모양을 갖추어야 한다면 디자인과 유지관리에 대한 투자가 이루어져야 하며, 프로젝트 부지의 사용자를 위한 효과가 그러한 투자를 정당화해야 한다. 세부 항목들에 관한 이러한 운용시스템은, 그러한 시스템의 강한 전통이 확립되어 있는 곳이거나 특별한 세부 항목에 의해 부지 전체에 미치는 영향이 결정적이지 않을 때 성공적일 수 있다. 디자이너는 부지를 지각하고 사용하기 위해 결정적인 요소가 될 세부 항목들에 대해 초점을 맞추게 되며, 그럼으로써 사람의 눈에 띌 수 있는 곳에 경보기와 우편함을 배치하게 되고, 쓰레기통이 어떻게 설치되어야 좋을지 생각하게 되며, 편안한 의자와 편리한 공중 화장실을 준비하도록 깨닫게 된다. 과거에는 기계적으로 남녀화장실의 면적을 동일하게 계획하였으나 최근에는 대기시간을 고려하여 여자화장실의 변기수를 더 많이 설치하는 것이 일반적이다. 만약에 외부 조명기둥과 벤치가 개인들에 의해 기증된다면, 그 환경은 한층 더 개인적인 의미를 갖게 될 것이다.

① 광고간판

디자인 이론에 의하면, 광고판은 억제되고 최소화되어야 할 추악한 필수품 정도로 여겨진다. 하지만 조경은 조경을 사용하는 사람들과 소통해야 하며, 복잡한 이동성의 세상에서는 많은 메시지들이 고안된 상징성에 의해 사람들에게 전달되어야 한다. 만약에 광고판이 추하게 보인다면, 그것은 광고판의 본질이 그래서라기보다는 광고판이 생각 없이 사용되고 전달하려는 내용이 모호하며 장황하기 때문에 그렇게 보이는 것이다. 광고판은 우리에게 상품과 서비스, 상품명과 금지사항뿐만 아니라 역사, 생태, 생산의 과정, 날씨, 시간, 정치, 다가올 이벤트 등 많은 일들을 알려준다. 화려한 광고판은 풍경의 현혹적인 한 조각이 될 수 있다. 이런 정보의 흐름을 억제하는 게 아니라 더욱 뚜렷하게 조절하고 심지어는 확장시켜주기까지 하면서, 호혜적인 힘을 강화시켜주는 일이 배치디자인의 목적이 되어야 한다. 그러므로 배치 디자이너는 광고판에 언급되고 있는 상품이나 사건이 사용자들과 동일한 공간 및 시간에 위치해 있음으로써 근거가 있으며, 광고판의 전달 내용이 정확하고 알기 쉬워서 사람들과의 소통이 잘되고 있는지에 대해 관심을 가질 필요가 있다.

② 환경 예술

저명한 역사적 인물이나 이벤트를 기리기 위한 전통적인 조각기념물이나 최근에 공공예산의 "예술을 위한 몇%" 조항에 의해 조성된 시민공간의 장식물과 같은 기타 세부 항목의 목적은 오로지 시각적, 상징적인 데에 있으며, 이런 작품들이 때때로 대중들의 마음을 사로잡고 사랑받는 랜드마크가 된다. 하지만 공공의 조각상이 행인들이 이름도 들어보지 못했을 뿐만 아니라 그들에게 애정의 대상도 아닌 누군가를 기념하고 있으며, 높은 지위나 신분을 이유로 혹은 비용이 의무적으로 집행되어야 한다는 이유로 그들과 거의 관계가 없는 공무원에 의해 세워진 조형물일 때에는 공공의 조각이 행인들에 의해 무시당하고, 심지어는 가끔씩 원망까지도 받게 된다. 이런 문제에 대한 더 기본적인 대안으로서의 해결책은, 프로젝트 부지의 사용자들을 예술프로젝트의 프로그램 작성과정과 판단과정에 참여시키는 것이다. 이러한 과정에 참석한 사람들은 그 결과물에 대해 훨씬 많은 관심을 가지게 될 것이다. 지역사회를 기념하면서도 지역사회에 특별한 조형물이나 벽화를 개발하는 '장소 만들기'에 관한 최근의 노력에 의해, 지역사회의 거주자들이 그들이 창조한 결과물에 대해 애착을 갖게 되는 것으로 보인다.

06

용도별 배치계획

사진설명
Daniel Libeskind가 디자인한 싱가포르의 Reflections at Keppel Bay를 바다 건너에서 바라본 모습

건물의 배치(building placement)에서 가장 먼저 고려되어야 할 사항은 주변의 자연맥락(natural context)과 인공맥락(artificial context)에 대한 순응이 되겠지만, 배치되는 건물의 용도(building use)에 따라 고려사항의 우선순위가 달라져야 하는 것 또한 당연하다. 우리의 일상생활에 가장 기본적이면서도 가장 흔한 용도인 주거용도만 해도 단독주택으로부터 대규모 공동주택단지에 이르기까지 프로젝트 부지의 크기와 프로그램의 필요조건이 다양하게 달라지므로 배치디자인의 접근법이 그에 맞추어 달라질 수밖에 없으며, 더구나 병원과 대학캠퍼스, 사무실건물, 쇼핑센터 등과 같이 프로젝트의 목적과 수행되는 기능의 필요조건이 상이해지면 배치디자인의 상세전략은 전혀 다른 이야기가 된다.

1. 주거건물의 배치계획

주거건물의 개발프로젝트는 가장 자주 수행되면서도

가장 어려운 부지개발의 양식이다. 건물이 환경으로부터 격리되지 않으려면, 건물과 주변환경 사이에 물리적, 시각적 연계가 성립되어야 한다. 또한 오랜 기간을 넘어 바람직한 주거건물로 남아있으려면, 주거지역은 거주자들이 기대하고 있는 어떤 특정한 진폭의 가치를 뛰어넘는 품질을 갖추고 있어야 한다. 어떤 용도의 건물이든지 디자인의 품질로서 무시되지 말아야 할 요소는 주변맥락에 대한 순응이 될 것이다. 맥락에의 순응은 부지의 형태와 지형(land form & topography), 광역성 기후 및 국지성 기후(macroclimate & microclimate), 태양의 정향(solar orientation), 바람의 방향, 그림자의 패턴, 산과 바다 그리고 호수와 강 같은 강력한 조망의 요소 등 주변의 자연환경(natural environments)에 대한 응답은 물론 현존하는 주변건물들의 유형과 주변건물들에 사용된 마감재, 주변건물들의 척도, 주변건물들의 출입구 양식 등 인공환경(artificial environments)의 요소들을 상기시켜줌으로써, 그리고 개별 주거세대의 외관에 대해 명확한 표현을 성취함으로써 최상으로 구현된다.

프로젝트 부지의 기본적인 구성요소는 주거세대가 되며, 주거세대가 언제나 점유되어 있지는 않다고 하더라도 전통적으로 핵가족의 생활영역으로 간주되며, 주거세대에 별도의 출입구와 별도의 설비가 갖추어져 있느냐의 여부에 의해 흔히 법률적으로 규정된다. 오늘날의 주거세대는 일인 가정, 서로 관계없는 개인들의 그룹, 확대 가족의 구성원들 혹은 기타 어떤 비전통적인 가정에 의해 거주될 개연성이 있다. 이와 같이, 부지 내에 있는 주거세대의 규격과 숫자로부터 거주자들의 유형이나 숫자를 예측하는 것은 어려운 일이다. 그럼에도 불구하고 요리설비와 목욕시설을 자체 함유한 주거세대는 주거지역의 밀도를 산출하고 개발되어야 할 주택의 유형을 수립하기 위한 근거로서 지속적으로 사용된다. 주택의 형식은 일반적으로 네 가지의 넓은 범주에 의해 분류된다.

1) **독립 주택:** 각각의 주거세대는 자체의 부지 위 별도의 자체 구조물 안에 고착되어 있거나 이동 가능한 형태로 존재한다.
2) **부착된 주택:** 각각의 주거세대는 별도의 외부 출입구와 함께 흔히 사적인

외부 공간을 갖추고 있지만, 주거세대끼리는 옆으로 나란히 붙어있거나 상하로 적층되어 있다. 듀플렉스, 절반이 분리된 주택, 타운 하우스, 로우 하우스, 매조네트, 적층된 타운 하우스 등이 우리가 흔히 볼 수 있는 '부착된 주택'의 유형들이다.

- **듀플렉스:** 두 개의 주거세대를 위한 별도의 출입구를 갖고 있는 아파트들로 구성된 주택 유형으로서, 각층에 자체적으로 완전한 형태의 아파트를 갖고 있거나 단일 부지에 나란히 지어져 공동의 벽체를 갖고 있는 2층 주택을 포함한다.
- **절반이 분리된 주택:** 법적으로 명료하게 분리된 부지에, 한쪽 벽면이 붙여지어진 두 개의 주거세대들로 구성되는 주택의 유형이다.
- **타운 하우스:** 중간 밀도의 도시형 주택 형태로서, '로우 하우스'와 함께 '테라스드 하우스'의 일종으로 분류된다. '타운 하우스'는 8세기 영국의 귀족들이나 부유층들이 무도회 시즌에 맞추어 시골의 장원을 떠나 도시에 머물기 위해 지은 주택들이 그 기원으로, 좁은 면적의 부지에 다수의 층들로 구성되어 지어지며, '독립 주택'의 유형이 흔치 않은 뉴욕이나 런던과 같은 대도시에 위치한 '타운 하우스'는 매매가격이 매우 비싼 특징을 갖는다.
- **로우 하우스:** 영국의 산업혁명기에 근로자층을 위해 개발된 주택의 유형이 그 기원으로서, '타운 하우스'와 함께 '테라스드 하우스'의 일종으로 분류된다. 일련의 주택들이 유사하거나 동일한 외관 디자인으로 나란히 지어져, 적어도 한쪽 벽면을 이웃 세대와 공유하게 된다.
- **매조네트:** 복층형 구조로서 아파트 건물과 같은 대규모의 주거용 건물 안에 조성되며, 외부로부터의 자체 출입구를 갖추고 통상적으로 2개 층에 걸쳐 디자인되는 주택의 유형이다.

3) 아파트: 다수의 주거세대들이 로비, 복도, 계단 등 공통의 접근공간을 나누어 사용하며, 공통의 외피에 의해 둘러싸인다. '아파트'는 엘리베이터 없이 계단에 의해 상부 층으로 접근하는 수직 동선이 서비스되거나 혹은

엘리베이터에 의해 수직 동선에 대한 서비스가 이루어지는 건물이 될 수 있다(각 나라마다 실무 수행에 대한 규정이 달라질 수 있지만, 일반적으로 5층 이하의 건물에서는 건축법규에 의해 엘리베이터 설치가 면제되는 경향이 있고, 엘리베이터가 설치되는 경우 5층 이하의 저층 건물에서는 수압식(hydraulic) 엘리베이터가 권장되며 그 이상의 고층건물에서는 기계식 엘리베이터가 사용된다). 주거세대의 평면은 한 개 층의 바닥면 위에 펼쳐지게 되지만, 다수 층에 걸쳐 평면이 펼쳐지게 될 경우에는 내부에 별도의 계단을 추가적으로 설치하게 된다.

4) **혼합형 주택:** 두 개 이상의 주택 형태가 혼합된 주택. '분리된 주택'에 부속 아파트먼트가 포함될 수 있다. 대규모 아파트먼트 구조물의 두 개 층의 바닥면에 걸쳐 자체적으로 사적인 외부공간과 출입구를 가진 주거세대들을 배치할 수 있으며, 아파트먼트 구조물의 외부 회랑을 통한 접근성 때문에 '부착된 주택' 과의 유사성이 야기된다.

1) 디자인 이전단계(predesign)

① 주거지역의 밀도

주거의 유형별로 고려해볼 만한 범주의 밀도 설정이 가능하기는 하지만, 각각의 주거 유형은 자체적으로 적절한 밀도를 갖고 있다. 또한 주거세대의 밀도를 측정하기 위한 다양한 방법이 있는데, 이처럼 다양한 측정 방법 때문에 혼란이 생긴다. 가장 흔한 주거세대의 밀도 측정방법은 부지와 주거세대를 서로 관련시키며, 순밀도는 주거세대에 대한 부지의 관계를 가장 정확하게 나타내준다. 순밀도는 특정한 구조물에 명백하게 할당될 수 있는 부지의 면적을 전체 주거세대수로 나눔으로써 산출된다. 구획을 위해 '단일가족이 거주하는 독립주택(단독주택)'에 대한 순밀도를 산출하는 방법은 간단하다. 부지의 전체 면적을 부지의 전체 수효로 나눈다. 사적 소유이지만 공적으로 사용되는 도로, 주차구역이나 공개 공지가 있는 기타 주택 양식에서는 이러한 공적요소가 먼저 계산으로부터 배제되어야 한다. 이와 같이, 주거건물의 개발을 위해 보다 흔하게 사용되는 측정 대상은 '프로젝트의 밀도'이며, 이것은 단일 프로젝트로서 개발될 모든 프로젝트 부지를 근거로 사용한다. 그리고 프로젝트의 밀도 계산에 사용될 부지의 면적에는, 이와 같이 프로젝트 부지에 바로 인접되어있기 때문에 전체 개발의 패턴으로부터 떼어낼 수 없는 지엽적인 특정 도로와 거주민들에 의해 공동으로 사용되는 기타 구역들이 포함될 수 있다.

'인근의 밀도'라는 용어에는 주택뿐만 아니라 도로, 공원, 인도(보행자 도로) 및 공공시설과 같은 그러한 모든 지엽적인 지원시설에 의해 점유된 영역이 포함된다. 만약에 지엽적인 시설과 그렇지 않은 시설이 뚜렷이 구분될 수 있다면, 모든 지엽적인 지원시설에 의해 점유된 지역까지 프로젝트의 밀도 계산에 포함시키는 방법이 보다 안정적인 측정 방법이 될지도 모르겠지만, 그렇게 하면 필연적으로 사적인 활동과 공적인 활동이 함께 묶여 일괄적으로 받아들이게 된다. 보다 대규모의 면적에 대한 배치계획연구에서는 때때로 '전체적인 밀도'에 대한 보다 더 조악한 측정 방법이 사용되는데, 상업지역과 사무실 지역 심지어는 미개발 부지조차도 주거 용도지역과 함께 묶어 일괄적으로 분자 속에 포함시킨다. 두 도시의 전체적인 밀도는 종종 그러한 측정 방법에 의해 서로 비교되며, 이러한 방법은 지역계획을 위한 목적으로서는 유용할 수도 있겠지만 배치계획의 목적으로서는 대체로 의미가 없다.

주거세대의 밀도와 함께 때로는 '구획 비율' 혹은 '바닥면적의 공간지수'라고도 불리는 용적률(FAR: floor area ratio)이 개발의 집중도를 측정하기 위해 사용된다. 용적률은 사용가능한 건물 내의 전체 지상층 바닥면적을 부지의 면적으로 나눈 비율이다. 디자이너에 의해 주거세대의 밀도와 전용면적의 비율이 현저히 상향될 수 있으며, 프로젝트 부지에 규정된 규제사항 때문에 디자인의 밀도가 떨어질 수도 있다. 주차대수, 외부공간의 규모, 그리고 사생활보호를 위한 창문 사이의 이격거리에 의해 프로젝트 개발의 많은 부분이 달라진다. 만일 개발의 밀도가 너무 낮아지게 되면 지역시설과 서비스시설을 유지관리하기가 불가능해진다. 저밀도의 단독주택개발에는 서비스 비용이 많이 소요되고 땅과 사회기반시설의 낭비가 심화된다.

② 주거세대의 그룹화 표준단위

주거 건물의 보유형식, 프로젝트 부지의 밀도, 주택의 형태 그리고 유지관리시스템 등은 서로 직접적으로 연계되기 때문에, 실제적으로 모든 주거개발프로젝트에는 수많은 선택사항이 존재한다. 주거세대에 의해 형성되는 그룹화 표준단위의 척도와 형태, 주거세대로 향한 접근로의 제공, 자동차의 주차, 주거세대의 정향(定向, orientation), 거주자들의 일상생활에 대한 지원, 거주자들의 사생활 보호와 주변풍경에 대한 조망 확보, 안전의 증대 등이 이러한 선택사항들에 포함된다. 만약에 주거의 표준단위를 수단으로 하여, 어떤 주거세대들의 그룹이 다른 주거세대들로부터 구별되고 특별한 주거세대로서 생각되도록 의도된다면, 적절한 주거세대의 규격은 많은 고려사항들에 의해 정해진다. 거주자들의 합의에 의한 주거세대의 유지관리가 그러한 표준단위와 일치되는 곳에서는, 전체부지의 공통적인 이익이 상실되지 않도록 동일한 주거단위 세대들의 그룹화가 대규모로 형성되지 말아야 한다. 주거세대를 위한 바람직한 공동시설에 의해 자연스러운 주거세대들의 그룹화 규모가 제안될 것이다.

주거세대들의 그룹화 규모를 정하기 위한 사회적인 명령이 있다. 어린 아이들을 둔 가정을 위해 디자인되는 구역은, 말하자면 사람들이 그 구역의 디자인을 본 후에 12살 아래 각 2살 계층마다 적어도 두 명이나 세 명의 아이들이 있을 것이라는 추정을 할 수 있을 만큼 구역의 면적이 커야 한다. 만약에 그 지역의 주거세대들 중 단지 절반의 주거세대들에 그 나이 또래의 아이들이 살고 있다면, (12살 아래의 아이들을 2살 계층의 단위로 분류하여 나누면 6개의 나이 계층으로 분류되며, 각 나이 계층마다 적어도 두 명의 아이들이 있을 거라고 추정해 보면 12세대가 산출되는데, 그 중에 단지 절반의 주거세대들에만 아이들이 있다고 추정되므로 구역의 전체세대수=6×2×2=24가 되며) 이것은 적어도 24주거세대들에 의해 구성되는 그룹화 표준단위를 암시해줄 수 있다. 성인들 가운데에도 역시 공통의 관심사를 가진 한두 명의 친구를 인근에서 사귈 적당한 기회가 있어야 하지만, 성인들의 활동범위는 아이들에 비해 훨씬 광범위하고 관심분야도 더 다양하기 때문에, 성인들의 거주 인구수가 주거세대들의 그룹화 규모로 번역되기는 어렵다. 많은 것들이 거주 인구수의 안정성, 거주자들이 활동하는 사회적 영역의 폭 그리고 이웃을 형성하는 거주자들의 습관 등에 따라 결정된다. 사람들이 어떤 지역에 여러 해 동안 살고 난 후에는 약 15가정의 이웃 사람들과 이름을 부르면서 인사할 수 있게 되며, 30가정까지의 이웃 사람들을 알아보게 된다는 조사 결과가 있다. 교외에서는 15가정의 그룹이 전형적인 사회적-공간적 표준단위가 되며, 거리를 따라 30가정들 혹은 그 이상이 배치되어 있을 때에는 한 개의 사회단위 개체로 거의 고려되지 않음이 우발적인 관찰에 의해 제안되고 있다. 하지만 그룹화 표준단위의 규모를 정할 때에는 주변의 맥락이 문제가 된다. 인구가 밀집된 도시환경에서는, 200가정이 하나의 그룹화 표준단위가 되어 그들의 본거지에 대한 방어와 개선을 위해 특별하게 조직될 경우, 그들이 밀실하게 짜인 블록에 속해 있다는 것을 느낄 수 있다.

유사한 사회적, 경제적 배경을 가진 가정들 사이에서 사회적인 연계가 더 쉽게 형성된다. 어쩌면 유사한 가족의 유형과 가족규모, 주택의 보유형식 그리고 주택의 가격을 배경으로 하는 15가정들에 의한 그룹화 표준단위들을 창조함으로써 그러한 그룹화의 기회가 증대될 수 있을 것이다. 인접한 프로젝트 부지에서는 이러한 요소들 내에 급격한 변화가 발생되는 것을 피해야 한다. 더 넓은 반경의 지역 안에서는 사회적인 격리를 방지하고 공통적인 관례를 깨뜨리기 위해, 여러 가지 측면에 비추어 유사하지 않은 가정들을 섞는 것도 괜찮다. 우리가 다양한 배경을 가진 사람들의 그룹이 서로의 세계를 나누기 위해 함께 살기를 선택할 것이라는 희망을 가질 수는 있지만, 이것은 강압에 의해 성취되지 않는다.

③ 주거세대의 그룹화 표준단위의 패턴

주거세대 그룹화의 규모와 사회적 구성이 주거 표준단위의 유일한 쟁점은 아니다. 이 작은 규모의 주거그룹이 내적으로 그리고 외부를 향해 어떻게 연관되어야 할지에 대한 물리적인 선택이 있다. 표준단위와 접근성은 서로 연계된다. 첫 번째 유형의 그룹화 표준단위의 배치계획안은 건물의 정면이 거리를 향하도록 배치하는 패턴이며, 이러한 배치패턴에서는 주택과 주택들의 배열 그리고 아파트먼트 타워 등의 단위건물들이 거리의 양쪽에 줄을 지어 늘어서게 된다. 주택의 그룹에 대한 접근과 주거세대의 정향(定向, orientation)이 쉽고, 평면에는 모호함이 거의 없다. 만일 이와 같은 배치가 시각적으로 단조로워 보인다면, 통로의 정렬과 건축선의 후퇴 그리고 조경수단을 통해 복도 공간이 다양하게 조성될 수 있다.

두 번째 그룹화 표준단위의 배치유형에서는 주거세대의 배열들이 막다른 골목과 같은 거리의 끝부분을 향해 배치된다. 이와 같은 배치계획이 채택되면 부지개발 비용 중의 한 가지 지표인 도로에 대한 주거세대당 정면성이 현저하게 줄어들게 되며, 주거세대가 거리의 소음과 위험으로부터 멀어지게 되지만 또한 편리함으로부터도 멀어진다. 연속된 주거세대의 배열은 공동출입구의 통로에서 서로 마주 볼 수 있게 되거나, 어떤 매력적인 정향을 즐기기 위해 서로 등을 돌려 배치될 수 있다. 주거세대의 배열은, 거리에 직각 방향의 지속적인 통로시스템을 형성하기 위해, 한 개의 거리로부터 다음 거리까지 관통하여 펼쳐질 수 있다.

주거세대의 그룹화 표준단위의 세 번째 배치계획안 유형은 안뜰(內庭, courtyard)의 배합이며, 이러한 표준단위에서는 주거세대의 그룹이 중앙에 있는 공동의 외부공간을 향해 내부로 지향하게 된다. 이러한 표준단위는 이웃사람들 사이의 관계 형성을 촉진시키고, 외부인을 배제하며, 쾌적한 공간을 제공해주기 위한, 사회적이고 시각적인 이유로 인해 이루어진다. 자동차의 순환은 어쩌면 좁은 일방통행의 고리형태를 띠고 안뜰로 들어오도록 허용될 수 있거나, 아니면 영국의 광장에서처럼 간접적인 방식으로 안뜰을 통과해 지나갈 수 있거나, 폐쇄적인 계획안에서처럼 안뜰로 향한 진입이 배제될 수도 있다. 순환시스템을 내부에 포함하고 있는 안뜰은 막다른 골목의 폭만큼 좁혀질 수 있다. 안뜰의 내부공간이나 막다른 골목은 주요거리에 형성되는 공간의 주입구를 형성하면서 거리에 개방될 수 있으며, 그렇지 않으면 안뜰의 출입구는 독립적이고 안전하며 정체성이 잘 갖추어진 장소를 조성하기 위해 대문과 더불어 출입구의 양식이 갖추어질 만큼 폭이 좁혀질 수 있다.

건물의 배후 부지는 공개공지나 사적인 마당 혹은 서비스 접근로의 용도에 배정될 수 있다. 안뜰과 통로의 배치로 인해 결과적으로 블록의 내부에 형성되는 어떤 공간의 준비에도, 거리의 전면이라는 이유로 추가해줄 것이 거의 없기 때문에 상대적으로 비용이 많이 들지 않는다. 만약에 나대지의 매입가격이 싸다면, 추가비용을 거의 들이지 않고도 넓은 면적의 공원과 정원 혹은 시민농장 등이 제공될 수 있다. 순환의 고리들이 안뜰 속으로 유입되며 이웃들 사이의 상호교제에 유리하게 작용될 때를 제외하고는, 안뜰시스템은 경제적이다. 안뜰시스템은 도로시스템을 복잡하게 만들 수 있고, 서비스 차량의 운행거리를 연장시킬 수 있으며, 단위 건물들 때문에 낯선 방문객이 길을 찾기 어렵게 될 수도 있다. 안뜰은 대체로 평평한 부지에 배치되거나 아니면 관찰자가 바라볼 때 언덕 위를 향해 올라가는 경사의 형태일 경우에 최상의 풍경으로 보인다. 뚜렷하게 안뜰을 횡단하는 경사는 공간의 시각적 통일성을 파괴하며, 낮은 표고의 지표면을 향해 내려가는 막다른 골목은 그 골목의 종착점에 있는 건물에 조악함과 불안정함의 느낌을 주고, 지표면의 배수와 공공설비시설에 대해 문제를 일으킨다.

네 번째로 일반적인 주거세대의 그룹화 표준단위는 포도송이처럼 모아놓은 '주택의 다발'이며, 이러한 표준단위에서는 주거세대들이 한 곳에 집중된 형태로 열린 공간에 의해 둘러싸인다. 도로는 주택의 다발에 나란히 옆으로 지나가거나 혹은 주택의 다발 안에서 주택들의 사이를 뚫고 통과할 수 있다. 이 표준단위의 배치는, 안뜰 유형의 표준단위 배치에서 보이는 공간적인 초점과는 반대 현상인, 입체에 의한 3차원의 강력한 시각효과를 창출한다. 주거세대로 향한 접근이 복잡해질 수는 있겠지만, 거주자들 사이의 사회적인 교류를 강제하지 않고도 시각적인 통일감이 성취될 수 있다. 도로와 공공설비시설의 개설비용이 현저하게 절감될 것이며, 상당한 넓이의 개방된 공간을 보존하면서도 전체적인 개발의 밀도는 유지될 수 있다. 다수의 최근 개발프로젝트들이 아름다운 자연환경을 보존하기 위해 이 원리를 사용했다. '주택의 다발' 만들기에 의한 주거세대들의 그룹화 표준단위 배치계획안에서 발생될 수 있는 가장 어려운 문제는, 사생활의 보호와 인접한 부지의 사용에 관련된 개별건물들 사이의 상호관계가 될 개연성이 있다. 이러한 배치계획안은, 단독주택과 이동주택 그리고 주택의 배열과 심지어 슬래브를 이용하는 타워형 아파트에 이르기까지, 모든 유형의 주거세대에 적용된다. 물론 규모의 차이가 이러한 그룹화 표준단위 배치에 의해 획득되는 효과를 변경시킬 것이다.

④ 주거건물의 정향(定向, orientation)

에너지 가격의 상승은 우리에게 열을 이용한 수행에 대한 우려를 다시 한 번 일깨워주었다. 태양을 향한 좋은 정향(定向) 그리고 풍향과 국지성 기후에 관한 고려가 주거의 에너지 소비를 어느 정도 줄여줄 수 있다. 때때로 이상적인 주거의 정향이 제안되기는 하지만, 온대지역의 평범한 환경 아래에서는 적절한 간격으로 배치된 단독주택과 두 가정을 위한 구조물은 많은 방위들에 적절하게 맞추어 디자인될 수 있다. 표준 정향의 문제는 오직 스탁 디자인이 사용될 때에만 발생된다. 효과적인 열의 수행을 위한, 다음에 열거된 것과 같은 여러 가지 간단한 규칙들이 있다. 첫 번째로, 북반구의 온대지방에서는 낮에 사용되는 주요 거실공간들은 남쪽을 향해 정향되어야 한다. 두 번째로, 북반구에서 외부의 데크나 파티오는 북쪽에 배치되지 말아야 된다. 세 번째로, 북반구에서는 북쪽 외벽면의 개구부 면적을 줄여야 한다. 네 번째로, 북반구에서는 서쪽 외벽면의 개구부들은 활엽수나 기타 스크린 형태(사례: fin)에 의해 여름날 늦은 오후의 햇빛으로부터 보호되어야 한다. 다섯 번째로, 바람은 주택의 출입구와 개구부들 가까이에 도달되면 잠잠해지도록 조절되어야 한다. 여섯 번째, 모든 거주와 침실공간에는 통풍에 의한 환기가 제공되어야 한다. 이러한 기준 항목들은 실내 평면도를 다양하게 바꿔줌으로써, 거리의 정향과 관계없이 충족될 수 있다.

- **stock design:** 한 개의 기본형을 만들어 놓고 반복적으로 복제하여 사용

하며 필요할 경우 사소한 선택사항만을 추가해주는 디자인 방법

- **파티오:** 통상적으로 주택의 배면(背面)에 설치되는 테라스

건물의 정향은 주거세대의 밀도가 증가하면서, 그리고 외부에 개방된 주거세대의 벽면이 줄어들게 되면서 더욱더 문제가 된다. '두 개의 외벽이 외기에 노출된 로우 하우스'와 매조네트, 그리고 좁고 긴 통로를 통해 진입되는 아파트는, 모든 방들이 얼마만큼의 햇빛을 받기 위해 통상적으로 동쪽과 서쪽을 향해 정향된다. 하지만 그렇게 되면 서쪽의 외벽에 면한 방에서는 열기와 섬광으로 인한 고통을 겪을 수 있고, 만약에 주 거실공간이 북쪽에 배치되어 있으면 건물은 또한 남쪽과 북쪽을 함께 정향하도록 디자인될 수 있다. 물론 무더운 기후지역에서는 위에 기술된 많은 부분들이 반대로 뒤바뀐다.

아주 더운 기후지역에서는 남쪽에 대규모 면적의 유리창 설치를 피해야 하고, 특별히 서쪽 외벽의 경우에는 더욱 그러하다. 외부의 거주공간에는 그늘이 드리워져야 하며, 우세풍(탁월풍)을 받기 위한 정향(定向)은 기본이다. 두 개의 외벽이 외기에 접한 주거세대에는 통풍의 혜택이 있다. Double-loading 복도의 경제성에도 불구하고 두 개의 외벽이 외기에 접한 아파트의 이러한 장점 때문에, 디자이너가 아파트를 디자인하면서 양쪽에 플랫아파트가 배치되어 중복도를 통해 출입하게 되는 '슬래브형' 배치 대신 내부계단이 설치되어 있는 다층 높이의 주거세대를 지지하게 된다. 엘리베이터 없이 계단을 통해 수직 동선이 서비스되는 작은 아파트에서는 주거세대들이 적어도 모퉁이에 배치될 수는 있다.

가장 어려운 정향의 문제는 건물의 중앙에 복도가 배치되는 전형적인 슬래브 구조 고층 아파트 건물의 정향(定向)에서 발생된다. 건물의 정향이 단지 내부에 불어오는 바람에 영향을 주고 햇빛에 의해 형성되는 그림자에 대해 심각한 영향을 미칠 뿐만 아니라, 이러한 건물의 유형에서는 각각의 주거세대가 오직 한쪽 방향으로 향하도록 정향이 된다. 햇빛이 들지 않는 주거세대와 햇빛이 들지 않는 지표면의 발생을 방지하기 위해서, 높은 위도의 북반구에서는 북향 정면을 그리고 높은 위도의 남반구에서는 남향 정면을 피해야 한다. 남북 방향을

잇는 축을 가진 건물이 선호되기는 하지만, 남북 축에 평행하게 배치된 건물에서는 일부 주거세대가 뜨거운 서쪽 햇빛에 노출되기 때문에 이러한 배치가 이상적인 것은 아니다. 열대지방에서는 남북 축을 가진 건물이 견딜 수 없게 될 수 있다. 이 다루기 곤란한 배치의 유형에 선호되는 건물의 배열을 위해서는 각 지역의 국지성 기후가 고려되어 디자인에 반영되어야 한다. 배치계획안은 겨울철의 햇빛과 여름철의 산들바람에 대한 요구 사이의 타협에 의해 만들어진다.

- **flat 아파트:** flat 아파트는 거주의 목적으로 디자인된 공동주택 건물의 한 개 방이나 다수의 방들과 함께 취사시설을 갖추고 있는 주거세대라는 사전적 의미를 갖고 있으며, 미국의 아파트는 일반적으로 대규모 건물의 한 개 층이나 복수의 바닥면에 걸쳐 방이나 모든 방들이 배치된다. 영국에서는 이러한 시설이 한 개 층에 걸쳐 배치되는 주거세대를 flat이라고 부르며 단독주택의 상부 한 층에 거주에 필요한 시설을 갖추고 임차인에게 임대되는 주거시설 또한 flat이라고 불린다.

만약에 건물의 외벽마감재로 불투과성의 박막(薄膜)이 고려되고 있다면 건물의 정향(定向)은 더욱 어려워진다. 이에 대한 하나의 대안으로서, 주거세대를 직접 둘러싸고 있는 전체 외부 영역이 실내기후와 외부기후가 만나는 장소라고 여겨질 수 있다. 고층의 아파트 건물에서는, 여름에는 외벽에 설치된 창문을 닫음으로써 발코니가 외부 영역에 편입될 수 있지만, 겨울에는 스위치를 사용하여 창문을 닫음으로써 일광욕을 할 수 있는 실내로 만들 수 있다. 주거세대에 가장 가까운 조경은, 여름에는 그늘의 숲을 만들어주고 겨울에는 따뜻한 햇빛을 가두는 도구를 준비해줌으로써, 각 계절의 기후를 순화시키도록 디자인될 수 있다.

⑤ 주거건물의 사생활 보호와 조망

건물들 사이의 인동간격은 외부공간으로 사용하기 위해 남겨져 있는 지표면뿐만 아니라 실내에 있는 방의 거주성에도 영향을 미친다. 만약에 건물들이 서로 너무 근접하여 배치되어 있으면, 특히 건물들이 공간을 둘러싸고 있으면 소음은 그 공간 안에서 공명을 일으키게 될 것이다. 모든 방에는 적절한 자연광과 신선한 공기가 공급되어야 한다. 거주자가 방 안에서 평범하게 서있게 될 자리에 충분한 햇빛이 확보되고 밀실공포증이 방지되기 위해서는, 창문을 통해 상당한 넓이의 하늘이 눈에 보일 수 있어야 한다. 주요한 어떤 방에서든지 각 창문으로부터 요구되는 최소한의 기준은, 수평선 위로 30도 이상 튀어나온 어떤 인공적인 요소에 의해서도 창문을 통한 조망이 가로막히지 말아야 한다는 점이 될 수 있다. 조망에 관한 이러한 기준은 건물들 사이의 인동간격이 건물 높이의 두 배 이상 떨어져야 한다는 것을 제시해 주지만, 만일 주의를 기울여서 창문이 배치되면 보다 조밀한 건물의 배치도 이러한 시험을 통과하게 될 것이다. 이러한 규칙이 관찰되는 곳에서조차도 시각적이거나 청각적인 사생활의 보호가 파괴될 만큼 가까운 거리에서 직접 창문 속을 들여다보는 것은 불쾌한 일이며, 우리의 눈높이에 설치된 한 개의 창문이 18m 이내의 거리로 떨어져 있는 다른 창문을 마주보게 되는 배치계획안은 피하는 것이 바람직하다.

주거세대가 다른 주거세대의 사적인 공간이나 정면을 정향하게 되는 곳에서는 창문이 없는 외벽이나 고창(高窓)의 설치가 필요할 수 있다. 유사하게, 만일 공공의 도로가 창문틀로부터 한참 낮은 높이에 설치되어 있지 않으면, 중요한 어떤 창문도 그 도로로부터 4.5m 이내의 거리에 설치되지 말아야 된다. 이러한 기준들이 지향하고 있는 의도를 충족시키면서도 높은 밀도를 허용하는 혁신적인 배치계획안이 존재한다. 서로 반대편에 설치된 창문들은 직접적인 시야를 피하기 위해 각각의 창문을 각도 있게 설치해줌으로써 양쪽에서 바라보는 시선의 방향이 틀어질 수 있다. 부지경계선 위에 걸쳐 있는 창문이 행인들의 눈높이 위에 설치되도록 허용해주기 위해, 지상 1층의 바닥면을 거리로부터 0.9~1.2m 높이로 들어 올려 설치할 수 있으며, 이웃집의 뜰로 향한 시선을 방지하기 위해 창문을 따라 블라인더가 설치될 수 있다. 발코니의 난간을 안쪽으로 깊이 설치하여 아래쪽 사적 공간으로 향하는 시선을 방해한다. 시각적이고 심리적인 안식을 위해서, 적어도 주거세대의 일부 창문에서는 시선이 막히지 않고 멀리 뻗어

나가는 자유로운 조망을 가져야 한다.

- 스튜디오 아파트: 화장실을 제외하고는 독립된 방이 없이 거실과 침실 그리고 키치네트가 하나의 공간으로 구성되어 있는 아파트의 유형으로, 우리나라에서는 원룸으로 불린다.
- 아파트: 대규모 주거용 건물의 일부를 점유하면서, 내부에 한 개 층이나 복수의 층에 걸쳐 거실, 한 개 이상의 침실, 주방, 식당, 화장실 등 거주에 필요한 모든 시설들을 갖춘 주택의 양식으로서, 영국에서는 일반적으로 이러한 시설들이 한 개 층에 배치되고 flat이라고 불린다. 입주자 개인에게 분양되는 콘도미니엄과 달리 아파트는 임차인에게 임대되며, 일부 아파트는 개발회사에 의해 임대되어 운영되다가 일정한 행정절차를 거쳐 콘도미니엄으로 전환(conversion)된 후 분양되기도 한다.

⑥ 사적 공간

사적(私的)인 마당은 놀이를 위해, 요리하고 먹기 위해, 빨래를 말리기 위해, 정원을 가꾸기 위해, 위락과 물건의 보관을 위해서 등 다목적으로 사용되는 것에서 보이듯 여전히 단독주택용 부지에서 가장 중요한 용도가 된다. 만약에 마당에 울타리가 쳐있고 실내에 있는 부모에 의한 감시가 가능하게 되면, 3살 이하의 어린아이들은 그들의 야외생활의 거의 대부분 시간을 마당에서 보낸다. 마당에 의해 이러한 기능들이 서비스되도록 허용해주기 위해서는 12m×12m 규격의 공간이 마당의 최소 규격이 된다. 하지만 만약에 부지 내에서 그 정도 면적의 가용 지표면을 확보할 수 없을 때에는, 단순히 앉아있기 위한 목적으로 6m×6m의 간단한 '외부의 방'이 준비될 수 있다. 외부공간이 3.5m×4.5m로 줄어들게 되면 거의 사용할 수 없으며, 만약에 이러한 공간에 담장이 쳐지면 폐쇄공포가 느껴질 수 있다. 사적인 외부공간은 적절한 경사와 좋은 향(向)을 수반한 채로 주거세대와 긴밀하게 연계되어야 한다. 급경사의 지표면 위에는 개방된 데

크들을 만들 필요가 있거나 광범위한 정지작업이 필요할 수 있다. 가장 낮은 밀도의 주거세대들에는 적어도 마당의 일부분에 담장이나 산울타리에 의한 시각적인 사생활 보호가 준비되어야 한다. 마찬가지로 높은 위치로부터 받게 될 시선에 대한 시각적인 사생활 보호는 필수적이며, 이것은 건물의 위치와 정향(定向)에 의해 영향을 받게 되기 때문에 디자인을 시작할 때부터 고려되어야 한다.

인접 외부공간에 관한 하나의 일반적인 사례로서, 스웨덴의 주거개발에서는 자동차도로를 횡단하지 않고도 도착 가능한 적어도 100㎡(약 30.2평) 이상의 사용가능한 외부공간을 모든 주거세대 출입구로부터 50m 이내 떨어진 자리에 준비하도록 요구 받는다. 이 공간이 규준에 맞춘 외부공간으로 적용받기 위해서는 어떤 비주거 용도에 의해서도 점유되지 말아야 하며, 혹은 어떤 도로로부터도 3m 이내에 배치되지 말아야 하며, 50%가 넘는 경사도의 땅 위에 배치되지 말아야 하며, 춘분(vernal equinox)과 추분(autumnal equinox)에 한 시간 이상 햇빛을 받아야 하며, 혹은 55dBA 이상의 소음에 노출되지 말아야 한다. 이와 같이 다수의 품질이 외부공간의 사생활 보호를 위한 수행의 필요조건 중의 하나로 응축된다.

⑦ 주거건물의 안전

사생활의 보호에 대한 욕구는, 흔히 거주민들과 그들의 소유물에 관한 안전과 같은 목적에 저촉된다. 공공기물의 파손, 절도와 폭행 등이 흔히 발생되는 안전에 대한 위험이다. 훈련된 경찰과 사회체계의 변화가 인간의 공격성을 다루는 가장 효과적인 수단이지만, 그러한 위험이 존재하는 곳에서는 외부 공간의 배치계획안이나 사회체계에 의해 어떤 장소의 안전성 여부가 달라질 수 있다. 감시의 핵심기술은 지역을 감시하고 지역주민들에게 지역사회에 대한 책임감을 심어주는 것이다. 우리는 범죄행위에 대한 감시를 위해 건물의 출입구, 외부의 통로, 주차구역 그리고 건물의 복도가 다수의 창문들과 거리로부터 잘 바라다보일 수 있도록 조정한다. 이 부분에서 다음에 열거된 것과 같이 민감한 균형이 반드시 충돌된다. 어떤 범죄행위든 그것을 찾아내기 위해서는 주거세대와 공간에 대한 시야가 충분히 확보되어야 하지만, 거주자의 사생활이 침해당하거나, 잠재적인 범죄자에게 주거세대가 비어있다는 것이 알려지거나 혹은 범죄행위가 발각될 확률이 낮다는 명확한 신호를 줄만큼 개방되지는 말아야 한다. 최근에는 시각적인 감시를 보완해주기 위해 전자 및 광학장비들이 널리 사용되고 있다.

외부의 통로는 보행자가 가까이에 범죄자들이 숨어있을 만한 장소를 마주치지 않고, 시야가 막히지 않은 상태에서 멀리 앞길을 바라볼 수 있도록 배치되어야 하며, 길과 길이 접하는 공간은 알맞은 조도로 밝혀져야 한다. 경찰이 일정한 속도와 체계적인 방법으로 쉽게 순찰을 돌 수 있으며 범죄자에게 다수의 도주로들이 제공되지 않도록 지표면이 구성되어야 한다. 범죄행위에 대한 감시는 거주민들이 그들이 책임져야 할 영역에 대한 의미를 명확하게 알고 있을 때 증가된다. 공간에 대한 거주민들의 영역적인 우려는, 어떤 공간을 규정하면 그 공간이 명백하게 공공도로의 일부로 할당되거나 아니면 어떤 주거세대나 특정한 주거세대의 그룹에 부속되어서 범죄행위를 감시하기로 마음을 먹으면 거주민의 통제하에 놓이는가이다. 주거지역의 행정기관이 안전에 관한 책임을 지역주민들에게 이양해야만 할 때에 관리와 통제가 개선된다. 담장, 열쇠가 잠긴 출입구, 그리고 기타 장벽은 사람들에 의해 감시될 수 있을 때에만 유용하다. 그것들의 최대 가치는 침입자를 지체시키고 노출시키기 위해 영역을 규정해주는 점에 있다. 이러한 안전기술의 많은 부분들이 사생활의 보호나 조경 속에서의 개방성과 따뜻함의 의미에 상충되지만, 사회적인 평화가 결여되어 있는 곳에서는 방어적인 자세가 필요하다.

⑧ 어린이들을 위한 공간

주거용 부지의 지표면은 부지 내의 많은 거주자들에게 가장 중요한 사회생활의 무대가 된다. 어린이들은 지표면의 가장 열성적인 사용자그룹일 뿐만 아니라 어른들 사이의 우정(혹은 반목)을 맺어주는 중개자이다. 거주자들 사이의 사회적 교제는 뒤뜰의 담장을 넘어, 집 앞의 인도 위에서, 가장 나이 어린 아이들이 놀고 있는 어린이놀이터에서, 쓰레기처리장에서, 공동세탁소를 오가면서, 부지 인근의 대중교통 정류장에서, 그리고 다수의 기타 접촉 지점들에서 이루어진다. 욕구와 이유가 존재하게 된다면 거주자들 사이의 교제는 더욱 깊어질 수 있다. 부지 내에 갇혀 지내는 어린이들과 엄마들 그리고 노년층들에게는 가까운 '행위의 무대'와 접촉의 가능성이 그들의 일상세계를 구성하는 중요한 요소가 된다.

Long Island City의 Gantry Plaza State Park에 설치된 어린이 놀이터 전경

주거개발 프로젝트 부지에 대한 공통적인 디자인 결론은, 배치디자인의 과정에서 십대들은 전적으로 무시되고 청소년기 이하 아이들의 관례적인 활동이 모두 한데 묶여 사용가능성이 낮은 단지 구석에 배치되고 단일시설에 몰아넣어지는 것이다. 그런 후에 지표면의 나머지 부분은 어른들의 눈에 좋게 보이도록 디자인된다. 완공된 주거개발 프로젝트의 부지에 나가 몇 시간만 살펴보면 이러한 접근법의 비현실성이 쉽게 발견될 것이다. 영유아들은 부모들의 감시 아래 어린이놀이터에서 시간을 보낼 수 있지만, 그보다 더 자란 아이들은 갈 곳이 없어 이 장소에서 저 장소로 떠돌아다니게 될 것이다. 그 아이들은 게임과 자전거타기를 위한 견고한 표면의 외부공간, 흙장난을 하며 놀 수 있는 장소, 갑작스런 비로 인해 생긴 물웅덩이, 기어올라가기 위한 기구 등 모험과 자극을 위한 어떤 것이든지 영유아들과는 다른 가능성을 찾게 된다. 어린이들이 놀 수 있는 장소를 여러 위치에 분산시켜 설치해주게 되면 조경공사와 유지관리에 과중한 요구가 부과되기는 하겠지만, 아이들에게 놀 수 있는 기회를 제공해줄 다양한 환경은 한 자리에 집중시켜주는 것보다 여러 위치에 배분해주는 것이 좋다.

이러한 아이디어는 주차장이 지하화되고 상부데크가 공원화되고 있는 최근의 주거단지개발 추세에 반영되어 도서관, 어린이들이 놀 수 있는 야외공간과 함께 축구장이나 야구장, 농구경기장, 그리고 테니스코트나 라켓볼경기장 등이 분산 설치되면 어린이들과 가족들이 함께 여가시간을 보내는 데 많은 도움이 될 수 있을 것이다. 저소득층 주거단지에서 정기적인 유지보수가 보장될 수 없다면 프로젝트 부지 내 어린이들의 인구밀도가 제한되어야 할 수도 있다. 북미에 소재한 공동주택지역에 대한 조사결과 약 4,047㎡(약 1,224평)마다 50명 이상의 어린이들이 존재할 때에 지표면에 대한 유지관리가 힘들다는 것이 증명되었다. 이러한 기준이 절대적인 한계수치는 아니지만 우리의 통상적인 유지관리 책무를 반영하는 하나의 지표는 될 수 있을 것이다. 한편, 모든 연령층의 그룹을 망라하여 사회적인 접촉을 장려할 수 있는 공동체의 용도로는 시민농장, 소풍이나 바비큐를 위한 공간, 골프의 퍼팅연습이나 볼링을 위한 잔디밭, 수영장이나 물놀이장, 인도 위의 노천카페 등이 있다.

▌ 뉴욕시 소재 Battery Park 아파트 단지의 내정(Courtyard)에 설치된 어린이 놀이터의 모습

⑨ 비용과 갈등

건물과 공간이 가득 채워진 위치에서 수행되는 주거개발프로젝트에서는, 격리된 부지에 비해 개발비용이 약간 적게 소요되면서도 공사비용은 기본적으로 동일하게 소요된다. 사회적인 불이익이 무엇이든지 관계없이 개발회사의 입장에서 바라보는 격리된 대지의 확실한 이점은, 프로젝트의 개발을 진행하기 위해 단지 하나의 지주그룹을 다룰 필요가 있으며, 부지 주변에 이미 거주하고 있는 사람들이 존재하거나 이웃사람들이 개발행위를 주시하고 있지 않다는 점에 있다. 게다가 개발행위는 단일 위치에서 쉽게 조정될 수 있다. 개발회사는 부지의

매입비용을 보상받으며, 시장의 상황에 맞추고, 개발의 운용규모를 확대시키기 위한 목적으로, 인접 부지들에 통용되고 있는 주거세대들의 밀도에 비례하여 허용밀도를 증대시키려는 시도를 하게 될 것이다. 그 지역의 이웃 주민들은 개발의 결과로 인해 발생될 교통량과 주차문제, 공지의 상실, 주변의 건물들과 잘 어울리지 않는 새로운 건물의 출현과 알려지지 않은 이웃들의 도래를 걱정하면서 저항하게 될 것이다. 이러한 다툼의 결과는, 실제 개발의 규모를 줄이려는 시도가 반영된 디자인에 수반되어, 통상적으로 개발의 밀도를 어느 정도 높이는 쪽으로 귀결된다.

단독주택으로 구성된 기존 주거지역 안에 삽입되고, 높여진 개발의 밀도가 반영되어 나타날 개연성이 있는 결과물은, 작은 평형의 주거세대가 포함된 연립주택, 다세대주택, 그리고 다가구주택 등이 된다. 이런 유형의 건물들은 흔히 도시의 어떤 지역이 가족중심의 전용주거지역으로부터 상업시설과 업무시설을 포함하는 지역으로 변해가는 신호가 된다. 주거시설은 대부분 법규에 따라 표준화된 디자인에 의거해 지어지고 소규모의 투자자들에게 매각된다. 이러한 형태의 건물들은, 그러한 건물을 개발하는 개발업자, 건설업자들이나 투자자들 그리고 입주자들을 제외하고는, 이웃 주민들, 건축가들 그리고 거의 대부분의 사람들로부터 비난을 받는다. 그런 건물들의 외관과 배치는 정말로 진부하고 무감각하다. 최소한의 유지관리가 요구되며, 상대적으로 밀도가 높은 지역의 도시구조 속으로 삽입될 수 있는 저비용의 주택이 필요한 것은 피할 수 없는 현실이지만, 이러한 사례의 훌륭한 원형이 반드시 필요한 것 또한 절박한 사실이다.

- **Inner city:** 유럽 등지에서 경제가 집중되어 있는 도심지역의 의미로 사용되는 것과는 달리, 미국에서는 도심의 저소득층 주거지역의 의미로 사용되고 있으며, 일반적으로 교외지역에 비해 인구밀도가 높고, 많은 거주자들이 다층의 타운 하우스나 아파트에 거주하는 특징을 갖는다.

⑩ 주차시설

- 주차공간

주차장과 주택의 관계는 또 다른 결정사항들의 세트가 된다. 대부분의 사람들은 자기 집의 부엌 출입문으로부터 가까운 위치에 차량을 주차하고 싶어 하지만, 특별히 밀도가 높은 장소에서는 주차하기가 피할 수 없는 골칫거리가 된다. 주거세대 자체 다음으로는 주차공간이 부동산 중 두 번째로 비용이 많이 소요되는 항목이다. 대부분의 주거건물개발 실무에서처럼 우리나라에서도 주차공간은 아파트가 분양될 때 추가적인 비용없이 제공되는 시설에 포함되어 분양되고 있지만, 맨해튼과 같이 개발의 밀도가 높은 지역에서는 주차공간 하나마다 수만 달러의 가격이 매겨져 매매된다. 프로젝트 부지에 제공되어야 할 주차공간의 수효(parking stall numbers)는 법규에서 요구하는 최소한의 기준을 만족시켜야 하겠지만, 추가적인 주차공간의 수효는 주택의 소유 형식, 주거세대의 규격과 대중교통을 이용하는 인습 등에 의해 결정될 것이다. 낮 시간 동안에는 많은 주거세대들의 주차공간이 비워지기 때문에, 사무실과 같은 상호보완적인 용도와 함께 쓰이게 되면, 주차공간은 이중의 역할을 수행할 수 있다. 도심과 인근의 저소득층 주거지역에서는 야간주차에 필요한 주차공간 수효의 대략 65%가 주간에 다른 용도를 위해 함께 사용될 수 있지만, 이러한 숫자는 대략의 안내서일 뿐이다.

수행되고 있는 프로젝트에 비교될 만한 프로젝트에 의해 동일지역 내에서 경험된 것들을 간략하게 연구하는 것이 필요한 주차비율을 지정하는 가장 신뢰할 만한 방법이다. 제공되는 주차공간과 필요한 주차공간은 서로 순환성의 관계를 갖는다. 만약에 주차 공간의 설치에 비용이 적게 들고 취득이 용이하다면, 대중교통이 좋은 선택이 될 지역에서조차도 대부분의 사람들이 차량을 소유하고 운전하도록 부추김을 받게 될 것이다. 프로젝트 비용을 대출해주는 은행이나 주택담보대출회사가 프로젝트의 시장성을 강화하여 안정적으로 대출금을 회수하기 위한 목적으로 높은 주차공간의 설치비율을 요구할 수 있으며, 도로 위 주차구역에 차량이 과적되는 것을 피하기 위해 법규에 규정하여 높은 주차공간의 설치비율을 요구할 수도 있다.

참고로, 우리나라에서는 건축설계허가 이후에 주거건물을 분양할 수 있는 사전분양제도가 실시되고 있지만, 미국의 분양제도는 건물이 일정 정도 완공된 이후 분양허가를 받아 분양하는 사후분양제도가 실시되고 있다. 건물이 완공되면 Certificate of Occupancy라고 불리는 입주허가서를 교부받은 후 입주가 가능해진다. 그러므로 콘도미니엄의 매입자들이나 아파트의 임차인들은 모델하우스를 돌아본 후 계약에 임하는 것이 아니라 실제 건물이 대부분 완공되고 실내장식이 완비된 주거세대를 살펴보고 난 후 계약여부를 결정하게 된다. 그렇기 때문에 개발회사에 프로젝트 비용을 대출해주는 대출기관의 입장에서는, 프로젝트가 완공된 이후 안정적이고 빠른 대출금의 회수를 위해 프로젝트의 디자인이나 편익시설들에 대해 높은 관심을 보일 수밖에 없으며, 건축의 품질을 제대로 평가할 수 있는 내부전문가들을 양성하게 된다. 사전분양제도와 사후분양제도 모두 장단점을 갖고 있지만, 아파트 건물의 내부와 외부디자인에는 서로 다른 영향을 미친 것으로 보인다. 분양개시 후 6개월 이내에 60%의 분양률을 달성하지 못하면 사업수익을 얻을 수 없다는 절박함과 경쟁의 치열함 때문에 건물의 외관보다는 실내디자인에 집중한 결과 우리나라 아파트의 실내디자인이 괄목할 만한 수준에 이르렀다는 평가가 많은 반면에, 외관디자인은 아직도 천편일률적인 형상에서 벗어나지 못하고 도시의 경관을 해치고 있다는 평가가 많다. 우리나라에서 건축법과 시행령, 시행규칙 이외에 지방행정기관의 조례를 준수하여 건물을 디자인해야 하는 것처럼, 미국에서는 Uniform building code, National building code, International building code의 3가지 model building code 중 한 가지가 각 주 정부의 선택에 따라 건축법으로 채택되고, 여기에 NFPA(National Fire Protection Association)라고 불리는 미국 화재보호협회의 규정이나 장애인을 위한 Barrier-free design standard 등의 내용이 추가되어 수정을 거친 후 각 주의 표준건축법으로 사용되고 있다.

뉴욕시의 경우 주정부가 제정한 표준건축법을 모델로 New York City

Building Code를 제정하여 New York City Zoning Resolution이 함께 사용하고 있는 것처럼, 각 도시마다 추가 수정을 거친 자체의 건축법과 용도구역 법규가 건축과 배치디자인에 적용된다.

주차공간을 설치하기 위해서는 부지비용과 공사비가 많이 소요되기 때문에, 주차공간의 설치기준을 절대 최소치로 되돌리려고 시도해볼 만한 가치가 있다. 이에 대한 한 가지의 결론은, 만일 필요한 경우 추후에 주차공간을 추가 설치할 부지와 자금을 유보해 놓은 채, 처음에는 필요한 추산의 최저치에 맞추어 주차공간을 설치하는 것이다. 1~2년 이내에 주차공간이 추가될 필요가 없어지면, 유보해 두었던 부지와 자금은 다른 목적을 위해 전용될 수 있다.

- 차고

저밀도 구역에서의 지표면 주차는 연석을 따라서 준비되거나 주거세대 옆에 한 대 혹은 두 대의 차를 세울 수 있는 작은 공간이 준비되기 때문에, 상대적으로 간단하게 준비된다. 날씨가 추운 기후지역에서는 대부분의 사람들이 자동차를 보호하기 위해 차고 내 주차를 선호한다. 날씨가 좀 더 온화한 기후지역에서도 똑같이 차고가 일반적이기는 하지만, 창고의 용도로 활발하게 사용되고 있는 차고로부터 가정기업으로서의 사무실과 저렴한 확장공간으로 사용되고 있는 차고에 이르기까지 많은 다른 용도로 차고가 이용되는 것이 목격된다. 지붕만 설치되어 있는 간이 차고는, 차고와 개방된 주차장에 대한 부분적인 대체물이며 운용 가능한 세 번째 대안이다. 저밀도의 단독주택지역을 제외하고는, 아직까지 한 번도 차고의 배치에 대한 해법이 만족스럽게 제시된 적이 없었다.

서구형 단독주택의 전형이라고 할 수 있는 주거건물에서 오래전부터 주차공간으로 사용되어 온 부지 뒤뜰의 차고는 사적인 뜰 혹은 주택과 주택 사이의 골목길을 줄이면서 긴 거리의 차량 진입로를 수반하게 되는데, 그렇게 되면 진입로의 설치에 많은 비용이 소요된다. 우선권 도로의 모서리에 직접 닿아있는 위치에 설치된 차고는, 전면 출입구를 가리고 거리의 공간을 파괴하면서 동시에 지나가는 보행자들, 특히 어린이들을 위험에 빠뜨린다. 차고보다 더 높은 고도에 주거세대를 배치하면 많은 비용이 소요되고, 내부계단을 설치해야 하며, 실제 사용 중인 실내 구역들로부터 수행되어야 할 거리에 대한 감시가 약화된다. 뒤뜰에 대한 접근을 막을 수 있다고는 해도, 주거세대들 사이에 충분한 공간이 확보되어 있을 경우에는 동일한 건물선상의 주거세대에 나란히 차고를 위치시키는 것이, 흔히 가장 좋은 차고 배치의 기술이 된다. 두 개의 차고들이 하나로 붙여질 수도 있다. 만약에 차고가 주택에 붙여지면 집에서 차고로 직접 들어갈 수는 있지만, 화재의 확산을 방지하기 위한 두 주택 사이의 분리는 반드시 유지되어야 한다. 일반적으로 주차공간과 그 공간을 배정받은 주거세대와의 직접적인 상호연계는 주거세대의 순밀도가 약 4,047m²(약 1,224평)마다 10세대 이하가 되는 경우에 선호된다. 10,000m²(약 3,025평)마다 25~75세대의 주거세대들이 배치되는 중간 밀도의 주거지역에서는 통합된 주차시스템과 분산된 주차시스템 중에서 선택이 이루어져 왔지만, 외부의 주차공간과 진입도로들을 포장하게 되면 거의 1/3에 이르는 넓은 면적의 지표면이 포장된 표면으로 뒤덮이게 되고, 거리의 공간은 온통 자동차로 채워지게 된다.

우리나라에서도 점점 늘어나고 있는 자동차를 수용하여 상대적으로 더 심각한 단도주택지역의 주차난을 해소시키기 위해서는 그 지역의 용적률을 일부 상향시켜 주거용 부지를 통합시키고, 남는 부지에 일정 거리마다 녹지와 주차건물용 부지를 확보하여 차량을 수용할 필요가 있을 것이다. 부지를 가로질러 부지의 양쪽 경계선 사이에 고도차가 발생되는 곳에서는, 거실공간과 한 층 위에 위치한 반대쪽 지표면 사이의 접속을 유지하면서, 주거세대의 한쪽 면에서 슬래브 밑으로 자동차를 밀어 넣는 것이 가능할 수 있다. 이러한 방법은 또한 도로를 반 층 낮추고 도로 반대쪽의 외부공간을 반 층 높이만큼 들어올림으로써 평지에서도 구현될 수 있다. 차고를 이용하기에 편리하고 시각적으로도 주변풍경을 망가뜨리지 않도록, 때때로 주택들 사이의 공간이나 주택의 후면에 혹은 작은 마당에 2~6개의 차고를 함께 그룹으로 묶는 것도 가능하다. 예산이 허용된다면, 부분적인 '지하주차거리'를 조성하는 것이 오히려 더 나은 결론이며, 이 주차구역은 데크에 의해 덮여 자동차가 운행될 수 없는 외부공간이 된다. 데크에 의해 차량의 접근로와 주차구역이 함께 덮이게 되는 주차배치가 눈이 내렸을 때의 유지관리를 단순화시켜 주기는 하지만, 주차구역 내에 화재의 확산을 막는 시설을 설치해야 한다면 비용이 많이 소요된다.

주차구역을 단지 부분적으로만 덮어 주거세대들과 분리시킴으로써, 보다 재래식 지향의 공사가 가능할 수 있다. 대부분 초대형 단지(super block) 개념으로 개발되고 있는 우리나라의 아파트단지 개발에는 단지의 내부공간이 모두 데크에 의해 덮여 차량 없는 공원이 되고 모든 차량은 데크 밑에 주차시키는 배치계획안의 적용이 확산되고 있다. 지하주차장은 차량의 배기가스 배출로 인한 공기의 오염문제를 일으키지만, 단지 중앙부의 데크 일부를 도려내어 지하정원을 조성하고 단지 외곽부의 대지경계선과 평행하게 외기에 열린 선형의 공간을 조성하여 통풍을 시켜주면, 기계식 강제환기장치가 최소화된다고 해도 환기문제를 해결하는 데 기술적으로는 큰 문제가 없을 것이다. 다만 이와 같은 배치계획안에 의해 공사비가 많이 증가되는 것은 피할 수 없다.

- 연석주차와 야외주차장

많은 경우, 연석(curb)과 나란히 세워서 주차하거나 외기에 노출된 채로 야외주차장에 차량을 주차하는 것을 피하기는 불가능할 것이다. 연석주차의 형태는 차량의 배열을 깨고 길을 건너기 위한 안전한 출발 지대를 제공해주기 위해, 가끔씩 식재 띠를 주차공간 쪽을 향해 튀어나오게 함으로써 개선될 수 있다. 연석주차는 교차로로부터 멀리 떨어져서 배치되어야 한다. 하지만 고도로 접근성이 좋고 중점적으로 포장이 된 공간을 가치가 낮은 용도로 사용하게 되므로, 도로 위 주차에는 고비용이 소요된다.

대규모의 야외 주차장들을 설치하게 되면 차량이 주거세대로부터 멀어지게 되고 시각적으로도 좋지 않게 보일 것이므로, 도로를 벗어난 야외주차장에 차량이 그룹으로 묶여 주차되는 곳에서는 6~10개 이내의 주차공간을 배치하는 야외주차장이 선호된다. 프로젝트 부지는 모든 주거세대로부터 주차구역이 보일 수 있도록 구성되어야 한다. 하지만 작은 규모의 야외주차장이나 자투리 주차장의 고도를 보행자 도로의 고도보다 1m 내외 낮추어주면 시야의 개선이 가능해져서, 우리의 시선이 차량의 상부를 통과하여 풍경을 향해 뻗어나가게 된다. 이러한 방법은 또한 나무를 심거나 낮은 담장을 설치하여 야외주차장을 쉽게 가릴 수 있도록 해준다. 주거세대의 순밀도가 10,000m²(약 3,025평)마다 75세대를 넘는 곳에서는, 적어도 일의 차량이 차고 건물 속에 주차되지 않는 한 프로젝트 부지는 차량으로 넘쳐나게 될 것이다.

구조물 내에 주차공간을 배치하기 위해서는 지표면 위의 야외주차장을 설치하는 것에 비해 몇 배나 많은 비용이 소요되기 때문에, 고가의 부지 매입가격이 추가적인 개발의 집중도에 의해 상쇄되지 않는다면, 구조물 내의 주차공간 배치는 어려워진다. 이런 이유 때문에, 흔히 '가든 아파트 단지'라고 광고되는 미국 교외의 많은 아파트단지의 모든 지표면 위의 공간이 실제로는 건물과 야외주차장에 의해 점유되고 있다. 위에서도 언급했지만 구조물 내에 주차공간을 배치하기 위해서는 지표면 위에 개방된 야외 주차공간을 배치하는 것에 비해 몇 배나 많은 비용이 소요되기 때문에, 고가의 부지 매입가격이 추가적인 개발의 집중도에 의해 상쇄되지 않는다면, 구조물 내의 주차공간 배치는 어려워진다.

지상층 차고의 설치에는 환기설비가 필요치 않으며 혹은 지하수위가 높은 곳에서도 방수층의 설치가 필요치 않으므로, 일반적으로 지상층 차고는 지하층 차고에 비해 설치하기에 훨씬 적은 비용이 소요된다. 차고 건물의 가장 단순한 구조 형태는 한 개 층의 차량을 지표면으로부터 반 개 층 아래 포장 바닥면 위에 주차시키고, 그 상부의 가벼운 구조로 조성된 2층 데크의 개방된 슬래브 위에는 두 번째 층의 차량을 주차시키는 형태이다. 이렇게 만들 경우 차고에 이르는 접근 경사로가 짧아지고 경사로를 설치하기에 많은 비용이 들지 않으며, 두 개 층에 걸친 차고가 한 개 층의 공사비에 의해 준비된다. 다수 층의 구조물이 필요한 곳에서는 모든 차량이 반드시 같은 방법으로 주차되어야 하는지 조사해 볼 가치가 있다. 어떤 차량은 단지 가끔씩 사용될 수 있고, 부지로부터 멀리 떨어진 야외주차장에 주차될 수도 있다. 걷기, 자전거 주행, 버스 여행 등과 같은 승용차 이외의 교통수단이 사용되는 주거지역은 어디나 즐겁고 경제적이며 넓고 편리할 뿐만 아니라 공해와 위험으로부터 한층 더 자유롭기 때문에, 자동차를 사용하지 않고 살아가는 것이 현명하다고 생각될 수도 있겠지만, 그렇게 되면 일상생활의 패턴과 교통수단의 기술 및 소유권에 대한 근본적인 변화가 필요하게 될 것이다.

2) 부동산의 소유권 양식

부동산의 소유권 양식은 나라마다 다를 수 있고, 우리나라에서는 세금부과의 근거가 되는 대지에 대한 소유권과 건물에 대한 소유권이 합쳐져서 부동산의 소유권이 등기된다. 다만 여기에서는 서구에서 발달된 다양한 주거건물의 형식에 대한 다양한 소유권의 양식에 대해 다루고자 한다.

① 무조건적인 부지 소유권

각각의 주택 유형 또한 배치도가 필연적으로 근거를 두고 있는 부지 위에, 부지에 대한 소유권(거주권 및 상속권)의 가능성이 작용할 범위를 두고 있다. 소유권의 가장 기본적인 의미에는 부지에 대한 보유권과 임차권 등 단지 두 가지 종류의 부지 소유권이 포함되어 있지만, 무수히 많은 변형들이 존재한다. 주택에 대한 권리는 통상적으로 그 주택이 자리하고 있는 대지로부터 파생되기 때문에, 부지 위에 전개되는 배열이 중요하며 부지의 소유권에 관한 결정은 부지가 어떻게 구성될 수 있느냐에 관련된다.

부동산의 '무조건적인 자유 보유권'은 사람들이 보통 소유권이라고 부르는 것을 일컫는다. 그것은 부지에 대한 타인의 권리주장이 모두 무효화되었거나 규약의 형태로 동의되어 있음을 의미하며, 부지의 소유주가 이러한 조항들이 상세히 설명되어 있는 부지에 대한 권리증서를 보유한다. 약속어음의 변제를 위한 보증금으로서, 부지를 담보로 하여 타인에게 부지에 대한 융자를 제공할 수 있음에도 불구하고, 세금의 부과를 통하지 않고는 부지의 소유주가 부지에 대해 더 이상의 지불책무를 지지 않는다. 부지의 소유주는 사회의 규범과 관행 안에서 그의 부지로부터 타인을 축출할 수가 있다.

모든 인접 부지는 개인에 의해 소유된 부지와 공공에 의해 소유된 부지의 두 가지 범주로 나누어지며, 후자는 일부 공공기관에 할당된다. 하지만 공공부지의 권리증서에 등록되어 있는 지역권(地役權, easement)에 의해 개인 소유의 부지를 통해 그 부지에 접근하거나 그 부지로부터 외부의 풍경을 조망할 권리를 보장받는다. 일반적으로 공공도로 앞의 개인소유 부지와 그것으로부터 세부구획된 부지는 지방정부에 의해 확립된 규칙에 따른다. 그러한 부지의 소유권하에서 공공시설은 과세권을 가진 공공기관에 가장 잘 헌정된다. 독립 주택과 거리에 면한 많은 로우하우스(영국의 산업혁명기 근로자층을 위해 개발된 주택 형태가 기원으로서, 타운하우스와 함께 테라스드하우스의 일종으로 분류된다. 일련의 주택이 유사하거나 동일한 외관 디자인으로 나란히 지어져, 적어도 한 쪽 벽면을 이웃 세대와 공유한다) 혹은 절반이 분리된 주택(명료하게 법적으로 분리된 부지에 붙여지어진 두 개의 주거세대로 구성된 주택)은 통상적으로 부동산의 무조건적인 자유 보유권하에 개발된다. 만약에 주택들이 부착되면 부동산은 이웃과 공유한 내벽을 따라 세부적으로 구획된다. 하지만 아파트와 기타 어떤 부착된 주택의 양식이 개별 입주자들에 의해 소유되어야 한다면, 개인소유의 거리와 주차구역 혹은 어린이 놀이터 등의 공동구역으로부터 계단실, 복도, 기초벽 혹은 지붕 등의 공유구조물에 이르는 공유재산을 보유하고 유지 관리하기 위한 방법이 필요하다. 부지에 대한 무조건적인 자유 보유권의 적어도 네 가지 변형 안에, 이러한 집단적인 책임에 대해 규정되어 있다.

- **공동의 이익**

공유재산을 보유하고 유지관리하기 위해 '집단적인 책임'에 대해 규정하는 가장 단순한 방법은 '무조건적인 자유 보유권'을 가진 각 부동산 소유주들이, 그들의 권리증서 안에 부동산을 승계받는 새로운 소유주들에게 그 권리를 인계하는 조항을 규정해두는 방법을 통해, 공공시설에 대한 분리되지 않는 권리를 유지하는 것이다. 이 시스템은 부동산을 유지관리하기 위하여 부동산의 소유주들 사이에 형성되어 있는 의무감에 의존하고 있기 때문에, 부동산의 소유주 그룹이 소규모이거나 소유주들 사이의 관계가 아주 밀접할 때에, 각 소유주가 부담해야 할 비용이 최소한일 때 그리고 공동시설을 유지관리한 결과로 인해 발생되는 이익이 모든 소유주들에게 동등하고 명백하게 배분될 때에만 작동 가능하다.

- 주택 조합

주택의 소유주가 의무적으로 가입해야 하는 주택조합(home association)의 회원권은 개발지역의 주택을 구입하면서 자동적으로 취득된다. 주택조합의 회원권에 의거해 일년 동안의 유지관리 비용이 모든 부동산 소유주들에게 부과된다. 만약에 이러한 부담금이 조합원들에 의해 납부되지 않으면, 주택조합은 부담금을 납부하지 않은 소유주의 부동산에 대해 유치권을 행사하게 된다. 대규모의 개발프로젝트에서는 그들의 주택조합에 공개공지, 호수, 클럽하우스, 골프장, 수영장, 주차장, 주간 탁아시설 등등의 많은 시설들에 대해 조합의 회원에게 영구적인 책임을 부여한다. 그렇게 공인을 받게 되면 주택조합은 거주자들에게 사교적인 행사나 신문제작 등 유지관리 이상의 서비스를 제공할 수 있게 된다.

주택조합은 흔히 축소된 형태의 정부가 된다. 그러한 사례의 하나가 컬럼비아 주택조합이라고 할 수 있겠는데, 이 주택조합은 메릴랜드 신도시 대부분의 공용시설에 대한 유지관리 책임을 갖는다. 공공기관보다 주택조합에 시설의 유지관리를 맡기는 공통적인 동기는, 공지를 보존하기 위해 작은 택지 안에 주택을 덩이리로 묶으려는 요구, 공공기관이 허용해줄 도로 폭보다 더 좁은 폭을 가진 거리에 대한 선호, 그리고 공공기관이 제공하려고 준비한 것보다 훨씬 더 높은 수준의 생활편익시설을 창조하기 위한 염원 등등 공공정책으로부터 받게 될 속박을 피하기 위함에 있다. 하지만 지방정부가 제공하게 될 것을 주택조합에서 반복하게 되는 경우에는, 주택 소유주가 이중과세에 직면하게 되며, 이것은 중대한 재정적 부담이 될 수 있다. 그럼에도 불구하고 대부분의 경우 주택조합에 의해 수행되는 공용시설에 대한 유지관리는 공적인 것도 아니고 배타적으로 사적인 것도 아닌 시설을 위해 제공되는 실행가능한 방법이다.

- 콘도미니엄

공용시설 사이의 상호의존성이 더 높아질 때 콘도미니엄 법인(condominium corporation)을 설립하는 것은 주택조합 설립에 대한 대안이다. 콘도미니엄 법인은 단위세대의 내부공간을 제외한 모든 것을 포괄하는 공통요소들을 소유하고 유지관리할 뿐만 아니라, 전형적으로 주택이 놓여있는 대지를 보유한다. 콘도미니엄의 소유권(거주권 및 상속권)은, 배타적인 위락용과 은퇴자들을 위한 개발프로젝트에서처럼 건물의 외관과 지표면에 지속적으로 고도의 유지관리가 요구되는 곳에서, 중간 밀도의 타운하우스와 절반이 분리된 주택 그리고 심지어는 독립된 주택에 이르기까지 널리 퍼져 적용되었다. 콘도미니엄의 주거세대 소유주들은 예산과 유지관리의 방법에 대한 합의를 만들기 위해 적어도 일 년에 한 번씩은 만나야 한다. 회의를 통해 소유주들의 의견이 합의되어야 하는 점 때문에, 서구에서는 주거세대수가 150세대를 넘어가게 되면 응집력이 있는 유지관리그룹을 유지하기가 아주 어렵다는 것이 조사 결과 확인되었다. 하지만 우리나라에서는 관리사무소에 의해 유지관리 업무가 대행되고 있고, 주거세대수가 많을수록 다양한 편익시설의 설치가 용이해지며 관리비가 절감될 수 있는 장점이 있기 때문에, 작은 단지보다는 대규모단지가 더 선호된다. 콘도미니엄의 소유권은 배치디자인에 대해 현저한 유연성을 제공하며, 주거지역의 외관과 용도에 대해 지속적인 통제를 허용해준다.

- **콘도미니엄:** 학자들에 의하면 콘도미니엄의 유래는 AD 1세기의 Babylon까지 거슬러 올라간다. 공동주거건물을 일컬을 때 흔히 '콘도'라고 축약되는 주거용 콘도미니엄(residential condominium)은 건물에 대한 소유권이 다수로 나누어지는 부동산 소유의 한 양식이다. 명시된 단위세대들은 입주자들에게 개별적으로 소유되고, 그 나머지, 부동산의 공용 공간(홀, 로비, 복도, 인도, 세탁실 등)과 공용 설비시설 및(엘리베이터, HVAC시스템 등) 및 편익시설(amenities: 실내체육관, 수영장, 사우나, 연회장, 스크리닝룸, 클럽룸 등)은 공유된다. 주거용 콘도미니엄은 흔히 공동주거의 형식(한 개 층이나 내부계단이 설치된 한 개 이상의 층에 걸쳐 건물의 일부를 점유하면서, 내부에 주거에 필요한 모든 시설을 갖춘 주택의 양식, 영국에서는 한 개 층의 바닥면에 거주에 필요한 시설을 갖춘 주거세대를 flat이라고 부른다)의 건물로 시공되어 건물의 양식은 아파트와 다르지 않지만, 임차인에게 임대되는 아파트와는 달리 콘도미니엄은 입주자들에게 분양된다. 쇼핑몰은 산업용의 콘도미니엄

(industrial condo)으로서 개별 상점이나 사무실 공간들은 개별 소유주들에게 분양되고, 공용공간은 개별 소유주들에 의해 집단적으로 소유된다. 쇼핑몰의 공용공간과 편익시설 및 설비시설은 개별 소유주들의 협회에 의해 집단적으로 유지 관리된다. 마찬가지로 호텔 콘도미니엄(hotel condo)이나 사무실 콘도미니엄(commercial condo) 그리고 상점 콘도미니엄(retail condo) 등도 같은 방법으로 소유되고 유지 관리된다.

뉴욕시 Hudson 강변 소재 Battery Park에서 frisbee 던지기를 하며 놀고 있는 아이들의 모습. 뒤에 주거용도의 고층 타워들이 보인다.

- 협동조합 형태의 공동주택

계속하여 개별소유권으로부터 집단소유권에 이르는 마지막 단계는 협동조합 형식의 법인(cooperatives)으로 대표된다. 여기에서 주거세대의 소유주는 주주의 일원으로서, 자신이 소속되어 있는 협동조합 형식의 법인이 소유한 건물의 임차인이 된다. 프로젝트 부지에 대한 유지관리의 책임이 분산될 수 있음에도 불구하고, 외부공간과 내부공간 및 시설, 마당, 주차시설 그리고 공용공간 등 전체 단지가 하나의 실체에 의해 소유된다. 단지 내의 어떤 주거세대가 매각되었을 경우 주민들이 장래의 입주자를 선별하고 싶어 할 경우, 협동조합 형식의 법인은 콘도미니엄에 비해 선호된다. 때로는 부동산의 전부 혹은 일부에 대한 공동담보를 포함하여 어떤 비용에 대해서든 모든 주주들이 균등하게 책임을 지기 때문에, 협동조합 형태의 법인은 일반적으로 어떤 주식의 양도에 대해서든 승인할 권리를 유보한다. 거주자들의 사회적 배경과 주거세대의 매매가격을 참작하여보았을 때 일반적인 범위를 벗어난 뉴욕 시내 소재 협동조합 형식의 법인에서는 주주들의 이런 권한이 사람을 차별할 수 있는 면허증이 되며, 저소득층의 협동조합 형식 법인에서는 새로운 입주자들에게 부동산의 유지관리비에 대한 자신들의 몫을 부담하도록 확실하게 준비시키는 방법이 된다. 새로운 입주자들에 관한 논쟁에 의해 주거단지의 내부시설에 대한 유지관리의 수준과 관련된 혼란이 가중되기는 하겠지만, 임차인들은 그들의 장래 이웃사람들에 대하여 괄목할 만한 통제력을 갖는다. 협동조합 형식의 법인이 소유한 주거단지에서 전형적으로 직면하게 되는 긴요한 쟁점 중의 하나는, 떠나는 임차인이 그들의 주거세대에 대해 시장가격을 받게 해야 하는가, 아니면 단지 임차인이 입주 시에 지불했던 매입가격을 받게 해야 하는가 하는 문제이다. 그것은 불로소득 혹은 인플레이션으로 인해 폭등한 부동산 가격의 가치를 개인과 협동조합 형식의 법인 중 누가 가질 것인가에 관한 문제이다. 협동조합 법인의 소유권(거주 및 상속권)은 전체 주거단지가 재산의 세부구획 없이 하나로서 고려될 수 있음을 의미한다. 입주자들은 그들 스스로를 임차인이 아니라 소유주라고 여기며, 그들의 주택에 대한 장기적인 전망을 채택할 개연성이 높다.

② 임차권

임차권은 지금까지 언급된 모든 부동산 소유권의 양식들에 대해 반대되는 개념이며, 표준기간인 1년 혹은 2년 기간의 계약 이외에도 다양한 임차기간을 채택할 수 있다. 이를테면 99년 임차와 같은 아주 장기간의 임차권은 소유권과 거의 구별하기 힘들다. 단지 10년이나 20년의 임차기간으로도 입주자에게는 부동산에 대한 수선과 유지관리의 동기가 부여될 수 있으며, 이런 경우의 임차인은 임차부지 위에 지어진 건물을 소유할 수 있다. 주택조합이나 콘도미니엄에서와 아주 유사하게, 장기간의 임차에 대한 계획하에 정기적인 임대료의 지급에 의해 공용공간과 시설의 유지관리를 위한 기금이 조성된다. 임대료가 미리 지불될 수 있기 때문에, 임차기간의 종료일이 가까워지고 있을 때를 제외하고는 사실상 자유 보유권의 구매와 상황이 동일해진다. 실질적인 문제로서, 부지의 임차기간은 소유한 부동산을 저당잡히기에 필요한 보증금을 준비할 만큼 충분히 길어야 하며, 결과적으로 지속적인 유지관리에 대한 동기를 갖게 된다. 그렇기는 하지만, 계약의 갱신이나 종료를 조정하는 것은 어려운 쟁점이다. 부지 위에 수행된 개선사항들 때문이 아니라 사회일반의 변화가 더 중요한 원인이 되어 발생된 부지의 가치증대를 다시 징수하기 위해, 많은 공공기관들이 그들이 소유한 부지를 매각하는 대신 임대를 시작하고 있다. 이러한 가치는 부지의 가치상승을 반영하기 위해 주기적으로 상승하는 임대료에 의해 취득된다. 저렴한 가격에 부지를 임대하는 것은 또한 입주자가 지불해야 할 계약금(우리나라에서는 주택을 구매할 때 10% 정도의 계약금을 지불하고 일정금액의 중도금을 지불한 다음, 나머지 금액에 대해 은행으로부터 대출을 받게 되어 있으나, 미국에서는 계약금 개념의 downpayment를 일정금액 지급하고 나머지는 주택자금대출회사의 대출승인을 받아 은행으로부터 지급하게 된다. 임대의 경우 우리나라에서는 전세개념의 입주보증금을 지불하고 입주일로부터 한 달이 되는 날부터 월세를 내게 되어 있지만, 서구에서는 통상적으로 첫 번째 달의 월세를 포함한 2달 동안의 월세에 해당되는 입주보증금을 미리 지급하도록 요구받는 경우가 대부분이며, 개인의 신용상태에 따라 6개월 이상의 월세에 해당되는 입주보증금을 요구 받기도 한다. 입주보증금은 임차인이 다른 장소로 이주한 이후 연체료나 수선비용을 공제한 금액으로 환불받게 된다)을 낮추는 방법이 될 수 있으며, 미국의 경우에는 오래 전부터 저소득층 세대주에게는 시장가의 일정 비율을 낮춰 분양하는 주거지원제도가 실시되고 있기 때문에 결과적으로 저소득층 세대주의 주택구입 비용을 덜어준다. 하지만 저소득층 세대주들은 최소한의 임대료도 겨우 지불할 수 있는 경우가 대부분이기 때문에 임대료가 좀처럼 인플레이션과 보조를 맞추어 상승할 수 없으며, 다른 공공의 목적을 위해 부지가 필요하다고 해도 임대기간의 만기일에 주택의 소유주들을 퇴거시키는 것은 사실상 불가능하므로 장기간의 불확실성이 존재하며, 투자자금에 대한 회수가 임대계약의 만기일에 앞서 발생될 수도 있다. 주택은 처음에 월세를 받기 위한 임대용 건물로 지어졌다가 수요가 확인되면 추후에 콘도미니엄으로 전환되는 경우가 점점 더 많아지고 있다. 하지만 주택이 임대용 건물의 거주권과 콘도미니엄 소유권의 양쪽에 동등하게 잘 기능하기 위해서는 임대용 주거건물의 품질과 유지관리의 수준에 관한 여러 가지 문제점들이 디자인적으로 해결되어야 한다.

3) 주택의 유형

① 독립 주택 혹은 분리된 주택(Detached houses)

모든 배치디자인에서는 밀도와 소유권(거주권 및 상속권)의 맥락 안에서 건물에 대한 접근성, 주차, 건물의 유지관리, 입주자들 사이의 사회적 친교, 건물의 정향(定向), 부지 내의 건물과 환경에 대한 적응, 입주자들의 사생활 보호, 주변 환경에 대한 조망 그리고 입주자들의 안전 등에 대한 다수의 필요사항들이 조화를 이루어야 한다. 역사상 많은 형태의 주거형식들이 존재해왔지만, 크게 분류하자면 몇 개의 관례들에서 주택으로서의 가치가 증명되었다.

- 단독주택(Single-family detached houses)

단일 가정의 거주를 위한 '단독주택'은 전 세계를 통해 가장 흔한 주거의 양식으로 남아 있으며, '단독주택'의 장점은 이미 널리 알려져 있다. '단독주택'에서는 노출된 네 방향의 외벽들로부터 적절한 자연광과 공기를 받아들이게 되며 정원가꾸기, 놀이, 주차 그리고 기타의 외부용도를 위한 여유공간이 제공된다. '단독주택'에서는 거리로 직접 접근할 수 있고, 소음 및 외부의 시선으로부터 차단되는 사적인 마당을 보유할 수 있으며, 독립적으로 지어지고, 유지관리되고, 수선되고, 매매될 수 있다. 단독주택이 가장 저렴한 종류의 주택 양식은 아니지만, 가벼운 구조자재를 사용하여 적절한 비용에 건축할 수 있다.

단독주택은 전 세계의 많은 지역에서 이상적인 주거 양식으로 여겨지고 있으며 개별 가정을 상징한다. 서구에서는 원형적(原型的, prototype)인 단독주택이 18~22m의 전면 폭을 가진 부지 위에 약 4,047m²(약 1,224평)마다 12~15주거세대(주거세대마다 약 270m²~ 337m²)를 포함하는 순밀도로 지어졌다. 주택은 전면과 측면 그리고 배면의 부지경계선으로부터 법규에 의해 규정된 일정한 간격을 후퇴하여 '건축한계선'의 내부에 배치된다(부지에 건축한계선이 지정되어 있을 경우에는 건축한계선의 내부 어디에든 건물의 배치가 가능하지만, Planned Unit Development의 개념이 차용된 지구단위계획에 의해 특정한 목적을 위해 지정된 건축지정선에는 반드시 규정된 일정비율 이상의 건물외벽이 건축지정선에 접촉되어야 한다).

단독주택은 1층이나 2층이 될 수 있고, 대중적으로 이해되는 다양한 스타일로 장식된다. 차량은 주택에 부착된 차고 혹은 주택 옆의 공지에 주차된다. 서구의 경우 단독주택은 도시가 시골 땅을 잠식하며 불규칙하게 뻗어나가는 주요 요인이 되었고, 대중교통서비스를 비경제적인 교통수단으로 만들었으며, 오직 두 사람의 부모가 모두 존재하기 때문에 한 사람은 집을 지키기 위해 준비될 수 있는 가정에만 적합하다는 비판이 있어왔다. 부지와 서비스 비용의 지속적인 상승으로 인해 좀 더 높은 밀도를 가지면서도 세대마다 보다 좁은 전면 폭이 사용되는 단독주택 양식의 연구에 박차가 가해져 왔다. 이러한 요구에 대한 직접적인 응답들 중의 한 가지는, 단순하게 12m나 14m의 폭으로 택지의 폭을 줄이는 것인데, 그것은 중간 정도 규격의 주택에 2층으로 구성되며, 차고가 주택의 측면이 아니라 정면이나 배면에 배치되는 경우에 적절하다.

택지의 규격을 줄이는 또 다른 방법은 측면에 있는 두 개의 마당들 중 하나를 없애고, 주택을 부지경계선의 한쪽 측면 위에 직접적으로 배치하는 것이다. 택지의 한 쪽 측면에 마당이 없어지는 그러한 주택의 유형은 약 4,047m²(약 1,224평)마다 25~30세대의 순밀도로 지어질 수 있다. 인접부지 내의 유지보수를 위한 지역권(地役權, easement)은 부지경계선(property line) 위에 배치된 외벽에 페인트칠을 하고 수선하기 위해서 필요하다. 주거세대들의 근접성 때문에, 인접한 마당의 사생활 보호를 위해서 창문을 설치할 수 없는 외벽으로부터 창문을 설치할 수 있는 외벽을 구분하는 것은 기본이고, 담장과 자동차 진입로의 위치 역시 조절되어야 한다. 섬세하게 균형이 맞추어진 배치계획안이 추후에 이사 올 입주자들에 의해 훼손되는 것을 방지하기 위해 특별히 택지에 규정되어 있는 이러한 규칙들은 자주 규약의 조항으로서 기록된다. '깃대형 택지'의 개발은, 택지가 거리를 따라 평범한 방법으로 작동되는 첫 번째 유형의 개발단계와 부지가 첫 번째 유형의 부지 뒤에 위치되어 자동차 진입로에 의해 도달되는 두 번째 유형의 개발단계로, 두 단계에 의해 개발이 추진된다. 이러한 후면 부지는 차량의 진출입을 위해 단지 3m나 4m의 도로를 향한 전면 폭을 가질 수 있으며, 주택에 대한 서비스가 전면부지와 통합된다면 현저한 비용 절감이 가능하다.

- **깃대형 택지:** 주 도로에 직접 면하지 않은 까닭에, 당해 택지로 접근하기 위해서는 인접 대지 사이로 뚫린 긴 자동차 진입로가 필요하며, 구획된 일반 택지에 비해 토지가격이 싼 특징이 있다.

- 이동식 주택(Mobile homes)

이동식 주택은 적절한 가격에 단독주택을 보급하면서 발생된 문제에 대한 진일보한 응답이다. 이동식 주택에는 한층 더 좁은 택지가 필요하며, 한층 더 저렴한 건자재와 공장 노동력, 규모의 경제 그리고 한층 더 관대한 적용 규정들 때문에 택지 안에 주택을 짓는 것보다 현저하게 저렴한 비용이 소요된다. 이러한 주택의 대부분은 주택이 놓여질 위치로 이동되어 고정될 것이기 때문에, 이동식 주택이란 이름은 사실 부적절한 명칭이다. 본래 여름의 야영객들과 떠돌이 노동자들을 위한 제품을 생산하던 미국의 트레일러산업은, 이제 보급되는 신규 주택의 일정 비율을 점유하면서 3.75m와 4.25m 폭의 모듈제품을 생산하는 조립식주택의 생산시스템으로 진화되었다. 조립식주택은 좁은 자체-함유 이동식 주택으로부터 두 대가 연결되어 확장가능한 이동식 주택에 이르기까지 범위가 확장되었으며, 확장된 이동식 주택은 평범한 방갈로와 구별하기가 어렵다. 이렇게 공장에서 생산된 주택은, 매도자가 팔기는 쉽지 않지만 가격이 저렴해서 매수자가 사기에 용이하며, 신축주택의 화려함과 함께 조밀하고 유지관리하기에 용이한 장점을 갖고 있으며, 흔히 가구와 가전제품이 완비된 채로 구입할 수 있기 때문에, 특히 신혼 가정이나 은퇴자 가정에 대해 상당한 장점을 갖는다. 하지만 이러한 이미지는 공장에서 제작된 주택이 평범한 주택의 용도로서 적합하지 않다거나, 영구적인 용도에 이용되기를 기대하면서 투기적으로 보유되고 있는 도시 외곽의 땅으로 이동식 주택이 빈번하게 쫓겨나는 것을 의미해왔다.

이동식 주택은 임차한 부지 위에 세워지며, 조경이나 공동시설에는 거의 투자가 이루어지지 않는다. 이러한 개발프로젝트는 시간이 흐르면서 주차된 차량과 헛간 및 이동식 주택에 기대어 지은 집 그리고 어린이들의 물놀이터 및 빨랫줄 등과 같은 일시적인 용도개선의 결과물들이, 대오를 갖추어 늘어선 이동식 주택들 사이의 공간을 가득 채우게 되면서 난장판이 된다. 통상적으로 사선의 배열로 세워진 주거세대들에는 사생활 보호에 대한 고려가 존재하지 않으며, 질서와 유지관리에 대한 책임감이 거의 보이지 않는다. 이동식 주택단지가 그렇게 많은 지역사회로부터 저항을 받는 것은 별로 놀라운 일이 아니다. 일반 택지 위에 건립된 주택처럼 보이는 공장생산주택의 표준시방서가 건축법규 조항에 맞기만 하면 정규적인 세부구획 속으로 쉽게 통합될 수 있다. 또한 훌륭하게 계획된 이동식 주택 개발의 사례가 존재한다. 여기에서 이동식 주택단지 안의 조경은 경직되고 반짝거리는 외관을 부드럽게 완화시켜주며, 거리의 공간을 창조하고, 개별 마당에 사생활의 보호를 제공해준다. 주거세대들이 서로 직각을 이루어 배치되어 공용공간을 둘러싸고 무리를 이루도록 배치됨으로써 극도로 조직화된 대열을 깨트린다. 때때로 정면에 영구적인 가벽이 세워지고, 그 안에 도로로부터 가려져 주거세대들이 삽입되며, 가장자리에는 자동차가 주차되어 있다.

이동식 주택단지는, 한편으로 완전한 무질서를 경계하면서 다른 한편으로는 끝도 없이 반복되는 동일한 외관을 어떻게 회피할 것인가 하는 문제, 즉 모든 단독주택 지역에서 발생되는 시각적인 문제점들을 강조해서 보여준다. 이동식 주택단지의 문제는 개발의 면적과 차량 그리고 그에 결부된 우선권도로 등에 대한 이동식 주택의 상대적 규격으로부터 발생된다. 이동식 주택이 무리를 이룰 수 있거나 인도나 보행자공간을 가로질러 이동식 주택 사이의 관계가 형성되는 곳에서는 훨씬 더 쾌적한 비례가 형성되고, 지표면이 이동식 주택단지 전체를 통합하도록 디자인될 수 있다. 거리의 폭이 줄어든다거나 전면 공지의 깊이가 줄어들게 되는 그 어떤 것도 이렇게 쾌적한 비례를 형성하는 데에는 도움이 된다.

개별 이동식 주택은 스크린벽과 나무들의 식재 그리고 차고나 포치(지붕이 얹혀 있고 흔히 벽들에 의해 둘러싸인 건물 입구의 공간)에 의해 서로 연계됨으로써,

이동식 주택단지 전체에 통일감이 형성될 수 있다. 차고는 비례를 개선하기 위해 짝을 이루거나 울타리로 에워싸인 구역에 무리지어 배치될 수 있다. 이동식 주택 사이의 이격거리와 '부지 경계선'으로부터의 건축선 후퇴는 시각적으로 특징이 있는 그룹을 창조하거나 거리의 공간을 조절하기 위해 변경될 수 있으며, 키 큰 숲 속의 나무들이 주택의 낮은 지붕과 대비를 이루며 공간을 에워싸는 역할을 대신해 줄 수 있다.

개별 이동식 주택에는 유사한 지붕 경사도와 벽체의 재료 혹은 개구부의 비례를 맞추는 방법이 사용될 수 있다. 이동식 주택의 작은 규격 자체가 시각적으로 불쾌감을 주는 것은 아니기 때문에, 오솔길과 정원 그리고 조망에 대한 고려 및 차량과 서비스 차량에 할당된 공간 등 이동식 주택단지의 모든 것들이 척도에 맞추어지면 매력있는 단지의 조성이 가능하다. 사회 정서상 우리나라에서 이동식 주택단지가 개발되는 어렵겠지만, 성공적인 이동식 주택단지의 개발 선례는 주거지역의 개량을 초대형 단지(super block)의 개발 방식에 거의 일방적으로 의존하고 있는 우리나라에서도 참고할 만한 사례가 될 것이다.

② 부착된 주택(Attached houses)

- 한쪽 벽이 옆 세대와 부착된 주택과 복층형 주택(Semis and duplexes)

오랜 역사를 갖고 있는 도시들은 3층으로 구성된 보스턴의 복층주택, 필라델피아 스타일의 2층 복층주택, 내정이 있는 뉴욕시 퀸즈의 사각형 복합주택, 한쪽 벽체가 부착된 토론토의 복층주택 등 각각 지역 주민들의 요구사항과 기준에 대한 응답으로서 부착된 주택의 풍부한 배열을 보여준다. 이렇게 여러 가구가 하나의 주택 안에 포함되어 있는 건물에는 흔히 건물의 소유주가 입주해 있고 나머지 주거세대는 세입자들에게 임대됨으로써, 주택은 서로 다른 가족들을 위해 기능하게 된다.

우리나라의 다가구주택이 이러한 유형의 단독주택에 해당되며, 법규에 의해 19세대 이하가 거주할 수 있는 지하층을 제외한 3층 이하의 건물로서, 지하층을 제외한 바닥면적의 합계가 660㎡(약 200평) 이하인 주택으로 규정된다. 다가구주택은 면적이 작은 부지에 건축되기 때문에, 지하주차장의 배치가 어렵고 지하층을 설치할 경우 경제성도 떨어진다. 1층을 필로티(piloty) 구조로 하여 주차장으로 사용할 경우 층수규제에서 면제시켜주는 조항이 있기 때문에, 모든 다가구주택의 디자인이 법규에 의해 획일적으로 규정된 사례 중 하나이다. 우리나라의 다가구주택은 단독주택의 형식으로 지어지므로 부착된 주택에 해당되지는 않는다. 요즈음 미국에서는 개발이 종료되고 오래 지난 교외의 단독주택 지역에 부착된 주택의 다양성을 다시 회복해주기 위해, 현존하는 대규모 단독주택의 내부가 개조되어 여러 세대의 아파트들로 나누어지거나, 뒤뜰을 경계로 배면의 부지 경계선 근처에 새로운 건축물이 증축되고 있다.

두 가정 주택에는, 영국에서 비롯된 주택의 유형으로서 주거세대들이 나란히 접합되는 곳에서 절반이 분리된 주택(인접한 두 개의 부지 위에 건립된 두 개의 주거세대들이 부지경계선에서 서로 접합되어 구성된 주택), 한 개의 주거세대가 다른 주거세대의 상부에 위치하는 듀플렉스, 그리고 한 개의 주거세대가 부지의 앞면 절반을 차지하고 다른 주거세대가 뒷면 절반을 차지하는 부지의 배면 주택 등 적어도 세 가지의 명확한 이형들이 존재한다. 절반이 분리된 주택은 단독주택이 갖고 있는 거의 대부분의 장점을 갖는다. 네 개의 외벽 대신 세 개의 노출된 외벽을 이용하여 사적인 출입구와 외부공간이 제공될 수 있으며, 적절하게 디자인될 경우 접합된 주거세대 사이의 소음차단에 상대적으로 적은 문제점이 발생된다. 한 개의 측면 마당을 제거함으로써, 택지와 서비스의 정면 폭이 축소된다. 전통적인 사례 역시 바로 옆 택지의 주거세대와 자동차 진입로를 공유한다. 만약에 한 개 주거세대의 출입구가 특별히 건물의 측면으로 숨겨지게 되면, 절반이 분리된 주택은 소유권이 서로 분리되어 있음에도 불구하고 마치 하나의 커다란 주택처럼 보일 수 있다.

한편으로 듀플렉스는, 적은 규모의 투자와 유지관리의 기회를 제공하면서, 통상적으로 건물의 소유주가 입주하는 세대와 임대되는 주거세대로 구성된다. 이제는 각 주거 세대를 위해 사적인 외부공간을 창조하기가 더 어려워졌다. 이에 대한 대안들 중 하나의 결론은 한 개의 주거세대에 건물의 앞쪽 공간을 배정하고 다른 주거세대에 건물의 뒤쪽 공간을 배정해주는 것이다. 대안으로서의 또 다른 결론은, 뒤뜰을 하부의 주거세대에 할당해주는 반면에, 상부의 주거세대에는 전통적으로 거리에 면하는 발코니를 제공해주는 것이다. 추가적인 이형(異形)의 대안은 다수의 구도심 지역들에서 개별계획에 의해 개발된 패턴으로서, 외부공간이 없는 작은 규격의 아파트가 대규모 가족의 주거세대 상부에 배치된다. 이러한 아파트가 추가적인 가계 소득을 위해 임대되거나, 노부모나 대가족의 다른 구성원에 의해 입주될 수 있다.

주택가격이 상승하고 건물의 소유권을 쉽게 취득할 수 있는 방법이 추구되면서 '듀플렉스'와 '절반이 분리된 주택'의 가치가 재발견되고 있으며, '택지의 배면 주택'의 가치 역시 다시 고려되고 있다. 주택의 배면 외벽에 부착되는 노인용 별채가 그 한 사례이다. 또 다른 사례는 뒤뜰에 있는 차고를 거주세대로 개조하는 것이다. 기존 주택이 다른 주택의 유형으로 전환될 때 주택의 정체성과 주택으로 향한 접근이 어려워질 수 있지만, 신축주택의 경우에는 전면과 후면의 분할이 저밀도의 성격을 약화시키지 않으면서 밀도를 배가시키는 가장 바람직한 방법이 될 수 있다. 듀플렉스와 절반이 분리된 주택의 이형이라고 할 수 있는 또 다른 주택의 유형은 쿼드 혹은 네 개의 주거세대를 포함하는 건물이며, 다수의 변형들이 존재한다. 미국의 펜실베니아주 아드모어에 있는 Frank Lioyd Wright의 썬탑 홈은 바람개비 패턴의 주거세대들로 구성되어 있으며, 각 주거세대는 밖에서 바라볼 수 없는 사적인 외부공간을 보유하고 있다. 바람개비 패턴에는 적어도 두 가지의 어려움이 존재한다. 각 주거세대에는 거리에 정면성을 두는 두 개의 외벽이 필요한데, 이는 서비스 측면에서 많은 비용이 소요되며 주거세대의 사적인 외부공간이 공공의 거리에 접경되고, 차폐물의 설치가 필수가 되며 거리는 한산한 복도로 전환되게 만든다. 다른 쿼드 디자인은 사실상 부착된 듀플렉스이다. 부착된 듀플렉스에서 해결되어야 할 문제는 거리에 면한 좁은 주택의 정면에 그렇게 많은 차량들을 어떻게 수용할 것인가 하는 문제가 된다.

- 로우 하우스(Row houses)

로우 하우스는 지표면으로부터 접근하는 주택의 유형들 중 가장 낮은 가격에 대부분의 공간을 제공하며, 유지관리와 난방에도 가장 적은 비용이 소요된다. 로우 하우스에서는 좁은 측면의 마당에서 사장될지도 모를 택지의 공간이 보다 효과적으로 사용되고, 듀플렉스에서보다는 더 높은 정도로 그리고 절반이 분리된 주택에서와 비슷한 정도로, 외부공간에 대한 사생활 보호가 이루어질 것이다. 로우 하우스는 3.5~10.5m폭으로 1층이나 그 이상의 층으로 구성될 수 있지만 통상적으로는 2층으로 건립된다. 로우 하우스에서는 다른 주택의 유형들에서보다 주거세대의 지속적인 배열을 이용하여 일관된 시각적 공간을 획득하는 것이 훨씬 더 쉽고, 만약에 특별히 지형을 따라 곡선을 이루거나 어떤 영역을 둘러싸기 위한 형태가 만들어지면, 일관된 시각적 공간의 획득이 더욱 용이해진다.

로우 하우스라는 용어에는 노동자계급이라는 의미가 함축되어 있기 때문에, 부동산개발 사업자들은 흔히 로우 하우스를 일컬어 타운 하우스 혹은 테라스 하우스라고 부른다. 로우 하우스를 계획할 때에는 부지에 잔여공간을 남겨두지 않은 채 부동산의 무조건적인 소유권 형식을 채택할 것인가 아니면 집단 소유권의 형식을 채택할 것인가에 관한 기본적인 선택을 해야 한다. 부동산의 무조건적인 소유권 형식을 채택하게 되면, 모든 택지들이 공공의 도로에 직접 면해야 하며 차량은 각 주거세대의 택지 내에 수용되어야 한다. 그리고 도로로부터 떨어져 있는 개인 소유의 마당은 일반적으로 주거세대를 통해서만 접근 가능하게 될 것이다. 오늘날 전통적인 로우 하우스를 건립하기에 장애가 되고 있는 것은, 사유지를 관통하는 과도한 우선권도로와 고비용이 소요되는 공공서비스시설 그리고 연석눌림의 빈도에 관한 제약처럼 공공법규에 의해 부과된 부담이다. 개인소유의 도로를 개설하고 그러한 도로를 유지관리하기 위한 기관을 조직하는 것은 공공 법규에 의해 부과된 부담을 교묘하게 피해가는 방법이 된다. 하지만 일단 부동산의 집단 소유권의 형식이 받아들여지기만 하면, 주거세대들을 한데 묶기 위한 많은 선택사항이 존재한다.

로우 하우스의 외벽 하나만이 정면으로 도로를 향하고 있는 곳에서는 실내 공간의 배치가 문화적인 태도에 의거하여 결정될 것이다. 거실과 식당이 거리 쪽에 배치되는 것을 선호하는 사람들이 있는데, 그렇게 되면 거실과 식당의 위치는 방문객들이 가정 속으로 관통해 들어올 수 있는 한계가 되고, 부엌과 사적인 마당은 무대의 뒷면이 된다. 특별한 접근을 위해 거실의 배치를 보류해 둠으로써 연관된 외부공간과의 직접적인 연결을 허용한 채, 주방과 식당이 전면에 배치되는 것을 선호하는 경우도 있다. 어떤 배열이 되든지 창고와 서비스 기능은 전면이나 후면의 출입구에 준비되어야 한다.

로우 하우스의 거실에 대한 가장 흔한 불만은 빈약하게 구상된 출입구, 창고, 쓰레기 처리시설, 자전거 주차장과 같은 서비스 기능의 배치로부터 비롯된다. 로우 하우스 단지에서는 개인적인 정체성이 상실될 수도 있다는 우려가 있지만, 각각의 주거세대가 서로 다른 외관을 갖게 하거나 입주자에 의해 개인적인 특징을 가질 수 있도록 디자인이 개별화될 수 있다. 특히 주택이 자신의 상징이 된다고 생각하는 중산층과 수입에 관계없이 주택이 자신의 상징이 된다고 생각하는 부류의 사람들에게는, 그들의 주거세대가 시각적으로 개별화될 수 있는 가능성이 무엇보다 중요하다. 다른 사람들은 자신들의 정체성을 주장하기 위해 그들과 다른 방법을 선택한다. 장식을 통해 한 장소에 대한 소유권을 주장하는 것은 단지 개조의 한 측면에 불과하며, 그러한 변화는 피상적인 것이다. 만약에 주택에 대한 구조적인 변화나 입체적인 변화를 만드는 것이 가능해져야 한다면, 디자인의 성공을 위해 한층 더 많은 사전 검토가 요구된다.

가장 개발이 잘된 많은 북미의 도시지역들이 로우 하우스의 형식으로 조성되어 있지만, 보스턴 싸우스엔드 지역의 활처럼 튀어나온 주택, 뉴욕시 브루클린의 파크슬로프에 있는 브라운스톤, 조지타운의 평평한 연방주의자 주택, 몬트리올의 회색빛 빅토리안 스타일 주택, 시카고 남부지역의 석회석으로 장식된 타운하우스, 그리고 샌프란시스코 러시안 힐에의 주택은 스타일과 상세에서 각각 뚜렷이 구별된다. 이들 지역에서는 흔히 건물의 입주율과 밀도가 수년간에 걸쳐 상하로 들쑥날쑥 바뀌어오면서, 단일 가정을 위한 넓은 면적의 '로우 하우스'가 여러 층의 플랫이나 한 층마다 2개의 하숙집, 혹은 작은 아파트로 개조될 수 있었으며, 지역사회의 부동산가격이 상승하면서 듀플렉스나 단독주택으로 다시 개조될 수 있었다. 이러한 결과물은 로우 하우스가 플랫으로 개조될 때, 세대간 벽체 사이의 거리가 두 개의 침실이나 거실로 사용하기에 충분할 만큼 넓었기 때문에 가능했으며, 특별히 부엌과 욕실 같은 실내의 방을 수용하기에 충분할 만큼 주거세대의 평면이 깊었고 수직순환시스템을 단독주택이나 다세대의 주택에 동등하게 잘 작동되도록 전략적으로 배치할 수 있었기에 가능해졌다. 이러한 일련의 개조는 개별세대에 소유권을 허용해주는 분리된 소유권형식에 의해 촉진되었다. 최근에는 19세기에 시공된 로우 하우스처럼 크게 지어지는 주거세대가 거의 없지만, 어떤 규격의 주거세대든지 장래에 부동산의 소유권 양식이 전환될 수도 있음을 고려하면서 디자인하는 것이 가능하다.

로우 하우스는 서구에 가장 널리 보급된 중간 밀도의 부착된 주택 양식이다. 로우 하우스는 전형적으로 10,000㎡(약 3,025평)마다 35~50주거세대의 순밀도(주거세대마다 200~285㎡)로 건립되지만, 3.5~4.5m의 좁은 전면 폭을 가진 3층짜리 건물인 경우에는 10,000㎡(약 3,025평)마다 75세대(주거세대마다 133㎡)가 지어질 수 있다. 주차공간을 수용하고 주거세대의 사생활을 보호해주기 위해, 위에 언급되어 있는 밀도 이상으로 로우 하우스가 배치되면 각 주거세대에 사적인 출입구와 외부공간을 제공해주는 것이 한층 더 어려워진다. 디자이너는 사적인 외부 공간으로서 혹은 그룹을 위한 외부공간으로서 데크를 설치하거나, 아니면 자동차의 주차를 위해 비용이 많이 소요되는 차고를 설치하도록 디자인할 것을 강요받게 된다. 따라서 부착된 주택이 10,000㎡(약 3,025평)마다 75~100세대의 밀도로 밀실하게 건립되도록 보장되기에 앞서, 부지 가격이 현저하게 비싸기 때문에 그렇게 밀실하게 주택을 건립할 수밖에 없다는 것이 반드시 입증되어야 하며, 거실과 침실로부터 외부공간과 주차장에 이르기까지 모든 것들이 다 갖추어진 자족적인 주거세대가 시장에서 강력한 호감을 받고 있다는 것이 입증되어야 한다.

- **Federal style:** 미국의 독립전쟁 이후 헌법의 제정을 주장하며 강력한 중앙정부를 창도한 연방당이 집권했던 1785~1815년 사이에 주로 로마건축의 어휘를 사용하며 유행했던 건축스타일이다.
- **Gentrification:** 낙후되어 있던 특정 지역사회의 활성화는 저소득층의 예술가들에 의해 촉발될 개연성이 높으며, 화랑이나 부티크, 공방이 한 지역에 집중되기 시작하면서 또한 분위기 있는 레스토랑이나 카페가 그 주변에 집중 개설되어 특유의 환경이 조성된다. 이렇게 특정지역의 도시환경에 대한 매력이 높아지면서 방문객이 급증하게 되고, 지방정부가 그 지역의 용도구역을 변경시켜 주거용의 개발프로젝트를 유치하고, 개발프로젝트에 대한 세금을 감면시켜주는 등 버려진 건물을 개조하기 위한 투자가 촉진되면서, 부동산개발사업체들에 의해 주거시설에 대한 광범위한 투자가 이루어진다. 결과적으로 지역공동체 내의 활동이 지속적으로 증가하고, 사업기회의 매력도가 높아짐으로써 재정적인 투자의 선순환과 함께 범죄 발생률이 하락하고 고소득층의 인구가 유입된다. 이어서 증대된 부동산 가치로 인해 상승된 집세나 가게세를 감당할 수 없는 기존의 저소득층 가정과 예술가 그리고 소규모 사업체의 퇴출로 이어진다. 이는 인구 50,000명 이상의 많은 도시들에서 흔히 발생되고 있는 도시공동체의 한 추세로서, 많은 사례들이 있지만 예술가들이 뉴욕의 Greenwich Village나 SoHo에서 과거의 공장이나 창고를 개조한 Brownstone(연한 갈색의 사암) 건물에 거주하며 그림을 그리게 되면서 화랑들이 집중되고 레스토랑과 상점이 번창하였으나, 상승한 임대료를 감당하지 못한 예술가들이 East Village로 옮겨갔다가 또다시 East River를 건너 Brooklyn의 Dumbo, Park Slope, Brooklyn Heights를 거쳐 Williamsburg와 Greenpoint지역으로 옮겨간 사례가 자주 언급 된다. 우리나라에서도 최근에 홍대 부근이나 가로수길, 경리단길에서 발생되고 있는 현상이 gentrification의 사례라고 할 수 있다.

- 기타 부착된 주택(Other attached houses)

적층된 타운 하우스는 주거세대로 통하는 사적인 출입구와 각 주거세대에 외부공간을 허용해주는 고밀도의 주택 양식이다. 적층된 타운 하우스의 배열은 결과적으로 부착된 듀플렉스와 같은 배열이 되고, 적층된 타운 하우스에 선택되는 많은 것들이 듀플렉스에도 동일하게 선택된다. 적층된 타운 하우스의 상부 주거세대는 2층이나 3층에서부터 시작되며, 사적인 계단을 통해 도달된다. 화재가 발생되었을 때의 피난계단 규정 때문에 통상적으로 상부층에 설치되는 시설을 최소화시키면서, 피난계단 등의 시설과 함께 작은 주거세대를 하부에 배치하는 것이 유리하다. 사적인 마당은 각 주거세대가 어느 한 쪽의 지표면 공간을 온통 차지한 채 두 개로 분리되거나, 지붕공간과 데크는 상부 세대에 의해 사용되고 지표면 공간은 통째로 하부 세대에 의해 사용되도록 배정될 수 있다. 외부공간을 온전하게 사적인 공간으로 만드는 것은 거의 불가능하지만, 각 세대가 독점적으로 사용할 수 있는 구역이 제공될 수 있으며 외부공간에 대한 공동관리의 필요성이 거의 없도록 택지가 디자인될 수 있다. 밀도의 문제 때문에, 주차 행위는 주거세대의 하부에서 또는 주거세대 사이의 데크에 의해 덮여있는 공간 내에서 수행되어야 한다. 적층된 타운 하우스 양식의 변형은 2층 혹은 3층에 있는 공동의 외부 회랑을 통해 상층부 주거세대에 도달되는 유럽식의 복층주택이다. 이러한 유형의 복도에서는 보안관련 문제들이 발생될 수 있다. 가장 사치스러운 회랑을 통해 도달되는 부착된 주택의 전형은 의심할 여지없이 몬트리올 세계무역박람회 때 Moshe－Safdie에 의해 디자인된 '해비탯 67 콤플렉스'이다. 주거세대는 불규칙하게 쌓이는 형상으로 구조틀 안에 적층된다. 밀도는 적층된 타운하우스보다 높지 않지만, 지붕의 바닥면에 넓은 외부공간이 제공되어 비록 공중에서일지라도 모든 방으로부터 외부공간에 대한 실질적인 접근성을 갖게 된다.

- **유럽식의 복층주택:** 대규모의 주거용 건물에 딸린 단일 주거세대가 두 개층에 걸쳐 배치되고, 내부계단에 의해 수직방향의 순환동선이 서비스되

며, 각각의 주거세대에 별도의 지표면 출입구가 준비되는 다세대주택의 양식이다.

자동차의 주차공간과 사람들의 휴식공간 그리고 건물의 1층 바닥면을 수용할 지표면이 충분하지 않기 때문에, 공사비용이 많이 소요되는 주택양식을 개발하기 위해 해결해야 할 가장 어려운 점은 공사비용의 조달이다. 결과적으로, 보다 작은 규격의 '부착된 주택'이 10,000m²(약 3,025평)마다 60~100주거세대의 밀도(주거세대마다 100~166.7㎡)로 지어진다. 이러한 범주의 밀도 이상으로 디자인된 대부분의 주택은 아파트 건물 안에 포함되어 있다.

③ 아파트(Apartments)

- 엘리베이터가 설치되지 않은 아파트(Walkup apartments)

과거에는 계단을 통해 걸어서 오르내릴 수 있는 아파트가 가장 싸게 구입할 수 있는 주택의 한 유형이었으며, 최소한의 복도를 갖도록 디자인되고, 대부분의 주거세대들은 계단 참(landing)으로부터 직접 도달된다. 계단을 통해 걸어서 오르내리는 아파트 개발의 장점은 아무리 큰 대규모의 프로젝트일지라도 다수의 작은 규모로 쉽게 나누어질 수 있다는 점이다. 단지 소수의 주거세대들이 함께 공동의 계단을 사용할 필요가 있으며, 공동의 내정(courtyard)이 외부의 거실이 될 수 있다. 어쩌면 아파트 세대 수의 1/3을 부착된 주택과 비슷하게 만들기 위해 지상 1층 주거세대들에 개인 소유의 외부공간이 제공될 수도 있다. 안전을 위해 차량에 대한 감시를 허용해주면서, 각 건물로부터 가까운 소규모의 야외주차장에 무리를 지어 차량이 주차될 수 있다. 설비 및 시공기술의 발전과 더불어 부지의 경제성 확대를 중시하는 사회적 추세 때문에 저층아파트의 개발이 흔치 않은 사례가 되었지만, 저층아파트는 개발할 만한 가치가 있으며 특별히 지형의 변화가 많아서 여러 층에 걸쳐 주거세대의 출입구가 생길 수 있는 프로젝트 부지에서는 더욱 그러하다.

- 엘리베이터 아파트(elevator apartments)

고층건물에는 승객용 엘리베이터(passenger elevator)의 도입, 내화구조(fire resistant structure)의 사용 그리고 기계식 HVAC 시스템(heating, ventilation and air conditioning system)의 설치가 필요하다. 이것들은 비용이 많이 소요되는 요소이기 때문에 고층의 아파트에서는 소요된 비용을 보상받기 위해 주거세대당 부지의 매입비용을 낮춤으로써, 통상적으로 계단을 통해 걸어서 오르내리는 아파트에서보다 훨씬 더 높은 밀도가 적용되어 디자인된다. 엘리베이터 아파트가 다양한 평면형태로 디자인될 수는 있겠지만, 이와 같은 평면의 기본적인 양식에는 각 층의 주거세대가 엘리베이터와 계단으로 구성된 코어 주변에 무리를 이루어 밀실하게 배치되는 타워형(탑상형)의 평면과, 주거세대의 슬래브가 각 층에 펼쳐진 복도를 따라 배열되는 슬래브형(중복도형과 편복도형)의 평면이 있다.

슬래브형 평면의 변형으로는 엘리베이터에 의해 도달되는 접근 복도가 모든 주거세대의 2층이나 3층에 배치되고, 주거세대에 설치된 내부계단을 통해 상층부와 하층부의 거실구역에 도달되는 스킵플로어 시스템(skip-floor system)이 있다. 탑상형의 고층건물 블록은 건물이 높이 올라가서 외부를 향한 시각적인 조망이 개방될 때, 각 주거세대에 보다 풍부한 자연광의 유입이 허용되고, 더 빈번한 통풍의 기회를 갖게 된다. 슬래브형의 평면은 종종 좋지 않은 비례를 갖게 되고 시야를 가릴 수 있으며, 타워형 평면에 비해 넓은 면적의 그림자를 지표면에 드리우거나 어설프게 지형에 맞추어질 수도 있지만, 상대적으로 저렴한 주거평면의 유형이다. '스킵플로어 시스템'은 슬래브형 평면 건물의 정면과 배면을 관통하는 주거세대를 제공해줄 수 있으며, 통풍의 이점을 갖게 되지만 이것은 장애자의 주거세대 내 접근성을 희생함으로써만 구현된다.

고층아파트는 높은 밀도에 의한 유용성과 함께, 임차인들의 익명성과 사회적 자유를 보존해주고, 높은 층의 거주자들에게 훌륭한 조망과 맑고 시원한 공기를 제공해줄 수 있다. 엘리베이터가 위험한 장소가 될 수 있음에도 불구하고, 출입구에서 특별하게 24시간 통제되기만 한다면 아파트는 아주 안전하다. 고층아파트 건물 자체가 도시의 척도상 극적인 강조점을 만들고, 넓은 도시공간에서 아파트 건물들이 조화로운 구성을 이루며, 산이나 바다, 강, 호수 같은 자연환경과의 사이에 강력한 연계가 만들어질 수 있다. 게다가 고층아파트가 배치되는 주거시설의 밀도에서는 행사나 연회를 위한 음식공급, 탁아소, 편의점, 사교시설, 수영장, 스쿼시코트 등 모든 특수한 서비스의 제공이 건물 내부에서 가능해진다. 이와 같이 어떤 가정에는 고층아파트가 선호되는 주거환경이 될 수 있으며, 고층아파트 건물이 도시의 중심지역에 한정되어 위치되어야 할 필요도 없다. 하지만 어린 아이들을 키우고 있는 가정에서는 그 어린 아이들과 부모들이 받게 될 스트레스가 높아질 수 있다. 부모들이 실내에서 일하고 있는 동안에는 밖에서 노는 어린 아이들을 감독할 수 없게 될 것이므로, 높은 위치의 발코니와 엘리베이터, 낯선 사람들과의 접촉 등 위험 요소에 대한 지속적인 우려가 있을 것이다.

엘리베이터 아파트 건물의 지표면 높이에는 외부 공간의 사용을 불편하게 만들 강한 바람이 형성될 수 있으며, 20층 이상에 위치한 발코니는 사용이 불가능해질 수도 있다. 이러한 문제점들은 눈이 많이 내리는 기후 지역에서 배가된다. 1층 주거세대는 건물 하부의 외부공간에서 집중적으로 발생되는 활동에 의한 소란 행위에 시달리게 되며, 1층 슬래브를 반층 정도 들어올려 정원을 설치하고 담장을 이용해 1층 주거세대를 보호해주거나 혹은 1층에는 아예 주거세대를 배치하지 않고 주민공동시설을 배치할 수 있다. 한때 유행했던 것처럼 1층 레벨의 바닥면을 전체적으로 비워놓는 방법은, 구조물을 필로티 위에 올려놓으면서 1층 레벨에서 발생되는 바람의 문제와 비용의 문제 그리고 감시 부족의 문제 등 문제점을 해결하기보다는 더 많은 문제점을 발생시킨다.

건물의 정향(定向)에는 건물 1층의 용도와 주거세대의 햇빛에 대한 노출 그리고 건물의 상부로부터 바라보이는 전망 등이 함께 고려되어야 한다. 다른 장비와 비교된 엘리베이터의 상대적 가격과 엘리베이터에 의한 고속서비스, 짧은 대기시간에 대한 추정된 선호도에 의해 엘리베이터는 단일 위치에 무리를 이루어 설치되어야 하고, 건물은 고층으로 지어져야 하며, 엘리베이터가 정지하는 층마다 많은 주거세대들이 배치되어야 한다는 결론에 이르게 된다. 하지만 엘리베이터를 이용하는 건물 내의 거주자들이 소수이고, 짧은 거리의 복도가 설치되어 있는 건물에서는, 사람들이 보다 더 개인적인 상황을 위해 엘리베이터의 대기시간 몇 초 정도는 기꺼이 더 할애할 수 있을 것이다. 압축공기를 이용하여 작동되는 수압식 엘리베이터(hydraulic elevator)로 교체하게 되면 운행속도가 느려지기는 하지만 전형적인 고속엘리베이터 설치비용의 단지 일부분의 비용만이 소요되며, 엘리베이터 이용자들이 운행속도의 변화를 거의 알아챌 수 없고, 고층건물보다 훨씬 낮은 구조물(일반적으로 5층 이하의 건물)에 대해 경제적인 시공을 허용해준다. 만일 엘리베이터가 한 층씩 번갈아 가며 멈추는 복도가 사용된다면, 각 층마다 정차하는 고속의 엘리베이터 설치에 비해 실질적으로 시간이 절감될 수 있다.

④ 혼합형 주택(Hybrid types)

서로 상이한 주거유형이 프로젝트나 구조물 안에 혼재될 수 있다. 분리된 접근로와 외부 공간을 보유한 주거세대들이 아파트 건물의 저층부에 배치될 수 있다. 이렇게 직접 걸어서 주거세대로 접근하기 위한 바닥면이 서로 맞물림으로써 3층 높이까지 확장되어 설치될 수 있다. Josep Lluis Sert에 의해 brutalist style로 디자인된 하버드대학교의 피바디 테라스(Peabody Terrace)에서처럼, 5층이나 6층 구조물 내부의 3층부터 상부층에 걸쳐 배치된 아파트들은, 엘리베이터의 설치비용과 유지관리 비용을 줄이기 위해 인접한 고층건물로부터 다리를 통해 도달될 수 있다. 월세를 받기 위한 임대용의 로우 하우스와 계단을 통해 걸어서 오르내리는 아파트는, 서로 유사한 규모로 건립되기 때문에 동일 부지에서 쉽게 혼합될 수 있다. 함께 혼합된 '로우 하우스'와 계단을 통해 걸어서 오르내리는 아파트는, 다른 사회계층 그룹의 주목을 받게 됨으로써 입주자들의 혼합을 확대시킨다. 노인용 별채, 학생용 아파트 혹은 임대용의 소형 주거세대가 단독주택 지역 내에 추가됨으로써, 단독주택 지역 안에서 경험할 수 있는 생활양식의 기회가 배가될 수 있다. 순응에 대한 더 많은 선택권이 지역사회 내에 존재할 때, 주민들이 그들의 생활주기를 거쳐 살아가면서 좁은 규모의 단일 지역사회에 계속 머물 수 있다.

- SRO housing: 때로는 '단일 거주자 점유시설'이라고도 불리는 주택 형태로서, 다수의 임차인들이 거주하게 될 임대용 건물의 개별 방에 한 명이나 두 명의 임차인이 입주하게 된다. 어떤 SRO방에는 키치네트와 함께 욕실이나 1/2욕실 등이 포함될 수도 있지만, 임차인들은 전형적으로 화장실과 욕실 그리고 부엌을 공동으로 사용하게 된다. 미국이나 캐나다의 도시에서 주로 사용되는 용어이며, 이전의 호텔이 개조되어 사용되는 곳이 많음에도 불구하고 주로 저소득층이나 무주택자들에게 영구 임대된다.
- Communes: 여러 사람들이 함께 살면서 재산과 의무 등을 공유하는 집단 주거시설이다.

⑤ 건물들 사이의 빈 공간에 채워지는 주택(Infill housing)

주거개발프로젝트가 도시의 변두리에서 외곽지역을 향하여 지속적으로 퍼져나가고 있지만, 아직도 상당한 면적의 빈 땅이나 철거 후 새로 지어야 할 만큼 노후화된 건물의 부지가 도시의 내부에 존재한다. 이러한 땅들의 일부분은 주택을 건립하기에는 지나치게 작은 택지의 규격, 택지로 향하는 접근로의 결여, 택지의 급격한 경사, 건물을 지지하기에 부적절한 택지의 토양 혹은 송전선과 같은 위협적인 구조물의 존재 등으로 인하여 이용이 불가능해 보이지만, 인접한 부지와 통합하는 방법을 통해서 혹은 그 자체만으로도 대부분의 땅은 이용이 가능하며, 특별히 작은 주택의 그룹을 위한 이용이 가능하다. 도시 블록 내의 건물들 사이에 남겨져 있는 택지가 개발되면 도시기반시설의 추가적인 설치를 필요로 하지 않을 것이며, 도시의 외곽지역에서 추가적으로 건립될 주거건물들을 대체하고, 에너지와 서비스 비용, 수송비용을 절감해주고, 농경지를 보존해줄 것이다.

도시내부의 성장은 전통적인 지역사회를 안정시키고 정부에는 과세대상을 더해주기 때문에, 공무원들은 마땅히 건물들 사이에 존재하는 빈 땅 들이 개발되는 것을 지지해야 한다. 만약에 건물들 사이에 남아있는 빈 땅 위의 개발이 지저분하게 버려져 있는 빈 땅이나 낡은 건물을 제거하고 이웃주민들이 살만한 정도의 주택공급을 의도한다면 지역주민들 또한 우호적인 눈으로 개발 행위를 바라보게 될 것이다. 하지만 만약에 프로젝트의 개발에 의해 기존의 거주민들과 다른 사회계층의 사람들이 그 지역으로 유입된다거나, 기존의 거주민들이 즐겁게 사용하고 있던 쾌적한 공개 공지의 상실이 초래된다거나, 교통의 혼잡이 야기된다거나, 혹은 그들이 원치 않는 밀도나 스타일의 건물이 배치되는 위협이 가해진다면, 기존의 거주민들이 개발행위에 대해 반대하게 되는 것이 전혀 무리가 아니다.

4) 주거지원시설

① 쇼핑시설

주거건물과 주거지원시설(supporting facilities)은 반드시 함께 고려되어야 한다. 주거지역 내에 배치될 비주거시설에 관한 표준항목을 수록하고 있는 문헌은 초기의 신속한 검토 자료로서 가치가 있다. 예를 들어 비교적 소규모의 지역사회(참고로 community가 지역사회를 의미한다면 neighborhood는 외곽으로부터 그 중심지역까지 도보로 약 10분 이내가 소요되는 비교적 좁은 범위의 지역사회를 의미하며, 우리나라의 경우 마을이나 동네공동체가 이에 해당된다고 볼 수 있다)의 생필품 쇼핑을 위해서는 거주인구 1,000명당 2,000~3,000m²(약 605~907평)의 상업시설 면적이 필요한 것으로 인용된다. 이러한 상업시설에는 지역사회 및 중심지 쇼핑시설이 제외되지만 수퍼마켓, 편의점, 필요한 사람이 기계에 동전을 넣고 직접 세탁기를 작동시켜 빨래를 하는 세탁소, 미용실, 이발소, 구두 수선가게 그리고 자동차 서비스센터와 같은 시설들이 포함된다. 이러한 상업시설에는 가게와 접근로가 준비되며, 1㎡의 단위 판매면적마다 2m²의 비율로 고객들의 주차장이 제공된다. 이러한 공간들이 어떻게 군집되어야 하는가의 문제는 판매공간의 각 단위면적을 위해 어떤 유형의 주차장이 준비되느냐 하는 문제 그리고 상업시설의 입주자들이 추구하는 사업의 유형 및 경쟁력 있는 기회와 깊은 관련이 있게 될 것이다. 만약에 전국적인 체인점을 유치하는 것이 사업상 바람직하다면, 매장면적으로는 2,300m²(약 696평)의 수퍼마켓 공간을 포함하여 전체적으로는 적어도 4,600m²(약 1,391평)에 이르는 실내공간의 준비가 필요할 수 있다.

이러한 상업시설을 지원하는 데 필요한 판매대상 시장의 면적은, 거주자들의 가계 수입에 따른 약간의 변이를 수반하여, 평균적으로 10,000명 정도의 인구가 거주하는 면적이 될 것이다. 하지만 상업시설의 취급 품목들에 관한 창조적인 프로그램을 작성하여 운용함으로써 보다 적은 수의 사람들에게 서비스하는 작은 쇼핑면적이 허용될 수도 있다. 지역사회가 필요로 하는 사무실, 레스토랑, 전문병원, 도서관, 회의실, 여관과 같은 시설은 흔히 길게 뻗은 도로변 상점거리에 배치되어 있으며, 부분적으로는 어디에선가 배제된 결과로 인해 그러한 시설이 도로변에 배치되어 있는 경우도 있다. 도로변에 위치한 상점거리가 비록 눈에 거슬리고 걸어다니며 이용하기에 불편하다고 할지라도, 멀고 가까운 잠재고객들에 대해 서비스하며, 각각의 개별공간에 대해 동일한 단위면적당 월세가 부과되는 등 도로변 상점거리에는 많은 장점이 있다. 도로변 상점거리는 그 상점들을 지탱시켜주는 주거지역에 한층 더 가까운 위치에 긴밀하고 질서정연하게 배치될 수 있으며, 자동차에 대한 의존도를 줄이면서 작은 규모의 증축과 개조를 허용해주는 상업시설의 개발기회를 자주 제공해 주게 된다.

② 여가시설

여가를 위한 구역은 두 번째로 중요한 주거지원시설이다. 여가를 위한 구역에 대한 표준항목은 거주민들의 경제수준에 따라 단지마다 다를 수밖에 없다. 6살부터 12살까지의 어린이들이 이용할 놀이터를 위해 인용된 표준면적은 인구 1,000명당 5,000m²(약 1,512.5평)이며, 어린이놀이터는 최소면적 10,000m²(약 3,025평)를 확보하고, 사용자들의 거주지로부터 1km 이내의 거리에 위치해 있어야 한다. 하지만 모든 어린이들이 똑같은 장소에서 똑같은 공간이 요구되는 놀이를 원할 수는 없을 것이기 때문에, 어린이놀이터의 최소규격이 왜 10,000m²가 되어야 하는지에 대한 근거는 없다. 사용 가능한 공간과 실질적인 놀이의 방법에 의해 이러한 표준항목은 필연적으로 수정될 것이다.

초등학교는 대개 운동장과 결합되며, 그렇게 됨으로써 어린이들에 대한 감독이 단순화되지만 운동장으로 사용될 수 있는 위치가 한정된다. 초등학교에서는 건물이 배치될 부지, 학교 내의 환경조성, 교실로 향한 접근로의 설치 그리고 공간의 확장 등을 위해 학생 1,000명당 대략 2,000m²(학생 한 사람당 2㎡)의 면적이 필요하다. 운동장과 결합된 초등학교의 최소 면적은 20,000m²(학생 한 사람당 20㎡)이며, 주거지역의 중앙부에 초등학교 부지가 배치될 수 있다. 만약에 학교 부지가 운동장과 분리되어 설치되면, 학교 부지 자체에 추가적인 놀이공간이 더해져야 한다.

주거세대에 개인 소유의 마당이 제공되지 않는 주거단지의 배치계획안에는, 주택과 가까운 위치에 2~6살 사이의 어린이 한 명에 대해 5m²의 규모로 추가적인 놀이마당이 포함되어야 한다. 이러한 표준항목이 더욱 가변적인 공원이나 초등학교 이외의 다른 유형의 학교에 관한 표준항목을 제공해주지는 않는다. 이러한 표준항목은 단지 12살에 이르기까지의 어린이들에 관한 교육과 체계적인 야외활동을 위한 최소한의 국지적이고 형식적인 필요사항을 기술해준다. 이러한 표준항목은 어린이들이 실제로 어디에서 어떻게 놀고 배우는지에 관한 연구에 근거를 둔 것이 아니라, 단지 우리가 그러한 목적을 위해 습관적으로 만들어 온 일종의 준비물들에 관한 요약에 불과하며, 다른 연령대의 학생들과는 아무런 관련이 없다. 이것들은 주거지역 안에 있는 인접 공지에 관한 스웨덴식의 표준항목이며, 이러한 표준 항목에 더해 각 주택으로부터 300m의 거리 이내에 유치원과 '어린이들에 대한 부모들의 감독이 가능한 운동장'이 배치되어야 한다. 또한 안전하게 도보로 도달될 수 있는 학교, 편의점, 대중교통의 정류장과 공원 등이 각 주택으로부터 500m의 거리 이내에 배치되어 있어야 한다.

도심에 근접한 위치에 수행될 더 높은 밀도의 개발프로젝트에서는 이러한 표준항목를 맞추기에 많은 어려움을 겪게 될 것이며, 그러한 표준항목이 절대적인 기준이 되지는 말아야 한다. 주택 입주자들에 관한 정확한 개요와 지원되어야 할 활동에 대한 신중한 조사와 함께 디자인을 시작함으로써, 규모는 훨씬 작지만 여전히 충분히 적절하게 사용될 수 있는 운동장의 디자인이 가능해질 수 있다. 만약에 그 학교의 지붕공간이 학생들의 놀이를 위해 사용된다면, 초등학교는 약 6,100m²(약 1,845평)의 부지에도 배치될 수 있다. 교회의 야외주차장이 주중에는 농구장이나 테니스코트로 사용될 수 있고, 도로가 하루 중의 어떤 시간에는 놀이터로 사용될 수 있으며 또한 아파트 건물의 1층이 학교로 사용될 수 있는 등 공간의 기능을 배가시켜 사용할 수 있는 많은 기회가 있다.

학생들이 발생시키는 소음과 활동 때문에 바로 인접한 주거세대들에게는 학교와 운동장이 골칫거리가 될 수 있다. 이러한 이유와 관습적으로 전해져 온 학교부지의 커다란 규격 때문에, 학교와 운동장은 주거지역의 맥락에 쉽게 맞추어지지 않는다. 고층의 아파트 건물을 학교와 운동장 가까이에 배치하며, 저층 주택을 학교와 운동장의 부지 경계선에 대해 직각 방향이 되도록 돌려서 배치하고, 학교와 운동장을 주거건물로부터 시각적으로 차단시키거나, 학교와 운동장을 비주거용도 건물의 바로 옆에 배치하도록 권장될 수 있다.

작동 가능하지만 값비싼 비용이 소요되는 결론은, 주택이 길을 건너 마주보는 도로들이 운동장의 경계를 형성하도록 계획하는 것이다. 쇼핑센터의 옆자리에 위치한 어린이놀이터는, 만약에 대규모의 어린이놀이터가 쇼핑센터로 가기 위해 필요한 접근성을 훼손하지만 않는다면, 상호간에 수혜를 준다. 여가활동은 체계적이기도 하고 비체계적이기도 하며, 실내에서 행해지기도 하고 실외에서 행해지기도 하며, 매일 일상으로 행해지기도 하고 단속적으로 행해지기도 하며, 집 근처에서 행해지기도 하고 집으로부터 멀리 떨어져서 행해지기도 하는 광범위한 기능이다. 예를 들어 인도는 운동장보다 더 중요한 여가시설이며, 그런 용도를 마음속에 유념한 채 인도가 디자인되어야 한다. 평범한 주거지역의 거리가 네덜란드의 Woonerf와 같은 방법으로 규제된다면, 놀이와 걷기 그리고 외부의 거실공간 등과 같은 전통적인 기능이 거리 위에서 수행될 수도 있다.

어린이들에게 특별히 중요한 것은 모험의 기회와 함께 주변환경을 이용하여 그들이 생각해 낸 방법으로 놀 기회를 갖게 되는 것이다. 어른을 위한 여가시설로는 테니스코트, 라켓볼코트, 탁구장, 당구장, 농구경기장, 실내 수영장과 실내 짐, 사우나, 연회장, 클럽룸, 스크리닝룸, 개인 정원, green building 개념의 옥상정원 등 다양한 시설이 주민편익시설(amenity)로서 제공될 수 있으며, 최근의 개발프로젝트를 통해 여가시설의 제공이 점차 확대되고 있다.

③ 기타 지역사회시설

주거지역에는 전문병원, 지역사회센터, 소방서와 파출소, 교회 등 다양한 종류의 관련 지역사회시설이 필요하다. 상당한 교통량과 주차시설의 수요를 발생시킬 수 있으며, 주거의 용도에 방해가 되지 않으면서 접근하기 쉬운 자리에 배치되어야 할 교회와 지역사회센터를 제외하고, 이러한 시설의 대부분은 우리가 고려하고 있는 규모의 전체 토지면적에 대해 그렇게 큰 규모의 수요를 발생시키지는 않는다. 교통이 혼잡한 시간대를 벗어난 시간대에 교회와 지역사회센터에 발생할 과중한 주차시설의 수요에도 불구하고, 교회와 지역사회센터의 주차장은 상업시설의 주차장과 성공적으로 연계될 수 있다. 한편으로 소방서는 반드시 여러 개의 주 도로들에 가깝게 그리고 소방서의 관할지역 중심부에 근접하게 배치되어야 하지만, 주요 교차로나 대규모 주차장의 근처처럼 교통으로 막히기 쉬운 지점에 배치되지는 말아야 한다. 이동식 주택단지와 아파트 단지에서 지엽적인 차원의 관리주체가 수영장, 놀이터, 세탁소, 회의실, 공유사무실 그리고 레스토랑 등을 제공하고 운용할 수 있으며, 다수의 개발프로젝트를 수행한 개발회사가 여러 단지를 통합하여 각각의 종류별로 사업을 운용한다면 규모의 경제성이 생기게 되므로 새로운 사업기회가 창출될 수도 있을 것이다.

④ 도시 속의 마을 공동체 혹은 소규모 지역사회

2,000~10,000명에 이르는 사람들이 거주하는 도시 속의 마을 공동체 속으로 주택이 무리를 이루어 포함되어야 하고, 주거세대는 통과교통의 소음과 빛 등의 공해로부터 보호되어야 하며, 그린벨트에 의해 지역사회의 경계가 만들어져야 하고, 직장을 제외한 일상에 관련된 모든 시설들을 주거체계 내에 자체적

으로 함유하고 있어야 한다는 학설이 있다. 이 개념은 통상적으로 초등학교 주변에 중심을 두며, 수퍼블록과 소규모 지역사회센터(마을회관), 그리고 자동차교통과 도보교통 사이의 분리와 같은 장치를 포함한다. 이 아이디어는 추정된 '사회체계의 기본단위'에 근거를 두고 있으며, 전 세계를 통해 상이한 상황들에 적용되어왔다. 소규모 지역사회의 단위에 관한 아이디어가 미국에서 개발되었음에도 불구하고, 이 아이디어가 미국에 적용된 사례는 흔치 않다. 대부분의 도시 거주자들이 그러한 '소규모 지역사회' 단위 안에서 사회적으로 조직화되지 않으며, 일상생활 또한 초등학교 중심으로 영위되지 않는다. 도시의 거주자들이 지엽적인 고립감과 선택의 결핍에 대한 모든 암시를 수반한 채로, 그렇게 자급자족하는 지역 안에 가두어지기를 원하지도 않는다. 모든 서비스를 동일한 규격의 사회체계 단위에 맞추려는 시도는 기본적으로 비효율적이며, 결론 안에 사회 체계의 구성요소들이 선명하게 규정되고 단정하게 무리를 이루도록 만들고 싶은 전문가적인 약점이 전형적으로 반영된 결과물이다.

'소규모 지역사회'의 개념 중 보존될 가치가 있는 아이디어는, 지역적인 시설은 주거세대로부터 쉽게 접근할 수 있도록 배분되어야 하며 어떤 시설은 지역의 중심부에 모여 있을 때 특별히 편리성을 갖게 된다는 생각이다. 그럼에도 불구하고, 거주자가 학교나 상점 혹은 놀이터에 대한 선택권을 가질 필요가 있으므로, 모든 기능이 서비스되는 장소가 일치되어야 한다거나 지역의 중심부에서 작동되어야 할 필요는 없다. 빠른 속도의 차량은 주거지역의 거리로부터 격리시키고, 어린아이들이 등하교 길에 차량통행이 많은 거리를 건너지 않도록 배치하는 것은 중요하다.

수퍼블럭은 사람과 자동차의 교통흐름을 분리시키는 데 유용한 장치이며, 교통의 흐름이 집중되는 곳에서 도보 교통과 차량의 교통이 분리된다. 하지만 주요 간선도로들이 내부지향적인 주거체계의 단위를 둘러쌀 필요는 없다. 예를 들어 지역의 쇼핑시설은 주도로들이 범위를 한정하는 영역의 내부보다는 주도로를 따라 나란히 배치되는 것이 최선이다. 사람들이 서로 근접하여 살고 있기 때문에 진정한 '소규모 지역사회'의 형성이 장려되도록 주거세대를 그룹으로 만드는 것은 바람직한 일이 될 수 있다, 우호적인 대인관계의 형성이 장려되기 위해서는 '소규모 지역사회'가 10~40가정의 그룹을 구성원으로 하여 형성될 개연성이 높다. '소규모 지역사회' 내의 거주자들이 특별히 사회적으로 동질적인 사람들일 경우에는 물리적인 배열에 의해 '소규모 지역사회'의 형성에 도움이 될 수도 있지만, 거주자들이 속한 사회계층이나 개인의 성격과 같은 요인들이 '소규모 지역사회'의 형성에 더 많은 영향을 미치기 쉽다. 하지만 도시 지역은 너무나 복잡해서 전통적인 '소규모 지역사회'의 단위로 단순하게 구획되어 질서 있게 정돈되기는 쉽지 않다. 그러한 '소규모 지역사회'의 단위는 종적인 지역사회나 사회주의자로 구성된 지역사회의 마을경제 속에서, 소수민족 그룹 속에서 그리고 특별한 관심사를 위해 모인 일시적인 모임 속에서 발견될 수 있다. 정치적, 사회적 그리고 경제적인 체계는 공간의 체계와 관련된다.

2. 공공기관(Institutions)의 배치계획

전형적인 공공기관으로 조성된 복합단지는 장기간에 걸쳐 부지에 대한 책임을 지게 될 단일 단체의 관리 아래 운용되며, 치료와 교육 혹은 예술적 표현 등 공개적인 동기에 의해 경제적 효율성보다는 공공기관을 사용하는 사람들의 복리를 지향하게 될 것이다. 공공기관의 복합단지는 의료와 예술 그리고 학문 분야의 다양성에 의해 구성된 단체이며, 단지 각각 고유의 필요조건을 갖추고 부분적으로만 중앙집중적인 관리를 받게 될 것이다. 공공기관 부지 내에 있는 환경의 상징적인 형상은 중요하며 일정한 비용을 들여 보호되지만, 주차장시설이나 건물의 확장에 대한 수요에 의해 끊임없이 위협을 받게 된다. 프로젝트 부지의 공간계획은 공공기관의 장기정책에 따라 달라지지만, 공간에 대한 장기정책은 전체적으로 명시하기가 어렵다. 공공기관을 계획할 때에도 역시 부분들 사이의 연계가 중요하기는 하지만 흔히 부분들 사이의 연계를 감지하는 것이 어렵기 때문에, 공공기관의 복합단지가 어떻게 구성되어야 최상이 될지를 판단하는 것은 명확하지 않다.

대형의 공공기관은 흔히 도시의 중심부에 위치해 있으며 다른 용도에 의해 여유공간이 가득 채워져 있기 때문에, 교통과 주거에 대한 수요로 인해 주변의 이웃사람들에게 부담을 주거나 조직의 성장에 대비한 건물의 확장계획으로 인해 부지주변의 이웃사람들을 위협하게 된다. 공공기관의 외부환경에 상징적인 역할이 있음에도 불구하고, 배치계획에서는 외부환경이 주로 공공기관의 기본 목적을 수행하는 실내환경의 틀을 잡아주는 뼈대에 불과한 것으로 간주된다. 배치계획의 관심은 주로 규정된 외관, 적절한 주차공간, 공공설비시설, 실내공간에 대한 접근성, 미래에 증축될 건물을 위한 충분한 여유공간 같은 항목들에 집중된다.

1) 종합병원의 배치계획

오늘날의 치료과정은 정교하고 빠르게 진화하고 있으며, 이러한 치료과정의 진화에 빠르게 응답하기 위해서는 병원이나 메디컬센터의 배치계획에 물리적인 유연성이 반영되어 있어야 한다. 현대 병원의 복잡성과 집중적인 내부교통의 결과물인 높은 밀도 때문에 갈등이 악화된다. 전형적인 병원의 배치계획에서는 구조물을 근접시켜 함께 포장하거나 수직적인 단일 외피로 건물의 내부를 에워싸게 되며, 순응성을 확보하기 위해 기둥이 없는 넓은 경간의 바닥면이 변화에 대비하도록 남겨지면서, 구조적인 지지물과 설비시설 그리고 수직적인 순환시설이 집중되고 규칙적인 간격으로 배열된다. 그 기능이 있는 위치에서 그리고 지원서비스로부터 강력하게 요구되는 기능인 '견고한 기능'은 수요가 별로 없는 '약한 기능' 옆에 배치되어, 필요한 경우 '약한 기능'을 대체하게 된다.

순환과 설비시설의 네트워크는 규칙적인 3차원의 시스템으로 구성된다. 전형적인 병원의 배치계획에 의한 내부지향의 밀집된 포장에도 불구하고, 각 의료부서에는 외부공간 속으로 확장되는 복도가 주어진다. 이러한 순응성의 장치는 건축적인 측면에서 고려되고, 배치계획에서는 단지 부분적으로만 반영되며, 가장 흔하게는 장래의 확장을 위해 남겨진 2차원의 평면형태로서 반영된다. 선형패턴의 배치계획안은 순응성의 장치를 고려하여 과거에 수행되었던 일반적인 전략이다. 역사적으로 과거의 대학건물들이 그랬듯이 영국의 케임브리지대학의 건물들은 케임브리지강과 시내의 상업중심가 사이에 배치되어, 양쪽의 측면 방향을 향해 확장되었다. 하지만 보다 복잡하고 빠른 속도로 성장하는 현대의 공공기관의 배치계획안은 처음부터 3차원의 공간으로 구상되는 것이 더 나을 것이다. 우리가 2차원 공간의 지도 위에 장래의 도로를 구상하듯이, 공중에 떠있게 될 우선권 도로의 네트워크는 표준화된 바닥면의 레벨과 관련되어 수평방향으로든지 아니면 수직방향으로든지 확장될 장래의 순환동선과 설비시설을 반영하여 아이소메트릭의 형상으로 구상될 수 있다. 기능적인 영역과 확장을 위해 남겨진 복도 또한 이 3차원의 네트워크 속에 명확하게 지시될 수 있다.

병원의 네트워크 안에서 발생되는 교통의 유형은 매우 다양하다. 의사와 직원, 환자와 방문객, 그리고 서비스와 물품을 공급하거나 응급 상황에 의해 발생되는 교통흐름 등, 다양한 유형의 교통흐름은 각각의 용도에 고유한 필요조건을 가지며 흔히 서로에게 상반되는 흐름을 보인다. 통상적으로 이러한 교통의 흐름은 서로 분리되어야 하며, 심지어 때로는 서로의 시선으로부터 감추어져야 한다. 의사에게는 우선권이 있는 주차와 접근성이 필요하다. 앰뷸런스는 특별한 출입구를 가져야 하며 환자와 방문객의 시선으로부터 감추어져야 한다. 결과적으로 조밀하게 구성된 병원 단지의 배치도가 작성된다. 더구나 많은 수의 사용자들은 병원을 처음 방문하거나 어쩌다 방문하게 되기 때문에, 그들에게는 심각한 정향(定向, orientation)의 문제가 발생된다. 순응성의 기술적인 문제, 공간에 배치될 정확한 기능, 병원 내부의 복잡한 순환 동선 그리고 활동의 조밀한 포장 등이 병원계획에서 해결되어야 할 선결과제이기는 하지만, 병원의 외부공간을 단순한 야외주차장 이상의 의미있는 공간으로 만들어, 높은 밀도로 배치된 다양한 기능 때문에 경험하게 될 환자와 방문객의 갈등과 심리적인 불안감을 조금이라도 경감시켜줄 수 있는 공간으로 거듭나게 하는 것도 중요한 배치디자인의 과제가 될 것이다.

2) 대학캠퍼스의 배치계획

대학이 본래적으로 갖고 있는 용도의 복합성 때문에, 대학캠퍼스의 배치계획에는 캠퍼스 내 건물들의 물리적 배열에 내포될 수 있는 중요한 공동의 목적이 명시되기가 어렵다. 대학 관계자들은 배치계획과 교육행위를 서로 관련시키지 못하고, 건물과 접근로에 관한 명백한 필요조건을 넘어 배치도와 대학의 중심적인 목적 사이에 존재하는 필수적인 연계를 발견하지 못한다. 그런 까닭에 환경에 의한 교육적인 자극이나 교육의 개방성, 대학구성원들 사이의 자발적인 상호작용의 필요성이나 사생활의 보호 혹은 교육의 배경으로서의 환경의 가능성 등 교육에 관련된 쟁점들을 배치디자인의 목적으로 제기해야 할 책임이 디자이너에게 부과되었다. 디자이너가 배치계획의 근거가 될 수 있는 교육적인 정책안을 구상해야 하고, 정책안의 직접적인 결과를 담아낼 물리적인 대안을 제시해야 한다.

대학의 건물은, 사람과 정보 사이에 복잡하고 불완전하게 이해된 많은 연계를 수반한 채, 변화하는 활동의 세트를 함유하고 있다. 이러한 활동 사이의 시간상의 거리나 심리적인 장벽이 대학캠퍼스의 배치디자인에 대단히 중요한 요소가 될 수 있다. 전통적인 활동의 묶음에서는, 서로 다른 학문분야에 소속된 연구원 사이 혹은 학생과 교수 사이의 우연한 만남의 기회와 같은 그러한 민감한 연계를 무시할 수 있다. 대학캠퍼스 내부의 동선이동은 전형적으로 도보에 의해 이루어지거나 엘리베이터와 에스컬레이터 같이 속도가 느린 공공의 교통수단에 의지해 이루어진다. 그러므로 서로 얼굴을 마주보며 이루어지는 개인들 사이의 상호작용이 어떻게 생성되느냐가 대학캠퍼스의 배치계획에서는 아주 중요하다.

① 대학캠퍼스의 구성 요소(grain)

대학의 전체 규모, 교실의 밀도, 순환동선과 동선이 만나는 지점의 배치, 개별단위의 구성 요소나 혼합 등에 상호관련된 하나가 문제가 된다. 예를 들어 학생기숙사를 배치하게 되면 디자이너 스스로 수많은 질문과 마주치게 된다. 학생기숙사는 한 자리에 모여 있어야 할까, 아니면 여러 위치에 분산시켜 배치되어야 할까, 혹은 학생기숙사는 다른 유형의 주거건물부터 분리되거나 아니면 다른 유형의 주거건물과 통합되어야 할까, 혹은 학생기숙사는 교육시설과 가까운 위치에 배치되어야 할까, 아니면 교육시설로부터 멀리 떨어져서 배치되어야 할까? 대학캠퍼스의 규모와 밀도, 대학의 교육목적과 대학캠퍼스 내에서 전개되는 학생들의 생활리듬 등이 위에 나열된 학생기숙사의 배치에 관한 질문에 대해 독특한 결론을 제시해줄 것이다.

만약에 가장 일반적으로 통용되고 있는 방법대로 교육의 개별단위와 연구의 개별단위가 대학의 행정 편의성을 위한 분류에 의해 함께 그룹으로 묶이게 된다면, 수용된 유지관리와 통제의 범위에 부합되는 관리의 편리함과 권위에 맞추어지고, 학교의 행정단위 안에서의 내부소통이 강화된다. 하지만 대학의 행정 편의성을 위한 분류에 의해 교육 단위와 연구 단위가 그룹으로 묶이게 된다면, 교육의 개별단위와 연구의 개별단위 사이에는 학교 내부에서의 교차 접속이 전체적으로 위축될 것이며 장래의 유연성이 감소될 것이다. 만약에 대학의 개별단위들이 이렇게 전형적인 방법에 의해 구성되지 않고, 다양한 공간들이 도서관과 실험실, 강의실, 대규모 회의장, 그리고 서비스 기능을 각각 군집시키는 방법을 통해 물리적인 유형과 필요조건에 의해 함께 그룹으로 묶여지는 방법은 기능상으로는 효율적일 수 있으며, 변화하는 부하에 대해서도 보다 유연하게 대응할 수 있다. 하지만 이러한 구성 방법은 개별단위들 사이의 바람직한 상호작용뿐만 아니라 유지관리적인 정체성을 억제할 수 있으며, 대규모의 시스템 아래에서는 비인간적인 척도를 만들어낸다. 기타 교육기관들은 반복되는 표준단위 안에 다양한 기능을 군집시키는 방법을 선택할 수 있으며, 그것은 비형식적일 뿐만 아니라 교육과 거주의 공동체로 의도되어 형식적인 결속에 의해 함께 유지될 'university college'(대학교에 소속되어 있으나 정식 학사학위를 수여하지 않으며, 단기대학이나 평생교육원의 성격을 띠는 교육기관)와 같은 소규모의 사회적 공동체에 부합된다. 조직 내에 그러한 개별 단위들이 안정적으로 존재한다면 이것은 탁월한 구성이 될 수도 있지만, 어딘가 다른 곳에서는 이러한 공동체가 단지 물리적 환경이 상기시켜주게 될, 실현되지 않은 희망에 불과한 환상이 될 수도 있다. 더욱더 나쁜 것은 개별 단위들 내에 형성된 다양한 기능의 군집이 학교 안에 존재하는 광범위한 연계를 파괴할 수도 있다는 것이다.

대학캠퍼스의 배치계획에서는 기능이 혼합되면서 원활한 소통에 의해 함께 유지되는, 도시적인 배열이 추구되어야 하고. 이러한 배열에 의해 구성요소들 사이의 복잡한 상호작용과 지속적인 기능의 변화가 선호될 수 있으며, 기능이 혼합될 때의 구성요소나 순도가 디자인의 쟁점이 될 것이다. 공간은 변화하는 목적에 맞추어 사용될 수 있어야 하며, 공간들 사이의 소통이 아주 원활하게 이루어져야 한다.

② 대학의 내부적인 연계 및 주변 지역공동체와의 연계(linkage)

대학구성원들 사이에 펼쳐지는 어떤 상호작용이 장려되도록 배치계획에 반영되어야 할지 알기 위해서는 대학의 정책이 이해되어야 한다. 대학구성원들의 회합, 서로 주고받는 메시지, 학생들의 동선흐름, 연구를 위한 접촉, 도서관의 사용, 홀과 로비 그리고 식당의 사회적 역할 등 대학캠퍼스에서 펼쳐지고 있는 현재의 소통상황을 포함하여 대학의 구성요소들 사이에 일어나는 상호작용과 구성요소의 잇따른 재배치가 파악되어야 한다. 주택과 쇼핑시설, 레스토랑, 개인 사무실, 지원 서비스 등 대학캠퍼스 바깥에 있는 외부 세상에 대한 대학의 연계 또한 분석되어야 한다. 학생기숙사를 대학캠퍼스 내부와 외부에 혼합배치하거나 지역사회가 사용할 수 있도록 개방된 캠퍼스의 배치가 사회적으로는 바람직할 수도 있겠지만, 대학과 지역사회 사이에 실재하는 사회적인 거리 때문에 성취되기는 어렵다.

대규모의 대학 캠퍼스는 대학주변의 지역주민들에게 흔히 외계인의 침공으로 비추어진다. 대학캠퍼스 주변의 지역주민들을 위해서 아무런 서비스도 제공하지 않으면서, 흔히 다른 사회계층의 광범위한 영역으로부터 고객들을 유입시킴으로써, 대학 주변의 주택과 교통 그리고 보호서비스에 대해 심각한 악영향을 미친다. 대부분의 교육기관에 대해 세금이 면제된다는 사실에 의해서 대학 주변 지역주민들의 대학에 대한 적개심만 키워질 뿐이며, 대학이 면세대상이 되기 위해서는 대학캠퍼스가 수입을 창출하는 어떤 용도에도 사용되지 않도록 유지되어야 할 필요가 있다. 하지만 케임브리지나 버클리 혹은 하버드스퀘어에서 볼 수 있듯이, 대학도시의 주민들과 대학인들과의 관계 사이에 조화로운 연계가 형성되는 곳에서는 어디에서든 특별히 생기가 넘치는 특징이 발현된다. 대학의 구성원들로부터 대학캠퍼스 주변의 지역주민들에게 가해질 과중한 요구들을 가치나 영향의 측면에서 충분히 반영하여, 대학캠퍼스 부지의 경계선, 출입구의 위치, 전체 캠퍼스 시설의 분산배치 가능성 등을 담아 대학캠퍼스의 배치도가 작성되어야 한다.

③ 대학의 상징적 역할(symbolic role)

대학캠퍼스에는 변화하는 대학의 내부적인 연계와 지역사회에 대한 연계 그리고 기능에 관한 필요조건뿐만 아니라 지식과 문화를 상징하는 가치가 표현되어 있어야 한다. 성공적인 디자인으로 평가받고 있는 옥스퍼드대학교나 버지니아대학교의 캠퍼스 조경처럼, 대학 캠퍼스의 조경이 강력한 특징을 갖고 있을 경우에는 아주 이질적이고 모험적인 디자인에 대해서도 캠퍼스의 이미지에 의한 통일감이 전달된다. 시각적인 환경은 이와 같이 캠퍼스 계획에서 특별한 역할을 수행한다. 자연의 지형지물은 사람들의 시각을 유인하는 핵심 요소로 사용될 수 있으며, 외부공간은 장래에 신축될 알려지지 않은 건물을 위해 안정된 건물터를 제공하도록 펼쳐진다. 대학캠퍼스의 조경과 야간조명 그리고 순환의 통로 등은 통일된 표현이 보장되도록 디자인될 수 있다. 디자이너는 약속된 지속적 관리를 통하여, 건축법(Building code)이나 용도구역법(Zoning resolution)에 의한 건물의 허용바닥면적(builderable floor area), 건물의 높이(building height), 공사자재로 사용될 물질의 마감계획표(finish schedule), 특징이 있는 외부공간의 계획안, 보존되어야 할 전망과 랜드마크 건물 등, 대학 캠퍼스의 미래 확장계획이 담긴 감각적인 프로그램을 제안할 수 있다.

대학캠퍼스 조경의 상징적 중요성이 널리 이해되고 가끔은 효과적으로 교육되었음에도 불구하고, 실제 교육과정 속에서는 캠퍼스 환경의 역할이 흔히 무시된다. 봄이 되면 가끔 대학캠퍼스의 잔디밭 위에서 펼쳐지는 특별하고 다소 어색해 보이는 모임의 공간이 실내강의실의 수업처럼 수업을 진행하기에 적합한 형상으로 디자인된다면, 대학캠퍼스의 외부공간은 그냥 지나쳐 가는 동로로서의 역할이 아니라 대학의 기능을 전시해주는 상징적 역할을 수행하게 될 것이다.

④ 대학캠퍼스 공간의 필요조건

미래에 다가올 대학캠퍼스의 확장을 예측하는 것은 캠퍼스계획 담당자의 지속적인 책임이 된다. 다양한 전공학과에서 당장 필요로 하는 실내공간의 면적으로부터 전체 실내공간에 대한 단기간의 수요가 집계되어, 예산의 한계에 의해 억제되고 우선순위에 의해 정리되면, 캠퍼스 계획의 담당자는 정리된 실내공간의 면적표에 따라 기존의 공간을 학과별로 재배정하게 된다. 장기간에 걸쳐 수행되는 대학캠퍼스의 확장은 과거의 경험으로부터 추출되어 현재의 추세에 의해 수정된 것으로서, 다양한 종류의 시설에 대해 한 사람에게 필요한 실내공간의 비율이 적용된 장래의 인구 증가를 추산하여 측정된다. 하나의 예를 들어, 강의실에 필요한 조건은 학생들의 수, 학생 한 사람이 차지하는 실내 공간의 면적, 강의실이 수업에 사용되는 동안 학생들이 채워지는 통상적인 범위, 어떤 강의실이든 일주일 동안 사용되는 통상적인 시간 수, 그리고 학생들이 수업을 받기 위해 그 강의실에 머물게 되는 평균 시간 수 등에 따라 결정된다. 대학교 성장에 대한 예측은 너무 많은 추정을 연계시켜 추출된 결론이기 때문에 안정적이지 못하며, 정기적인 수정을 필요로 한다. 많은 대학들이 실내공간에 대한 미래의 수요를 과소평가하거나, 심지어 다음에 신축될 건물의 프로그램을 미리 작성하지도 않는다.

전형적인 대학캠퍼스 안에서 학생 한 사람에게 필요한 바닥면적은 대략 10~30m²(약 3~9평)의 범위가 될 수 있다. 그 다음에는 바람직한 용적률(FAR, 용도구역법에 의해 건축이 허용될 수 있는 전체 지상층 바닥면적의 부지면적에 대한 비율)을 확정함으로써 장래의 대학캠퍼스에 필요한 조건이 산출된다. 도시에 소재한 대학캠퍼스는 통상적으로 높은 용적률을 적용하여 건물의 밀도를 높이려 하겠지만, 넓은 면적의 학교 부지와 개방된 캠퍼스 계획을 갖고 있는 대학캠퍼스의 용적률은 50%나 심지어 30% 아래의 밀도에 머물 수도 있다. 대학캠퍼스가 도시의 중심지에 소재하여 높은 용적률이 건물에 적용되면 값비싼 구조물, 많은 양의 수직방향 교통량, 높은 서비스 부하, 그리고 답답한 환경의 가능성 등이 초래된다. 높은 용적률이 적용되는 프로젝트 부지에서는 생활편익시설이나 여가시설, 혹은 미래에 수행될 대학캠퍼스의 확장에 사용될 공지를 유지시키기 위해, 장기간에 걸친 투쟁이 발생된다. 다른 한편으로 낮은 용적률이 적용되는 장소에서는 수직적이거나 수평적인 건물의 확장이 쉽게 허용되고, 조경이 되어 있는 환경의 확장도 쉽게 허용된다.

⑤ 대학캠퍼스 내의 주차장

넓은 면적의 대학캠퍼스 외부공간이 야외주차장으로 사용되고 있으며, 대학캠퍼스의 야외주차장에 주차하지 못해 넘쳐나게 되는 차량들은 대학 주변의 이웃사람들에 의해 연석주차의 용도로 사용되고 있는 길거리 주차공간과 충돌을 일으키게 되며, 또한 대학 캠퍼스의 상징적 이미지와도 충돌을 일으키게 된다. 대규모의 대학들은 지하주차장과 비싼 주차요금, 주차권의 발급, 학생들의 차량사용금지, 혹은 대학캠퍼스 주변거리에 세워진 차량에 대한 지역 경찰과의 공동감시 등 극단적인 수단을 사용하도록 내몰리게 될 것이다. 교수와 직원은 주차공간의 제공을 요구할 것이기 때문에, 대학캠퍼스 내부의 주차시스템에는 사용자들을 차별화시킬 개연성이 있으며, 쇼핑센터나 주거단지에서 견딜 수 있을 만한 거리보다 더 먼 거리를 걸어가도록 강요받을 수 있다. 만약에 날씨가 혹독하거나 부지의 경사가 심하지 않으면 대학캠퍼스 내의 대중교통뿐만 아니라 자전거 도로와 안전한 자전거 주차장이 준비된다는 전제하에 자전거의 사용도 장려될 수 있다.

⑥ 배치계획에 대한 대학구성원들의 참여

대학캠퍼스의 배치계획에 관련된 대부분의 결정사항들은 학생과 직원, 건물의 보수정비원이나 교수처럼 대학캠퍼스와 대단히 중요한 관계에 있는 사람들과 상의하지 않은 채 만들어진다. 학생들이 입학과 졸업을 통해 끊임없이 바뀌게 되기는 하지만, 만약에 대학캠퍼스에 머물게 될 학생들의 교체비율을 고려하지 않는다면, 대학캠퍼스는 배치계획에 대한 사용자 참여의 개연성이 높은 환경이 된다. 대학은 사용자 참여가 조직화될 수 있는 구조적 토대와 공통의 목적을 가지고 있다. 대학 내부의 사용자 참여가 배치계획의 지연을 초래하고 사용자들 사이의 불화를 드러내기는 하겠지만, 결과적으로 사용자들에게 더 잘 맞는 환경을 만들어줄 것이고 그것 자체적으로 교육이 될 수도 있다. 대학 내부의 사용자 참여를 넘어, 지역 서비스, 주차, 주거, 그리고 여가와 위락 등 공동관심사들에 대해 대학 주변의 지역공동체까지 사용자 참여가 확장될 수 있지만, 대학의 구성원들과 지역공동체 사이에 실제적인 갈등이 존재하고 있기 때문에, 이것은 더욱 조정하기 힘든 민감한 사안이 될 것이다.

3) 복합문화시설의 배치계획

문화시설들이 집결되어 형성되는 공공기관 단지에는 용도의 혼합과 밀도의 문제, 주차장이 주변 환경에 미치는 악영향, 주변 맥락에 대한 관계, 환경적인 특징의 창조와 보존, 분리된 개별단위들 사이의 소통 장려, 수동적인 상징으로서의 외부공간의 역할, 적극적인 외부공간의 사용, 유연성과 변화의 문제 등 대학캠퍼스와 동일한 대부분의 쟁점들이 제기된다. 무리지어 모여 있는 박물관과 콘서트홀은 같은 종류의 공공기관이 아니다. 박물관과 콘서트홀을 찾는 방문객들이 여러 장소를 한꺼번에 방문하는 경우는 드물기 때문에, 그런 문화시설들이 모두 함께 모여 있어야 하는지에 대해서는 의문이 생긴다. 박물관과 콘서트홀의 무리지음이 견고하게 형성되면, 혼잡시간대의 교통량이 늘어나게 되고 주변 맥락으로부터 문화단지의 분리가 증대된다. 그럼에도 불구하고, 복합용도를 갖고 있는 일반 지역지구에서처럼 박물관과 콘서트홀이 어느 정도는 한 곳에 집중되는 것이 바람직할 수도 있다. 역시 중요한 상징적 역할을 가지고 있기는 하지만, 소위 정부센터와 같은 기타 공공기관의 복합단지는 실제로는 단순히 사무실 근무자들이 집중되어 있는 장소이다.

3. 업무현장의 배치계획

업무현장에 대한 배치계획은 공공기관의 경우와 달리 계획의 목적이 명백하게 반영된 배치 계획안을 제출받기 위해 신중하게 조절되고 관리되지만, 흔하게는 배치계획안이 부차적인 사안으로 다루어진다. 직장은 하루 중 가장 오랜 시간 동안 직장인들이 머무는 환경이 된다. 직장은 즐겁지 않지만 불가피한 것이며, 능률적인 생산에 대한 고려 사항에 의해 직장의 환경이 지배된다. 직원들의 복지에 대한 고려사항이 업무현장의 실내디자인에 대해 영향을 끼치기 시작했지만, 여전히 배치계획에는 거의 영향을 주지 못한다. 걸출한 산업건물 디자이너인 앨버트 칸은, 도시의 환경 속으로 완전하게 스며들어 있는 작업장, 공사현장이나 사무실의 주변지역, 상점, 그리고 공장 등으로 구성된 외부의 작업환경 대부분은 전문가에 의한 배치계획 대상이 아니다. 하지만 처음에는 일차산업이, 이제는 사무실들이 단일목적을 갖고 있는 대규모의 지구에 집중되면서, 사려 깊은 배치계획의 역할이 확대되고 있다. 효과적인 생산을 위해 부지를 통제하면서 발생되는 이점들이 점점 더 인식되고 있으며, 그렇게 해서 업무현장의 환경은 점진적으로 일상생활의 다른 기능으로부터 격리되기 시작한다.

1) 산업지구의 배치계획

계획된 산업지구는 1896년 영국의 맨체스터에서 처음 조성되었으며, 그 후 1992년에는 미국의 시카고에도 계획된 산업지구가 조성되었다. 보통 규모의 산업체들은, 자체적으로 보호되며 자동차교통과 대중교통의 접근이 쉬운 부지를 취득하고, 생산이나 운송에 필요한 전기와 수도 및 하수처리 등의 공공설비서비스를 원활하게 공급받으며, 적절한 규격을 유지한 채 주변에 있는 다른 용도와 충돌하지 않기 위해서 함께 모여 있는 것이 유리함을 깨닫게 되었다. 이제 특화된 부동산개발회사들이 이러한 종류의 산업지구를 개발도상국에 조성하면, 산업지구가 그 나라의 중요한 공적 도구가 되어 개발도상국의 산업화가 촉진될 수 있다. 미국에 조성된 산업지구의 면적은 최소 150,000m²(약 45,375평)나 200,000m²(약 60,500평)로부터 시작하여 평균면적 1,200,000m²(약 363,000평)가 조금 넘는 정도의 면적에 이르며, 더욱더 넓어지고 있는 추세이다. 산업지구의 생산품과 근로자 모두에 대해 공통적으로 가장 주요한 필요조건은 좋은 접근성이다.

오늘날에는 많은 산업이 철도서비스를 거의 이용하지 않으며, 전적으로 고속도로를 향해 정향(定向)되어 산업지구도 있지만, 산업지구에 입주하게 될 장래 임차인들의 수송에 대한 선택권을 보호해주기 위해서는 철도를 따라 산업지구를 배치하는 것이 여전히 유리하다. 가까운 근래에는 성장하는 항공 화물의 중요성에 대응하여 주요 공항 근처에 산업지구들이 배치되었고, 일부 공장부지들은 공항의 활주로에 직접 연결되어 있다, 대부분의 근로자들이 자동차를 이용하여 직장에 출근하게 되면, 산업지구가 하나 혹은 그 이상의 초고속도로에 가깝게 자리를 잡는 것은 권장할 만한 일이다. 하지만, 자동차의 운행속도를 변속하게 되면 집중된 자동차의 흐름에 신속한 산개가 허용될 것이기 때문에, 소통이 잘되는 고속도로보다 중요도가 덜한 2차선 도로의 네트워크에 직접 접근하는 것이 더 중요하다. 산업지구의 근로자들에 의해 운행되는 차량의 최대 흐름이 소음이나 매연, 먼지 등과 같은 전통적인 골칫거리보다 더 큰 골칫거리로 대두되면서, 인접한 주거용도의 건물과 산업용도 건물 사이의 주요 갈등사항이 되고 있다. 산업용의 교통이 분산될 수 있으며 소음과 공해가 적절하게 통제될 수 있는 장소에서는 어디에서나, 이제는 산업용 건물이 다른 용도의 건물과 함께 위치하지 못할 이유가 없다. 하지만 주택의 소유주들은 산업용의 건물이 자신들의 집 근처에 위치하는 것을 싫어하며, 산업계의 사람들도 이웃주민들로부터 불평을 듣게 될 위험을 피하고 싶어 할 뿐만 아니라 산업시설의 장래 확장이 봉쇄될 수 있는 가능성을 회피하고 싶어 한다. 그렇게 해서 산업용의 건물들은 점진적으로 조악한 규모로 격리되고, 근로자들은 집으로부터 직장까지 더 먼 거리를 출퇴근해야 한다. 외딴 교외의 산업지구 주변에는 중간가격의 주택이 존재하지 않기 때문에, 이러한 격리에 의해 매일의 출퇴근시간이 편도 90분 이상 걸리도록 강요될 수 있다. 노동자 계층의 주택에 대한 접근성은 상품과 서비스 그리고 시장에 대한 접근성만큼이나 산업지구의 위치를 선정하기 위한 중요한 판단 기준이 되고 있다.

① 산업지구의 토지와 공공설비시설

산업지구는 토지가격이 싸고 평탄하며, 수용력이 큰 공공설비시설이 설치되어 원활하게 서비스될 수 있는 상당한 면적의 부지를 필요로 한다. 산업용 부지의 경사도는 5%를 넘지 말아야 하며, 가급적이면 3% 정도가 선호된다. 부지의 지표면은 과적된 하중을 견딜 수 있을 만큼 견고해야 한다. 일부 산업용의 건물에서는 전력이나 용수가 과도하게 사용되고 있고, 전력이나 용수의 사용량이 늘어나거나 비상시에 사용하게 될 경우 공공설비시설의 수용력에 의해 허용되어야 하기 때문에, 전기와 수도 등 공공설비시설의 규격뿐만 아니라 그러한 설비시설이 개설되어 있는지의 여부에 대해서도 점검되어야 한다. 가스, 전화, 증기 혹은 압축공기와 같은 기타 공공설비시설 역시 산업지구에 설치될 필요가 있을 것이다. 생산 공정을 통해 물을 사용하는 습식산업은 특별히 하수뿐만 아니라 용수의 수용력을 필요로 한다. 산업체들이 이전에 비해 점점 더 많은 양의 새로운 화학성 폐수들을 생산해내고 있기 때문에, 폐수처리와 용수의 재활용에 대한 준비가 더욱 긴박해지고 있다.

산업용의 건물은 기다란 단일 층의 생산라인과 바닥에 가해지는 육중한 하중을 허용해주기 위해, 보통은 낮고 넓게 지어진다. 하지만 경량의 기계, 수공업용의 기계설비, 전자장비에 의한 물질의 분류, 그리고 조밀하게 밀봉된 구조물이 갖고 있는 에너지 효율적인 측면의 장점 때문에 다층구조로 지어진 공장건물에 대한 재평가가 야기되는 곳, 혹은 공장건물이 사무실 지구에 배치되어서 생산과 영업 그리고 관리가 밀접하게 뒤엉켜있는 곳에서는 어디에서나, 일반적으로 낮고 넓게 지어지는 공장건물의 건립양식이 변경될 수 있다. 산업용의 건물에는 외부주차, 물질의 저장, 그리고 장래의 확장을 위해 상당한 면적의 공간이 필요하다. 산업용 단지의 용적률은 10%로부터 30%의 범주에 이를 정도로 아주 낮게 적용된다. 하지만 이렇게 낮게 적용된 초기의 용적률은 회사의 성장이 이루어지면서 혹은 산업지구의 중심 위치에서 상승하게 된다. 토지가격이 더 비싼 나라 공장건물의 용적률이 50%나 80%까지 높여져서 적용될 수도 있다. 미국 내의 새로운 산업지구에서는 공장 근로자의 표준 인구밀도가 10,000m²당 25~30명이 되며, 과거의 산업지구에서는 10,000m²(약 3,025평)당 125~200명에 이른다.

② 산업지구 내부의 배치계획

산업지구(産業地區)는 전형적으로 300~600m 길이에 120~300m 깊이를 가진 대형 블록으로 이루어져, 석쇠모양으로 배치된다. 산업지구 안에 철도서비스가 준비된다면, 철도의 궤도가 산업지구 단지의 장축에 평행하게 단지의 중간부분을 통과하게 되어, 각 부지는 정면에 도로를 향하고 배면에는 철로를 향하게 될 것이다. 철로 스퍼(다른 철로의 운행에 지장을 주지 않고 화물을 적재한 궤도차가 철로에 접속될 수 있도록 만들어진 부차적인 철로)는 12~15m 길이의 우선권 도로, 8m의 높이의 공간까지 장애물이 없는 공간, 1% 또는 2%의 부지 경사도 그리고 120m 이상의 회전 반경 등을 필요로 한다. 교차로에서의 도로 폭과 회전반경은 대형 트레일러트럭을 수용할 수 있을 만큼 충분히 커야 한다. 우선권 도로의 폭은 부차적인 도로에서 15~20m, 주도로에서 25~30m가 된다.

산업지구 내 부지의 깊이는 블록의 배치계획안에 따라 정해지지만, 매수자가 나타날 때까지는 부지의 전면부분이 확정되지 않기 때문에 부지의 규격은 각 특정 산업의 필요에 따라 달라질 것이다. 도로의 확장과 대규모의 산업용 공공설비시설에는 비용이 많이 소요되는 반면에, 산업용 토지는 흔히 느린 속도로 시장에 흡수된다. 따라서 개발사업자는 토지개량이 이루어지지 않은 상태로 유지시키는 것을 선호하며, 지상의 개발상황에 맞추어 지하의 하부구조가 조금씩 확장될 수 있도록 배치계획이 만들어지기를 기대한다.

산업지구 내의 부지에는 근로자들의 차량을 주차하기 위한 넓은 면적의 주차장이 필요하다. 주차장의 공동사용이 기대될 경우에는 근로자 1.2인마다 주차공간 하나를 허용해 주면 충분하겠지만, 근로자 각자마다 하나의 주차공간을 허용해 주는 것이 선호된다. 통상적으로는 한 개의 근무조가 퇴근하기도 전에 다음 근무조가 주차장에 도착하게 되므로, 동시에 두 개 근무조의 근로자들을 위한 주차공간을 허용해줄 필요가 있다. 운전자들이 익히 잘 알고 있는 목적지를 향해 운행하고 있는 것이기 때문에, 산업단지의 주차장은 쇼핑센터의 주차장보다 더 산개되어 배치될 수 있으며, 이렇게 될 경우 주차공간이 직장의 특정 지점에 더 가깝게 배치될 수 있다. 하지만 가까운 주차공간을 찾을 수 없어 차량의 주차 후 출입구까지 멀리 이동해야 할 사람에게는 300m 정도 걷도록 요구될 수 있다. 마찬가지로, 산업지구 내에서는 경계를 이루는 건물들에 의해 도로가 공간적으로 명확하게 규정되지 않기 때문에, 내부의 순환동선은 단순하고 근로자들이 쉽게 이해할 수 있도록 계획되어야 한다. 산업지구의 출입구는 사람들의 눈에 잘 띄도록 명료하게 표시되어야 한다. 각 사업장마다 근무조들의 교대시간에 시차가 생기도록 계획된 산업지구의 내부적인 약정이 근로자들의 근무조가 교대하는 시간에 발생되는 교통의 혼잡을 해소하는 데 도움을 줄 것이다.

③ 산업지구 내의 관리와 통제

창고건물과 같이 고도로 자동화된 생산활동에 의해 운용되는 산업용 건물에는 아주 소수의 근로자들만이 고용될 수 있으므로 소량의 주차수요가 발생되겠지만, 산업지구의 개발사업자는 만일의 경우 건물의 용도가 바뀌어야 할 때의 혼잡을 피하기 위해, 장래의 주차장으로 사용될 최소한의 공간을 준비해달라고 요구할 수 있다. 이러한 요구는 장래의 주차공간을 수용하기 위해 필요한 최소한의 면적이라는 형식으로 만들어질 수 있지만, 부지면적의 30%나 50%처럼 최대 허용범위로서 표현될 개연성이 높으며, 도로 위의 연석주차는 금지될 것이다. 산업지구를 조직한 개발사업자는 투자자금을 보호하기 위해, 시장의 한계조건을 지키는 범위 안에서 부동산 권리증서 내의 제한사항과 임차권 내의 약속을 수단으로 하여, 그들이 할 수 있는 만큼 면밀하게 지구 내의 용도를 통제할 것이다. 도로 위 연석주차의 금지와 최대 건폐율(lot coverage, 전체 부지면적에 대한 건물의 수평투영면적의 비율)에 관한 규범들과 함께, 전면도로의 건축선 후퇴(building setback)와 이로 인해 생기는 전면 공간의 일부 혹은 전체에 대한 조경을 강제하기 쉽다. 물건의 외부 저장이 제한되거나 외부에 저장된 물건이 사람들의 시선으로부터 가려질 필요가 있을 것이다. 건물의 전반적인 디자인과 일반적인 외관, 적절한 주차 및 주차 부하에 대해 검토를 받게 되고, 일부 건축재료의 사용과 임시 구조물의 채택이 금지되고, 심지어는 건물의 디자인에 대해 개발사업자의 공식적인 승인을 받게 될 것이다. 부지경계선(property line)에서 측정된 소음, 인공의 조명, 악취, 연기, 진동, 열 그리고 기타 골칫거리의 발산에 관한 최대 허용한도가 정해질 것이다. 주거용도와 상업용도가 산업지구 내에서 함께 금지되거나, 상업용도만이 산업지구 내의 특정한 위치에 함께 묶여 제한적으로 허용될 수 있다. 안내판의 규격, 위치 그리고 유형이 규제될 것이다.

④ 산업지구 내의 서비스시설

산업지구 내에 은행, 우체국, 사업전략서비스, 수선점, 그리고 소방서와 같은 산업서비스를 제공해주는 것은 더 이상 이상한 일이 아니다. 근로자들에 대한 서비스는 전형적으로 구내식당, 화장실, 의무실 등으로 제한되어왔지만, 이제는 헬스클럽, 상점, 바, 주간 탁아소, 학교, 도서관, 그리고 전문병원과 같은 도시생활의 편익시설들이 산업지구 내에 도입되고 있다. 공장의 외부공간이 단지 도로로부터 스쳐지나가며 바라보는 대상이 아니라 공장 안에서 바라보기 좋거나 그 안에서 걷고, 점심을 먹고, 잠시 동안의 여가시간을 보낼 공원 같은 환경을 가지게 되면 좋을 것이다. 산업용 건물의 내부에서 벌어지고 있는 흥미로운 산업의 진행과정이 외부 사람들의 눈에는 보이지 않기 때문에, 한 개의 공장 건물은 그저 다른 공장건물과 비슷한 또 별개의 건물로 보인다. 공장에 대한 인근 도로로부터의 전망이 홍보가치로서는 중요하지만, 이러한 가치가 대형간판들에 의해 충족되고, 공장건물의 외부공간은 실질적인 사용을 위한 공간이 아니라 물건의 전시와 저장을 위한 공간으로 사용된다. 하지만 공장의 마당에 공원처럼 수목이 심어져 시각적으로 개방되고 공장 내의 활동이 표현되거나, 혹은 공장의 마당이 근로자들의 실질적인 사용과 즐거움을 위해 개발된다면, 홍보는 더욱 효과적으로 이루어질 것이다. 도로, 댐, 교량, 철탑, 쿨링타워, 공장의 굴뚝, 채석장, 장비를 쌓아놓은 외부공간, 생산라인, 심지어는 쓰레기더미조차도 단정한 모습으로 절제되면 단지 불쾌한 필수품이 아니라 사람들의 주목을 끄는 대상물이 될 수 있다. 그것들은 광활한 풍경의 한 자리를 차지할 만큼 규격이 크고, 또한 충분한 의미를 담고 있다. 그것들은 공원처럼 여가를 위한 광활한 개방공간으로 직조될 수 있다. 주차의 용도와 서비스의 용도로 함께 사용하여 시각적으로 상호보완되도록 디자인함으로써, 근로자들이 여가를 즐기고 공원 이용자들은 제품의 생산과정을 배우도록 허용될 것이다.

2) 공장의 배치계획

공장건물은 어둡고 무질서한 구조물로부터 시작하여 높은 천정과 제한된 깊이, 채광이 되는 측면을 가진 19세기의 다층건물을 거쳐서, 천창이 설치되고 깊은 측면과 함께 10,000㎡(약 3,025평)가 넘는 넓은 바닥면을 덮는 20세기 초의 단층 작업장을 거친 후에, 가장 최근에는 외벽이 개구부 없이 밀봉되고 인공조명과 환기설비가 갖추어진 헛간 같은 건물을 거쳐 진화되었다. 예측하기 힘든 바깥 날씨의 변화와 자연광의 변화로부터 자유로워짐으로써, 24시간 내내 균등한 실내 환경을 보존하고 작업영역을 균등하게 비추어주며, 열의 손실을 줄임으로써 에너지를 보존하거나 넓은 면적의 유리면으로부터 열을 획득함으로써 에너지를 보존한다. 이제 건물을 밀봉시키는 것 이외의 필요조건으로부터 자유로워진 공장건물의 입면은 생산품의 홍보 혹은 공장의 실내를 감추는 데 사용되거나, 선택된 몇 개의 구조적인 요소들을 표현하거나 형상의 자유로운 연출을 위해 사용될 수 있다. 지나가는 관찰자에게는 공장건물의 건축적인 구성이 이전에 비해 더 쉬워지고 더 의미를 잃게 된 것처럼 비추어진다.

공장의 근로자는 외부세계로부터 효과적으로 격리된다. 건물을 둘러싸고 있는 외부공간은 단지 내부의 실제 세상에 대한 유일한 접근로가 되며, 야외주차장과 전시물로서의 잔디밭으로 구성된다. 작업장이 외부세계로부터 격리되는 사실에 대한 근로자들의 불만은 외벽에 몇 개의 전망용 창을 설치하거나 가끔씩 실내 공간 속으로 유리에 둘러싸인 채광정을 열어서 해소시킬 수 있지만, 이것은 생산라인의 자유배치와 개조를 방해한다. 그래서 이 광활한 실내공간이 생산에 효과적이기는 하지만, 근로자들에 대한 외부세계로부터의 격리가 해소되고 생산라인의 자유배치와 개조가 동시에 보장되지 않는다면, 근로자를 위한 매일의 환경으로서 이상적일 수 없다.

3) 교외지역 사무실건물 밀집지구의 배치계획

사무실 근무는 이제 모든 선진국에서 과거 공장노동의 수적 우세를 대체하면서 보다 더 통상적인 고용방법이 되고 있다. 기념비적인 정부청사가 기본적인 기능면에서는 한낱 사무실 근로자들이 집중된 또 다른 형태의 사무실건물임에도 불구하고 역시 일정한 상징적 역할을 갖고 있으며, 통상적인 사무실건물에 비해 더 자주 일반대중의 방문을 받을 수 있다.

'사무실 건물들의 공원(office park)'이라는 개념은 산업용의 공원(industrial park)보다는 늦게 생성되었으며, 산업의 명칭 뒤에 park를 붙이거나 '실리콘 밸리(Silicone Valley)'처럼 valley를 붙여 명명한 지역명칭이 최근에는 우리나라에서도 자주 사용되고 있다. 대부분의 사무실 건물은 복합적인 도시 환경 속에 존재하는 단일건물의 형상을 띠고 있지만, 이제는 서구의 대도시 교외지역에 사무실건물이 무리지어 나타나고 있는 것도 흔한 일이 되었다. 통상적인 상황에서라면 물품을 취급할 수 있는 수용력과 설비시설의 용량이 조절되어 비정상적인 수요가 만들어지지 않지만, 공간의 바닥면적 대비 근로자의 비율이 더 높기 때문에, 근로자의 접근과 주차보조원에 의한 주차 그리고 교통의 혼잡이 더욱 큰 문제가 될 수 있다. 사무실 건물 밀집지구의 외부공간은 근로자를 위해 사용된다기보다는 주로 주차를 위해 그리고 외부의 사람들에게 보여주기 위해 사용되고 있다.

영역성과 사무실 내 행위에 관한 동시대의 연구서들이나 사무실 조경의 개념에서처럼, 최근에 근로자의 복지에 대해 약간의 관심이 주어지고 있기는 하지만 이것이 외부로 표출되지는 않고 있다. 조경공사가 완료된 대규모의 외부공간에는 경관용의 잔디밭과 호수, 격식을 갖춘 출입구와 야외주차장이 포함되어 있으며, 관리자의 감독하에 평범하게 앉아 쉬기 위한 공간으로서의 목적을 위해, 또는 벤치가 갖추어지고 조경공사가 완료된 실내 내정으로서의 목적을 위해 외부공간이 사용되고 있다. 대부분의 사무실 근로자들이 일하는 것과 사는 것을 잘 분리하여 유지시키기 때문에 그들의 자유시간에 사무실 근처에서 놀며 지내기보다는 집에서 지내는 것을 선호하겠지만, 근로자들에게는 여전히 사무실 근처에서 보내야만 할 휴식시간과 점심시간이 있다. 사무실 건물은 공장건물과 마찬가지로 다른 용도로부터 고립되어 교외지역에 배치되는 경향이 있기 때문에, 사무실 근로자들이 쇼핑을 하거나 식사를 하러 가기 위해서는 자동차를 운전해야 한다. 지금은 봉인된 창문임에도 불구하고 여전히 사무실 건물에 창문이 완전히 없어지지는 않아서, 적어도 근로자들이 바깥을 내다볼 수는 있다. 이와 같이 외부에서 사무실건물을 바라보는 사람들은 여러 면의 외벽들이 연결된 건물의 외피를 보게 된다. 하지만 사무실 건물의 입면에는 단순하게 회사의 간판만이 걸리기 때문에 공장건물과 마찬가지로 건물의 내부에 있는 사람들과 그들이 하고 있는 일에 대해서 표현되지 않는다.

기업은 눈앞에서 볼 수 있는 시각적인 진행과정의 단지 몇 개 변형이나 생산품 속 소수의 변형에 의해 다른 회사들과 구별되기 때문에, 이러한 경우 건물의 벽면에 드러난 시각적인 의미의 결핍은 소비자들과의 소통에 대해 더욱 비타협적인 것이 된다. 어떤 기업이 다른 기업보다 탁월해 보이도록 만드는 것은 인간관계의 네트워크와 아이디어가 소통되는 방법에 의해서인데, 멀리 떨어진 거리에서는 이러한 네트워크가 드러나지 않는다. 하지만 만약에 사무실 내 활동의 성격을 외부 관찰자에게 전달하는 일이 실현되기 힘든 것이고, 생산품에 대한 어떤 수요도 사무실 내의 활동이 외부의 관찰자에게 전달되기 때문에 만들어지지는 않으며, 생산시설과 서비스시설은 사무실 노동과 전적으로 양립될 수 있어서 서로 상관없는 것이라면, 근로자들의 필요와 즐거움을 위해 사무실 부지의 모양이 다듬어지는 것이 더 쉬울 것이다. 하지만 이와 같은 일은 아직까지도, 통상적으로 인근에 있는 복합 용도의 건물들과 공적비용의 투입에 의해 제공된 공원 덕택에 즐거운 산책이나 흥미로운 점심시간의 기회를 갖게 되는 도심의 사무실 근무자들에게만 해당되는 일이다.

4. 쇼핑센터의 배치계획

쇼핑센터를 위한 배치계획은 업무현장을 위한 배치계획과는 전혀 다르다. 두 가지 경우 모두 배치계획안을 작성하는 동안 이익을 추구하는 단일 개발업체의 관리와 통제를 받게 되지만, 쇼핑센터의 경우에는 고객에게 매력적으로 느껴지는 측면이 이익창출의 기본으로 작용하기 때문에, 비록 간접적일지라도 고객들이 디자인에 대해 강력한 영향력을 갖는다. 소비사회에서는 쇼핑이 모든 사회계층을 통합시키는 지역사회생활의 한 측면이 되며, 그러한 모범사례의 하나가 도시의 번화가이다. 하지만 배치계획의 기술은 신중하게 계획된 쇼핑센터와 가장 밀접하게 관련되며, 쇼핑센터는 이제까지 소매매출의 가장 많은 비중을 차지해왔다.

계획된 쇼핑센터는 통상 첫 번째로 핵심적인 위치에 슈퍼마켓을 포함시켜 전형적인 생필품들을 판매하면서 바로 '소규모의 지역사회'를 대상으로 사업을 영위하는 소규모 지역사회센터, 두 번째로 할인매장을 구비하고 반경 5~8km 이내에 있는 인근의 지역사회센터와 경쟁하게 되는 지역사회센터, 세 번째로 모든 상품들이 완비된 두 개 혹은 그 이상의 백화점들과 모든 범주의 상품들을 구비하고, 잘 정립된 중심업무지구를 포함하여 차량운행거리 30분 이내에 위치한 어떤 쇼핑 집적시설과도 경쟁할 수 있는 지방센터 등의 세 가지 유형으로 분류된다. 소규모 지역사회센터는 4,500㎡(약 1,361평)의 매장면적을 갖추고 차량운행거리 5분 이내에 거주하고 있는 10,000명의 주민들을 대상으로 운영되며, 10,000~20,000m^2(약 3,025~6,050평) 면적의 부지를 필요로 한다. 지역사회센터가 9,000~27,000m^2(약 2,722~8,167평)의 매장면적을 갖추고 40,000~150,000명의 주민들을 대상으로 운영되며, 40,000~120,000m^2(약 12,100~36,300평)의 부지를 필요로 하게 되는 반면에, 지방센터는 27,000~90,000m^2(약 8,167~27,225평)의 매장면적을 갖추고 150,000명 이상의 주민들을 대상으로 운영되며, 200,000m^2(약 60,500평)의 부지를 필요로 한다. 주민들의 인구분포와 구매력, 관련되는 수용력과 구성방식 그리고 시간상의 거리를 포함하여, 경쟁관계에 있는 지방센터들의 위치와 구성요소, 그리고 부지에 대한 접근성 등에 관한 상세분석을 기초로 하여 지방센터의 부지 위치가 선택되며, 지방센터에 준비되어야 할 매장의 배합은 실질적인 배치계획안의 토대가 된다.

1) 쇼핑센터의 전형적인 배치계획안

쇼핑센터는 주차시설을 건물의 전면에 그리고 상품의 하역 등 서비스시설을 건물의 배면에 갖추고 거리를 따라 나란히 늘어선 단순한 상점들의 배열로부터 시작하여, 외부의 보행자몰을 건물의 전면에 두고 사면이 야외의 지표면 주차에 의해 둘러싸인 상점들로서, 외벽이나 유리창에 의해 외부로부터 차단된 보행자 몰들의 양식으로 변형된 후, 실내의 아트리움을 둘러싸고 에스컬레이터와 다리로 연결된 2~3층의 쇼핑몰 형태로 진화되어, 쇼핑몰의 측면 외부에 다층구조의 주차장이 설치되거나 주차장들 사이에 쇼핑몰이 설치되었으며, 짧은 거리의 보행가능 범위 안에 대규모의 복합적인 쇼핑집합시설들을 유치하는 형태가 되었다.

- **아트리움(atrium)**: 19세기 말부터 20세기에 걸쳐 개발된 건물 속의 대형 개방공간으로서 주 출입구를 지나 설치되며, 일반적으로 다수의 층에 걸쳐 개방되고, 넓은 유리창과 유리로 마감된 지붕을 통해 건물의 실내에 자연광과 환기가 제공된다. 아트리움을 통해 건물의 실내와 외부환경 사이에 강력한 시각적 연계(visual relationship or visual link)가 성립된다.

쇼핑센터의 형상이 어떻게 생겼든지 간에 쇼핑센터 내부계획의 기본원리는, 보행자들의 교통량을 강화시키기 위해 내부 상점의 전면을 통로에 노출시키면서, 집중된 통로에 보행자 동선을 유지시키고 쇼핑센터 전체에 걸쳐 고르게 배분시키는 것이다. 백화점과 대형의 의류매장 혹은 명품이나 전문점 등과 같이 스스로의 시장지배력에 의해 고객들을 유입시킬 것으로 추정되는 주요 상점들은 작은 상점들을 지나 고객들을 끌어들이도록 배치된다. 그러므로 주요 상점(anchor tenants)들은 단일 쇼핑몰의 양 끝 부분에 배치되거나, 다수의 몰들이 집중되어 있는 쇼핑몰에서는 여러 몰들의 각각의 끝 부분에 배치된다. 부차적으로 중요한 상점들은 균형잡힌 보행자의 흐름을 장려해주기 위해 여러 개의 몰들에 골고루 배분된다. 기타 종류의 상점들은 이렇게 배분된 보행자 동선의 흐름상에 존속되면서, 그 상점들이 취급하는 다양한 상품들과 서비스를 다룸으로써 주요 상점들을 지원해준다. 이러한 상점들의 일부는 고객들이 물건을 서로 비교하면서 쇼핑할 수 있도록 상품의 유형에 따라 그룹으로 묶여 같은 위치에 배치된다. 만약에 어떤 한 상점이 밤늦게까지 영업을 하게 되면, 함께 모여 있는 다른 상점들도 함께 영업을 하게 된다. 캔디, 페이스트리(밀가루에 기름을 넣고 우유나 물로 반죽한 제품), 선물용품, 혹은 담배처럼 고객들이 충동적으로 구매하는 제품을 판매하는 상점들은 주변에 골고루 퍼트려져서 배치된다. 쇼핑몰 내의 작은 키오스크(신문이나 담배, 음료 따위를 파는 가두 판매점)에서는 높은 수익성의 창출이 가능하다.

고객들이 자신의 목적지 가깝게 주차하기를 원하기는 하지만, 다른 상점에서는 쇼핑할 수 없는 영화관과 자동차부품점, 식품들을 판매하는 슈퍼마켓 그리고 기타 이와 유사한 시설들은 주차구역 내의 독립된 건물이나 쇼핑센터의 외곽지역 혹은 좁은 출입구로 사용될 경우를 제외하고는 활발한 몰의 전면으로 사용하기 위해 우선적으로 지정되지 않을 사각지대의 외딴 구석에 분리시켜 배치된다. 쇼핑몰 자체의 길이는 120m 이내로, 폭은 대부분의 경로에서 혼잡 없이 활기를 불어넣어주고 상점의 양쪽 측면으로부터 상품을 쉽게 바라보도록 허용해줄 수 있는 12m로 유지된다. 쇼핑몰은 단조로움을 피하기 위해, 보다 널찍한 내정(內庭) 속으로 열린 채 L자, S자, U자 또는 8자 속으로 구불구불하게 진행되거나 혹은 접속된 네트워크 속으로 확장될 수 있으며, 쇼핑몰의 폭이 확장되는 곳에서는 스케이팅 링크와 같이 신체적으로 활동적인 시설을 포함한다. 쇼핑몰의 공간은 막다른 골목이 없이 언제나 조밀하고, 전체 공간을 통해 활기가 넘치며, 고객들이 쉽게 파악할 수 있도록 디자인되어야 한다. 쇼핑몰은 원활하게 연결되고, 용이하게 바라다 볼 수 있는 2층이나 3층 이상의 여러 층에 걸쳐 배치될 수 있으나, 그렇게 되면 반드시 각층의 바닥면에 동일한 수의 주차공간이 준비되어야 한다.

2) 쇼핑센터의 주차장 계획

편리한 고객용 주차장은 쇼핑몰 운영에 결정적인 영향을 미친다. 주요 상점과 나란히 배치된 주차장의 위치에 따라 상점이 밀집된 장소 주변에 있는 쇼핑객들의 교통흐름이 결정된다. 높은 밀도로 지어져서 대량수송시스템(주로 도심과 교외를 연결해주는 지하철시스템)을 이용하는 환승여객들의 일부를 유치하게 되는 도심형 쇼핑센터는, 매장 면적 90m²(약 29평)마다 3개의 주차공간만을 갖춘 채로 운용될 수 있다. 한편, 과거 교외지역의 쇼핑센터에서는 일 년에 걸쳐 단 한 번, 거의 10시간 동안 발생될 주차수요인 매장 면적 90m²(약 29평)마다 5.5개의 주차공간을 관습적으로 준비하여, 비수요기에 텅 빈 주차공간을 낭비해왔다. 매장 면적 90m²(약 29평)마다 4.5개의 주차공간을 준비하는 것이 현재 적용 중인 경험법칙인데, 그것은 일 년 중 주차수요가 가장 확대되는 10일 동안의 필요에 대응하기 위해 계산된다. 만약에 쇼핑센터가 극장과 짝을 이루어 주차공간이 주간과 야간에 번갈아 사용되고, 사무실 및 교회와 짝을 이루어 주차공간이 주중과 주말 사이에 번갈아 사용되며, 혹은 쇼핑센터가 스포츠 경기장과 짝을 이루어 주차공간이 계절적으로 번갈아 사용되는 것처럼, 주차공간이 이중으로 사용되면 유리하다. 상점으로부터 가장 멀리 떨어진 주차공간이라 할지라도 200m 이내의 거리에 위치해있어야 하며, 이렇게 상점으로부터 멀리 떨어진 주차공간은 오로지 주차 수요가 가장 높은 기간에만 이용될 것이다. 일상적인 주차행위는 목적지로부터 100m 이내의 거리에서 이루어져야 한다.

쇼핑센터로서 적합한 부지가 희소하거나 부지의 매입가격이 비싼 곳, 혹은 차량과 상점 사이의 거리를 축소시킬 필요가 있거나 쇼핑센터의 여러 층들 사이에 교통량을 균등하게 배분할 필요가 있는 대규모의 쇼핑센터에서는, 여러 층의 주차데크가 준비된다. 고객이 주차장에 진입하면서 머릿속에 주차장에 관한 전반적인 그림을 그려보는 것과 주차할 공간을 찾으면서 주차장을 체계적으로 통과해 나가는 것이 가능해야 한다. 고객들이 배치계획안을 보고 자신의 목적지로부터 가까운 위치에 비어있는 주차공간이 있는지의 여부를 파악하기는 쉽지 않을 것이며, 좁고 사방이 막힌 주차건물 내의 주차 행위보다는 야외주차가 더 선호될 것이기 때문에, 주차건물로 들어가는 진입경사로는 때때로 운전자가 자신도 모르게 끌려가도록 편리하게 디자인되어야 한다.

주차건물 내의 순환도로는 통상적으로 주차구역의 바깥 쪽 외곽에 배치된다. 순환도로의 일부에는, 원활한 차량의 순환을 허용해주면서도 상품과 고객을 태우거나 내려주기 위해, 차로에서 벗어난 상점방향의 공간에 추가차선을 준비하는 것이 좋다. 쇼핑센터에서는 주차의 회전이 신속하게 이루어지며, 쇼핑객들이 부피가 큰 짐을 들고 승차할 경우가 많으므로 자동차 한 대마다 25~40m²의 간격을 준다.

고객들이 주차한 자리를 쉽게 찾도록 하기 위해서는, 주차장이 800대 단위로 분리되어 구획되는 것이 좋다. 주차장에 나무를 심어주면 삭막한 분위기가 완화되고, 차량과 사람들에게 그늘을 드리워주게 되므로 무더운 기후대에서 더 강하게 권장되지만, 나무는 뿌리를 내리기 위해 땅 속의 공간을 필요로 하며, 얼음과 눈을 녹이기 위해 겨울철에 뿌려지는 소금에 대해서도 민감하다. 이와 같이 나무는 통상적으로 대규모의 무리를 이루어 심거나 주차장의 안쪽이나 바깥쪽의 주변부, 혹은 주요 주차구획을 분리하는 언덕 위에 심는 것으로 제한된다.

쇼핑센터의 고객들은 주차장으로부터 분리된 보도보다는 주차통로를 따라 걸을 것으로 예상되기 때문에, 이 주차 통로 위에 상점의 위치를 가리켜 주는 표시가 있어야 한다. 주차경간 사이의 보도와 연석을 설치하면 주차장 청소에 방해가 될 것이며, 주차하게 될 차량의 부하나 종류가 변경될 경우 이에 맞춰 주차의 배열을 변경시키는 데 방해가 될 것이다. 쇼핑센터 주변 지표면의 광범위한 포장과 건물의 바닥면적에 의해 빗물 흐름의 비율과 수량에 극적인 상승이 일어남으로써, 쇼핑센터에 대규모의 값비싼 우수 배수시스템의 설치가 필요하게 된다. 과도하게 넘쳐흐르는 빗물은 홍수를 일으키고 인근의 수로에 오염을 야기한다. 이러한 문제를 해결하기 위한 결론들 중의 한 가지는 부지 내에 저수지를 만들고 조경을 하는 것이며, 이에 대한 결과로써 저수지에 빗물이 저장되었다가 천천히 방류될 것이다. 또한 건물의 지붕에 저장소를 만들어 일시적으로 빗물을 저장하는 것도 가능하다. 차량의 상부를 넘어 전망을 허용해주기 위해서는, 주변 도로의 고도보다 조금 낮추어진 위치에 주차장이 설치될 수 있을 것이다.

야외 주차장의 조명은 1촉광(foot candle)으로 균일하게 비추어져야 하며, 언제나 안전이 쟁점이 되는 주차 건물 내의 조명은 2~3촉광으로 균일하게 비추어져야 한다. 야외주차장에는 안내판이 설치되어야 하고, 쇼핑센터의 직원들이 매장으로부터 가까운 주차공간을 먼저 차지하지 않도록 감시되어야 한다. 대중교통체계와의 연결이 바람직하지만, 쇼핑센터 고객들의 주차공간이 대중교통을 이용하는 통근자들의 차량에 의해 장악될 수도 있기 때문에 갈등이 초래된다. 만약에 사무실 건물들이 쇼핑센터의 주변 가장자리에 배치되면, 사무실의 바닥면적이 쇼핑센터 매장면적의 20% 미만일 때 쇼핑센터 사용자들과 사무실 근로자들이 주차구역을 갈등 없이 나누어 사용할 수 있다. 사무실의 바닥면적이 쇼핑센터 매장면적의 20% 이상일 때에는 어쩌면 사무실 바닥면적 93m²(약 28평)마다 4개의 주차공간의 비율로 사무실 자체의 주차공간이 추가적으로 준비되어야 한다.

3) 쇼핑센터의 순환시스템

쇼핑센터는 주요 간선도로를 따라 배치되며 간선도로로부터 바라볼 수 있어야 한다. 한 개 이상의 차량 접근동선을 갖는 것이 바람직하지만, 주요 교차로에 직접 닿는 자리나 주행속도가 빠르고 혼잡한 통과고속도로 바로 곁에 나란히 펼쳐진 자리, 혹은 고속도로의 진출입 경사로에 너무 가까운 자리는 쇼핑센터로 출입하는 차량의 접근을 복잡하게 만들 수 있다. 쇼핑센터의 내부 순환시스템은 차량의 후진 없이 교통량을 줄이거나 외부로 배출하기에 적절하고, 진입 교통량이 점차 둔화될 수 있도록 충분히 길어야 한다. 만약에 입구와 출구의 패턴이 명료하다면, 주차장을 한 개 이상의 부차적 도로에 연결하여 내보내는 것이 유리하다. 초기의 대형 쇼핑센터에서는, 상점들의 하부에 있는 분리된 도로와 트럭터널을 수단으로 하여 트럭과 서비스 교통을 고객들의 차량으로부터 분리시켰지만, 이러한 교통량의 분리방법에는 비용이 많이 든다는 것이 입증되었다. 이제 운송된 물품의 하역 등 서비스 작업은 통상적으로 야외주차장의 주순환동선으로부터 진입되어, 쇼핑 블록 주변의 가려진 공간 안에서 행해진다. 주요 상점들은 자체적인 하역장을 갖고 있으며, 작은 상점들에는 쇼핑몰의 폐장시간 이후에 내부 복도나 몰을 따라 이러한 서비스 공간으로부터 손수레를 이용하여 물품들이 운반된다. 트럭 배송 역시 중요한 쇼핑시간이 아닌 한가한 시간에 배송계획을 세움으로써 고객들의 시선으로부터 차단된다. 이렇게 집약적인 판매집중시설에 대한 접근성 자체가 가치있는 상품이며, 자동차와 트럭 그리고 보행자와의 상호관계는 쇼핑센터계획안을 작성하면서 풀어야 할 반복적인 과제이다. 여유있는 주차공간, 주차공간과 목적지 사이의 짧은 보행거리, 용이한 서비스, 쾌적한 환경 등은 모두가 쇼핑센터의 주차장계획안에서 기대되는 요소이기도 하며 서로 갈등관계에 있는 요소이기도 하다.

소음과 섬광 같은 소소한 피해는 주차장 주변을 깊게 들이밀어 주차공간을 배치함으로써 상대적으로 쉽게 가려질 수 있기 때문에, 과도한 교통량과 주차장에 수용되지 못해 넘쳐나는 차량의 주차는 쇼핑센터가 이웃사람들에게 부담을 줄 수 있는 주요한 골칫거리가 된다. 광활한 주차장 건물의 외벽 자체가 이웃사람들에게 황량한 느낌을 주지만, 나무가 심겨진 가장자리의 여백에 의해 이러한 황량함이 어느 정도 제거될 수 있다. 하지만 대규모 쇼핑센터에 집중된 차량이 시동을 걸 때 노후화된 엔진으로부터 배출되는 배기오염은, 지방의 척도로 바라보면 쇼핑센터가 공기오염의 주요 발생원이 된다. 쇼핑센터에 관련된 규칙을 고려해보면, 공기오염, 교통의 영향, 그리고 기존 상점들에 미치는 경제적인 결과들이 공공기관에게는 핵심쟁점이 된다. 쇼핑센터의 개발행위가 단일 개발업체에 의해 추진되고, 입지로서의 가치가 높으며, 상품들의 전시에 대한 강력한 경제적 동기가 존재하기 때문에, 쇼핑센터디자인에는 충분한 장식의 기회가 부여된다.

쇼핑센터디자인에는 특수조명, 조경, 그리고 지표면의 포장뿐만 아니라 상세에 대한 신중한 접근과 휴식 장소의 준비, 전시 공간, 키오스크, 주간 탁아시설, 그리고 어린이놀이터와 어린이카페(kids cafe)의 배치가 정당화된다. 쇼핑몰의 실내를 외부공기로부터 차단시키면, 기온의 변화가 적은 실내기후의 유지와 특수한 식물과 새, 소리와 냄새의 도입이 가능해진다. 상점의 창문들을 없애고 상품을 진열함으로써, 고객들이 그들을 애태우게 만드는 상품의 전시에 몰두하도록 허용해준다. 쇼핑몰은 이러한 모든 전시물들에 화려하고 정돈된 체계를 제공해준다. 건물 밖에서는 조경을 관리하기가 한층 더 어렵다. 여름에는 덥고 겨울에는 강한 바람에 노출되며, 밤에는 노란 나트륨 불빛에 균등하게 비추어지는 야외주차장은 언제나 외기에 노출되는 지표면이다. 일단 쇼핑몰의 실내로 들어간 사람은 건물의 내부에서 펼쳐지는 즐거운 일에 열중하게 되기 때문에, 시간이나 날씨 혹은 바깥세상의 어떤 감각으로부터도 단절되지만, 건물의 바깥에서 바라보면 쇼핑몰은 창문 없는 거대한 외벽을 가진 특징없는 건물 덩어리에 불과하게 보일 것이다. 건물의 입면을 비례에 맞게 분리한 후 일부 벽면에 건물의 최상부부터 하단까지 창문을 일치시켜 각 층의 휴식공간과 순환공간을 집중배치하고 출입구에 특수한 형상이 주어진다면, 외벽의 단순함과 답답함이 조금이라도 덜어질 수는 있을 것이다.

4) 쇼핑센터의 지역사회에 대한 관계

계획된 쇼핑센터가 지역사회의 초점으로서 작용되고 있음에도 불구하고, 지역사회로부터는 고립되고 내재화된다. 쇼핑센터의 주변에 산다고 해도 차량을 이용해야 하기 때문에 가볍게 산책하듯 걸어서 들르기에는 무리가 따른다. 쇼핑센터가 지역사회로부터 고립되지 않고 지역주민들에게 친밀한 장소가 되기 위해서는 외부환경과 쇼핑센터 내부요소 사이에 연계가 생겨야 한다. 조경이 된 보행자도로를 만들어서 접근로의 황량함을 덜어주는 동시에, 쇼핑몰의 실내전경과 실내에서 벌어지고 있는 활동을 드러내어 보여주고, 내부와 외부의 순환동선 사이에 명확한 연관성을 만들어주면 도움이 될 수 있다. 조경이 된 보행자도로는 주차구역 사이로 그리고 주변 속으로 확장될 수 있다. 만약에 조경이 된 보행자 도로가 상점들과 줄을 맞추어 배치된다면 한층 더 매력적인 접근로가 만들어지겠지만, 그렇게 되면 그러한 상점들을 지원할 만큼 인근에 존재하는 잠재 고객들의 수효가 충분히 많아야 한다.

5. 서구 전통적인 쇼핑거리의 배치계획

서구의 전통적인 쇼핑거리는 취급되는 서로 다른 상품들의 다양한 배합과 역사의 흔적, 지역의 중심적인 위치, 그리고 새로운 쇼핑센터가 필적할 수 없는 거리의 생명력 등 많은 장점을 가지고 있으며, 상점들은 생존을 위해 자체적으로 재정비되고 있다. 전통적인 쇼핑거리에는 개선되어야 할 몇 가지 쟁점들이 있다. 순수한 보행자몰이 되려면 거리에서 자동차가 제거되어야 한다. 상인들은 고객의 편리한 접근을 위해 연석주차를 허용하고 싶어 하겠지만, 연석을 제거하여 차량의 연석주차를 없애면 도로가 확장되어 상점의 부지에 가까워지고 식재와 충분한 통로를 위한 여유 공간이 확보되며, 상점의 확장과 도로상의 할인판매가 가능해진다. 버스와 자동차를 배치계획안에 포함시키느냐 마느냐의 여부는 확대된 교통의 패턴뿐만 아니라 예측되는 보행자의 밀도에 따라 달라진다. 전통적인 쇼핑거리에 버스가 진입되면 소음과 매연이 거리를 오염시킬 것이다. 쇼핑객들이 홍수처럼 몰려나오면 도심의 상업지역 거리가 활기로 넘치게 되는 것과는 대조적으로, 좁은 폭을 가진 지방의 쇼핑거리는 움직이고 있는 몇몇 차량 없이는 죽은 거리가 될 것이다. 쇼핑거리의 배면에 있는 접근로를 통해 배송이 이루어질 수 있거나, 트럭의 운행이 허용되며 트럭을 위한 주차공간이 준비될 수 있고, 소방차와 앰뷸런스, 쓰레기차 그리고 경찰차가 쇼핑몰까지 운행될 수 있어야 하지만, 그런 역할을 수행할 배면의 접근로가 없다면 이런 특수 차량들에만 통행이 허용되며 간접적으로 쇼핑몰을 통과하는 차선이 준비되어야 할 것이다. 식재를 위한 여유공간에는 새로운 나무들이 식재되고, 벤치와 거리용 가구들이 설치된다. 도로와 양 옆의 인도가 고품질의 물질로 재포장되고 배수시스템이 재정비된다. 기존 상점들의 입면과 어떻게 연계시킬 것인가가 항상 쟁점이 되고 있음에도 불구하고, 상점들의 전면을 따라 회랑(아케이드: 통상적으로 양쪽에 상점들이 늘어서 배치되어 있는, 아치형의 지붕이 있는 통로)을 설치함으로써 디자인의 기준요소(datum)에 의해 통합된 입면이 도입될 수 있다. 전통적인 입면이 복원되고 상점들의 전면창에 드러날 상품의 진열이 개선될 것이다. 가장 성공적인 사례에서는 이러한 개선사항들이 수행되었을 뿐만 아니라 새로운 주차시설을 준비하고, 차후에 거리를 유지관리하고, 활동과 광고 프로그램을 수행하기 위해 구역개발회사(사례: Lower Manhattan Development Corporation, Queens West Development Corporation 등)가 조직되었다. 가로등과 바닥면의 조명기구, 벤치, 벽돌 포장, 그리고 새로 꾸며진 전면벽 등으로 개조된 거리는, 새로 지어진 쇼핑센터들이 상호교환해도 될 수 있을 것처럼 유사해 보이듯이, 서로서로 비슷해지기 시작한다. 그럼에도 불구하고 새롭게 꾸며진 이러한 거리는 원활하게 작동되고, 사람들에 의해 향유되고 사용되고 있다. 전통적인 건물과 행위는 거리에 어떤 특별함, 특정지역으로서의 연대감을 부여해준다.

1) 거리 위에서 펼쳐지는 인간의 행위

인간의 활동은 국지성 기후, 쇼핑활동, 가구의 상세한 배치, 출입구와 통로의 배치 같은 주제와 마찬가지로 사람들에게 매력을 주는 핵심 요소들 중의 하나이다. 광범위한 일반론으로, 사람들은 편하게 앉아 햇빛을 받으며 휴식을 취하고 있거나, 음식을 먹고 있거나, 풍광을 감상하고 있거나, 음악연주를 듣고 있거나, 누군가와 대화를 하고 있거나 어떤 행동을 하고 있다가 발견될 것이다. 공간은 그 장소를 한층 더 매력적으로 만들어 줄 인간의 활동에 맞추어주기 위해 분석되고 개조될 수 있다. 활동의 관리와 경영은 실체적인 형상의 디자인만큼이나 중요하며, 이런 종류의 성공적인 프로젝트는 연속적으로 계획된 활동과 도로상의 할인판매, 축제 등으로 거리를 가득 채워준다. 그럼에도 불구하고 거리가 파헤쳐지고 다시 건설되는 동안은 상점들에게 전형적으로 어려운 시간이 된다. 이러한 기간에도 상점에 도달될 수 있는 접근성은 반드시 유지되어야 하며, 고객들의 구매 행위가 위축되는 것을 막기 위한 특별한 홍보활동이 준비되어야 한다.

계획된 쇼핑센터가 서구의 전통적인 쇼핑거리를 성공적으로 넘어서는 곳에서는 놀랍게도, 계획된 쇼핑센터가 광범위한 교외지역의 사회적인 초점이 되기 시작한다. 쇼핑센터에서 정치집회가 열리고 전단지가 배포되며, 십대 청소년들이 계획된 쇼핑센터에서 많은 시간을 보내게 되고, 노년층은 세상의 흐름을 배우기 위해 쇼핑센터를 방문한다. 사회적인 초점으로서의 이러한 성격은 대규모의 쇼핑센터에 극장, 은행, 우체국, 호텔, 전문병원, 그리고 문화시설, 사설 교육기관 등이 추가적으로 설치되기 시작하면서 강화된다. 일부 개발사업자는 쇼핑시설에 아파트, 사무실, 고용 서비스기관과 공공의 서비스기관을 추가 배치함으로써 쇼핑센터에 시장의 일부를 보장해준다. 개발사업자가 시청이나 공공도서관 등의 설립을 허용해주기 위해 부지의 일부를 공공에 기여할 수도 있다. 쇼핑몰에 생명력과 활기를 불어넣어주기 위해 다양한 이벤트와 공연을 위한 무대가 정기 일정표에 의해 꾸며질 수 있다. 이러한 방법을 통해, 지방센터로서의 쇼핑센터가 전통적인 중심지의 상업지구를 닮아가기 시작한다. 하지만 상대적인 협소함과 특수화, 그리고 판매시설로서의 기능의 순수성 등은 지속적으로 전통적인 쇼핑거리를 개조된 쇼핑센터로부터 구별해 준다. 개조된 쇼핑센터에서는 최대한의 임대료를 추출해내기 위해 공간이 철저하게 통제되기 때문에, 도시의 변두리나 중심업무지구의 역사적 틈새에서 발견하게 되는, 중고품 상점, 저렴한 식당, 교회, 지역사회를 위한 장소, 십대들이 머물 수 있는 장소, 사무실이나 공장 등을 개조한 아파트, 커피숍, 특정 상품의 할인판매점, 사교클럽, 포르노 상점, 노동자들을 위한 술집, 버스터미널, 그리고 저렴한 호텔 등처럼, 다운타운을 모든 사회계층을 위한 장소로 만들어주는 공간들이 설치될 수 없다. 지방의 쇼핑센터는 편의성과 수익성을 갖추고 상품을 판매하기 위해 고도로 세련되게 디자인된 장치이며, 한층 더 견고하게 인간의 행동에 근거하여 디자인되어 있다. 상품의 판매를 위해 지어졌으면서도 지방의 쇼핑센터는 중요한 사회적 초점이 되어 왔다. 하지만 변화하는 미래의 환경 속에서도 사회적 역할을 다할 수 있을지는 확실치 않다.

2) 쇼핑센터의 변화

쇼핑센터는 더욱 복잡하고 편안하게 꾸며지기 시작하면서, 지속적으로 변화한다. 중간 규모의 쇼핑센터는, 전통적인 다운타운의 사회적 배합은 더 후순위로 남겨둔 채로, 할인 센터, 특정 상품을 다루는 할인점, 부티크(값비싼 옷이나 선물 종류를 파는 작은 가게)센터, 혹은 고소득자를 상대로 운영되는 의류센터 등으로 특화되어 가고 있다. 하지만 현재 통용되고 있는 쇼핑센터의 혁신사례 중 하나는 전통적인 중심업무지구에 위치해 있으며, 다소는 전통적인 중심업무지구와 통합되기도 하는 도시 내 쇼핑센터(사례: Manhattan Center)이다. 도시 내 쇼핑센터의 일부는 주위에 보행자 전용구역이 설정되어 있는 복원된 건물에 입주해 있거나, 역사적인 분위기를 모방하기도 한다.

쇼핑센터도 극심한 경쟁과 변화의 노정에 놓여지기 때문에 계획된 쇼핑센터의 생애주기는 약 15~20년이 되며, 가끔씩 개조를 위한 시기가 무르익어 계획 중에 있는 버려진 쇼핑센터를 목격하게 된다. 이 부동산은 높은 가치를 갖고 있기 때문에, 더 흔하게는 폐기되지 않고 경쟁력을 갖추기 위해 복원된다. 새로운 유명 선두매장이 도입되고, 쇼핑몰이 에워싸여져 재단장되며, 주차장이 지어지고 기존의 야외 주차장은 보다 집중적인 용도로 사용된다. 이와 같이 배치계획은 장래의 확장을 허용해주어야 하지만, 어떤 한 순간에도 매장의 핵심지점에 공백을 남겨놓을 수 없다. 쇼핑센터는 처음부터 그리고 차후의 어떤 단계에서도 치밀한 전체로서 운용되어야 한다. 주요 상점은 수직적으로 확장될 수 있으며, 십자로 가로지르는 몰을 허용해줌으로써 새로운 주요 위치가 준비된다. 다른 상점들이 주변에 추가될 수 있으며, 공간에 대한 점유권이 유보될 수 있다. 각 층별 높이와 경간거리가 조정될 수 있으며, 미래의 삼차원적인 네트워크를 허용해주기 위해 구조 부재의 규격이 정해질 수 있다. 주요 설비시설은 확장을 고려하여 디자인되고, 주차건물은 공간의 점유권(토지나 건물의 상공에 대한 사용권)의 장래 개발을 허용해주기 위해 배치된다. 지혜로운 개발사업자라면 그가 개발하는 쇼핑센터를 인근의 주거 및 직장의 밀집지역과 통합시키려 할 것이며, 도보와 대중교통 혹은 심지어 자전거에 편리한 접근성을 준비할 것이다. 인터넷 쇼핑과 오락이 공간적인 회중의 종말을 알리는 불길한 전조가 될 수도 있지만, 표준화된 생필품들에 대해서는 이것이 사실로 판명된다 하더라도 대부분의 사람들은 아직도 쇼핑과 여가를 즐기고 사람들을 구경하기 위해 지속적으로 함께 모일 개연성이 있다.

6. 공개공지(公開 空地, public open space)의 배치계획

야외의 여가활동에 대한 강렬한 수요가 존재하며 환경보존의 필요성에 대한 자각 또한 커지고 있기 때문에, 도시 거주자들의 휴식 등 삶의 질을 높이기 위한 목적으로 설치되는 공개공지의 중요성은 점점 더 커지고 있다. 도시의 공개공지에는 캄피돌리오 광장, 성 마르코 광장, 트라팔가 광장, 브라이언트 공원, 페일리 공원 등 크고 작은 수많은 사례가 존재하며, 비록 정치적인 목적에 사용되는 일이 더 많기는 하지만 광화문 광장이나 서울시청 앞 광장도 도시의 공개공지에 해당된다. 대도시지역에서는 가까운 거리에 도보여행, 소풍, 캠핑, 사냥, 그리고 낚시 등의 야외활동을 위한 공간이 필요하다. 공원디자인은 통상적으로 자연의 풍광에 대한 감사와 여가시간에 할 수 있는 야외활동의 유익함에 대한 견해를 근거로 계획되었다. 하지만 도시주변의 공원은 공개공지의 변화하는 사용방식과 조화를 이루어 디자인되어야 한다.

1) 공개공지의 개방감

공개공지의 개방감은 건물들이 어느 정도의 면적을 점유하고 공개공지 위에 서 있느냐의 문제에 의해서가 아니라, 오히려 자유롭게 선택된 사용자들의 행동이 허용되고 있느냐의 여부에 의해 결정된다. 개방감은 물질적인 특징의 결과물이지만 또한 접근성과 소유권 그리고 유지관리의 결과물이기도 하며, 활동을 지배하는 규범과 기대의 결과물이기도 하다. 공개공지가 반드시 사람들에 의해 가공되지 않은 자연적인 장소일 필요는 없으며, 사람들에 의해 가공되지 않은 공개공지 또한 거의 없다. 공개공지는 인공의 구조물에 의해 조밀하게 점유될 수 있으며, 혹은 심지어 실내의 공간에 의해서 조밀하게 점유될 수도 있다. 공개공지는 사람들이 그 안에서 자유롭게 활동하도록 허용해주는, 행위에 관한 정의(定義)이다. 개방감은 실내 공간이든 외부 공간이든 대부분의 도시공간의 특징은 아니며, 농장이나 놀이터, 단일 목적의 보호구역, 혹은 심지어 세심하게 관리되는 공원의 특징도 아니다. 이것들은 모두 미리 정해진 방법에 따라 행동하도록 강요되는 장소들이다. 놀이터와 관리되고 있는 공원이 폐기되어야 한다고 말할 수는 없어도, 대규모의 공개공지를 디자인할 때에는 그 공간이 누구에 의해 사용될 것인지, 사람들의 다양한 요구사항은 무엇인지, 그리고 그런 요구사항이 어떻게 충족되고 확장될 수 있을지를 깊이 생각해봐야 한다.

Cesar Pelli가 디자인한 뉴욕시 World Financial Center(WFC)의 실내 공개공지(Winter Garden)와 외부 공개공지의 모습.
연초에 기획된 일정표에 따라 실내의 Winter Garden에서는 종종 실내악 연주회가 열리고, 외부광장에서는 날씨가 좋은 주말 저녁 야외콘서트가 개최된다. 실내악 연주가 열리는 날에는 사진의 왼쪽 부분에 임시무대가 설치되고, 이동식 의자와 함께 오른쪽 계단이 청중들을 위한 좌석으로 사용된다.

2) 공개공지 디자인의 기준 항목

공개공지 디자인의 첫 번째 기준은, 공개공지 디자인이 활동의 자유로운 선택, 여유가 없는 도시의 자극제로부터의 해방감, 그리고 새로운 방법을 사용하여 새로운 사람들을 만나고 대화할 기회 등, 사람들이 그 공개공지에서 경험하게 될 품질과 관계가 있어야 한다는 점이다. 이러한 품질들은 심리적인 결과물이며 이전부터 존재하는 자연적인 상태를 엄격하게 보존한다고 해서 취득될 수 있는 것이 아니다.

Long Island City에 소재한 Gantry Plaza State Pakr를 통해 바라본 Midtown 맨해튼의 모습

공개공지 디자인의 두 번째 기준은 부지의 생태에 대한 관심사이다. 인류와 그들이 이루어 놓은 결과물은 자연의 일부이다. 생태시스템은 고정될 수 없으며 지속적으로 변화한다. 생태학적인 목표는, 인간의 활동이 전체의 필수적인 구성요소가 되며, 변화하는 생태시스템과의 새로운 균형을 발견하면서 자체적으로 갱신을 지속해 가는 것이다. 좋은 공개공지는 우리에게 심리적인 개방감과 함께 생태적인 지속성도 제공해준다. 목초지의 유지관리 시스템에서 빌려와 공원디자인에 흔히 사용되는 수용력이라는 개념은 공개공지에서 무비판적으로 사용되기에 무리가 따른다. 수용력은 지표면이 자체적으로 갱신할 능력을 잃지 않으면서 유지할 수 있는 사람들의 인구수나 활동의 강도를 의미한다. 말하자면, 수용력은 지표면을 덮고 있는 물질이 유지될 수 있을 것으로 기대되는 밀도의 한계치, 나무들이 서로 생명을 이어갈 수 있을 것으로 기대되는 밀도의 한계치, 물이 자체적으로 정화될 수 있을 것으로 기대되는 수량의 한계치 등을 표현한다. 공원에서 생태시스템의 수용력이 유지되면 시냇물이 산화되고, 휴지기를 통해 영역에서 식물들이 윤작되고, 출입 허가에 의해 사람들의 접근이 규제되고, 생태는 새로운 잡초로 안정된다. 하지만 새롭게 갱신되어 형성된 생태시스템의 균형은 새롭게 관리되는 용도에 의해 충격을 받을 수 있다. 수용력의 개념은 필요한 경험에 대해 적용되어야 한다. 공원디자인에 적용된 수용력의 개념이 도시의 공개공지 디자인에 적용되기는 어렵다.

3) 공개공지의 접근성

대규모의 공개공지에서는 충돌하는 활동을 분산시키기 위해 통로의 접근성에 단계적 차이를 둘 필요가 있다. 높은 수용력을 가진 도로는 중앙 집중화된 시설, 밀집된 캠핑구역, 집약적인 기능이 배치되어 있는 공개공지의 가장자리나 초점이 되는 자리를 향해 접근한다. 오로지 상당한 시간과 노력을 들여 걸어서만 도착될 수 있는 지점으로부터 활동의 밀도와 접근의 수용력이 점진적으로 감소되고, 순환 고가도로와 야영장, 그리고 소풍을 위한 숲이 이러한 야생의 핵심부분 주위를 둘러싸고 배치될 수 있다. 좁고 긴 해변에는 야외주차장, 식당, 화장실, 그리고 해상구조대원의 감시시설 등 필요한 시설들이 모두 갖춰질 수 있다. 해변에는 인적이 드문 모래밭이 펼쳐지고 상충되는 선호도가 해결된다. 공개공지의 한 구역은 과중한 부하를 견디도록 디자인되고 관리될 수 있으며, 반면에 훼손되기 쉬운 구역은 사용자들의 점유로부터 보호될 수 있다. 대규모의 휴양지가 다른 것이 전혀 섞이지 않은 채로 순수하게 보존되거나 상업시설과 생산시설이 전혀 설치되지 말아야 할 필요는 없다. 대규모 휴양지에도 모텔, 이동주택 주차장, 십대들을 위한 야영장, 과수원, 개인들이 자체적으로 건립하는 피서용 별장, 환경을 보존하기 위한 작업캠프, 교육센터 등이 포함될 수 있다. 동일한 제약사항 아래 작동되고 있는 행위가 시각적으로 개방되고 그 장소의 자연자원과 시각적으로 연계되어 있을 때에는 공개 공지에 다른 산업이 포함될 수 있으며, 여가생활과 제품의 생산활동이 근로자와 여가를 즐기는 사람의 경험을 똑같이 높여주는 방법에 의해 통합될 수 있다. 휴가철에 휴가여행자들에게 침식을 제공하며 가족단위로 운용되고 있는 농장체험이나 목장체험이 공개공지를 통해 이루어진다면, 이러한 통합의 한 가지 성공적인 사례가 된다.

4) 공개공지 내부의 영역나누기

개방감과 자유의 경험은 심리적인 것이기 때문에, 많은 사람들이 같은 마당을 사용하고 있을 때조차도 공간을 다수의 작은 영역들로 구성해줌으로써 개방감과 자유의 경험이 유지될 수 있다. 지표면과 지형을 자연적이거나 인공적으로 포장해주면, 일시적인 영역인 고유의 접근성을 도구로 하여 서로의 시계(視界)와 소리로부터 보호된 특수한 지역성을 만든다. 사용자들은 통상적으로 작은 영역을 규정하게 될 가능성에 의해 그들의 캠프, 행락지, 혹은 해변의 장소를 선택하게 될 것이다. 사용자들은 서로가 정한 실제 거리가 가까워졌을 때조차도, 부분적인 에워싸임, 용이한 접근성, 무엇인가의 가장자리 위치, 햇빛으로부터의 가려짐, 피난처 등을 추구할 것이다. 이와 같이 해변이나 초원의 수용력은 풀에 덮인 모래 언덕이나 고정물로 사용되어 영역을 표시해주게 될 차폐물, 나무, 혹은 바위 등을 도입함으로써 증대될 것이다.

공개공지 안의 건물은 눈에 띄지 않게 환경 속으로 맞춰져야 하며, 어색한 배치나 형식적인 마당 혹은 특수한 식재 등에 의해 돋보이지 말아야 한다. 동시에, 사용자들이 한 가지 활동으로부터 다른 활동으로 쉽게 이동할 수 있도록, 다양한 활동의 영역을 서로 근접시켜 배치하는 것이 좋다. 활동의 영역이 극적으로 병치되면 다양성이 강화될 것이다. 보다 활발하게 사용될 공개 공지의 영역은 명확하게 체계화되는 것이 바람직하며, 전체적인 뼈대 속에서 접근로들이 직접적으로 연결되고 주요부로부터 상세부분까지의 경로들 또한 명확하게 꾸며짐으로써, 공개공지의 일반적인 구조가 사용자들의 마음속에 쉽게 그려질 수 있어야 한다. 읽기 쉬운 지도와 안내판이 이것을 보완해주게 될 것이다.

5) 공개공지의 점유 규칙

사용자들이 개인으로서 자유롭게 선택한 경로를 따라간다 하더라도, 공원 내에서의 사용자들의 배분은 접근로와 시설의 배치에 의해 조절될 수 있다. 물은 가장 강력한 매력의 요소이기 때문에 사용자들과 구조물은 자연스레 물가로 이끌려가게 되어, 수변지역이 훼손되고 내륙 지역이 방치되는 결과로 귀결된다. 구조물은 조망을 즐길 수 있으면서도 좋은 조망의 방해물이 되지 않을 자리에 그리고 보다 광범위한 내륙으로 접근할 수 있는 수변의 자리로 후퇴시켜 유지하는 것이 더 낫다. 이것은 보다 일반적인 원리의 한 가지 사례이다. 점유는 가치 있는 무엇인가를 파괴하기 때문에, 영구적인 구조물은 결코 매력적인 지형 위에 직접적으로 배치되지 말아야 한다. 구조물은 매력적인 지형을 바라보기에 적합하며 매력도가 떨어지는 가장자리에 가장 잘 안착된다. 결과적으로 매력적인 지형이 보존되고, 새로운 구조물은 그 구조물이 들어서지 않았더라면 특징이 없었을 지세를 돋보이게 만든다. 예를 들어 어떤 섬에 건물을 짓는다면 대양의 해변은 자연 그대로 남겨둔 채 섬의 내륙지역에 건물이 배치되어야 할 것이다. 골프장 주변의 주택단지처럼 훌륭한 목초지의 중심 부분이 아니라, 풀이 우거져 넓게 트인 들판을 바라볼 수 있는 숲의 가장자리에 주택들이 배치되어야 한다. 연못가 주위의 훼손되지 않은 숲의 차폐막을 보존하고, 건물에서는 나무 사이로 풍경을 바라볼 수 있도록 배치해야 한다. 언덕의 꼭대기가 아니라 언덕의 눈썹 부분에 주택을 배치하면, 언덕의 꼭대기 높이에 배치된 주택이 갖게 될 조망의 품격을 떨어뜨리지 않으면서도 훌륭한 조망을 즐기게 될 것이다.

6) 공개공지의 접근로

장소가 주는 즐거움은 사람들이 그 장소에 어떻게 도달하느냐에 따라서도 달라진다. 공원을 디자인할 때에는 공원 내에 있는 숲 속의 길, 버스 노선, 수로 등이 여가의 경험으로서 고려되어야 한다. 통로는 그 통로 고유의 여행방식에 맞게 만들어진 기념비적인 시각적 경로를 가질 수 있다. 길가에는 그 부분의 지질과 생명체가 노출될 수 있으며, 특별한 장소가 외딴 곳에 배치되고, 과거에 접근하기 힘들었던 구역이 모래사장용 소형자동차, 눈자동차, 수중용 트랙터 등을 통해 사용자들에게 개방된다. 접근시스템에 의해 공개공지에 대한 사용의 밀도와 사용자들의 경험이 조절된다. 공개공지 내의 길은, 속도를 위한 목적보다는 사용자들에게 이동할 때 느낄 수 있는 경험의 품질을 전해줄 목적으로 만들어졌기 때문에, 지표면의 마감은 오히려 밀실하게 다져져 안정화된 흙길, 느슨한 자갈길, 혹은 바퀴가 굴러갈 수 있는 길 등 일상적인 실무에서는 미심쩍게 생각될 수 있는 마감재가 적절한 선택이 될 수 있다.

공개공지 내의 길은 지세를 드러내거나 좋은 전망을 확보하기 위해 구불구불해진다. 디자인 스피드는 시속 30km까지 낮추어질 수 있으며, 자주 사용되지 않는 2차선 길의 폭은 통과를 위한 분기점과 함께 3m 넓이로 디자인될 수 있으며, 주도로조차도 1m 폭 도로의 양측 가장자리 부분을 포함하여 6m 폭 이하가 될 수 있다. 야외주차장은 차폐막을 두르고 산개시킴으로써, 그리고 자갈이나 다른 공극이 있는 표면을 포장재료로 사용함으로써, 너무 튀지 않게 만들어진다. 캠핑객들의 차량과 이동주택은 후진 중에 차가 부딪치도록 디자인되어 나무가 심겨진 돌출부나, 땅에 고정된 틀에 연결된 줄로 둘러싸인 주차공간에 수용된다. 자전거 도로는 1.5~2.5m의 폭을 가져야 하며, 견고하고 부드러운 표면으로 마감되어야 한다. 도보로 걷는 오솔길은 1.5~2.5m의 폭을 가져야 하며, 빗물을 배수시키고 도랑이 생기는 것을 방지하기 위해, 급경사지를 가로질러 통나무를 설치하고 어려운 장소에는 가끔씩 디딤돌을 놓음으로써, 오로지 사람들이 통과할 수 있도록 장애물을 제거하고 고도가 낮은 부분을 배수시킬 필요가 있다. 자귀를 이용해 깎은 통나무, 밧줄로 매단 다리, 그리고 납작한 돌은 보행자들이 시냇물을 건널 수 있도록 도와준다. 어떤 지속적인 거리(距離)를 위해서이든, 경험이 많은 도보 여행자를 위해서이든 길의 최대 경사는 10% 혹은 15%이다.

Gantry Plaza State Park의 모습. East River 건너편에 Le Corbusier가 디자인한 UN본부 건물과 Midtown Manhattan의 건물들이 보인다.

6) 공원에서 배우는 레포츠

설명적인 오솔길은 공원에 관련된 어휘에 최근 새롭게 추가되었다. 연이어

펼쳐지는 설명적인 오솔길의 중간 기착지에서는 그 환경에 관한 중요사항과 서식하고 있는 동식물에 대해, 그 환경이 어떻게 작동되는지에 대해, 그리고 그 환경이 어떻게 유래되었는지에 대해 설명해준다. 하지만 우리는 전체 공원을 장소의 의미를 높여주기 위한 기회로서 생각해야 한다. 공원은 자연을 배우기 위한 장소이지만, 또한 우리 스스로에 대해 배우는 장소이기도 하다. 사람들은 공원을 통해 새로운 기술, 정원 가꾸기, 여름 별장주택짓기, 등산, 조깅, 혹은 캠핑 등에 대해 배울 수 있다. 빙상 위 보트타기, 동굴탐험 그리고 크로스컨트리 등의 오래된 게임은 물론 스킨스쿠버, 오리엔티어링(지도와 자석을 사용하여 목적지에 닿기를 겨루는 게임), 글라이딩, 스카이다이빙, 그리고 수상스키 등 비교적 최근에 고안된 게임이 공원디자인에 반영되고, 동굴, 갱도의 미로, 공중의 활주로, 물속의 정글, 스스로 조립하는 보트장, (어린이가 그 안에 들어가서 놀 수 있는 모래놀이 상자 같은) 불도저 놀이터, 기어오르는 복합 담장벽, 3차원 공간 속 야외에서 노는 비디오 게임 등 새로운 스포츠와 새로운 환경이 디자인될 수 있다.

공개공지는 인간의 능력을 개발하기 위한 장소이다. 학교의 운동장과 경기장(사례; 야구 경기장, 축구 전용구장, 육상 경기장 등)은 특별한 경기를 지원하며, 공개 공지가 아니다. 하지만, 모험의 놀이공원(어린이들이 모험심을 갖고 시도하도록 다양한 구조물을 설치한 놀이공원)은 예외에 속한다. 재사용될 건축자재가 깨끗이 치워진 공간에 비축되고, 어린이들은 작은 건물의 구획에 할당되어 전문가의 감독을 받으며 자신들의 상상력과 용도에 맞추어 건물을 짓는다. 어린이들이 열심히 작업에 참여하게 되고, 기분 좋은 결과물이 도출된다. 어린이들은 건물을 짓는 과정을 통해 건축의 기술과 사회적인 협동에 대해 배우게 된다.

7) 복원된 공간

기존의 개발을 보완해 주기 위해 중간 규모의 새로운 공개 공지를 창조하는 것은 효과적인 행동을 통한 공적 개선이다. 뉴욕에 소재한 페일리 공원(Paley Park)의 사례에서처럼 건물이 없이 비어있는 토지의 한 구획이 'pocket park' 형태의 공개공지로 개조된다. 한때 마약상과 창녀들이 호객행위를 하고 범죄가 끊이지 않던 땅에 잔디와 나무를 심어 공원을 조성하고, 여름에는 야외수영장의 용도로, 봄가을에는 야외콘서트장이나 패션쇼의 용도로, 겨울철에는 야외스케이트장의 용도로 사용함으로써 시민들의 사랑을 받고 있는 브라이언트 공원(Bryant Park)도 복원된 공간의 사례에 속한다. 버려진 철로(버려진 철로가 선형의 공공공원이 된 사례: 뉴욕의 High Line Park)나 운하, 송수로나 하수도 혹은 전선을 위한 지역권(地役權, easement)을 갖고 있는 땅이 선형 공원이나 보도 혹은 자전거 도로, 혹은 일련의 채소밭이 된다. 황량한 교통섬(traffic island: 보행자를 보호하기 위해 도로 가운데 만들어 놓은 인도의 구획)에 거리용 가구를 비치함으로써, 구도시의 공개 공지가 다시 새롭게 꾸며질 수 있으며, 또한 활동이 집중되는 그곳에 작은 확장이 만들어질 수 있다.

디자이너는 공간에 가치가 주어질 것이며 사람들에 의해 사용될 것이라는 확신을 가져야 한다. 사람들이 지역에서 새로운 공간을 어떻게 사용할지 추론해보기 위해, 실제로 무슨 일을 시도하고 있는지 관찰해야 한다. 임시 장비에 의해 실험의 결과가 실패로 편향될 것이라는 위험이 항상 존재함에도 불구하고, 일시적인 특징들을 대상으로 하는 실험이 디자인에 대한 정보를 제공해줄 수 있다. 어떤 것들이 사람들에게 신성한 장소들이며 어떤 것들이 두려움을 주는 장소들인지, 지역사회의 감성적인 환경에 대해 조사되어야 한다. 무엇인가에 사로잡혀 있는 몇몇 개척자들의 광적인 노력이 방치된 어떤 자리를 후원하도록 지역사회를 분발하게 만들 수 있다.

- **사례:** 뉴욕의 맨해튼 서부 14가부터 34가 사이의 버려진 고가철로 위에 흙을 덮어 포장된 바닥면을 설치한 후 공원용 벤치, 조명시설, 수도시설, 잔디공원, 잔디와 나무 그리고 꽃의 식재 공간, 산책로 등의 조경요소들을 추가함으로써 2.33km의 선형공원으로 만들어 공공에 개방한 High Line Park의 재개발사업도, 철로가 인근에 살고 있던 Joshua David와 Robert Hammond라는 두 명의 열성적인 주민들에 의해 1999년 'The Friends of High Line'이라는 공익단체가 조직됨으로써 본격화되었으며, 현상설계경

▌ 재개발되기 이전의 Highline 모습

▌ Highline 위를 걷고 있는 사람들과 벤치에 앉아 담소를 나누는 사람들의 모습. 나무 데크를 사용하여 들어 올려진 산책로 옆으로는 보다 낮은 고도로 흙이 덮이고 나무와 꽃들이 심겨져 있다.

기를 통해 James Corner Field Operations/Diller Scofido/Renfro and Piet Oudolf의 디자인 작품이 당선작으로 선정되었다. 연세대학교 출신의 황나현 씨가 뉴욕 소재 조경설계회사인 James Corner Field Operations의 Lead Project designer로서 High Line Project 설계에 참여한 것으로 알려져 있다. 지금의 High Line Park 자리에 개설되었던 최초의 철로는 1847년 5대호 연안지역으로부터 허드슨 강(Hudson River)을 통해 수송된 우유와 육류, 그리고 공산품과 원자재 등 허드슨 야드(Hudson Yards)의 항구에 하역된 화물을 맨해튼 서쪽 지역의 공장들과 창고들에 수송하기 위한 목적으로, 도로와 같은 높이의 바닥면에 철로가 개설되었으며, 그 당시의 주요 교통수단이었던 마차와의 잦은 충돌로 인해 수많은 인명피해가 발생되자, 대중적인 논란을 거쳐 현재의 화폐가치로 환산하여 2조원이 넘는 비용이 투입된 공중철로를 건설하게 되었으며 1934년 개통되었다. 하지만, 1950년대에 각 주를 연결하는 고속도로들이 개설되고 트럭에 의한 수송이 발달되면서, 공중철로의 사용빈도가 점차 줄어들다가 용도 폐기되기에 이르렀다. High Line Park는 복원된 이후 2014년 기준으로 연간 5백만명의 관광객들이 방문하는 뉴욕의 명소가 되었으며, 공원길을 따라 부동산의 재개발을 촉진시키는 촉매제가 되고 있다.

복원된 공개공지의 규모는 지역사회가 사용하고 유지관리하는 예산의 범주 안에 포함되어 있어야 한다. 그렇지 않으면, 대단한 열정을 가지고 조성된 공개공지가 서서히 사용되지 않고 황폐한 상태에 빠지게 된다. 적절한 유지관리비 예산은 초기 투자비보다 더 중요하다. 집 앞에 있는 나무에 대한 보살핌, 임대용의 공공 부지에 구획된 주민들의 정원, 기념벤치(기념벤치 혹은 기념좌석은 죽은 사람을 기념하는 가구이다. 기념벤치는 전형적으로 나무를 사용하여 만들어지지만, 또한 금속, 돌, 혹은 합성물질 등을 재료로 하여 만들어질 수도 있다. 기념벤치는 전형적으로 공공장소에 설치되지만 역시 흔하게 가정의 정원에도 설치된다) 등, 한 장소에 대한 관리 책임이 개인들이나 작은 수효로 구성된 사람들의 그룹들에게 주어질 것이다. 지역사회에 속해있는 공개 공지를 유지관리하기 위해서는, 지역사회 내의 공간들에 대해 걱정하고, 지속적인 보살핌을 요구하고, 개선을 위한 비용을 모금하고, 비공식적인 '소유주들의 그룹'이나 '~의 친구들'과 같은 단체를 구성하는 것이 유용하다. 특별히 공개 공지에 대한 지분을 가진 뚜렷한 주체가 없을 때 공공기물의 파손은 어느 도시에서든 문제가 된다. 공공 기물의 파손에 대한 최선의 방어는 지역사회 소유의 공개 공지에 대한 지역 주민들의 주인 의식과 어떤 훼손에도 재빨리 대응하는 효율적인 유지관리시스템이다.

▌왼편에는 Highline이 통과하는 호텔건물 밑 구간의 간이식당, 오른편에는 보존된 기존 철로의 모습이 보이며, 그 뒤에는 곳곳에 벤치와 조경공간 그리고 산책로가 이어진다. 간이식당에서는 간단한 식음료가 판매되고 이동식 의자들이 준비되어 있다.

07

토공사와 공공설비시설의 배치계획

사진설명

Long Island City의 Gantry Plaza State Park에서 바라본 Midtown Manhattan의 스카이라인. East River 강변을 따라, 이전에 부두와 선박수리소, 공장지대로 사용되던 52,000㎡(약 15,700평) 면적의 부지에 길게 선형으로 펼쳐지는 주립공원에는 어린이놀이터, 잔디가 깔린 운동장, 소풍용 테이블, 조깅과 산책을 위한 강변 산책로, 농구장, 테니스 코트, 라켓볼 경기장, 공공도서관, 보트선착장 등이 설치되어 있으며, 일부 구역에서는 낚시와 게잡기가 허용된다. 공원시설과 함께 공원에 직접 접한 동쪽 부지에는 4,600세대의 새로운 주거타워들과 2개의 공립학교, 주거타워의 저층부에 배치된 15,200㎡(약 4,600평)의 상업시설들 등이 추가적으로 신축되었으며, 공원은 UN본부 건물과 Midtown Manhattan의 전경을 바라볼 수 있는 빼어난 조망과 온 가족이 함께 즐길 수 있는 시설들, 주거지역에 맞닿아있을 만큼 좋은 접근성을 갖추고 있어서 주민들의 일상생활을 위한 시설의 일부로 이용되고 있으며, 때로는 TV드라마나 영화촬영 장소로도 사용되고 있다.

부지공사에는 경제학자들이 하부구조라는 이름으로 그럴듯하게 호칭하는 기술적 지원시설들로서 지표면의 포장, 연석의 설치, 기초공사, 절토 및 성토를 통한 정지공사, 하수처리시설의 배관공사, 전기 배선공사 등 프로젝트의 개발이 완료된 이후에도 우리의 주목을 받지 못하게 되는 실체적 요소들이 포함된다. 하부구조를 설치하기 위해 소요되는 공사비용과 부지 안에 하부구조를 설치하면서 수반되는 무질서에 놀라게 되는 경우가 많지만, 하부구조는 부지공사의 핵심 관심사항이며 하부구조에 관한 시방서는 실시설계도면의 기초자료가 된다. 부지공사는 부지경계선과 공사가 수행될 부분에 대한 정확한 위치 잡기로부터 시작된다. 공사구역의 표토가 걷혀내어지고 집적되어 저장되며, 최종적으로는 새로 형성된 지표면 위에 다시 흩뿌려진다. 그런 후에 도로와 건물, 지하 공공설비시설 등 주요구조물의 위치가 지표면 위에 정확히 표기된 후, 건물의 기초가 설치되고 파이프가 매설된다. 주요구조물의 공사가 완료의 시점에 가까워지면, 노출된 하층토(또는 심토)는 디자인에 의해 새롭게 요구되는 높이가 표시된 정지(整地)말뚝의 지시에 따라, 새로운 형태로 정지(整地)된다. 도로의 기초와 지표면을 덮을 재료들이 설치되고 나면, 조명기둥과 급수전 같은 지상의 설비시설물들이 설치된다. 마지막으로 표토가 대체되고 새로운 식물들이 식재된다.

1. 토공사

1) 실시설계도면

건설회사에 제공된 기술도서들의 내용 중에는 지표면에 정확하게 위치시키기에 충분할 정도로 치수가 매겨진 도로와 건물의 배치도, 각 도로의 횡단면선(윤곽선)이나 기타 전 경로를 통해 중요지점의 해발고도(標高, vertical elevation)를 정해주기 위한 대형의 하수도 주관과 같은 필수적인 선적(線的) 요소들, 주요지점의 등고선과 정확한 표고를 표기해줌으로써 새로운 지표면의 모양을 나타내주는 정지계획평면도(整地計劃平面圖), 모든 공공설비시설의 규격과 기준점에서의 해발고도를 지시해주는 공공설비시설배치도, 식재될 모든 식물들의 수량과 수종(樹種), 그리고 식재의 위치를 보여주는 조경평면도, 맨홀과 하수인입관 그리고 연석과 의자 및 조명등 그리고 벽체와 같은 목록에 관한 일련의 상세도면들, 그리고 마지막으로 모든 요소의 품질과 설치를 조절하기 위해 문서화된 시방서의 세트가 포함된다. 이러한 도서들은 통상적으로 계획설계단계(schematic design phase)의 배치계획안으로부터 개발된다.

첫 번째로, 구조물과 도로의 정밀한 배치도가 작성되며, 배치도는 도로의 정렬을 정확한 곡선과 접선으로 변형시켜주고, 건물과 부지경계선의 기하형태와 위치를 특정해준다. 그런 후에, 기준점의 표고를 이어주는 일련의 직선 경사도와 기존 대지의 지표면 위에 놓인 수직방향 곡선인, 도로의 횡단면이 구축된다. 그 다음에는, 건물의 바닥면이나 기존의 나무를 보존하기 위해 필요한 주요 지점들의 표고가 결정된다. 결정된 주요지점의 표고와 기본계획 단계에서 구상된 형상을 따라 정지계획평면도가 작성되며, 정지계획평면도는 도로 횡단면의 표고와 주요 지점의 표고 사이에 최소한의 부드러운 전이를 만들어준다. 정지계획평면도에 가장 현저한 영향을 줄 개연성이 높은 우수의 배수시스템을 시작으로 공공설비시설이 배치되고 나면 다시 계획설계단계의 아이디어에 따라 조경계획평면도에 식재목록과 식재될 나무들의 수량, 특별한 조형물의 상세도면, 공사시방서가 문서로서 작성된다. 시공 상세는 계획설계단계의 평면도에 영향을 미치고 그 평면도에 의해 영향을 받는다. 하수 흐름의 문제는 도로의 횡단면에 대한 재조정을 필요로 하게 되며, 이것은 차례로 정지작업평면도, 주택의 위치 그리고 조경평면도에 영향을 미친다. 디자인 과정의 요소들이 일단 통제되기만 하면, 디자이너는 순환의 고리 속에서 반복적인 작업으로 디자인을 진행하게 된다.

2) 토공사

지표면의 개조는 정지계획평면도(整地計劃平面圖, grading plan)에 의해 구체적으로 명시되며, 정지계획평면도는 배치계획의 핵심 기술도서가 된다. 정지작업(整地作業)은 공공설비시설, 완성된 프로젝트의 외관 그리고 프로젝트의 공사비용에도 강력한 영향을 미친다. 새롭게 필요한 표고를 보여주는 정지(整地)말뚝들이, 정지공사 행위를 조정하기 위해 일정 간격으로 하층토에 고정된다. 정지말뚝은 지표면상의 최고점, 경사의 변곡점, 배수구, 암거(대형 배수관), 도로 그리고 건물과 같은 그러한 주요 지점에 설치되고, 나머지 부지에는 일정한 간격으로 고정된다. 정지말뚝은 또한 절토된 부분과 성토된 부분이 기존의 경사 속으로 도로 흡수되거나 또는 절토된 부분과 성토된 부분이 서로 흡수되는 구역을 따라 형성되는 선을 드러내준다. 그런 후에 토공사 기계를 사용하여 정지말뚝에 적혀있는 표고에 따라 지표면이 절토되거나 성토되고, 정지말뚝 사이에 부드러운 곡면이 형성되도록 모양이 다듬어진다. 이때, 대체될 표토의 깊이와 성토된 이후에 예상되는 토양의 침하가 고려되어야 한다. 느슨한 상태로 절토(cut)된 흙은 부풀어 오르고, 절토된 자리에 성토(fill)되면 다시 수축된다. 토양이 절토되기 전의 체적과 성토된 후의 체적 사이의 최종비율은 토양의 구성 물질과 토양을 다루는 방법에 따라 달라지며, 토공사량의 체적이 계산될 때에는 이 비율이 반드시 알려져야 한다.

토양이 성토된 이후에 잘 다져지지 않으면, 성토된 이후의 토양의 체적이 절토되기 이전 토양의 체적을 15~25%까지 초과할 수 있다. 토양이 성토된 이후에 잘 다져지면 절토되기 전 토양의 체적에 비해 10% 정도 줄어들 것이며, 혹은 땅으로부터 많은 뿌리와 돌, 다른 부스러기들이 제거되어야 한다면 그보다도 더 줄어들 것이다. 일상적인 토공사에서는, 성토되는 물질의 체적이 절토되기 이전의 체적보다 5% 적을 것이라고 초기 가정하는 것이 관례이지만, 이것은 단지 초기의 추측일 뿐이다. 흙다짐의 강도는 부분적으로 조절될 수 있으며, 이상적으로는 흙다짐을 통해 프로젝트 부지의 입주 이후 토양이 침하되지 않을 정도로 밀실하면서도, 땅 속의 입자를 통한 배수시스템이 파손되지 않을 만큼 느슨한 토양의 구조가 생성되는 것이 좋다.

지표면의 침하가 심각하게 예상되지 않는 구역에서는 흙 대신 다양한 물질을 쏟아부어 성토가 이루어질 수 있다. 지표면의 침하가 반드시 조절되어야 할 곳에서는 성토의 구성 물질이 선별될 것이고, 적합한 밀도로 구성된 토양의 알갱이들이 안정적인 위치로 미끄러져 들어가도록 수분의 함량이 정해질 것이며, 성토된 후의 토양은 지표면 위에서 운행될 롤러나 무거운 하중이 적재된 차량에 의해 시방서에 명시된 횟수만큼 다져지게 될 것이다. 고도의 안정성이 요구되는 부분에는 성토된 토양이 얇은 층으로 여러 겹 분리되어 설치될 것이며, 성토된 토양의 각 층은 독립적으로 수분이 공급되고 다져지게 된다. 이와는 반대로, 특히 나무들이 다시 식재되어야 할 구역이, 육중한 기계의 부주의한 지표면 운행에 의해 수분이 함유된 표층토의 하부에 불투수층이 형성될 만큼 하층토가 너무 지나치게 다져져 있을 경우에는, 표층토가 다시 흩뿌려지기 전에 쟁기질과 땅 갈기의 수단에 의해 정지(整地)된 하층토의 상부에 있는 토양층을 다시 깨뜨려야 할 필요가 있다.

부지가 토양이 갖고 있던 본래의 안정적인 균형을 되찾는 것은 어려운 일이다. 정지작업 과정 중에 표층토(表層土)와 하층토가 함께 섞일 수 있게 됨으로써 가치 있는 유기물질이 유실된다. 당연하게 표층토가 보존될 때조차도, 자연적인 토양의 횡단면이 곧 기반암을 향해 내려가는 지속적인 단계적 변화가 되고, 하층토가 뒤집혀서 섞이게 되면 통상적으로 새로운 지표면의 생물학적 수행력이 손상을 입게 된다는 것을 의미한다. 가볍게 비가 내린 후에 발생되는 지표면의 침식은 단지 2%의 경사각도를 가진 경사지에서조차도 식물을 제거한 후 새롭게 정지되어 있는 지표면에 영향을 주게 될 것이며, 결과적으로 토양이 유실되고 강의 하류와 연못들에 오염이 발생된다. 하천유역의 저지대에 발생되는 침니(沈泥: 모래보다 잘고 진흙보다 거친 침적토)는 대규모 개발의 공통적인 부산물이다. 새롭게 정지되는 구역 중 고도가 낮은 가장자리 부분은, 토양의 입자가 고착되기에 필요한 시간 동안 지엽적인 우수의 흐름을 가두기에 충분할 만큼 높은, 흙으로 만든 임시 둔덕에 의해 주변의 물로부터 격리되어야 한다. 임시 둔덕에 의해 가두어진 물은 둑 사이로 스며들거나 배수구멍으로 작용하는 작은 파이프를 통해 배출된다. 둔덕은 배치공사가 완료되고 지표면이 재구성되고 나면 제거된다. 또 다른 처리방법은 식재작업이 신속하게 뒤따라서 수행되도록 일정을 정해서 정지작업을 완성시키는 것이다. 새로 조성된 지표면에 물과 씨앗 그리고 배양액을 뿌려주는 것도 한 가지 기술이다.

3) 정지작업

① 정지작업의 표준항목

정지작업에 의해 형성된 새로운 경사가 기존의 경사로부터 일탈되면 지표면의 배수패턴을 망가뜨리고, 식물의 뿌리를 노출시키거나 파묻게 되며, 오래된 건물의 기초를 훼손시키고, 시각적으로 보기 흉한 형상을 만들 수 있다. 더욱이 부지의 농업적 가치는 느린 속도로 자체 갱신하는 유일한 기초자원이기 때문에 도시가 개발될 때에도 마땅히 보존되어야 한다. 표층토는 자연적으로 벗겨져 쌓이고 대체되지만, 토양이 잘려나가게 되면 토양의 횡단면선이 전체적으로 심각하게 훼손될 수 있다. 그러므로 불필요한 절토는 피해야 하지만, 부지는 어느 정도 변형될 수밖에 없으며 언덕을 없애고 강을 메우는 것처럼 때로는 극적인 변형이 최선인 경우가 있다. 기본적인 기준사항은, 새롭게 형성된 지표면이 거주자들의 목적에 대한 적합성과 안정적인 토양시스템의 일부로서 유지될 수 있는 능력이 있는가 하는 점이다. 새롭게 형성된 지표면 위에서 사람들이 행동하고 움직이는 것을 상상해보고, 식물의 뿌리를 덮고 있는 지표면으로서 그리고 침식과 배수에 대해서는 어떻게 작동될 것인지 점검해보아야 한다. 절단면에 담쟁이와 같이 특별한 식물이 덮고 있는 지표면은 100%의 경사도에서도 안정적인 경사를 유지할 수 있지만, 풀로 뒤덮인 경사면의 경사도는 25% 이하로 유지되어야 한다. 25%의 경사도를 넘어서면 지표면에 크리빙(판벽)을 설치하거나 단차가 있는 지표면의 층을 조성할 필요가 있다. 만일 새로 성토된 부지에 경사면을 조성하고자 한다면, 휴식각(토양의 입자들이 아래로 미끄러져 내려가지 않게 될 한계경사도)은 추가적인 제약이 된다. 한계경사도는 물기가 아주 많은 진흙과 침니(浸泥)의 30%로부터 젖은 모래의 80%에 이르기까지 범위가 형성된다. 단차를 갖는 경사, 경사면의 바닥에 있는 단 또는 경사면의 최상부에 설치되는 배수설비는 토양의 미끄러짐을 방지하는 데 도움이 된다.

- 크리빙(판벽): 토양이 다른 장소로 이동되어 적재되거나 건물의 기초가 신축될 때 무너지지 않고 형태가 유지될 수 있도록 콘크리트 또는 나무 보를 땅 속에 묻어서 지표면을 강화시켜주는 방법
- 침니(浸泥): 모래보다 잘고 진흙보다 거친 침적토

부분적인 홍수를 피하기 위해서는, 고립된 지표면의 꺼짐이 없이 지표면에 전체적으로 물이 고이지 않는 자연배수체계를 가져야 한다. 표고가 높은 부지의

지표면으로부터 배수가 막히지 말아야 하며, 표고가 낮은 부지의 지표면에 배수량이 증가되어서도 안 된다. 물은 건물과 도로로부터 격리되도록 표고가 낮은 지점을 향해 흘러가야 하며, 물이 넘치게 될 골짜기나 저습지 속으로 바로 흘려보내지도 말아야 한다. 새롭게 형성되는 지표면은 주변 조경의 맥락과 시각적인 조화를 이루는 단순하고 부드러운 곡면의 형상이 좋다. 지표면의 모양은 모형을 통해 많은 시점(視點)들과 접근로들로부터 구상될 수 있을 것이다. 경제적인 배치계획을 수행하기 위해서는 전체 부지를 하나의 시각으로, 만일 부지의 면적이 너무 넓을 경우에는 부지의 분할된 지역들을 각각 하나의 시각으로 바라보고 절토량과 흙다짐을 용도의 허용량을 제외한 성토량이 균형을 맞추도록 조절되어야 하지만, 기반암이 지표면에 가깝게 위치되어 있다거나 대규모의 이탄(泥炭) 덩어리들이 존재할 때에는 진실이 아니다.

정지계획에서 흔히 발생되는 어려움은, 과도하거나 균형이 맞지 않는 절토량과 성토량, 땅 속이나 도로 위 또는 건물의 측면 지표면에 발생되는 배수 포켓(평평한 경사를 갖고 있는 땅에 우묵하게 파이는 부분), 침식을 일으키거나 사용과 유지관리가 어려운 급경사면, 건물이나 도로와 바로 인접한 주변 부지 사이의 빈약한 시각적 관계 또는 기능적인 관계, 시각적으로 보기 흉한 지표면과 다른 지표면 사이의 전이, 좋은 농업 용지의 상실 또는 품질의 저하, 또는 시공비가 많이 소요되며 바람직하지도 않은 계단과 옹벽의 빈번한 사용 등이다.

② 지표면 위의 표고를 표현하기

새롭게 형성된 지표면은 통상적으로 기존의 등고선들에 대한 새로운 등고선들의 관계를 보여주며, 주요 지점에 표고점(標高點, spot elevation)이 기록되어 있는 도면에 의해 표현된다. 때때로 정지작업의 필요성이 별로 없는 작은 구역에서는 오로지 표고점만 표기될 수 있지만, 만약에 그 작은 구역이 아주 정확한 지표면을 향해 경사지어져야 한다면, 새롭게 형성될 지표면의 표고는 촘촘하게 그물망이 쳐진 상상 속의 그리드 위 각 표고점에 주어질 수 있다. 지형의 형상을 시각화하고 조절하기 위해서는 등고선들을 스케치하거나 모형을 사용하는 것이 최선이다. 새로운 지표면의 형상은 쉽게 말해 도로와 건물, 하수관 그리고 특별한 조경의 요소와 같이 고정된 지점들과 부지경계선이나 공사의 가장자리인 기존 대지 사이에서 발생되는 최선의 전이를 보여준다. 이러한 전이에서는 기능, 경제성, 배수, 형상 그리고 최소한의 생태적인 손상 등 모든 기준사항들이 중요하게 점검된다. 디자이너는 때때로 단순히 문제가 없는 전이를 조정하는 것이 아니라 조각적인 매개물로서의 지표면을 다루고 있는 것이기 때문에, 등고선에 관한 스케치는 디자이너의 언어이며 디자이너는 그 언어를 다루는 데 능숙해져야 한다.

③ 절토량과 성토량의 계산

절토량(切土量)과 성토량(盛土量)의 균형을 맞추고 부지공사의 견적을 산출해 보기 위해서는 이동되어야 할 토량의 계산이 필요하다. 토량을 계산하는 여러 가지 방법들 중에는 등고선-영역 방법, 한도-영역 방법 그리고 그리드 모서리인 표고점의 표고(表高)를 사용하는 방법 등이 있다.

첫 번째 등고선-영역 방법은 초기의 첫 번째 견적을 수행하기에 충분할 만큼 정확하므로 일반적인 배치계획의 목적에 가장 적합하며, 등고선이 매겨진 정지계획평면을 개발하는 과정에 직접적으로 적용되고, 광범위한 영역에 걸쳐 토공사의 용적과 위치에 관한 사실적인 그림을 직접적으로 보여준다. 한도-영역 방법의 사용은 고속도로공사 또는 토양의 선적(線的)인 이동에 공통적으로 사용되며, 그곳에서 절토한 흙을 성토할 자리로 운반하기 위한 최선의 전략을 결정하기에 적절하다. 마지막 방법인 그리드 모서리들의 표고를 사용하는 방법은 등고선-영역 방법과 마찬가지로, 더욱 광범위한 토양의 이동에 사용될 수 있지만, 보다 깊은 굴착을 위해 사용될 수도 있다. 이 방법에서는 보다 정밀한 작업이 허용되기 때문에, 상대적으로 그림상에서 조절하는 작업이 줄어든다.

이 방법들은 모형연구를 통해 보완될 수 있으며, 기존의 지형을 부호화된 형태로 컴퓨터 파일에 입력하고, 컴퓨터 안에서 부호화된 형태의 기존지형이 기본계획평면이 개발되는 동안 정교하게 조정되고, 그곳으로부터 최종적인 정지계획평면도, 토공사량의 계산서 그리고 정확한 도로 및 공공설비시설의 배치도와 횡단면으로 작성된다. 현재의 실무에서 배치도의 기술적인 개발은, 기본계획단계의 배치도에 표기된 구조물과 통로의 정밀한 배치도를 부지에서 위치를 선정할 수 있을 만큼 정확하게 작성하는 것으로부터 시작한다. 이 도면은 수준점(水準點, bench mark: 건축물을 시공할 때 구조물의 기준 위치와 기준 높이를 정하기 위한 원점이 되는 표지)과 나침반 방향에 관련시켜 도로와 건물 그리고 부지경계선의 기하학적 형태를 명시해준다. 손으로 그린 도로 중심선의 스케치가 표준에 맞춘 일련의 정확한 원형 곡선과 접선에 의해 될 수 있는 한 근접하게 어림잡아지고, 이 중심선 위에 정점(停點: 투시도에서 시점을 평면에 수직으로 내린 점)들이 표시된다.

④ 도로의 횡단면선(윤곽선)

그런 다음에는 정지계획평면의 수직방향 치수가 구체화된다. 이 작업은 도로의 횡단면선 디자인과 함께 시작되는데, 도로의 횡단면선은 일련의 직선 경사도와 포물선 형태의 수직방향 곡선으로 구성된다. 도로의 횡단면선들이 포함되어 있는 도면에는, 각 도로를 따라 도로 중심선의 기존 지표면을 관통하는 지속적인 단면(도로의 longitudinal section)이 그려지거나 도로면의 정점(station point)을 따라 일정 거리마다 표고점을 보여주는 연속적인 전개도가 그려진다. 수평방향의 척도는 도로 배치도의 척도 그대로이며, 수직방향의 척도는 10배 과장된다. 디자이너는 마치 이 꾸불꾸불한 수직방향의 단면이 도면의 바닥면 위에 납작하게 펼쳐지기라도 했었던 것처럼, 이 선을 따라 기존의 지표면 형태를 도면에 그린다. 여러 번에 걸친 시도를 통해, 보통은 기존 지표면의 횡단면선에 거의 가깝게 하기보다는 밀착되게 일련의 직선의 접선들을 그려봄으로써, 새롭게 형성될 도로의 횡단면선이 어림잡아 그려진다.

디자이너는 너무 급하거나 너무 평탄하지 않은 경사도를 가지게 될 새로운 도로의 횡단면(橫斷面)을 탐색하게 되는데, 그러한 도로의 횡단면에서는 자연배수가 되고 절토량과 성토량을 최소화되며 절토량과 성토량 사이의 균형이 맞추어진다. 디자이너가 일단 그런 횡단면의 배열을 찾게 되면 접선들이 서로 교차하는 지점에서 필요한 수직방향 곡선을 그린 후에, 어려움이 발생되는 위치에서 선을 재조정한다. 디자이너는 또한 도로의 형상이 삼차원 공간 속에서 어떤 형상으로 형성될지 판단해보기 위해, 수평적으로 펼쳐진 도로의 배치도와 연계시켜 도로의 횡단면을 점검한다. 디자이너는 도로의 횡단면이 자체적으로 닫혀 있는지, 다시 말하면, 도로의 횡단면이 교차하게 되는 곳에서 서로 다른 도로의 횡단면이 같은 높이에 위치한 채로 만나게 될지를 확인한다. 도로의 횡단면 자체를 따라 형성되는 절토량과 성토량의 균형은 때때로 전체 토공사를 잘못된 방향으로 인도하는 표시가 된다. 도로의 횡단면이 구체화된 정지계획평면을 생성시키는 경향이 있기 때문에, 이러한 도로의 횡단면에 의해 지표면이 전체적으로 좋은 형상을 갖추도록 허용되어야 한다.

⑤ 정지계획평면도

마감 재료가 시공된 이후의 건물의 각 층 바닥면의 해발고도나 원점으로부터의 높이가 중요한 지점들의 표고와 함께 스케치에 맞추어져서 고정되고, 다음에는 이런 표고점들이 역시 기존의 등고선이 그려진 정확한 배치도면 위로 옮겨진다. 도로 중심선을 따라 길게 가로지르는 횡단면(longitudinal cross section)이 수립되어 있기 때문에, 새롭게 형성되어야 할 등고선들이 도로의 중심선에 대해 직각으로 도로를 횡단할 곳이 어디인지 보여줄 일련의 점검부호들이 배치도 위에 표기될 수 있다. 도로의 횡단면이 알려져 있으므로 연석의 상부나 갓길의 가장자리까지는 새롭게 형성되는 등고선들이 그려질 수 있다. 도로면의 곡면으로부터 배수로까지의 낙차가 등고선들 사이의 간격과 비례하는 것과 같은 비율로, 새로운 등고선이 오르막길의 다음 등고선 쪽으로 그에 비례한 거리만큼 떨어진 지점에서 배수로를 횡단하는 것을 볼 수 있다. 만약에 오르막길의 배수로가 도로 중심선의 최고점으로부터 20cm 낮게 설치되어 있고 등고선들 사이의 간격이 1m라고 한다면, 등고선은 오르막을 향해 등고선들 사이의 간격의 1/5만큼 올라간 위치에서 배수로를 횡단하게 될 것이다. 내리막길에서라면 이와 반대로, 등고선이 내리막을 향해 등고선들 사이의 간격의 1/5만큼 내려간 위치에서 배수로를 횡단하게 될 것이다. 이것은 시각적으로 거의 정확할 정도로 쉽게 측정될 수 있다. 같은 방법으로, 연석의 높이가 등고선들 사이의 간격에 비례하는 것과 같은 정도로, 배수로의 횡단면으로부터 오르막길의 반대쪽을 향해 그에 비례한 거리만큼 떨어진 지점에서 새로운 등고선이 연석의 상부를 횡단한다. 도로의 횡단면에 발생되는 이러한 과장의 정도는 급경사면에서 덜하고 평탄한 경사면에서 더 심해진다. 이것은 알려져 있는 지표면의 경사도와 고도를 표현해주는 등고선 패턴을 그리기 위한 일반적인 기술이며, 미리 표고가 결정되어 있는 계단식 부지, 제방, 도랑, 야외 주차장, 건물의 바닥면 등의 등고선 패턴을 그릴 때에도 사용될 수 있다. 이것은 등고선이 고정된 횡단면선을 가로질러야 하거나 고도가 알려진 지점들 사이에 나타나야 할 모든 지점들을 배치하는 방법이다. 그런 다음에는, 등고선들의 패턴에 의해 주어진 지표면의 경사와 특징적인 형상이 드러나도록, 이렇게 배치된 점으로부터 바깥쪽을 향해 등고선이 그려질 수 있다.

다음 단계는 정지계획평면 자체를 작성하는 것인데, 정지계획평면은 개발이 완료되었을 때 전체 지표면의 새로운 형상을 명시해줄 것이며, 새로운 등고선이 기존의 등고선으로부터 달라지는 곳은 어디에서든 새로운 등고선을 그려줌으로써 정지계획평면이 제시된다. 이 새로운 지표면은 계획된 새로운 지표면과 훼손되지 않은 채 보존되어야 할 기존의 지표면 사이에 쉬운 전이를 만들어주게 될 것이다. 정지계획평면에서는 나무와 노출된 지층 또는 현존하는 도로와 건물 등 보존되어야 할 어떤 요소들이든 중요하게 다루어지지만, 만일 정지계획평면이 단순하게 계획되어 있다면 그것은 단지 핵심 지점들의 표고점들을 표기해주는 것으로써 최종적인 시공도면 안에 지시될 수 있으며, 전체적인 부지의 형상을 조절하기 위해 등고선 도면의 형식으로 작성해주는 것은 기본이다. 정지계획평면은 기술도서들 중 가장 섬세하고 중요한 요소이며, 정지계획평면이 공개되고 나면 기본계획 배치도의 수정을 초래될 수 있다. 그러므로 정지계획평면은 적절한 개발을 위해 주의와 시간을 필요로 한다. 도로의 횡단면과 건물의 고도는 원활한 전이가 가능하도록 개조되어야 할 개연성이 높다. 등고선들 사이의 내부

간격, 선적인 품질, 평행의 정도 그리고 일반적인 패턴 등 이 모든 것들이 의미를 갖는다.

2. 공공설비시설

1) 우수의 배수

① 우수의 배수시스템

우수(雨水, 빗물 storm water)의 배수시스템(storm drainage system)은 지표면의 물 흐름을 제거해준다. 우수의 배수시스템은 지표면의 자연 배수시스템을 대체하며, 10,000㎡(약 3,025평)당 5가족 미만의 저밀도개발에는 필요하지 않을 수도 있다. 우수의 배수시스템이 연속적인 시스템이 될 필요는 없지만, 우수가 추가되어 홍수를 야기하거나 오염을 증가시키지 않을 곳이면 어디에서든 지엽적인 냇물이나 호수 그리고 도랑 속으로 물을 배출할 수 있다. 우수가 일단 개발에 의해 변형된 땅 위를 흘러가거나, 거리에 흩어져있는 부스러기와 화학물질 사이를 통과하거나, 농작물의 재배지에서 비료와 살충제를 흡수하게 되면 오염으로부터 자유로울 수가 없다. 화학물질의 사용을 제한하고 새롭게 조성된 지표면을 안정화시킴으로써, 대규모 우수의 배출이 조절되거나 처리되어야 하며 자원의 오염을 감소시키기 위한 모든 노력이 경주되어야 한다. 만일 자연의 수계(水系)나 배수설비의 주관들이 우수의 배출을 위해 이용될 수 없을 때에는 물이 재충전되는 구덩이나 저수용의 연못 속으로 우수를 흘려보내는 것도 가능하다. 이러한 일들은 물이 잘 스며드는 땅에서 이루어지며 최악의 폭우에도 물을 머금기에 충분할 만큼 흙의 입자가 커야 한다. 침투성의 땅에서는, 만약에 불투수성의 땅에서라면 냇물이나 공공의 하수설비까지 도달되어야 할 필요가 있는 주 배수관의 길이를 경제적으로 줄여준다. 저수용의 연못(reservoir)은 상당한 넓이의 지표면을 필요로 하며, 수위가 출렁거려야 하므로 아주 아름답게 보이지는 않는다. 게다가 개발로 인한 대량의 빗물 흐름에 의해 내리막길의 수로들에 과부하가 발생되고 인공적인 배수설비를 만드는 데 고비용이 소요될 뿐만 아니라, 땅속으로 물이 스며드는 작용이 막힘으로써 지하수면의 수위를 낮추게 된다. 그러므로 지표면 위를 흐르는 우수가 땅 속에 저장되도록, 가능한 곳에서는 물을 재충전할 구덩이와 저수용의 연못을 설치하는 것이 좋은 실무가 된다. 난간 벽이 있는 대형의 평지붕과 어쩌다가 이용되는 야외주차장조차도 역시 하수 흐름의 최대 비율을 줄이기 위한 수단으로서 임시 연못으로 사용될 수 있다. 흔히 필요한 우수배수관의 규격이 크고 지하의 우수 배수시스템을 설치하는 데 비용이 많이 들기 때문에, 우수의 배수시스템을 최소화하거나 제거하기 위한 모든 노력이 경주된다.

경제적 자원이 부족한 곳에서는 저밀도의 개발을 유지함으로써, 포장된 표면을 줄이고 식재된 표면을 늘림으로써, 완만한 경사지와 자연배수의 흐름이 확보되도록 주의를 기울여 정지(整地)해줌으로써, 도랑과 물을 막는 댐 그리고 짧은 암거에 의존함으로써, 그리고 좋은 유지관리에 의존함으로써 지하 배수시스템이 배제될 수 있다. 우수의 배수관(파이프)은 최종목적지에 도달하기에 충분한 고도를 유지하거나 물살에 의해 하수의 배수관 내부에 움푹 파이는 부분이 생기지 않도록 평탄해져야 하고 우수의 배수관은 지표면을 뚫고 올라가려는 경향이 있기 때문에, 고도가 낮은 쪽의 지하 배수시스템 끝부분의 구경이 큰 우수배수관들이 정지계획평면 안에 어려움을 야기할 수 있다. 그럼에도 불구하고, 지붕과 포장된 지표면은 통상적으로 지표면에 흐르고 있는 물에 대해 간섭을 일으키고 물의 흐름을 급속도로 증가시키기 때문에, 단순하지만 홍수를 막기 위한 일종의 인공적인 배수 구조물이 필요하다. 이러한 우수의 배수시스템은, 하수처리시스템에서 처리되어야 할 하수의 용적을 줄이고 오수(汚水)의 역류를 막기 위해, 위생 배수시스템으로부터 분리되어 유지된다.

② 우수 배수시스템의 구성요소

우수의 배수시스템은 열린 배수로와 도랑의 세트로 형성되는 지표면 배수(地表面 排水)시스템과 함께 통상적으로는 자기(磁器)질의 진흙으로 만들어지고 직선으로 설치되거나 경사지어져 설치되며, 맨홀에 의해 접속되고 주입구를 통해 우수가 흘러드는 일련의 지하 파이프로 구성된다. 지름이 1m가 넘는 대형

하수관은 진흙 대신 콘크리트를 재료로 하여 제작된다. 배수관에 대한 검사나 청소를 위해 한 사람이 들어가기에 충분할 만큼 배수관의 구경이 클 때에는, 배수관이 수평적인 정렬 속에 완만하게 휘어질 수 있다. 회전반경이 30m 이상이고 수직방향의 경사도가 일정할 경우 하수관이 규칙적인 수평곡선 안에 놓이게 되면, 특별히 도로가 휘어지는 곳에서 하수관의 길이와 맨홀의 수효를 최소화하고 하수시스템이 도로 및 기타 공공설비시설과 표준적인 관계를 유지하는 데 도움이 된다. 그렇게 되면, 하수관에 대한 시각적 점검이 이루어질 수 없으며 하수의 흐름이 다소 느려지기는 하지만, 그런 곡선은 현대의 청소기계에 의해 쉽게 통과될 수 있다. 그렇지만, 짧은 회전반경을 가진 곡선으로 급격하게 휘어지는 하수관은 허용될 수 없다. 인체와 비슷한 규격을 가진 원기둥 형상의 구덩이인 맨홀은 배관시스템의 일부가 되어 들어가거나 하수관이 지표면으로부터 얼마나 깊이 묻혀있을지 점검하기 위한 목적으로 사용된다. 맨홀은 하수관의 상단부에 설치되거나 하수관의 수평방향이나 수직방향이 변경되는 지점 또는 곡률(曲率)이 변하는 지점에 설치된다. 맨홀은 또한 청소장비의 사용을 위해 100~150m 미만의 간격으로 배치되어야 하며 경제적인 디자인에 의해 맨홀의 숫자가 최소화될 것이다. 단순히 파이프로부터 파이프까지 우수를 나르기보다는 우수를 땅 속으로 돌려보내기 위해 디자인된 재충전용 맨홀은, 구멍이 뚫린 측벽들로 구성되고 물을 흡수할 토양의 표면을 확장시키기 위해 자갈이 채워진 구덩이 속에 고정된다.

③ 지표수의 흐름

지표면 위의 물은 처음에 얇은 막의 형태로 땅 위를 가로질러 흐르다가 가능한 한 멀리 퍼져 나가도록 유도된다. 지표면에 경사를 주는 목적은 이 지표면의 물이 고도가 낮은 쪽을 향해 이동하도록 유도하기 위한 것이지만, 물의 흐름이 지표면에 침식을 일으킬 만큼 빠르게 만들지는 말아야 한다. 그러므로 허용 가능한 지표면의 경사도는 예상되는 물의 용적과 지표면의 마감상태, 그리고 지엽적인 홍수에 의해 훼손될 수 있는 침식의 양 등에 따라 달라진다. 구조물로부터 멀리 떨어져 이따금씩 연못처럼 물이 고인 상태가 허용될 수 있는 공지(空地)에서는 지표면의 경사도가 0.5%까지 줄어들 수 있다고 하지만, 식재된 구역과 지표면이 포장된 넓은 구역은 최소한 1%의 경사도로 기울어져야 한다. 정확한 표고에 맞추어 전개된 도로과 기타 포장된 지표면에서도 또한 최소 0.5%의 경사도가 유지되어야 한다. 프로젝트부지 내부의 건물로부터 3m 떨어진 지점까지는 최소한 2%의 경사도로 기울어져야 한다. 식재가 되어있는 배수용 저습지와 뚜껑이 덮여있지 않은 도랑에도 유사하게 2%의 최소 경사도가 필요하고, 배수되어야 할 면적이 2,000m²(약 605평)가 넘는다면 5%의 경사도를 초과할 수 없으며, 어떤 경우이든 최대 10%의 경사도를 초과할 수는 없다. 잔디와 풀이 식재되어 있는 제방은 최대 25%의 경사도로 기울어질 수 있고, 잡초가 우거진 제방은 50% 정도의 경사도로 가파르게 기울어질 수 있으며, 안정된 자연 상태의 땅이라면 60%의 경사도까지 가파르게 기울어질 수 있다. 이보다 더 가파르게 경사진 지표면을 안정된 상태로 유지하기 위해서는 비용이 많이 드는 판벽이나 옹벽의 설치가 필요하다. 만약에 침전물을 걸러내기 위한 물웅덩이를 설치할 의도가 있는 것이 아니라면, 배수되지 않은 침하지반이 형성되는 것을 피하기 위해서 지표면에 경사가 만들어진다.

디자이너는 외부로부터 자신의 프로젝트 부지로 흘러 들어오는 지표수의 양과 미래에 이 물의 수량이 어떻게 변경될 수 있을지를 반드시 알고 있어야 한다. 한편으로, 지표수의 배수량이 증가하는 것을 방지하기는 어렵기 때문에, 배수장치를 조합하여 수량을 조절하는 방법이 최선책이 될 것이다. 균일하고 완만한 경사지에서조차도 지표수는 150m를 흘러가기 전에 지표면을 깎아내어 작은 도랑을 만들기 시작할 것이다. 자연스럽게 지표수가 모여들어 이러한 도랑이 형성되기 전에, 인위적인 방법에 의해 물이 집결되도록 인공적인 수로를 설치하는 것이 좋다. 지표수는 가운데가 오목하게 가라앉은 인도에서처럼, 인도나 풀이 심겨져 있는 도랑 혹은 뚜껑이 덮여있지 않은 콘크리트 수로에 의해 수거된다. 인도나 풀이 심겨져 있는 도랑 혹은 뚜껑이 덮여있지 않은 콘크리트 수로에 의해, 지표수가 도로 가장자리의 배수로(street gutter: 우수를 모아 맨홀로 흘려보내기 위해 낮추어진 도로의 가장자리 부분) 또는 도로 가장자리의 배수도랑(ditch) 속으로 운반된다. 저습지나 도랑이 프로젝트의 부지에서보다도 더 많은 양의 지표수를 배수시켜주는 곳에서는 저습지나 도랑이 공동의 유지관리에 개방되어야 하며, 저습지나 도랑의 설치를 위해 부지의 사용권 혹은 지역권(地役權, easement)이 확보되어야 한다. 사방이 인접대지에 대해 열려있는 프로젝트 부지에 개발을 추진할 때 개발의 경제성을 확보하기 위해서는, 풀이 심겨진 넓은 폭의 저습지 밑에 평년 강수량을 처리할 수 있을 정도의 규격으로 견본 배수관이 설치되는데, 배수관은 기상이변에 의해 내리는 집중호우를 처리하게 될 것이다.

지표면이 아스팔트나 콘크리트 바닥처럼 단단한 재료로 포장되면 개발로 인해 불어난 수량은 자연적으로 형성된 시냇물과 도랑에 의해 처리될 수 있다. 이렇게 불어난 물의 양으로 인해 시냇물과 도랑에 침식이 일어나고 침니(沈泥: 수로나 항만 따위에 쌓이는 모래보다 잘고 진흙보다 굵은 침적토)가 채워지기 시작하고, 제방의 측면에 식재된 나무는 뿌리가 파헤쳐지게 될 것이다. 이러한 침식을 막기 위해서는 유속을 줄이기 위한 제방이 설치되거나, 배수로가 포장되거나, 배수로에 배수관이 설치될 수 있다. 그렇지만 풀을 베어낸 넓은 띠 모양의 저습지는 어차피 공사를 위해서 치워져야 하기 때문에, 나무가 식재되어있는 시냇물을 따라 배수관이 설치되어야 한다면 나무들은 어쨌든 제거될 것이다. 그렇게 되면 최선의 결론은 지표면의 물을 배수로로부터 격리시키는 우회 배수로를 설치하는 것이다.

- **지역권(地役權, easement):** 맹지에 대한 접근성을 확보해주기 위해 어떤 개인의 토지에 통로를 개설하거나, 공공설비시설을 설치하거나, 조망을 방해하는 공작물 등을 설치하지 못하게 하거나, 어떤 개인의 토지로부터 물을 끌어오는 등, 일정한 목적을 위하여 타인의 토지를 자기 토지의 편익에 이용할 수 있는 권리로, right-of-way는 도로에 적용된 일종의 지역권이라고 할 수 있다.

빗물은 지하의 배수시스템에 의해 수거되기 전이나, 개울 속으로 배출되기 전이나, 프로젝트 부지의 경계선 밖으로 배출되기 전에 도로 가장자리의 배수로 안에서 일정거리를 흘러가도록 허용될 수 있다. 도로변에 설치된 배수로의 물은 도로나 인도를 횡단하여 흐르도록 허용될 수 없으며, 그렇기 때문에 빗물은 각각의 블록마다 최소한 한 번씩 지표면의 표고가 가장 낮은 블록의 모서리 부분에서 수거되거나, 지하수로(암거)의 갈림길 밑에서 처리되어야 한다. 물이 하수구와 효과적인 주입구시스템을 갖춘 평탄한 지표면에 도달되기 전까지는 250~300m 이상의 거리를 흐르도록 허용되지 않는 것이 바람직함에도 불구하고, 통상적으로 도로변에 설치된 배수로는 한 개의 블록으로부터 물을 운반하기에 충분할 정도의 수용력을 갖게 될 것이다. 어떤 경우에도 배수로의 흐름이 모서리에서 날카로운 각도로 방향을 바꾸거나 자동차 진입로 위의 돌출된 에이프런(apron: 도로에 맞추어 연석의 고도를 낮춤으로써 자동차의 부지 내 진입을 허용해주는 자동차 진입로의 초입부분)과 같은 장애물을 만나지 않도록 조치해 주어야 한다. 그렇지 않으면, 어떤 과도한 물의 흐름이든 도로변의 배수로 밖으로 분출되어 나올 것이다.

도로변의 배수로와 도랑으로부터 나온 물의 흐름은, 만일 자연의 배수체계 속으로 배출되지 않으면 최종적으로 도로변의 배수로 안에 설치된 빗물의 주입구에서 수거되거나, 도로나 지표면의 표고가 낮은 지점에서 수거된다. 하수구의 주입구는 커다란 부스러기를 걸러내기 위한 격자형의 뚜껑을 갖고 있으며 짧은 지관에 의해 주 배수관에 접속되는데, 가급적이면 맨홀로 연결된다. 때로는 모래와 쓰레기를 수거하기 위한 목적으로 '배수 웅덩이'(排水槽, 쓰레기를 걸러내기 위한 주입구)가 설치되어 여기에서 배수로와 배수관 사이를 연결해준다. 하지만 '배수 웅덩이'는 빈번한 청소를 필요로 할 것이기 때문에, 오로지 사질 토양이나 흙으로 마감된 도로로 인하여 도로변의 배수로 안에 모래와 돌멩이가 많이 쌓일 것 같은 곳과 경사가 거의 없고 유속이 낮은 곳에서만 사용된다.

④ 우수 배수관의 경사도

배수관은 파손이나 동파를 피하기에 충분할 만큼 땅속 깊이 덮여야 하지만(이것은 건물의 부동침하를 방지하기 위해, 통상적으로 frost line이라고 일컬어지는 겨울에 서리가 얼기 시작하는 땅속 깊이에 의해, 땅 속에 묻혀야 할 건물 기초의 최소 깊이가 결정되는데 추운 지방으로 갈수록 더 깊어지며 더운 지방으로 갈수록 낮아진다), 만약에 건물의 기초가 6m 이상의 깊이로 덮이게 된다면 굴토공사를 위한 비용이 많이 소요될 것이다. 배수관은 배수관의 내부가 깨끗하게 유지되기에 충분할 정도의 빠른 유속으로 하수가 흐를 수 있을 정도의 최소경사도를 가져야 한다. 이러한 유속에 도달되기 위해 필요한 경사도는 배수관의 규격과 흐르는 하수의 양에 따라 달라지겠지만, 배수관의 규격과 배수관 속을 흐르는 하수의 양이 결정되기 전에, 초기의 시도로서 최소 0.3%의 경사도가 채택될 수 있다. 추후에 경사도를 계산할 때에는, 배수관에 하수가 가득찬 상태로 흐를 때의 최소 속도로는 초당 60cm의 유속이 채택되며, 이렇게 함으로써 하수의 흐름이 단지 배수관의 일부분에서만 가득 찬 상태로 흐를 때에도 충분한 유속을 제공해주게 될 것이다.

한편, 배수관의 경사도는 하수 흐름의 유속이 초당 3m가 넘지 않을 정도로 설정되어야 하며, 초당 3m 이상의 유속이 흐르게 되면 물에 의해 배수관의 내부가 깎이기 시작한다. 배수관의 경사도가 배수관 안에서 초당 3m 이상의 유속이 흐르도록 설정되면, 표고가 낮은 쪽의 배수관 끝 부분에서는 하수의 양이 축적되어 평탄한 경사도를 가진 대형 배수관이 필요하게 될 수 있다. 배수관의 경사도 변화는 맨홀과 맨홀 사이의 배수관 어떤 부분에서도 만들어질 수 없으며, 오로지 맨홀에서만 만들어질 수 있다. 맨홀은 적하식(滴下式)의 형태가 될 수 있으며, 청소용 배수관이 그 아래 위치에서 하수를 받아들이는 배수관의 상부를 뚫고 맨홀 속으로 확장된다. 그렇게 하지 않을 경우에는, 배수관의 상단이나 중심선이 같은 높이에 위치되도록 맨홀에 접속되는 두 배수관의 말단부가 조정되어 설치된다. 그렇지만, 배수관의 수직방향 위치는 전통적으로 배수관의 인버트 높이(지표면으로부터 땅 속으로 들어간 깊이)를 지정해줌으로써 명시되며, 배수관의 인버트 높이는 배수관 내부 표면의 최저 높이이다. 배수관 안에 떠다니는 부유물질이 더 작은 규격을 가진 연결 배수관의 입구를 막을 수 있기 때문에, 어떤 경우에도 더 작은 규격을 가진 배수관 속으로 하수를 배출하도록 허용되지 않는다.

⑤ 우수 배수시스템의 배치계획

빗물의 배수시스템은, 뚜껑이 덮이지 않은 배수로 내 우수 흐름의 한도 내에서, 첫 번째 빗물 주입구가 가능한 한 경사면의 아래쪽에 배치된 채, 평면도 위에 처음으로 펼쳐진다. 그런 후에 최소 길이의 배수관과 최소 개수의 맨홀이 설치되도록 한 곳으로 수렴하는 배수관의 패턴이 조정되며, 그럼에도 불구하고 한 곳으로 수렴하는 배수관은 필요한 모든 배수 주입구들에 근접하도록, 그리고 그것들 사이에 직선의 흐름(어쩌면 규칙적인 곡선의 흐름)이 허용되도록 배치된다. 배수관의 수선이나 청소는 통상적으로 맨홀과 맨홀 사이의 배수관에서 수행되는 것이 아니라 맨홀 내부에서 이루어지기 때문에, 맨홀은 반드시 우선권 도로 안에 설치되어야 하지만 배수관 자체는 때때로 우선권 도로로부터 분리되어 지역권(地役權)이 설정되어 있는 토지를 관통하여 설치될 수도 있다. 그런 후에, 규정된 흙의 피복두께와 최소경사도의 한도 내에서 가능한 한 지표면에 가깝게 배수관이 매설된 상태로, (배수관의 최종적인 수직방향 위치는 배수시스템이 전체적으로 검토되고 나서 추후에 확정될 것이므로) 배수관 상단의 예비적인 초기 윤곽이 도로의 횡단면 위에 표기된다. 배수시스템은 적절한 위치의 높이에서 유출하수와 침사지(沈砂池: 일반적으로 하수를 처리하기 전에 토사의 침적이나 펌프의 손상 등을 방지하기 위한 목적으로, 배수관 내에서 침전법을 사용하여, 수중에 포함된 토사를 제거하는 콘크리트로 만든 연못을 일컫는다. 침사지는 통상적으로 2개 이상을 설치하며 적당한 유속과 체류시간을 필요로 한다), 혹은 시냇물과 접속되어야 하기 때문에, 하수의 배출 지점으로부터 상부를 향하여 초기 횡단면을 그리는 것이 더 쉽다.

⑥ 우수 배수관의 규격 계산

최종적으로 우수(빗물) 배수시스템의 공사비를 견적하고, 배수관 내부의 유속을 점검하며, 배수관의 설치를 위해 수행되는 과도한 깊이까지의 성토를 피하기 위해서는 배수관의 규격이 산출되어야 한다. 필요한 배수관의 규격은 배수관의 경사도와 처리되어야 할 우수의 용적, 배수가 필요한 영역 위의 빗물의 용적, 유출량의 계수, 그리고 배수의 최대유량이 배수시스템 내 규정된 지점에 도달될 시점에서 측정되는 강우의 집중도 등에 따라 달라진다. 땅 속으로 스며드는 빗물이라고 하기보다는 오히려 지표면 위를 흐르는 전체 빗물의 일부분인 유량 계수는, 지붕과 포장된 지표면에 대한 유량계수인 0.9로부터, 불투습성 토양에 대한 0.5, 식재된 부지에 대한 0.2, 나무가 우거진 삼림에 대한 0.1에 이르기까지 다양하게 달라질 수 있다. 강우량의 일시적인 집중도는 선택된 '강우량의 해'와 '강우가 시작되고 난 이후로부터의 시간', 이 두 가지의 요소들에 따라 달라진다. 왜냐하면 선택된 '강우량의 해'는 10년이나 25년 혹은 100년마다 주기적으로 한번 발생될 개연성이 높다고 예측되는 강우량에 대한 대비책을 준비하기 위한 결정이며, 대부분의 폭풍우는 시간이 흐르면서 그 집중도가 점진적으로 약화된다고 가정되기 때문이다.

이러한 모든 요인들이 결합된 결과는, (배수 시스템의 설치비용과 고도가 낮은 쪽으로 흐르는 하수에 의한 손상을 내포하는) 배수관의 규격이 다음에 기술된 내용들 중 한 가지 요인에 의해 줄어들 수 있음을 의미한다. 배수관의 규격을 줄일 수 있는 조치들로는 ① 배수관의 경사도를 높일 것, ② 배수되어야 할 부분의 면적을 줄일 것, ③ 지표면의 포장 면적을 줄이거나, 식물이 식재된 부분을 늘리거나, 혹은 하수의 재충전용 구덩이를 설치함으로써 유량계수를 경감시킬 것, ④ 짧은 기간의 '강우량의 해'에 필요한 강우량과 대비책을 채택하는 위험을 무릅쓸 것, ⑤ 소규모 저수지들을 사용하거나 빗물이 먼 거리에 걸쳐 비포장된 지표면 위를 흐르도록 유도하여 빗물의 흐름을 지연시킬 것 등이 있다.

어쨌든 쓰레기에 의한 막힘을 방지하기 위해서, 도로 위의 물을 배수해주는 배수관의 최소 지름은 30cm, 뜰 위의 물을 배수해주는 배수관의 최소 지름은 25cm가 된다. 대규모의 프로젝트 부지에서는 고도가 낮은 일정 구역에 매우 큰 규격의 배수관이 사용될 수도 있다. 배수관 내부의 한쪽 면에 발생될 하수의 훑어내기를 방지하고 다른 한쪽 면이 자체적으로 깨끗해지도록 촉진시키기 위해서는, 어떤 배수관 내부의 유속이든 초속 0.6~3m 사이로 유지된다. 그런 이유로, 아주 대형 배수관의 경사도가 평탄해져야 할 수도 있고, 아주 소형 배수관의 경사도가 가팔라져야 할 수도 있다. 우수 배수시스템의 기술적인 문제 때문에 때때로 일반 배치도의 수정이 필요하다. 배치디자이너는 배수시스템을 계획하고 배수관의 규격을 산출하면서, 계획 중인 구역 속으로 물을 배수시키게 될 다른 구역들에 대해서 그리고 보다 집중적인 개발에 의해 장래의 배수량이 증대될 수 있는 가능성에 대해서도 반드시 고려해야 한다. 때로는 완전히 평평하거나 늪으로 된 프로젝트 부지 위에 개발이 펼쳐지며, 그런 곳에서는 모든 공공설비시설에 문제가 발생된다. 때때로 우수의 배수는, 도로 노면의 곡면을 평평하게 유지시키는 반면에 배수로의 물이 일련의 주입구들 속으로 배출되도록 만들기 위해, 도로에 나란히 설치된 배수로의 고도를 번갈아 가며 높여주었다 낮춰주었다 함으로써 조절할 수 있다. 여기에서 물은 지하의 배수시스템 속으로 흘러 들어가게 되거나 도랑을 통해 '물이 범람하고 있는 용기'를 향해 흘러가서 지표면 속으로 스며들어갈 때까지 연못을 이루게 된다. 건물의 부지나 통로가 연못보다 높은 고도에 위치되어, 부지 내의 주요 요소들이 물의 범람으로부터 보호되도록, 부지의 지표면에 경사가 만들어진다.

⑦ 지하수로(암거)

빗물이나 작은 개울을 운반하기 위해 도로나 다른 장애물 밑에 설치된 짧은 길이의 배수관은 암거라고 불리며, 사실상 우수 배수시스템의 일부분을 이룬다. 단면으로 암거의 형상을 보면 통상적으로 원형을 이루며, 콘크리트나 주름진 금속판을 재료로 하여 제작된다. 암거는 직선으로 전개되어야 하며, 거의 직각 방향으로 도로를 가로질러 설치되어야 하고, 가능하면 기존의 수로선을 사용해야 한다. 하지만 어떠한 경우에도 암거는 첫 번째 가능한 지점에서 도로를 가로질러야 하고, 도로의 오르막길 경사면을 따라 물이 흐르는 것을 막아야 하는데, 도로의 오르막길 경사면을 따라 물이 흐르게 되면 침식이 야기된다. 가능한 곳에서는 경사진 수로에 암거가 설치되기도 하는데, 이때 암거의 경사도는 최고 8~10%, 최저 0.5%가 된다.

미사(微砂)의 퇴적을 방지하기 위해서는 암거의 배출구 바로 밑 경사도가 적어도 주입구 바로 상부의 경사도만큼 가파르게 설치되어야 한다. 주입구와 배출구는 배수관 주변의 침식을 피하기 위해 날개벽(암거의 시작 부분과 끝 부분에 좌우 방향으로 펼쳐져 설치되는 옹벽)과 에이프런을 필요로 한다. 암거가 파손되지 않도록 보호해주기 위해서는 분수계(강물이 갈라지는 경계가 되는 분수령) 지역으로부터의 배수의 유량과 평균 유량계수를 산출하여 이에 대비한 암거의 규격이 정해져야 한다. 암거를 설치하는 비용은 그렇게 큰 금액이 아니며 물의 흐름이 과소 산출되면 심각한 결과가 초래되기 때문에, 25년의 강우주기 혹은 필요하다면 그보다 더 긴 기간의 강우주기에 대비해서도 빗물의 유수량(流水量)이 산출되어야 한다.

습지로부터 물을 빼내기 위해, 기초나 제방을 통한 침출을 방지하기 위해, 혹은 서리로 인한 토양의 융기나 높은 지하수위를 조정해주기 위해, 때때로 지표면 하부에 배수관이 설치된다. 이러한 배수관의 재료로는 10~15cm 파이프가 가장 흔하게 사용되고, 구멍이 뚫려있거나 개방된 연결부를 갖고 있으며, 자갈층이나 쇄석층(자갈의 가격이 너무 비싸기 때문에 실무에서는 주로 쇄석이 사용된다) 속에 놓이게 된다. 지표면 하부의 배수관은 우수의 배수시스템이나 자연적인 배수통로 속으로 유도된다. 지표면 하부의 배수관은 지표면으로부터 0.78~1.5m 아래에 설치되며, 투습성의 토양에서는 보다 깊게 서로 멀리 떨어뜨려서 설치되고, 불투습성 토양에서는 더 얕게 서로 근접시켜서 설치된다.

2) 위생폐기물의 배수시스템

① 위생폐기물의 배수

싱크대와 화장실로부터 배출되는 위생폐기물은 우수의 배수시스템으로부터 격리되지만, 우수의 배수시스템과 매우 유사한 형태의 체계 속에서 고도가 낮은 쪽을 향해 운반된다. 위생 폐기물은 폐기물처리장으로 보내어져서, 자연의 수계로 안전하게 배출될 수 있는 오수의 상태로 변환된다. 위생폐기물이 처리되지 않은 채 호수나 강 속으로 배출되어 흘러 들어가는 것은 더 이상 용인될 수 없다. 생물학적 오염이 우려되는 만큼 화학적인 오염과 열에 의한 오염에 대한 우려가 점점 커지고 있기 때문에, 정교한 폐기물의 처리시설을 설치하거나 폐기물을 재활용하는 일이 필수적인 과제로 떠오르게 되었다.

위생배수시스템은 전형적으로 맨홀과 직선의 배수관이 집중되거나, 수평방향으로 완만하게 구부러진 배수관이 집중되어 폐기물처리장으로 유도되는 시스템이다. 위생배수시스템은 우수의 배수시스템과는 다르게 광범위한 지역에 걸쳐 지속적으로 전개될 개연성이 높으며, 그것은 때때로 공통의 배출지점에 도달되기 위해 분할된 여러 구역들에 걸쳐 압력이 가해져야 한다. 위생배수시스템에 대해 여러 구역에서 압력을 가해주는 일은 보다 광범위한 규모의 면적에 대한 계획에서 다루어지므로, 배치계획의 규모에서는 가능하면 회피된다. 위생배수시스템이 광활한 지역을 위해서 아주 긴요할 수도 있지만, 위생배수시설의 배치는 배치계획에서 거의 다루어지지 않는다.

위생배수시스템은 우수(빗물)의 배수시스템과는 다르게 밀폐된 배수시스템을 형성한다. 위생배수시스템은 개방된 주입구에 연결되어 있지 않지만 하수의 악취를 밀봉시켜주는 트랩을 거쳐 개수대(改水臺, 싱크대)와 화장실 배수시스템으로 직접 연결된다. 주택으로 유도되는 위생배수시스템의 지선들이나 횡관들은, 단지 맨홀에서 연결되는 것이 아니라, 위생배수시스템의 모든 경로를 거쳐 주관 속으로 연결된다. 만약에 법규에 의해 허용된다면, 맨홀은 단순하고 상대적으로 저렴한 청소구멍에 의해 위생 배수시스템의 최상단 부분에서 대체될 수 있으며,

또한 지선에서 아니면 횡관이 수직관과 접속하는 지점에서 단일 주택이나 10~12세대가 넘지 않는 주택의 작은 그룹으로부터 나오는 횡관과 정렬시켜서 대체될 수 있다.

청소구멍이 사용되어 하수흐름의 방향이 전환되는 곳에서는 90도 미만으로 방향의 변화가 이루어져야 한다. 두 개의 지선들이 청소구멍에서 연결되는 곳에서는 오직 한 개 지선에서만 흐름의 방향이 바뀌어야 한다. 맨홀과 청소구멍에 접근할 수 있는 한, 위생배수시스템의 배수관 특히 짧은 횡관이 언제나 전체적으로 '우선권 도로' 안에 배치될 필요는 없다. 적절하게 디자인된 위생배수시스템은 수선이나 청소조차도 거의 필요로 하지 않는다. 도로 하부에 매설된 위생배수시스템의 주배관은 주택으로부터 뻗어 나온 횡관을 받아줄 만큼 충분히 낮은 고도의 위치에 고정되어야 하며, 건물의 지하층으로부터 최소 경사도로 기울어져서 낮추어진다. 그러므로 위생배수시스템의 주배수관은 지표면으로부터 적어도 2m 밑에 매설되기 쉬우며, 부지가 도로로부터 경사져 내려오거나 건물에 깊은 지하층이 포함되어 있을 경우에는 2m보다도 더 아래쪽에 매설되기 쉽다.

그 외에는, 위생배수시스템의 배치기술은 빗물 배수시스템의 배치기술과 유사하다. 위생배수관의 규격은 하수의 흐름이 멈추는 것을 방지하기 위해 하수의 흐름에 비해 보다 크게 책정된다. 주배관이나 횡관으로는 지름 20cm의 파이프가, 주택 내부의 지선으로는 직경 15cm의 파이프가 사용된다. 광활한 지역의 위생하수를 처리하는 위생배수시스템의 끝 부분에 설치되는 종말하수배출구만이 더 커다란 규격의 파이프를 필요로 한다.

② 오수의 처리

만일 공공의 오수처리장이 프로젝트의 부지로부터 멀리 떨어져있다면, 비록 오수처리장을 개별적으로 가동하고 유지보수를 해야 할 필요가 있기는 하지만, 개인적으로 경제적인 오수처리시설을 건설하는 것이 가능하다. 소규모의 사설 오수처리시설은 모래와 살수에 의한 하나 이상의 여과기가 수반되는 오수정화조(septic tank) 혹은 임호프 탱크(Imhoff tank)로 구성될 것이다. 이러한 사설 오수처리시설은 어떤 주택으로부터든 100m 이상 떨어져서 매설되어야 하며, 50~500세대의 주택들로부터 배출되는 오수를 처리하기 위해 경제적으로 디자인될 수 있다.

프로젝트 부지의 토양에 충분히 물이 스며들 수 있고 지하수위가 낮은 곳의 저밀도의 개발에서는, 각 세대에 지하 배수지(配水地, drain field: 정화조의 내용물을 땅 속으로 흡수시켜주기 위해 설치된 구역) 속으로 오수를 배출시켜주는 오수정화조의 배출 시스템을 설치함으로써 통상적인 배수시스템 없이 지내는 것이 가능하다. 지하 배수지는 어떤 지표수나 우물로부터도 최소 30m 이상 떨어져서 설치되어야 하고, 배수지 위에 심하게 그늘이 드리워지지 말아야 하며, 어떤 차량도 배수지 위를 가로질러 운행하도록 허용되지 말아야 하고, 15% 이상의 경사도로 기울어져서 땅 속에 설치되어야 한다.

프로젝트 부지에 필요한 지하 배수지의 규격은 토양의 흡수 능력에 따라 달라질 것이다. 오수정화조가 적절히 설치된다면 추후에도 문제를 일으킬 우려가 없을 것이며, 오수처리장을 완비한 하수의 배수시스템보다 더 경제적이다. 한편, 작은 지역의 오수처리장에는, 오수처리시설 자체의 투자에 대한 손실이 없이, 미래의 공공 오수처리장에 연결될 수 있는 장점이 있다. 그럼에도 불구하고, 두 가지 시스템 모두 공공오수시설의 장래 확장에 대한 판단을 어렵게 하는 경향이 있다. 오수정화조의 흡수율은 우기 중, 지하배수지가 놓이게 될 자리에 지하배수지의 깊이까지 도달되는 시험용 구덩이를 파서 시험해봄으로써 점검될 수 있다. 시험용 구덩이는 60cm 깊이의 물로 채워지고, 15cm 깊이까지 줄어들도록 허용되며, 그런 후에 물의 수위가 15cm로부터 12.5cm까지 추가적으로 줄어드는 데 소요되는 시간이 측정된다. 두 개의 시험과정을 통해, 물의 수위가 2.5cm만큼 줄어드는 데 똑같은 시간이 걸릴 때까지 이러한 과정이 반복된다.

하루에 허용될 수 있는 토양의 흡수율은, 지하배수지의 단위면적당 리터의 단위로 위에 표기된다. 만일 물의 수위가 떨어지는 데 훨씬 더 많은 시간이 소요된다면, 이러한 부지가 지하배수지로 사용될 수 있는지에 대해 의구심을 갖게 된다. 흡수율이 주어져 있으므로, 한 사람에게 하루에 필요한 오수의 전체 흐름을 400리터가 될 것으로 가정해 봄으로써, 주거단지 개발에 필요한 전체 지하배수지의 면적이 산출될 수 있다.

③ 오수의 건조처리

이렇게 물을 사용하여 빗물하수와 위생하수를 처리하는 두 가지의 하수처리시스템은 선진국에서는 거의 보편적인 시스템이다. 물을 사용하는 하수처리시스템을 설치하고 가동시키기 위해서는 비용이 많이 소요되고, 귀중한 자원을 낭비하게 되며, 엄청난 양의 지하수와 지표수를 오염시킬 수 있다. 하수처리시스템에는 물을 아예 사용하지 않거나 아주 조금 사용하는 대안(代案)이 있다. 옥외에 설치되는 변소구덩이는 이러한 방법들 중 가장 단순한 유형이다. 우리가 옥외 변소구덩이를 싫어함에도 불구하고, 그것이 적절하게 관리되고 하부에 흐르는 지하수를 오염시키지만 않는다면 수용할 만한 시스템이다. 지하수의 수위는 보통 1m에서 2m 깊이인 옥외 변소구덩이의 바닥으로부터 적어도 7.5m 이상 낮은 고도의 위치에 흐르고 있어야 하며, 옥외 변소구덩이는 어떤 우물로부터라도 30m 이상 격리되어 내리막길에 위치해 있어야 한다. 옥외 변소구덩이가 설치된 토양이 불투수성이어서도 안 되고, 자갈이나 갈라진 바위처럼 물이 극도로 잘 스며들어서 어떤 폐수이든 지하의 땅 속으로 멀리 퍼지게 만들지도 말아야 한다. 옥외 변소구덩이는 지표면으로부터 0.5m 아래에 견고하게 만들어지며, 구덩이 내부에 추가적인 벽면이 설치되지 않는다. 옥외 변소구덩이는 추가적인 벽면이 설치되지 않은 구덩이 자체가 채워질 때 다른 장소로 옮겨지며, 남겨진 위생폐기물은 제거되거나 비료로 사용되기 전에 적어도 1년 동안 땅 속에 남겨진다.

옥외 변소구덩이의 뚜껑은 견고해야 하며, 파리와 악취를 막기 위해 자연환기가 되어야 하고, 차폐물에 의해 주변의 시선으로부터 가려져야 한다. 특별히 지하수를 오염시킬 위험이 있는 곳에서는 비용이 다소 더 들면서 물을 사용하는 옥외 변소 구덩이가 선호될 수 있다. 그것은 단순화시킨 오수정화조의 변형이며 동등하게 수용 가능하다. 물이 가득 채워진 방수성능을 가진 정화조가, 변기 또는 작달막한 용기 바로 아래에 설치되며 범람하는 배수시설로 연결된다. 오물의 침전물은 옥외 변소구덩이의 바닥으로 가라앉고 거품은 위에서 부유한다. 오물의 침전물은 몇 년에 한 번씩 펌프를 사용하여 수거되거나 용기에 담겨 퍼내어져, 추가적으로 일 년 동안 더 부패되도록 저장된 후에 비료로 사용될 수 있으며, 거품은 차단장치에 의해 범람하는 오수의 배수시설로 들어가는 것이 억제된다.

배수시설과 변기의 주입구는 모두 물의 관입이 차단된 채로 물속에 잠기며, 가스가 방출되도록 허용해주기 위해 오수정화조 자체에 환기가 이루어진다. 오염된 오수의 유출수가 매일 아주 조금씩 물이 침투할 수 있는 웅덩이에 자갈이나 쇄석 등을 채워 넣고 그 위에 흙을 덮어 둔 흡수 웅덩이 속으로 떨어지거나, 만일 부지의 원래 토양이 불투수성일 경우에는, 밀실하지 않은 흙이나 자갈 그리고 수분의 증발 작용을 확대시키기 위해 식물로 채워진 작은 도랑 속으로 떨어지게 된다. 몇 세대 주택들의 집단으로부터 배출되는 오수의 흐름은, 용적이 아주 적기 때문에 그것들을 흡수할 수 있는 근접지역으로 쉽게 유도될 수 있음에도 불구하고, 만일 지하수가 오염될 위험이 있으면 오수는 하수의 배수시스템 속으로 흘러 들어가야 한다.

우리가 사용하고 있는 하수의 배수시스템이 하루마다 한 사람당 400리터의 물을 필요로 하는 반면에, 물을 사용하는 옥외 변소구덩이의 주입구에는, 오수정화조 속의 수위를 유지하고 충분한 정도로 배설물이 희석되도록 만들어 주기 위해 한 사람당 7리터의 물이 매일 더해져야 한다. 이 적은 양의 물이 음용수일 필요는 없으며, 이 물은 변기를 세척하는 데 사용될 수 있다. 이와 같이 물을 사용하는 옥외 변소구덩이는 안전하고 피해가 없으며, 비용도 적절하고 물의 소비를 절감시켜준다. 물을 사용하는 옥외 변소구덩이 시스템의 오수정화조 자체는 그것을 사용하게 될 사람마다 약 120~150리터의 수용력을 필요로 한다. 혐기성의 침지기는, 내부에 물과 야채 폐기물 그리고 인간의 배설물을 30~80일 동안 저장하게 되는 다소 거대한 밀봉 탱크로서 저장물들 사이의 화학작용을 통해 메탄가스를 생산하게 되는데, 메탄가스는 안전하고 유용한 연료이자 식물의 성장을 촉진시켜주는 침전물이다. 만일 인공적으로 열이 가해지지 않는다면 혐기성의 침지기는 오직 따뜻한 기후에서만 작동될 것이며, 메탄 연료를 안전하게 저장하고 사용하는 방법이 준비되어야 한다.

혐기성의 침지기를 이용하여 인간의 배설물을 처리하고 연료와 비료로 사용하는 기술은 열대지역의 농업 환경에 가장 적합한 기술이며, 혐기성의 침지기를 설치하는 데에는 그렇게 많지 않은 비용이 소요된다. 일명 합성 변기라고도 불리는 호기성의 침지기는, 환기가 되는 커다란 상자 안에서 혐기성 침지기에서처럼 야채의 혼합물과 배설물이 분해되며, 그곳으로부터 악취와 수증기가 연도를 통해 배출된다.

안전한 비료는 약 30~50일 이내에 호기성 침지기의 바닥면으로부터 수거될 수 있다. 호기성의 침지기는 분해과정을 통해 섭씨 65도 이상으로 가열된다. 호기성 침지기의 상자는 크기가 거대하고, 설치에 적절한 비용이 소요된다. 상자는 주위로부터 차폐되어야 하고, 환기가 잘 되어야 하며, 추운 기후대에서는 적절하게 보온이 되어야 한다. 호기성 침지기의 상자 안에서 저장물들의 적절한 혼합이 유지되어야 할 필요가 있으며, 화재를 피하기 위한 주의 또한 필요하다. 하지만 호기성 침지기에는 물이 사용되지 않으며, 악취와 파리가 통제되고, 질병의 위험이 없으며, 부산물은 유용하게 사용된다. 설치비용을 줄이고 작동에 필요한 주의가 더 개발되면, 호기성 침지기는 많은 경우에서 선호되는 기술이 될 수 있다.

3) 상수도 공급시스템

① 수돗물의 공급

깨끗한 물의 공급시스템은 우리에게 가장 긴요한 공공설비이며, 깨끗한 물의 공급에 의해 주어진 프로젝트 부지의 개발이 실현가능해지거나 프로젝트의 개발비용이 과도하게 상승하여 프로젝트의 개발이 실현 불가능해질 수 있음에도 불구하고, 수돗물의 공급시스템에 의해 배치도 자체의 패턴에 통제력이 부과되는 일은 거의 없다. 압축시스템으로 설치된 상수도의 배관파이프는 완만한 경사로 구부러져 설치될 수 있으며, 모든 배치 평면에 쉽게 적응된다. 상수도의 배관파이프는 보다 자주 누수가 되거나 부서지게 되며, 수선 차량이 운행될 수 있는 공공의 우선권 도로에 매설되어야 한다. 상수도의 배관파이프를 수선할 때에는 수돗물의 오염을 방지하기 위한 주의가 기울여져야 한다.

음용수를 공급해주는 상수도의 주 배관파이프는, 다른 공급 배관파이프들과의 교차접속 없이 사용 중인 상수도 설비로 직접 연결된다. 하수도의 배관파이프는 상수도의 주관 아래에 놓이게 되며, 가능한 곳에서는 거리의 반대편이나 상수도의 주관으로부터 수평거리로 3m 이상 떨어져서 설치된다. 물은 통상적으로 건물의 내부로 공급되지만, 저비용의 개발프로젝트에서는 단지 공동의 수도꼭지나 수원(水源)까지만 공급될 수 있으며, 물은 그곳으로부터 주거세대까지 사람들의 손에 의해 운반된다.

어떤 압력시스템과도 마찬가지로, 수돗물 공급에 사용될 만한 두 가지의 기본적인 상수도의 배관시스템들이 있다. 그 두 가지 기본적인 상수도 배관시스템들 중의 한 가지는, 수돗물의 공급시스템에 물이 처음으로 주입되는 지점으로부터 배관 파이프가 가지를 치면서 뻗어 나가는, 나무의 입면형태와 같은 패턴이다. 기본적인 상수도 배관시스템들 중의 두 번째 시스템은 고리형태 혹은 서로 연결된 네트워크 형태의 패턴인데, 하나 이상의 위치에서 수돗물을 공급하기 위한 주입배관을 가질 수 있다.

나무의 입면패턴 형태의 상수도 배관시스템에서는 배관의 길이가 최소화됨으로써 시스템의 설치비가 가장 저렴해질 개연성이 있지만, 고리 혹은 네트워크 패턴의 상수도 배관시스템은 긴 지선의 말단부에서 발생되는 수압의 저하와 상수도 배관파이프의 막다른 골목이 깨끗하게 유지되기 어려운 단점을 피하고, 수돗물의 공급 주관이 파손되었을 때에도 소수의 주거세대들만이 서비스로부터 단절될 수 있다는 장점 때문에 선호된다. 도로 위 막다른 골목(cul-de-sac)의 끝부분에서처럼 상수도 배관파이프의 막다른 골목이 발생되는 곳에서는 때때로 상수도 배관시스템에 청소를 허용해주기 위해 급수전(hydrant)이나 물을 분출시킬 수 있는 장치(blowoff)가 설치되어야 한다. 상수도 배관시스템은 땅 속에 생기는 서리에 의해 가장 심각하게 영향을 받는 시설이기 때문에, 지역에 따라 달라지기는 하겠지만 겨울철 온도가 섭씨영하 30도 정도까지 떨어지는 위도 지역에서는 통상적으로 지표면으로부터 1.5m 깊이의 서리선(frost line) 밑 땅 속에 상수도의 배관파이프가 매설된다. 고도가 높은 지점에서 정압력이 유지되는 한, 상수도의 배관파이프는 지표면의 경사도에 따라 올라가기도 하고 내려가기도 하면서 설치될 수 있다.

상수도 요금은 공급된 양에 비례하여 책정되기 때문에 개별 세대, 세대들의 그룹 혹은 전체 개발의 범위에 맞추어 미터기가 설치된다. 물의 유량이나 물이 흐르는 방향, 수압 등을 조절하기 위한 밸브는 상수도 시설의 주관으로부터 갈라져 나오는 지점에 있는 주택의 지선 안에 설치되거나 주관이 깨졌을 때 단면을 잘라낼 필요가 있는 지점의 주관 안에 설치되며, 300m 이하의 간격으로 배치되어야 한다.

소화전은, 건물의 모든 부분이 되도록이면 두 개의 급수전으로부터 100m 길이 이내의 호스에 의해 도달될 수 있도록, 차선을 따라 교차로와 기타 지점에 설치된다. 게다가 화재 진압에 유용하게 쓰이도록 유지시키기 위해서는, 어떤 급수전도 구조물로부터 7.5m 이내의 거리에 배치되지 말아야 하며, 되도록이면 어떤 구조물로부터든지 15m 이상 떨어져서 배치되는 것이 좋다. 고부가가치의 상업지역에서는, 때때로 음용수의 공급시스템으로부터 분리되어, 특별히 화재진압을 위한 고압의 물 공급시스템이 설치된다.

② 수돗물 공급시스템의 용량

배치디자이너에게는 상수도 배관시스템의 배치계획 내용 중 우선권 도로 안의 배관, 미터기 그리고 급수전의 설치가 의미를 갖지만, 이것이 배치디자인 자체의 변경을 필요로 하는 일은 거의 없다. 상수도의 주관은 개발의 가치가 높은 지역에서는 최소 직경이 15~20cm에 이르게 되는데, 그것은 통상적으로 중간 규모의 개발프로젝트까지에 대해서 적합하다. 상수도의 배관파이프에 대한 규격계산은 수돗물 배분시스템의 용량에 대한 계산이라기보다 수돗물 공급의 용량에 대한 계산이며, 수돗물에 대한 순간적인 수요의 비율에 대한 것이라기보다는 평균적인 비율에 대한 계산이다.

수돗물 공급에 대한 수요는 인구, 기후, 산업화의 정도 그리고 일반적인 생활수준에 따라 달라진다. 예를 들어, 미국의 경우에는 도시의 수돗물에 대한 평균 수요는 하루 한 사람당 450리터로부터 900리터까지의 범위에 분포된다. 시골이나 저밀도 개발지역에서는 개별 우물에 의해 공공 수돗물의 공급이 대체될 수 있지만, 불가피한 곳을 제외하고는 추천되지 않는다. 개별 우물은 신뢰할 수 없으며, 흔히 비용이 많이 들고, 깨끗한 물을 유지하기 위한 감독이 쉽지 않다. 몇 개의 개별세대들로 구성된 그룹에 대한 수돗물 공급은 꽤 경제성을 갖고 있으며, 수원(水原)에 대한 유지관리는 사용자들에 대해 요금을 부과함으로써 지원될 수 있다. 우물이나 우물들의 그룹, 펌프와 압력 혹은 중력 탱크로 구성되는 그러한 시스템은 50~500세대의 주거개발지역을 위해 운용될 수 있다. 우물은 가장 근접한 하수관이나 배수지로부터 적어도 30m 이상 떨어져서 설치되어야 한다. 보통 한 개 이상의 우물이 설치되어야 하는 약 200세대의 주거개발에 대한 비용이 우물 설치에 대한 경제적 타당성의 분기점이 된다. 하지만 개발의 비용은 펌프나 우물 설치에 소요되기보다는 주로 상수도 배관시스템의 설치에 소요된다. 전문적으로 운용되는 대규모의 공공 상수도공급시스템이 여전히 선호되는 결론이다.

4) 전력 공급시스템

① 전력

전력은 고압의 주 전선에 의해 수송되어 변압기를 통해 낮은 전압으로 변환되고, 저압의 부차적인 전선을 통해 전력이 사용될 지점으로 분기되며, 부차적인 전선의 길이는 120m 이내로 제한되어야 한다. 전력의 배분시스템은 다른 압력시스템과 같이 전력의 주입구로부터 사용지점까지 부채처럼 펼쳐지는 가지패턴을 따르거나 고리와 같은 배분의 패턴을 따를 수 있다. 가지패턴 전력배분시스템의 설치비용이 싸게 소요되지만 고리패턴의 전력배분시스템이 더 선호된다. 하지만, 두 시스템 사이의 차이점은 수돗물 공급시스템의 경우에서처럼 그렇게 중요하지 않다.

전도체는 전신주에 높이 설치되거나 지하의 전선로 안에 설치될 수 있다. 지하에 매설된 전력배분시스템의 초기 설치비용이 지상 시스템에 비해 2~4배 비싸게 들기는 하겠지만, 지하 전력배분시스템은 고장을 줄이고 나무와 충돌되지 않으며 전신주의 난립을 없애준다. 하지만, 전력배분시스템이 지하에 매설되어 한번 고장이 일어나게 되면, 고치는 데 시간이 오래 걸리고 더 많은 전력배분시스템의 붕괴를 야기한다. 만일 지상 전력배분시스템이 사용된다면 부차적인 전선을 건물 위에 정렬시켜 배열하는 것이 가능하다. 하지만 이것은 건물을 수선하는 사람이나 모험심 많은 어린이에게 위험을 수반시킨다. 보통은, 구조물 속으로 직접 들어가는 것을 제외한 모든 전선들은 전신주 위에 줄로 묶이어 배열되며, 방향이 바뀌는 지점과 전선의 끝부분에서 당김줄에 의해 안정된다. 전신주는 30m 혹은 그 이하의 간격으로 배치되며, 변압기는 전신주들에 매달리거나, 외부환기설비와 함께 부분적으로 혹은 전체적으로 지하에 설치된다. 전신주나 전선로가 도로를 따라 설치되지 않는 곳에서는 전선을 매설하기 위해 2.5m 폭의 지역권(地役權)이 필요하다. 도로나 배면의 부지경계선에 전신주를 배열시키기 위한 선택은 보통 부차적인 전선의 길이를 최소화하기 위한 목적으로 지시된다.

건물의 높이가 낮은 주변환경 안에서는, 전신주가 부지의 뒷면에 설치되면 우리의 머리 위에 설치될 때 보다 스카이라인에서 더 튀어나와 보일 것이기 때문에, 건물의 높이가 낮은 지역에서 도로를 미화하기 위해 부지의 배면에 전신주를 배치시키는 것에 대해서는 의문점이 남는다. 부지의 배면에 설치된 전신주는 서비스하기에도 힘이 든다. 게다가 도로에 설치된 전신주는 가로등, 전화선, 안내판과 공중전화박스를 설치하기에도 유용하다. 시각적인 이유 때문에 주민들이 지하 배선에 대한 할증료를 기꺼이 지불할 수도 있다. 전선의 지하설치 비용은 연질 토양에서 가장 적게 소요될 것이며, 지하에 케이블을 매설하는 새로운 기술의 개발에 의해 전선의 지하설치가 사람들에게 더욱 우호적인 방법으로 인식되고 있다. 하지만 땅 속에 바위가 존재하거나 지하수위(ground water table)가 높은 곳에서는 설치비용의 차이 때문에 전선의 지하설치가 금지되기 쉽고 전신주의 설치가 강제된다. 어떤 곳에서는 변압기가 주요 난제가 될 수 있으며, 만일 변압기가 지하에 매설되면 내부의 열을 산개시키도록 디자인되어야 하고, 지상에 설치되면 변압기의 크기로 인해 시각적인 논쟁거리가 된다.

② 조명

외부조명은 저밀도로 개발된 시골지역이나 지엽적인 도로를 제외한 모든 도로 위에 필요하며, 사람들이 밤에 이동할 수 있을 것으로 예상되는 보행자 도로 위에도 또한 필요하다. 가로등이 없는 지엽도로를 따라 배치된 개별 주택에서는 출입구와 주변의 인도를 밝혀주기 위해 현관등이나 가로등 기둥을 유지할 필요가 있을 수 있다. 조명은 출입구, 교차로, 계단, 막다른 골목길 그리고 외딴 인도 등에서 특별히 필요하다. 공중에 높이 걸린 강력한 조명은 강하고 균일한 조명을 제공해주기 때문에 도로를 위해 시방서에 명시되지만, 주택에 대해 창백한 빛을 쏘아올려 불쾌감을 유발한다. 출입구와 범죄자의 잠재적인 은신처가 밝게 비추어지는 한, 조도가 훨씬 낮고 가변적인 조명이 구비되어도 인도는 안전하다. 불행하게도 나트륨등, 할로젠등과 수은등의 에너지효율이 가장 높으며, 이것들의 수명은 백열전구 수명의 5~10배 동안 지속된다. 이러한 조명들은, 기분 나쁘게 누르스름하거나 고속도로의 섬광이 녹색을 띰으로써 사람들을 불쾌하게 만들 뿐만 아니라, 오랜 시간 동안의 노출로 인해 우리의 건강에 악영향을 끼칠 수도 있다. 우리가 오랫동안 사용해온 백열전구는 가장 따뜻한 색상을 갖고 있으며 가장 넓은 범위의 파장을 발산하지만, 열 속에 존재하는 많은 양의 에너지를 흐트러뜨린다. 그럼에도 불구하고 백열등은 인도의 가로등으로 사용될 수 있으며, 그렇지 않으면 일정 비용을 들여 색상을 보정한 후에 고속도로를 밝혀주는 가로등으로 사용될 수도 있다.

최근 들어 다른 조명수단을 빠르게 대체하고 있는 LED조명은 발광다이오드를 이용한 조명이며, 색상을 마음대로 조절할 수 있는데다가 백열전구에 비해 에너지 효율이 높고 수명이 길며, 형광램프에 비해서도 훨씬 효율적이기 때문에 야외조명에도 차세대의 광원으로 빠르게 사용이 확대되고 있다. 어찌 되었든, 운전자들과 보행자들을 위한 시각적 필요사항은 서로 전혀 다르기 때문에 운전자와 보행자에 대한 조명 환경도 달라져야 한다.

가로등은 설치기준에 의해 도로로부터 9m 높이 위에 45~60m 간격으로 설치되도록 요구된다. 가로등은 간선도로나 대규모의 주차장 위에서는 평균조도 10룩스로 비추어지도록, 지엽적인 도로 위에서는 평균조도 5룩스로 비추어지도록 디자인된다. 조명이 가장 어두운 도로에서도 간선도로의 평균조도보다 40% 밑으로 조도가 떨어지거나 지엽적인 도로의 평균조도보다 10% 밑으로 조도가 떨어지는 것은 허용되지 않는다. 높이 설치된 가로등은 창문과 사람들이 앉아있는 사적인 공간 혹은 운전자의 눈 속으로 비추어지는 섬광을 방지하기 위해 막으로 덮여야 한다.

가로등은 인근의 건물 및 식물과 상호 연관성을 갖고 배치되어야 한다. 인도를 따라 설치되는 가로등은 통상적으로 3.5m 높이에 설치된다. 아주 낮게 설치된 조명에 대해서는 물리적인 장애물이 발견될 수 있으며, 조명의 필수적인 요소는 조명의 품질과 심리적인 의미의 안전이다. 이와 같이 관목과 움푹 들어간 부분뿐만 아니라 출입문과 외부계단 그리고 인도의 교차로도 밝게 비추어져야 한다. 그러한 지점에서는 50룩스의 조도 정도로 밝게 비춰질 수 있는 반면에, 통로 자체에서는 평균조도보다 낮게 불규칙적으로 비추어진다. 전신주와 조명기둥이 낮에는 시각적인 조망에 방해가 되므로 신중하게 배치되어야 하지만, 최근에는 오히려 디자인 요소를 가미하여 전신주와 조명기둥(light pole)이 합체된 장식기둥을 배열함으로써 주도로의 도로 축(axis)을 강조하는 적극적인 도시디자인(urban design)의 사례도 나타나고 있다. 야간조명에 의해 사람들이 갈 길을 찾아가고, 낮에 보이는 익숙한 특징들을 인지할 수 있도록 어두워진 후의 풍경들이 조직될 수 있다.

빛은 따스함과 활동의 의미를 전달한다. 그러나 사람들에 의해 사용되지 않는 운동장에 비추이는 투광조명(投光照明)이나 텅 빈 건물에 비추이는 조명은 사람이 없다는 것을 강조할 뿐이다. 만일 건물이 상징적인 랜드마크가 아니라면, 건물의 야간 용도에 맞추어 건물의 실내로부터 조명이 비추어져야 한다. 야외조명은 사람들이 존재하는 곳에, 사람들이 무엇인가를 보기 위해 빛을 원하는 곳에 집중되어야 한다. 정적이 소리를 돋보이게 하는 배경인 것처럼, 어둠은 빛을 돋보이게 하는 데 필요한 배경이다.

5) 기타 공공설비시설

가스 공급시스템의 배관파이프는 자체 밸브와 미터기를 구비한 채, 상수도의 배분 네트워크와 유사한, 나무의 입면형태와 같은 패턴과 고리형태의 패턴으로 지하에 매설된다. 가스의 배관파이프들은 작은 직경을 가진다. 가스 공급시스템에서 발생될 수 있는 주요 문제점은 가스의 누출이나 폭발에 대한 위험이며, 그래서 가스의 배관파이프가 건물로 들어갈 때를 제외하고는 건물의 밑이나 가까이에 설치되지 않으며, 전기케이블과 같은 도랑에 설치되지도 않는다. 만일 전력선들의 전압의 특성이 적절하면 전화선들은 전신주의 상부에 정렬되어 매달리게 된다. 그렇지 않으면, 전화선들은 다소 쉽게 땅 속의 전선관들 속에 설치되거나 더 단순하게는 매설된 케이블로서 설치된다. 전화선들은 전기선들과 동일한 전선로박스 속에 설치될 수 있다. 도시지역들에서는, 전화선들과 중앙컴퓨터들 사이의 접속과 케이블 텔레비전들에 접속되는 추가적인 전화선들은 이제 공통적인 현상이다.

중앙난방이 제공되는 곳에서 열의 매개체는 통상적으로 고열의 증기가 되며, 전선로에 고정되거나 구조물의 지하층들 사이를 통과해 설치되어, 단열재로 둘러싸인 지하의 압력 주관들 속에서 배분된다. 건물들 중의 한 건물이나 하나의 구조물 자체에는 중앙난방플랜트를 위한 공간이 필요하다. 이러한 중앙난방플랜트에는 높은 굴뚝이 설치되어 있어야 하며, 대량의 연료 배달에 대해서 준비되어있어야 한다. 중앙난방플랜트의 위치로는 프로젝트 부지의 중심부가 선호되지만, 응축액이 중앙난방플랜트 되돌아오는 것을 촉진시키기 위해서 고도가 낮은 지표면 위가 선호된다. 예외적인 상황들에서는 그룹 차원의 냉방시스템이 설치될 수 있다. 유지관리 팀에 의해 작동되는 중앙난방플랜트나 그룹 난방 플랜트들과 임차인이나 집주인에 의해 작동되는 개별난방장치 사이의 선택뿐만 아니라 사용되어야 할 연료에 대한 선택은 경제적인 쟁점이 된다. 그러한 선택은 주거세대들의 유형과 주거세대의 수, 난방시스템의 유형들에 대한 거주민들의 태도, 난방시스템의 유지관리 비용, 난방시스템들의 상대적 효율성, 그리고 석탄과 가스, 석유와 전기의 상대적 가격 등에 따라 달라진다. 우리가 100~200세대들 혹은 그 이상의 주택들을 디자인하게 될 때에는 중앙난방시스템에 대해 조사해볼 가치가 있다. 이때의 선택은 배치계획에 중요한 영향을 미친다. 개별적인 중앙난방장치들이 사용될 때에는 연료의 배달과 저장에 대해 준비되어 있어야 한다. 만일 난방을 위해 석탄이 태워지게 되면, 단지 6m 길이의 활송장치(滑送裝置)를 통해 트럭으로부터 뚜껑 달린 저장용 통으로 직접 내려 보낼 수 있어야 한다. 석유배달트럭들에 설치된 호스들의 최대 도달거리는 30~60m에 이른다. 가스와 전기는 주거세대로 직접 공급될 수 있다.

6) 고형 폐기물

유기물과 가연성 및 불연성 쓰레기를 포함하여 대량의 고형 폐기물들은 사람들의 거주 지역으로부터 반드시 제거되어야 한다. 이러한 폐기물들은 다양한 수단들의 조합에 의해 그리고 다양한 시간대에 걸쳐 수거될 수 있다. 이 물질들의 일부가 부지 내의 소각로들에서 폐기될 수도 있지만, 이러한 처리방법은 쓰레기 처리의 부담을 주변 공기 중에 전가시키는 위험한 실무이다. 만일 주택의 소유주들이 기꺼이 노력을 기울인다면, 많은 양의 유기물 쓰레기들이 부지 내에서 유용한 퇴비로 전환될 수 있거나, 다양한 유형의 쓰레기들이 보다 효과적인 재활용을 위해 분리될 수 있다. 하지만 지엽적으로 분리되어 땅 속에 묻히는 것이 아니라면, 불연성 물질은 어찌 되었든 시골이나 자원이 적은 장소로 운반되어야 한다. 만약에 폐기물들이 사람들의 시야로부터 가려지고 배수가 이루어진다면 그룹 차원의 폐기물 수집소가 사용될 수도 있겠지만, 가능하면 연석에 가까우며 주거 세대에 편리한 위치에, 쓰레기통들을 위한 서로 분리되고 보호된

폐기물 수집소가 마련되어야 한다. 쓰레기통들로부터 연석까지의 통로는 너무 가파르게 경사지지 말아야 하며, 가능하면 포장되어야 한다. 만약에 구조물들이 도로에 가깝게 배치되어 있으면, 건물의 내부로부터 폐기물들이 채워질 수 있으며 외부로부터 수거되어 비워질 수도 있도록, 폐기물 운반용 컨테이너들을 건물의 내부에 비치해두는 것이 가능하다. 운반되어야 할 쓰레기들의 용적을 축소시켜주는 장치인 압축기들은, 고형 폐기물들을 주거세대로부터 지하의 중앙 수집소까지 직접적으로 옮겨주는 덕트시스템들처럼 최근의 기술혁신들 중 한 가지이다.

7) 공공설비시설 배치도

정지계획평면이 일단 완성되고 나면, 통상적으로 다른 시스템들에 비해 중요한 시스템으로 생각될 개연성이 높은 우수의 배수계획을 시작으로 공공설비시설들에 대한 배치도가 작성된다. 이 배치도에는 최소한으로서 설비배관들의 평면도가 포함될 것이다. 배치 디자이너는 이제 설비 배관파이프들이 설치된 고도(高度)나 배관파이프들의 규격에 중대한 문제가 발생되지는 않을지 점검해 보게 될 것이다. 때때로 필요할 수도 있기는 하지만, 배치도에 대한 대규모의 수정작업들이 필요할 개연성은 높지 않다. 하지만 설비시설에 관한 고려사항들 때문에 정확하게 작성된 배치계획안이나 정지계획안에 대한 변경작업이 필요할 것이라거나, 프로젝트의 경제적 타당성검토에 대한 수정사항들 혹은 설비시설의 작동에 관한 기능적인 수정사항들이 제안될 가능성은 아주 높다.

두 개의 배관파이프들이 서로 직각방향으로 만나 교차되는 연결을 피하고, 도랑파기를 최소화하고, 서로 양립할 수 없는 시스템들 사이에 필요한 격리를 유지하기 위해서는 모든 공공설비들의 위치가 함께 고려되어야 한다. 특히, 평면 위에서 보이는 설비배관들의 교차점들이 지표면 아래에서 수직방향으로 점검해보았을 때 실제로 교차점들이 되지는 않는지 살펴보기 위해서는, 공공설비시설들의 배치계획안이 3차원의 공간 안에서 검토되어야 한다. 지하에 설치되는 순환기술은 지상의 순환시스템과 비교해보면 다소 퇴보되어 있다. 도로를 파헤쳐 보면, 지하의 구조물들을 설치하려면 비용이 많이 들고, 우아하지도 않으며, 그것들의 디자인이 낙후되어 있으며, 공공설비시설들의 배치가 혼란스럽게 얽혀있다는 것이 명백해질 것이다.

도로의 휘어짐이나 경사가 허용하는 곳에서는, '예를 들어 사거리로부터 30m 떨어진 위치'와 같이 도로와 관련되어 일정한 자리에 공공설비시설들을 유지시키는 것이 바람직하다. 주기적인 도로의 굴토를 방지하기 위해서는 가로 녹지대(街路 綠地帶) 밑에 공공설비시설들을 설치하는 것이 더 바람직하다. 공공설비시스템들의 종류가 다수이고 대규모의 용량이 필요한 집중적인 개발에서는, 만일 사람들이 안에 들어가서 공공설비시설의 배관들을 점검하도록 허용되기에 충분할 만큼 큰 공동의 도관 속에 배관들이 그룹으로 묶여 설치되면, 공공의 설비시설들을 설치하기 위한 비용과 유지관리 비용이 절감될 수 있다.

배치계획안이 단일 기관의 통제 아래 놓여있는 꽤 지속적인 구조물들로 구성되어 있는 곳에서는, 때때로 가스를 제외한 모든 공공설비시설의 배선들을 지하층 혹은 지붕이나 마루 밑의 좁은 배선공간들에 설치하는 것이 더 나은 방법이 되며, 그렇게 함으로써 굴토작업이 줄어들고 배관파이프들의 수선작업이 간단해진다. 모든 공공설비시설들의 배치계획안이 한 장의 도면 위에 표현될 수 있으나, 우수의 배수 계획안은 아주 본질적으로 지형과 관계되므로 정지계획 평면 위에 표현되는 것이 좀 더 편리할 수도 있다. 배치디자이너의 엔지니어링 컨설턴트들이 준비하게 될 시공도면들의 범위에 따라, 공공설비시설의 배치도들은 지표면 아래의 고도들, 구조 상세들 그리고 변압기들의 규격 등을 표현해주기 위해 일반 배치도들의 범주를 벗어나게 될 것이다. 공공설비시설들의 기술적인 개발이 완료되고 나면, 공공설비시설들의 배치도는 부분들 사이의 내부적인 일관성과 기본배치도, 프로그램 그리고 예산에 맞추어져 작성되어 있는지 검토되어야 한다. 이러한 발견사항들을 고려하여 공공설비시설의 배치도가 한 번 더 평가되고 재조정될 수 있다.

개발된 디자인의 내용은 이제 가장 흔하게는 정밀한 측량도면, 도로 횡단면들에 관한 단면도의 세트, 주요지점들에 표고점이 표기되어 있는 정지계획평면도, 설비시설배치도, 조경평면도 그리고 상세도 등으로 구성된, 최종적인 일련의 기술 도면들 안에 표현되어 있다. 이것들이 배치계획의 시공도면이다. 배치계획의 시공도면들은 지표면의 포장, 공공설비시설공사, 정지작업, 조경공사, 프로젝트 부지의 유지관리, 입찰의 절차, 공정과 시간의 상호관계 그리고 작업의 일반조건 및 특별조건 등에 대한 시방서들과 함께 견적서 작성과 공사행위의 근원이 되는 계약도서들을 구성한다. 그럼에도 불구하고, 계약도서들에 의해 모든 법적이고 관리적인 필요사항들이 포괄되지 못할 수도 있다. 계약도서를 구성하기 위한 필수요건들은 지역에 따라 달라지며, 법적인 기록을 위한 도면들이나 공적인 인허가 기관들로부터 허가를 받기 위해 작성된 스케치들과 같은 그러한 항목들을 포함한다. 이러한 기술적인 도서들 중의 많은 것들이 곧 제도사와 타이피스트에 의해서보다는 컴퓨터그래픽에 의해 개발되어 보관되고 전시될 것이다. 이러한 기술적인 도면들이 중요하기는 하겠지만 배치도의 본질은 아니다. 배치도의 본질은, 도면이나 모형이 될 수도 있는 스케치에 놓여 있으며, 스케치는 활동과 순환 그리고 물리적 형상의 3차원 패턴을 설명해준다. 이 본질적인 패턴의 정확성은, 프로젝트의 목적들과 자원들 그리고 프로젝트 부지의 정신에 순응하면서, 개발행위의 완료 이후 프로젝트 부지가 사용되는 도중에 시험될 것이다.

08 좋은 디자인을 위한 생각

사진설명
6월의 어느 날 점심시간 무렵, 뉴욕시 5th Ave와 6th Ave 사이 42nd St에 위치한 브라이언트 공원(Bryant Park)의 풍경

지금까지 우리는 제1장부터 제7장까지 건축의 형상을 구성하는 기본적인 조형요소로부터 배치디자인의 골격을 구성하는 형상과 공간 사이에 질서를 정립시키는 원리 그리고 배치계획과 배치디자인에 필수적인 기본지식과 디자인 기술에 이르기까지, 성공적인 배치디자인을 만들기 위한 기본요소들에 관하여 살펴보았다. 유홍준이 '나의 문화유산답사기'에서 소개한 정조시대의 문장가 유한준의 지적처럼, 건축물이나 공간의 품질 또한 보는 사람이 알고 있는 만큼만 제 참모습을 드러내어 보여준다. 디자인에 관한 지식을 축적하지 않은 사람일수록 디자인에는 정답이 존재하지 않는다고 주장하지만, 수학처럼 수치로 계량할 수는 없어도 모든 부지의 맥락에 가장 잘 맞추어진 디자인의 결론은 반드시 존재하며, 디자인은 그러한 결론을 탐구하는 작업이다. 좋은 디자인이 반드시 값비싼 마감재료나 정교한 장식에 의해 구현되는 것은 아니며, 공공을

위한 공개공지가 넓다는 이유로 성공적인 외부공간이 되는 것은 더욱 아니다.

모스크바의 붉은 광장이나 베이징의 천안문 광장, 평양의 김일성 광장처럼 군대의 열병식이나 집단의식 등 특정한 용도에 사용되기 위해 배치된 공개공지의 디자인이 좋은 디자인이 될 수 없는 것은, 이들 광장이 인간의 척도(human scale)는 물론 도시의 척도(city scale)에 어긋날 만큼 거대한 면적에 걸쳐 배치되고, 수목과 잔디가 심어지지 않아 마감재료에 의한 물성의 대비(hard landscape & soft landscape)가 이루어지지 않았을 뿐더러, 바닥 마감재료의 방사에너지(radiant energy)에 대한 반사율(albedo)이 높아 더운 날씨의 공기는 더욱 뜨겁게 추운 날씨의 공기는 더욱 차갑게 만듦으로써 사람의 접근을 거부하기 때문이다. 외부공간이 인간의 척도(human scale)와 주변의 척도(neighborhood scale)에 맞는 적당한 크기로 조성되어 바닥 패턴이나 way-finder 등에 의해 주변 건물과 강력하게 연계되고, 외부공간의 바닥면이 돌이나 벽돌 그리고 콘크리트로 마감되면서도 식물요소와 물이 도입되어 경질 조경(hard landscape)과 연질 조경(soft landscape) 사이의 대비가 물성의 조화를 이룰 때, 외부공간에 계절의 변화에 맞는 적절한 용도가 주어질 때 사람들의 사용이 극대화되어, 공개공지가 '하루 종일, 일년 내내(24 hours, year round)' 공공에게 활용되고 시간과 기억의 흔적이 입혀지면서 장소로서의 의미를 지니게 된다.

최근에 어떤 도시의 2002월드컵 축구경기장이 적자운영에 시달리고 있다는 기사가 보도된 적이 있다. 경기장 건물의 디자인과 배치디자인을 살펴보면, 등산로가 시작되던 산자락이 100m 높이로 절토되고, 축구경기장은 연못이 메워진 자리 위에 배치됨으로써 오직 축구경기가 개최되는 날에만 사람들이 찾게 되는 장소로 경기장의 용도가 한정되어 있음을 알 수 있다. 산자락을 절토하고 연못을 메워 불안정한 지반 위에 경기장을 건설함으로써, 과도한 절토에 의한 토공사비의 상승과 지반의 구조적 약점을 보강하기 위한 공사비의 과다 지출이 추측되지만, 그보다 더 중요한 문제는 무리하게 산자락을 잘라내고 연못을 메워 경기장을 배치함(building placement)으로써 새로운 디자인이 경기장 부지의 주변 맥락(surrounding context)에 순응하는 대신 철저히 무시하고 있다는 점과, 시내로부터 멀리 떨어져 있기 때문에 부지의 물리적 접근성(physical accessibility)이 현저히 떨어지는 위치임에도 불구하고 경기장의 용도마저 한 가지로 한정시켜버림으로써 발생되는 경기장 건물의 운영과 유지관리의 문제일 것이다. 이는 초기의 개념디자인(conceptual design) 단계에서, 부지의 형상(landform)과 부지 주변의 지형(surrounding topography)이 철저하게 분석되어 문제점이 기록되고 해결(problem-solving)되어야 하는 과정이 생략되었을 뿐만 아니라, 경기장의 운영에 관한 프로그램의 작성(programming)이나 경기장이 완공된 후의 유지관리에 대한 고려가 전혀 이루어지지 않았음을 의미한다. 만일 산속의 맑은 물이 흘러내려 생성된 기존의 연못이 그대로 보존되어 다듬어지고, 계곡의 개울과 연계되어 여름철에는 야외 수영장이나 기타 수상스포츠, 그리고 시민들의 휴식을 위한 장소로 사용되고, 겨울철에는 야외 스케이트장으로 활용되며, 등산로의 초입에는 작은 광장과 원형극장이 만들어져 경기가 있는 날에는 관람객들에게 그리고 경기가 열리지 않는 날에는 등산객들에게 만남의 장소로 제공되고, 지역주민들의 축제날에 야외공연장으로 사용되며, 경기장 스탠드 밑의 공간에는 축구팬들을 위한 작은 축구박물관과 기념품 및 스포츠 용품점, 카페, 스포츠 교실, 취미교실, 평생교육 교실 등이 배치되어, 가능하면 더 많은 시민들이 즐겨 찾을 수 있는 장소로 디자인 되었으면 어떻게 되었을까? 건물과 배치디자인이 구현된 이후의 운용과 유지관리에 대한 대비책을 마련하는 것 또한 디자인 업무의 일부이며, 이러한 대비책은 초기의 디자인 단계에서부터 계획안에 반영되어야 한다.

건축 행위에는 기본적으로 건축주(the Owner)와 건축사(the Architect) 그리고 시공자(the Contractor)가 관련된다. 건축주가 건축의 경제성(economy)에 대해, 건축사가 건축미(aesthetics)에 대해 그리고 시공자가 건축의 시공성(constructability)에 대해 더 많은 관심을 갖게 되는 것은 어쩌면 자연스러운 현상이며, 디자인의 결과물이 이 세 가지 요소들 사이에서 균형을 이룰 수 있도록 조정하는 역할은 오롯이 건축사의 몫이라고 할 수 있다. 지역계획(regional planning)이나 도시계획(urban planning) 또는 구획(subdivision)에 의해 용도구역과 부지의 경계선이 정해지고 나면, 각 부지에 대한 배치디자인은 통상적으로 건축설계 프로젝트의 일부로서 건축디자인의 단계에 맞추어 진행된다. 우리나라에서는 건축사의 업무영역에 포함되어 있던 공사관리단계(Construction Administration Phase)의 업무가 무슨 까닭에서인지 디자인을 담당한 건축사로부터 분리되어 감리라는 독립적인 용역으로 수행되고 있으며, 공사관리단계가 삭제된 설계도서의 작성기준이 국토해양부고시에 의해 상세하게 기술되어 있으므로, 이 책에서는 과거로부터 현재까지 변함없이 외국에서 수행되고 있는 고전적인 건축설계용역의 표준 단계에 대해 기술하고자 한다. 건축설계용역의 15% 정도를 형성하는 계획설계단계(Schematic Design Phase)는 디자이너들(Design director, Project designer, Designer)에 의해 수행되며, 현장조사에 의한 문제의 기록(statement of problems), 자료조사와 분석(collection and analysis of data), 프로그램 작성(programming) 등과 같은 설계이전단계를 거쳐, 개념설계(conceptual design) – 계획설계도면 작성(Schematic design drawings)의 순서로 진행된다. 건축설계용역의 25% 정도를 형성하는 중간설계단계(Design Development Phase) 또한 디자이너들에 의해 수행되며, 이 단계에서는 계획설계도서의 내용이 구체화되어 내부공간과 외부공간의 규격, 구조시스템, 기둥과 보의 크기, 벽체의 두께, HVAC시스템 등이 확정된다. 건축설계용역의 35% 정도를 형성하는 실시설계단계(Construction Document Phase)는 건축기술에 특화된 드래프터들(Job captain, Drafter)에 의해 수행되며, 중간설계도서를 바탕으로 하여 입찰(bid), 계약 및 공사에 필요한 상세도서를 작성한다. 건축설

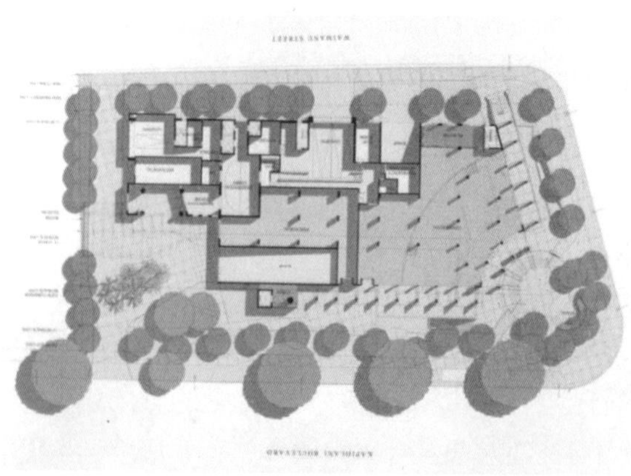

▌ 하와이 Emerald Tower 프로젝트의 배치도와 종이모형 사진

계용역의 25% 정도를 형성하는 공사관리단계(Construction Administration Phase)는 드래프터들에 의해 수행되며, 공사가 건축설계도서에 의거하여 정확하게 수행되는지 관리하게 된다.

건축디자인과 배치디자인의 전체 과정이 어떻게 수행되는지 앞선 단락에 대략적으로 기술되었지만, 프로젝트에 의미와 품질을 부여하는 건축의 조형과 외부공간의 형태는 중간설계단계(Design Development Phase)에서 거의 확정된다. 마감재료의 물성과 질감에 의해서도 건물과 외부공간의 품질이 영향을 받기는 하지만, 문제의 기록, 자료조사와 분석, 프로그램의 작성이 완료된 후에 진행되는 개념설계(Conceptual design) 과정에서 주변 맥락에 순응하는 건축디자인과 배치디자인의 작성을 위해 반드시 점검되고 시도되어야 할 기본적인 디자인의 고려사항들이 있다. 프로젝트가 추구하는 기능을 충족시킬 수 있는 프로그램이 작성(programming)된 후 평면과 거친 입체의 형상으로 건축의 기본조형이 만들어진다. 건축미도 기능이므로, 디자이너는 건물의 평면과 입체, 외부공간의 형태를 질서정립의 원리에 의해 정리하고 서로 유기적으로 연결시킨다. 건물을 배치(building placement)하기 위해 부지의 맥락(surrounding context)을 점검하면서, 동시에 내부공간과 외부공간이 물리적, 시각적으로 연계되고(physically and visually related), 외부공간의 모양이 다듬어진다. 부지가 함유하고 있는 맥락은 자연 맥락(natural context)과 인공 맥락(artificial context)으로 분류할 수 있으며, 자연 맥락에는 부지의 형태와 지형(landform and topography), 광역성 기후(macroclimate) 및 국지성 기후(microclimate), 태양에 대한 정향(solar orientation), 바람의 방향(wind direction), 태양의 방향에 의한 그림자의 패턴(shadow pattern), 산이나 바다, 호수, 강처럼 조망을 제공해주는 자연환경이 포함되며, 부지의 인공 맥락에는 사람이 만든 부지 주변의 건물과 도로, 공개공지(public open space), 인공 호수, 운하 등이 포함된다. 부지의 자연 맥락에 순응하여 응답하는 방법은 이 책의 제2장에 상세히 기술되어 있지만, 몇 가지 주제에 걸친 기본적인 디자인의 고려사항들은 건물의 배치와 외부공간의 형태에 강력한 영향을 미치기 때문에 더 많은 주의를 기울이게 된다.

북반구에 위치한 우리나라의 봄철과 가을철에는 날씨가 온화하기 때문에 특별한 도구를 설치하지 않고도 자연채광과 자연환기가 가능하지만, 건물의 입면 방향에 따라 개구부의 크기와 개구부에 부착되는 그늘조절기구(shading devices)의 종류를 달리 설치함으로써 여름철과 겨울철에 HVAC시스템의 부하를 줄여줄 수 있다. 여름철에 북동쪽 방향에서 떠올라 높은 하늘에서 건물을 비추다가 북서쪽 방향으로 지고, 겨울철에 남서쪽 방향에서 떠올라 낮은 하늘에서 건물을 비추다가 남서쪽 방향으로 지는 태양의 궤적을 고려하여, 여름에는 건물에 얕게 들어오는 햇빛 에너지를 차단하고 겨울에는 건물에 깊숙이 들어오는 햇빛 에너지를 받아들이기 위해, 건물의 남쪽 입면에는 창문 위에 처마(overhang)가 설치된다. 건물의 서쪽 입면에는 여름철 오후 남서쪽의 낮은 방향에서 비추어지는 햇빛을 차단하기 위해 개구부의 세로방향을 따라 수직으로 핀(fin)이 설치된다. 여름철에도 오전 시간에는 햇빛이 그렇게 강렬하지 않기 때문에 동쪽 방향의 입면에는 개구부에 별다른 주의를 기울이지 않아도 되지만, 건물의 북쪽 입면에는 겨울철 북서쪽의 시베리아에서 불어오는 강한 한파를 막기 위해 최소한의 개구부만 설치한다. 빛의 선반시스템(light shelf system)은 햇빛을 반사하여 건물의 실내공간과 천장을 깊숙이 비추어주고 커튼 월(curtain wall) 시스템 근처의 실내공간에 그늘을 만들어주는 장치로서, 북반구의 온대지방에 위치한 사무실 건물, 공공기관 건물, 학교 교실의 남쪽 입면(남반구에서는 이와 반대로 북쪽 입면에 설치)에 설치된다. 필요에 따라 실내와 실외의 어느 한쪽 면에 설치할 수 있지만, 실내와 실외 양쪽에 함께 설치하면 균일한 실내조도를 유지하는 데 도움이 된다. 태양이 지기 전까지는 빛의 선반에 의해 실내의 인공조명이 줄어들거나 아예 필요 없게 될 수도 있으며, 처마시스템이 포함된 빛의 선반을 함께 설치하면 유리창에 의해 발생되는 섬광(glare)을 줄이는 데 도움이 된다. 빛의 선반을 설치하면 녹색건물위원회(Green Building Council)가 운용하고 있는 LEED(Leadership in Energy and Environmental Design) 평가시스템의 '실내환경의 품질(Indoor Environment Quality: 일광과 조망 항목(Daylight & Views category))의 점수를 취득할 수 있다.

프로젝트 부지에 대한 접근성(accessibility)은 시각적 접근성(visual accessibility)과 물리적 접근성(physical accessibility)의 측면에서 준비되어야 한다. 건물의 사용자에게 인상적인 조망을 허용해줄 수 있는 산이나 바다, 강, 호수, 인공 호수, 운하, 공개공지, 랜드마크 등이 부지 주변에 존재할 때에는 건물의 배치가 주변의 맥락에 의해 강하게 영향을 받을 수밖에 없으며, 조망을 제공해줄 수 있는 건물의 입면에 넓은 면적의 창문을 설치하여 주변환경에 대한 시야를 허용해줌으로써, 부지 주변의 맥락과 새로운 건물 사이에 강한 시각적 관계(visual relationship)를 성립시켜준다. 만일 프로젝트 부지의 주변에 시야를 가로막는 건물이 존재한다면 통경축(view corridor: 도시의 거리를 걸어가는 보행자가 시야의 막힘 없이 자연환경이나 도시의 랜드마크를 바라볼 수 있도록 조정하기 위해 도입된 개념)이 확보되도록 배치해주는 것이 좋다. 프로젝트의 프로그램과 부지 주변의 맥락에 응답하여 건물이 배치되고 나면, 주변도로로부터 새로운 건물에 도달되는 물리적 접근성(physical accessibility)이 보행자와 차량의 입장에서 각각 검토된다. 보행자의 주 출입구(main entrance)는 보행자의 동선이 가장 많은 지점에 설치되는 것이 정석이다. 예를 들어 두 개의 도로가 교차하는 사거리에서는 사거리의 코너부분에 보행자의 동선흐름이 가장 많이 발생될 것이기 때문에 그 지점에 새로운 건물의 주 출입구가 배치되며, 두 개의 넓고 좁은 도로에 동시에 접해 있을 때에는 폭이 큰 도로 쪽에 보행자의 주 출입구가 배치되고, 폭이 좁은 쪽의 도로에 접하도록 차량의 출입구(vehicular entrance)가 배치된다. 만약에 각각 폭이 다른 세 개의 도로에 부지가 접해 있을 때에는 차량교통의 흐름이 가장 적은, 가장 폭이 좁은 도로나 서비스 도로에 접하도록 차량의 출입구가 배치된다. 신호등이 있는 도로로부터 직접 프로젝트 부지를 향해 차량의 출입이 이루어져야 한다면, 도로의 차량흐름을 방해하지 않기 위해 가능한 한 교통신호등으로부터 먼 거리에 차량의 출입구를 배치한다.

최근의 건축디자인과 배치디자인은 과거의 그 어느 때보다 더 환경문제에 주의를 기울여 디자인에 반영하고 있다. 개발 초기에는 건물의 옥상에 부착물처럼 매달아 설치되었던 태양광 패널은, 그동안 성능이 향상되고 디자인이 개발된 결과, 이제는 햇빛을 받을 수 있는 방향의 고층건물 외벽에 커튼 월처럼 설치되고 있으며. 지열 에너지(geothermal energy)나 우수(빗물, storm water)의 사용이 점차 확산되고 있다. 지속가능성(sustainability)은, 광범위한 의미로 사회와 생태계(ecosystem) 또는 어떤 체계가 의존하고 있는 핵심자원이 소진이나 과부하를 통해 쇠퇴를 강요당하지 않고 무한대의 미래로 기능을 지속하는 것을 의미하며, 건축의 지속 가능한 디자인(sustainable design)은 건물과 사회에 대해 건강과 생산성 그리고 삶의 질을 강화시켜주며, 환경의 충격을 최소화시켜 줄 수 있는 디자인을 의미한다. 세계감시기구(The World Watch Institute)의 추산에 의하면 기술의 발전 및 인구의 증가와 소비의 확대로 인해 발생되는 합성물질과 혼합물의 폐기물 증가가 환경저하의 주요 요인이라고 한다. 모든 건물은 적절한 배치디자인, 건물의 형상, 유리의 성분과 위치, 재료의 선택, 자연환기, 자연 냉난방, 자연채광에 의해 에너지 사용의 절감이 이루어질 수 있다. 통상적으로 지속 가능한 디자인(sustainable design) 혹은 녹색건물(Green Building)이라고 알려진 건축의 실무는 배치디자인(site design), 에너지 보존(energy preservation), 물의 사용(water use), 재료의 사용(materials use), 지역적 주제(regional issues), 수송(transportation), 인간의 건강(human health)에 대한 주제를 포함하고 있으며, 녹색건물 평가체계(Green Building Rating System)에 의해 ① 배치디자인(Site design), ② 에너지 사용(Energy use), ③ 물의 사용(Water use), ④ 재료와 자원(Materials and Resources), ⑤ 실내환경의 품질(Indoor environmental quality)의 5개 분야에 점수를 부여함으로써 프로젝트에 대한 환경기능의 등급이 매겨진다. 기술적인 혁신과 미국정부 및 전문기구의 장려와 결합되어 생태적인 주제와 지속 가능한 디자인의 중요성이 널리 알려지게 되었고, LEED의 녹색건물 평가체계가 전 세계적으로 확산되어 사용되고 있다. 초고층 건축물 최초로 LEED Certificate of Platinum을 획득한 뉴욕시 소재 One Bryant Park Tower(Bank of America Tower)는 총 공사비 USD1억을 들여 2004년부터 2009년에 걸쳐 완공된 사무실 건물인데, 마천루가 즐비한 맨하탄의 상황을 고려하여 입주자들의 건강과 생산성을 향상시키고, 폐기물의 발생을 최소화시키며, 환경의 지속성을 촉진시키겠다는 목적을 가지고 디자인되었다. 건축 자재의 92%는 뉴욕시로부터 800km 이내의 거리에서 조달된 재활용 자재이거나 향후 재활용이 가능한 자재료만 사용되었다. One Bryant Park Tower는 ① 건축자재의 재활용, ② 공기필터 및 자연환기(통풍), ③ 지하수 및 우수의 활용(물의 재사용): 옥상정원 – 열섬(heat island)현상 완화, ④ 냉각수를 이용한 난방, ⑤ 열병합시스템 및 열 차단 유리(fritted glass) 등을 디자인에 도입하여 효율적인 물의 이용과 실내환경의 품질, 혁신 및 설계과정 평가에서 높은 점수를 취득하였다. 연간 에너지 소비량을 컴퓨터시뮬레이션 해본 결과 306kBtu/ft2 (3,480Mj/m2)의 에너지를 소모하여 다른 건물에 비해 14% 정도의 에너지 절감률을 보이고 있다.

미국건축사협회의 환경위원회는 '지속 가능한 건축의 10가지 계측수단'이라는 제목으로 다음과 같은 내용의 기준 목록을 개발하였다. a) 지속 가능한 디자인은 생태학적 원리를 적용하며, 자연의 에너지 흐름에 맞추어 디자인한다. b) 지속 가능한 디자인은 지역사회의 문화적, 자연적 특성을 인지하여 지역사회의 정체성과 장소의 의미를 강화하고 자동차의 운행을 줄여준다. 명소의 의미(a sense of place)를 창조하는 것은 문화와 역사적 양식뿐만 아니라 조경과 지형, 기후, 자원, 생물의 서식지 등 지역의 특성에 대한 분석과 이해로부터 자라난다. 지역적인 특성을 이해한 후 디자인함으로써, 환경의 충격을 줄여줄 뿐만 아니라 의미가 깊고 기억할 만한 명소(meaningful and memorable place)의 창조에도 기여하게 된다. c) 지속 가능한 디자인은 생태적인 맥락(ecological context)에 맞추어 디자인하며, 도시 내에 위치한 부지까지도 기후(climate)와 지형(topography), 수원(watersheds)뿐만 아니라 수송(transportation), 부지의 용도(land use)와 같은 생태학적 주제에 관계된다. Cesar Pelli가 디자인한 뉴욕시 소재 고층의 임대아파트인 Solaire에는 부지면적의 2/3에 달하는 부분이 식물로 덮여있다. 옥상정원(roof garden)은 모아진 우수(storm water)에 의해 관개(irrigated)가 되고, 나머지 빗물은 근처 공원의 관개에 사용된다. 건물의 디자인에 의해 조성된 옥상과 보도 같은 외부공간에 나무를 심고 물을 저장함으로써, 건물의 운용에 의해 방출되는 탄소산화물을 줄이고, 태양의 방사열에 대한 반사율(albedo)이 높은 마감재료에 의해 발생되는 열섬(heat island)현상을 완화시킬 수 있다. d) 지속 가능한 디자인은 기후대에 맞춘 디자인을 수행한다. 이상적인 건물의 형상은 기후에 따라 달라지지만, 건물의 정향(orientation)은 북반구에서는 태양열과 햇빛을 용이하게 조절하기 위해 건물의 남쪽 입면이 최대화되고 동쪽과 서쪽 입면이 최소화되는 것을 선호하며, 반대로 남반구에서는 북쪽 입면이 최대화되는 것을 선호한다. 건물의 형상은 자연채광과 자연환기뿐만 아니라 조망과 물리적 접근성이 향상되도록 다듬어질 수 있다. e) 지속 가능한 디자인은 자연채광과 자연환기를 통해 건강한 실내환경을 조성한다. 연구에 의하면 풍부한 일광과 자연환기에 의해 실내 거주자의 만족감과 안락감, 생산성이 증진되고 아픈 날이 줄어들며, 자연채광과 외부에 대한 조망이 허용될 때 육체적, 정신적 건강이 강화된다. 오염된 실내공기에는 곰팡이 등 습기관련 세균, 건축자재와 가구로부터 배출되는 가스, 전기제품으로부터 배출되는 연소가스, 라돈과 같이 자연적으로 발생되는 가스, 외부오염 등이 포함되며, 적절한 환기가 이루어지지 않을 경우에는 알러지 증상으로부터 심장병이나 암처럼 심각한 병까지 발생될 수 있음이 보고되었다. f) 지속 가능한 디자인은 부지 내의 물을 보존한다. 적수관개(drip irrigation: 물의 증발을 막기 위해 식물의 뿌리 부분에 간헐적으로 물을 주는 방법)와 낮은 속도의 수도부품 사용으로 물의 사용을 줄이며, 조경에 대한 관개를 위해 빗물(storm water)을 저장한다. 부엌의 오물은 비료를 만들고(composting), 변기를 씻어내기 위해 중수(gray water)를 사용하며, 변기를 씻어낸 흑수(black water)를 생물학적으로 처리하여 관개수로 사용한다. 외부공간의 불투습성 바닥면을 최소화하여 물이 땅 속으로 스며들도록 촉진시킨다. g) 지속 가능한 디자인은 미래에 살아갈 사람들의 삶의 품질을 보호하기 위해 재생 가능한 에너지의 사용을 최대화한다. h) 지속 가능한 디자인은 건물의 기능 수행능력과 건물 사용자의 안락함을 개선시키기 위해 환경적으로 바람직한 건축 재료를 사용한다. i) 지속 가능한 디자인은 장기적으로 생태적, 사회적, 경제적 가치를 극대화하기 위해 노력한다. 건물은 입주자와 지역사회가 그 가치를 인정할 때 유지될 수 있기 때문에 건축미(aesthetics), 목적과 용도에 대한 적합성(suitability), 새로운 용도에 대한 적응성

(adaptability)을 갖추어야 한다. 사람들은 잘 디자인되고, 잘 지어지고, 부지의 맥락에 제대로 응답한 건물에 잘 적응한다. j) 지속 가능한 디자인은 다양한 환경적 측면에서 건물에 입주한 후의 기능 수행을 점검하고 기록한다.

모든 프로젝트 부지와 건물에는 프로그램의 기능을 충족시키면서 동시에 부지의 맥락에 적절하게 응답하는 고유의 건물 형상과 외부공간의 모양이 주어져야 하며, 새로운 건물과 외부공간은 물리적 접근성과 시각적 접근성을 통해 부지 주변의 기존 건물과 외부공간에 대해 적절한 관계를 성립시킬 수 있어야 한다. 리듬(rhythm)이나 기준요소(datum)와 같은 질서정립의 원리(ordering principles)에 의해 새로운 건물이 부지 주변의 기존 건물과 동일한 디자인 요소를 공유하게 되면 거리의 정체성이 강화된다. 예를 들어, 건물 상부의 입면이 서로 다른 모양을 띤 건물들이 거리를 따라 전개되고 있다고 하더라도, 건물의 하부에 같은 패턴의 아치(arch)가 반복되어 배치되면, 아치의 반복에 의해 리듬이 발생되고 건물들은 모두 아케이드(arcade)라는 공통의 기준요소를 갖게 된다. 디자인은 결국 모든 부지에 가장 적절한 정체성을 부여해주고, 부지와 건물 사이에 그리고 단위 건물과 주변의 맥락 사이에 가장 적절한 관계를 만들어주기 위한 노력이라고 할 수 있다. 존재의 의미를 노래한 김춘수의 아름다운 시 '꽃'에 나오는 주어와 목적어를 디자이너와 프로젝트의 부지로 치환하여 읽어보면, 마치 프로젝트의 부지가 디자이너를 향해 가장 알맞은 의미의 디자인을 입혀달라고 소리높여 외치고 있는 것처럼 느껴진다.

내가 그의 이름을 불러주기 전에는
그는 다만 하나의 몸짓에 지나지 않았다
내가 그의 이름을 불러주었을 때
그는 나에게로 와서 꽃이 되었다
내가 그의 이름을 불러준 것처럼
나의 이 빛깔과 향기에 알맞은
누가 나의 이름을 불러다오
그에게로 가서 나도 그의 꽃이 되고 싶다

우리들은 모두 무엇이 되고 싶다
너는 나에게 나는 너에게
잊혀지지 않는 하나의 의미가 되고 싶다

Before I called your name
You were only a figment of my imagination
But when I called your name
You came to me as a flower
Just as I called for you by your name
Please call out my name
that matches my color and fragrance
So that I can be with you as a flower

Everybody wants to be everything to someone
You for me as I for you
I want to be your unforgettable memory

영문번역: 이현복

찾아보기(영문)

M

N

O

P

Q

S

T

U

W

찾아보기(국문)

ㄱ

ㄴ

ㄷ

ㄹ

ㅁ

ㅂ

ㅇ

ㅈ

ㅊ

ㅋ

참고문헌

- Architecture: Form, Space, and Order, Third Edition, 2007, Francis D.K. Ching, John Wiley & Sons, Inc.
- Site Planning, Third Edition, 1988, Kevin Lynch, Gary Hack, The MIT Press
- Theory in Landscape Architecture, 2002, Edited by Simon Swaffield, University of Pennsylvania Press
- The City Shaped, 1991, Spiro Kostof, Bulfinch Press
- Design of Cities, Revised edition, 1985, Edmund N Bacon, Penguin Books
- High Line, First Edition, 2011, Joshua David and Robert Hammond, Farrar, Straus and Giroux
- Finding Lost Space, 1986, Roger Trancik, Van Nostrand Reinhold
- The Architecture Student's Handbook of Professional Practice, Fourth Edition, 2009, American Institute of Architects
- Court and Garden, 1988, Michael Dennis, The MIT Press
- Planned Unit Development, 1972, Robert Burchell, MacCrelish & Quigley
- NYC Zoning Resolutions
- 건축법 조례해설, 2015, 윤혁경 편저, 기문당

저자소개

이 현 복(李 賢 馥)

고려대학교 건축공학과 및 뉴욕주립대학교 건축대학원 졸업.
주)대우건설, 주)서울건축종합건축사사무소, The Grad Partnership, 주)포스코 A&C종합건축사사무소, 주)공간종합건축사사무소를 거쳐 주)자미원종합건축사사무소, JMW Architects PC(뉴욕), HSR Holdings PC(뉴욕, 건축개발회사) 자영.
고려대학교 및 배재대학교에서 건축설계강의, 가천대학교 건축학과 교수 역임.
주요 디자인 작품으로 2002 월드컵 울산문수경기장(42,000명 수용), 목동 파라곤(40,000평 주거복합건물), The Flower Palace(30만평 주거복합건물), 파이시티 재설계계획안(23만평 복합 상업시설), 네티션닷컴 본사건물, Emerald Tower(주거복합건물, 하와이), SONANGOL(앙골라 국영석유공사) 본사건물(루안다, 앙골라), Sky Castle(주거복합건물, 뉴욕) North Shore 감리교회(뉴욕) 등이 있으며, Vision City 프로젝트(130,000평 복합 상업시설, 쿠알라룸푸르 말레이시아)의 Schematic Design Phase 이후의 전체 설계단계를 현장에서 총괄하였다.

건축의 기본조형과 배치디자인

초판발행 2019년 8월 20일

지은이 이현복
펴낸이 안종만·안상준

편 집 전채린
기획/마케팅 이영조
표지디자인 박현정
제 작 우인도·고철민

펴낸곳 (주) 박영사
서울특별시 종로구 새문안로3길 36, 1601
등록 1959. 3. 11. 제300-1959-1호(倫)
전 화 02)733-6771
f a x 02)736-4818
e-mail pys@pybook.co.kr
homepage www.pybook.co.kr
ISBN 979-11-303-0801-2 93540

정 가 25,000원